普通高等教育机电类系列教材

机械设计课程设计

王大康　高国华　编
吴宗泽　审

机械工业出版社

本书分为3个部分。第1部分（第1~8章）为机械设计课程设计指导，讲述从整机到零部件的设计；第2部分（第9~17章）为机械设计常用标准和规范，采用新近颁布的国家标准；第3部分（第18~19章）为参考图例及设计题目，可供课程设计选用。

本书重点突出，图形准确，语言严谨，可作为"机械设计"和"机械设计基础"课程的配套教材，满足机械设计课程设计的教学要求。本书繁简得当，严格精选，便于使用，可作为简明机械设计手册，供有关工程技术人员参考使用。

图书在版编目（CIP）数据

机械设计课程设计/王大康，高国华编. —北京：机械工业出版社，2020.12
（2025.8 重印）

普通高等教育机电类系列教材
ISBN 978-7-111-67135-0

Ⅰ.①机… Ⅱ.①王… ②高… Ⅲ.①机械设计-课程设计-高等学校-教材
Ⅳ.①TH122-41

中国版本图书馆 CIP 数据核字（2020）第 260181 号

机械工业出版社（北京市百万庄大街 22 号　邮政编码 100037）
策划编辑：刘小慧　责任编辑：刘小慧　赵亚敏
责任校对：张晓蓉　封面设计：张　静
责任印制：邓　博
北京中科印刷有限公司印刷
2025 年 8 月第 1 版第 5 次印刷
184mm×260mm · 17.75 印张 · 434 千字
标准书号：ISBN 978-7-111-67135-0
定价：49.80 元

电话服务　　　　　　　　网络服务
客服电话：010-88361066　机 工 官 网：www.cmpbook.com
　　　　　010-88379833　机 工 官 博：weibo.com/cmp1952
　　　　　010-68326294　金 书 网：www.golden-book.com
封底无防伪标均为盗版　机工教育服务网：www.cmpedu.com

前　言

　　本书是根据 2018 年教育部高等学校机械基础课程教学指导分委员会审定通过，并经教育部批准的高等学校《机械设计课程教学基本要求》和《机械设计基础课程教学基本要求》编写的，符合教育部组织实施的"高等教育面向 21 世纪教学内容和课程体系改革计划"的精神。"机械设计课程设计"是学生在学习"机械设计""机械设计基础"课程后的重要的综合性和实践性教学环节，其目的是培养学生的机械设计能力和创新设计能力。

　　本书注意更新和充实教学内容，突出创新能力的培养，符合教学改革及对人才培养的要求。本书力求重点突出，繁简得当，语言严谨，图形准确，严格精选，便于使用。鉴于目前我国许多标准都进行了修订，书中采用了新近颁布的国家标准。书中所列的标准或规范是根据需要从原标准或规范中摘录下来的，而不是标准的全部内容，请在使用时注意。

　　本书分为 3 个部分。第 1 部分为机械设计课程设计指导（第 1~8 章），包括绪论，机械传动装置的方案设计和总体设计，减速器传动零件设计，减速器的结构，减速器装配草图、装配图和零件图设计，以及编写设计计算说明书和准备答辩；第 2 部分为机械设计常用标准和规范（第 9~17 章），包括一般标准，常用材料，连接零件，滚动轴承，润滑与密封，联轴器，极限与配合、几何公差和表面粗糙度，渐开线圆柱齿轮精度、锥齿轮精度和圆柱蜗杆蜗轮精度，电动机；第 3 部分为参考图例及设计题目（第 18~19 章），包括参考图例，机械设计课程设计题目。

　　本书一方面可作为"机械设计"和"机械设计基础"课程的配套教材，满足机械设计课程设计的教学要求；另一方面可作为简明机械设计手册，供有关工程技术人员参考使用。

　　本书由北京工业大学王大康、高国华编写，由王大康统稿。

　　本书由清华大学吴宗泽教授担任主审，他对本书进行了详细审阅，提出了许多宝贵意见，对保证本书质量起到了很大作用，在此表示衷心的感谢。

　　由于编者水平有限，书中不妥之处在所难免，敬请读者批评指正。

编　者

目　　录

第 2 部分　机械设计常用标准和规范

第3部分 参考图例及设计题目

第1部分

机械设计
课程设计指导

第1章 绪　　论

1.1　机械设计课程设计的目的

机械设计课程设计是高等工科学校机械类和近机械类各专业本、专科学生第一次较全面的机械设计训练，是"机械设计"和"机械设计基础"课程重要的综合性与实践性教学环节。

机械设计课程设计内容主要涉及机械设计、机械原理、机械制图、机械制造基础、材料学、力学等基础课程的知识。学生通过完成一项机械设计任务，学习机械设计的方法和步骤。课程设计的内容包括：工程中常用传动装置和执行机构的分析选型，零部件的设计计算，绘制机械传动装置装配图和零件图，编写设计计算说明书，最终完成设计任务。

机械设计课程设计的目的是：

1）培养学生综合运用所学的理论知识与实践技能，创造性地分析和解决工程实际问题的能力，并使所学知识得到进一步巩固、深化和扩展。

2）使学生树立正确的设计思想，学习机械设计的一般方法和规律，掌握通用机械零件、机械传动装置或简单机械的设计方法和步骤；培养学生的创造性思维能力和独立从事机械设计的能力。

3）使学生完成机械设计基本技能的训练，学会使用各种设计资料（如标准、规范、手册和图册等），进行设计计算、绘图、经验估算、数据处理和编写设计计算说明书等。

机械设计课程设计为专业课课程设计和毕业设计奠定了基础。

1.2　机械设计课程设计的内容和任务

机械设计课程设计的题目通常选择一般用途的机械传动装置或简单机械。本书第19章提供了多种通用机械传动装置设计题目，供课程设计选用。这些设计题目所涵盖的知识面广、综合性强，具有代表性，对其他机械传动装置或简单机械的设计具有一定的指导意义。

图1-1所示为带式运输机的传动装置。传动装置是一般机械不可缺少的主要组成部分，其设计内容包括"机械设计"课程中学过的各种机构和通用零部件，也涉及机械设计的一般技术问题，适合学生目前的知识水平，能达到课程设计的目的要求。

机械设计课程设计的内容和要求学生完成的任务如下：

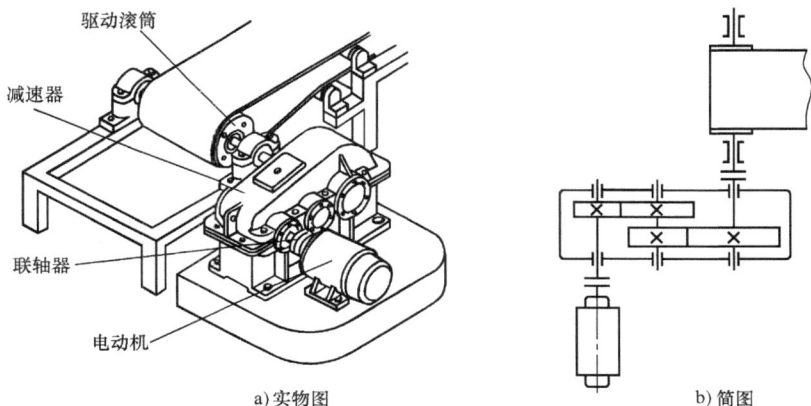

图 1-1 带式运输机的传动装置

1. 机械设计课程设计的内容

1) 传动装置的方案设计和总体设计。

2) 各级传动零件的设计。

3) 减速器装配草图的设计。

4) 减速器装配工作图和零件工作图的设计。

5) 设计计算说明书编写和答辩。

2. 要求学生在课程设计中完成的任务

1) 绘制减速器装配图 1 张。

2) 绘制零件（传动零件、轴、箱体等）工作图 2~3 张。

3) 编写设计计算说明书 1 份。

1.3　机械设计课程设计的一般步骤

机械设计课程设计与其他机械产品的设计过程相似。首先根据设计任务书提出的原始数据和工作条件，从方案设计开始，通过总体设计、部件和零件的设计，最后以工程图纸和设计计算说明书作为设计结果。由于影响设计的因素很多，加之机械零件的结构尺寸不可能完全由计算来确定，因此课程设计还需借助画草图、初选参数或初估尺寸等手段，采用"边计算、边画图、边修改"交叉进行的方法逐步完成。

机械设计课程设计以学生独立工作为主，教师只对设计中出现的问题进行指导。机械设计课程设计的一般步骤如下：

（1）设计准备　包括认真阅读设计任务书，明确其设计要求，分析设计的原始数据和工作条件，复习机械设计课程的有关内容，准备好设计所需的图书、资料和用具，拟定课程设计工作计划。

（2）传动装置的方案设计和总体设计　包括拟定传动装置设计方案，选择电动机，确定传动装置总传动比和分配各级传动比，计算传动装置的运动和动力参数等。

（3）减速器传动零件设计　包括减速器外传动零件和减速器内传动零件的主要参数和尺寸计算。

(4) 减速器装配草图设计　包括确定减速器各零件的相互位置，轴的设计，轴承的选择和轴承组合的设计，键连接和联轴器的选择，减速器箱体及附件的设计等。

(5) 减速器工作图设计　包括绘制减速器装配图，绘制齿轮（或蜗轮）零件工作图，绘制轴零件工作图和绘制箱体零件工作图等。

(6) 设计计算说明书编写　包括整理和编写设计计算说明书。

(7) 设计总结和答辩　包括设计总结和做好答辩前的准备工作，参加答辩。

机械设计课程设计结束时，由指导教师负责组织课程设计的总结和答辩。

机械设计课程设计通常是根据设计任务书，拟定若干方案并进行分析比较，然后确定一个正确、合理的设计方案，进行必要的计算和结构设计，最后用设计图纸和设计计算说明书来表达设计结果。

机械设计课程设计的设计步骤和各阶段工作量分配见表 1-1。

表 1-1　机械设计课程设计的步骤和各阶段工作量分配

阶段	设计步骤	主要内容	约占总工作量比例
1	设计准备	① 研究设计任务书，分析设计题目，了解设计要求和内容 ② 观察实物或模型，进行减速器装拆实验等 ③ 准备好设计需要的图书、资料和用具，并拟定设计计划等	15%
	传动装置的方案设计和总体设计	① 拟定传动装置设计方案 ② 选择电动机 ③ 确定传动装置总传动比和分配各级传动比 ④ 计算传动装置的运动和动力参数	
	减速器传动零件设计	① 设计减速器外的传动零件 ② 设计减速器内的传动零件	
2	减速器装配草图设计	① 确定减速器各零件的相互位置 ② 设计减速器轴 ③ 选择滚动轴承和进行轴承组合设计 ④ 选择键连接和联轴器 ⑤ 设计减速器箱体及附件	40%
3	减速器工作图设计	① 绘制减速器装配图 ② 绘制齿轮(或蜗轮)零件工作图 ③ 绘制轴零件工作图 ④ 绘制箱体零件工作图	35%
4	设计计算说明书编写	整理和编写设计计算说明书	5%
5	设计总结和答辩	① 设计总结和做好答辩前的准备工作 ② 参加答辩	5%

1.4　机械设计课程设计中应注意的问题

机械设计课程设计是高等工科学校机械类及近机械类专业学生第一次较全面的设计训练。为了达到预期的教学要求，在机械设计课程设计中应注意以下几个问题：

1) 坚持正确的设计指导思想，提倡独立思考、深入钻研的学习精神。要按照机械设计课程设计的教学要求，从具体的设计任务出发，充分运用已学过的知识和资料，创造性地进行设计，决不能简单照搬或互相抄袭。

2）产品设计是由抽象到具体、由粗到精的渐进与优化的过程，许多细节需要在设计过程中不断完善和修改。在机械设计课程设计中应力求精益求精，认真贯彻"边计算、边绘图、边修改"的设计方法，对不合理的结构和尺寸必须及时加以修改。

3）正确处理设计计算和结构设计之间的关系。机械零件的尺寸不可能完全由理论计算确定，而应综合考虑零件的强度、刚度、结构、工艺等方面的要求。通过理论计算得出的零件尺寸是零件必须满足的最小尺寸，而不一定就是最终采用的结构尺寸。例如轴的尺寸，在进行结构设计时，要综合考虑轴上零件的装拆、调整和固定以及加工工艺等要求，并进行强度校核计算，然后考虑结构要求，最后确定轴的尺寸。因此，在设计过程中，设计计算和结构设计是相互补充、交替进行的。

此外，一些次要尺寸可根据经验公式确定，不需要进行强度计算，由设计者考虑加工、使用等条件，参照类似结构，用类比的方法确定，例如轴上的定位轴套、挡油环等。

4）正确使用设计标准和规范，以利于零件的互换性和工艺性。在设计工作中，必须遵守国家正式颁布的有关标准和技术规范。设计标准和规范是为了便于设计、制造和使用而制定的，是评价设计质量的一项重要指标。因此，熟悉并熟练使用标准和规范是课程设计的一项重要任务。

5）保证设计图纸和设计计算说明书的质量。要求设计图纸结构合理，表达正确；还应注意图面整洁，符合机械制图标准。要求设计计算说明书计算正确、条理清楚、书写工整、内容完备。

1.5　计算机辅助设计

计算机辅助设计（CAD）是随着计算机、外围设备、图形设备及软件的发展而形成的一门技术，目前已广泛应用于工业部门的各个领域，成为提高产品与工程设计水平、降低消耗、缩短开发及工程建设周期、大幅度提高劳动生产率和产品质量的重要手段。CAD 技术及其应用水平已成为衡量一个国家的科学技术现代化和工业现代化水平的重要标志之一。

众所周知，人才培养是开展 CAD 应用工程的重要环节，只有广大工程技术人员掌握了 CAD 技术，才有可能使之转化为生产力，促进 CAD 应用工程向纵深发展。

因此，在机械设计课程设计中，使学生熟悉 CAD 技术的基本知识，进而运用 CAD 技术完成传动方案设计、传动零件设计及图纸绘制等工作，培养学生运用现代设计方法和手段的能力是非常重要的。

在设计过程中，需要完成收集资料、确定方案、构形、选择材料、计算和优化参数尺寸、绘图、试验和改进设计等多项工作。这是一个收集和处理信息，并对其进行分析、综合和决策的过程。因此，要求在设计的全过程中运用计算机进行辅助设计。

1.5.1　产品规划阶段的 CAD 应用

产品规划阶段要求对所设计的产品进行需求分析、市场预测和可行性分析，确定设计要求和原始数据，并给出设计任务书或设计要求表，以作为设计、评价和决策的依据。为此要求建立计算机 CAD 预测系统。该系统由预测信息库、定量分析模型、经验判断与评价和综合预测四部分组成。

1）预测信息库是将企业及市场调查的有关统计资料，经整理后分门别类地存储在数据库中，以备查询和调用。

2）定量分析模型是一个预测计算软件包，其中包括基本预测模型的建模、识别、参数估算和分析程序。

3）经验判断与评价是人-机交流的过程，设计者可对计算机输出的定量分析结果进行分析、判断和评价。

4）综合预测是由设计者对预测模型进行判断并输出结果的过程，必要时将重新建立预测模型。

1.5.2 方案设计阶段的 CAD 应用

市场需求的满足或适应体现在产品的功能上。因此，在方案设计阶段要完成产品的功能分析、功能原理求解和评价决策，以得到最佳功能原理方案，并可以通过建立人-机对话的交互式计算机系统来进行方案的综合。此阶段中 CAD 的主要工作内容有：

（1）建立解法目录信息库　将机械系统的功能元分类，可得到常用的物理功能元、逻辑功能元、数学功能元及其他功能元。将各类功能元列成设计的解法目录，存于计算机的信息库中，以便设计时调用。

（2）将各功能元局部解组成总方案　将各功能元局部解按排列组合规律重组可以得出大量方案，这一工作可以由计算机高效率地完成。

（3）方案评价　利用计算机进行复杂的计算，将模糊概念定量化，从而可以得到精确的方案评价。

1.5.3 详细设计阶段的 CAD 应用

详细设计阶段要求将机械设计方案具体化为机器及零部件的合理结构，也就是要完成产品的总体设计、部件和零件的设计，完成全部生产图纸并编制设计说明书等有关技术文件。在此阶段中，零部件的总体布置、结构形状、装配关系、材料选择、尺寸大小、加工要求、表面处理等设计合理与否，对产品的技术性能和经济指标都有着直接的影响。此阶段中 CAD 的主要工作内容有：

（1）建立或调用产品设计数据库　产品设计数据库是用来存储设计产品时所需的信息，如有关材料、标准、线图、表格和通用零部件等。数据库可供 CAD 作业时检索或调用，也便于数据管理及数据资源的共享。目前国内许多机械 CAD 软件已将设计手册中的数据存入其中，提供给设计者使用。建立产品设计数据库是 CAD 应用工程的主要内容。

（2）建立多功能交互式图形程序库　图形程序库软件可以进行二维及三维图形的信息处理，该软件由基本软件、功能软件和应用软件构成。基本软件是系统绘图软件，它提供了绘制点、线、面的功能；功能软件是为提高绘图效率而建立的图形元素库，包括几何图形元素、结构图形元素、几何组合元素和通用零部件等，设计时只要输入位置和大小比例等参数，就可以调用这些图形元素；应用软件是由设计者针对具体产品而编制的二次开发软件，它与数据库接口相连，可以建立、修改和调用数据库中的图形文件，通过几何变换转化为所需的平面图形或立体图形。

（3）建立设计方法库　设计方法库将各种通用计算公式及标准规范、常用零部件设计计算公式、最优化计算方法、有限元分析程序、计算机模拟（仿真）等现代设计方法存入设计方法库，以备产品设计时调用。

1.5.4　计算机辅助课程设计步骤及注意事项

为了加快 CAD 技术的推广和应用，对于具备计算机软硬件设施及指导教师的学校，应鼓励学生运用 CAD 技术进行课程设计，在设计时，应注意下列事项：

1）为了达到课程设计的教学基本要求，建议学生在通过手工绘图完成传动装置总体设计和装配草图设计后，对于设计对象的整体与各组成部分的结构特点和设计要求，包括减速器整体和各零部件的详细结构已经有了深入的了解时，再应用计算机进行装配工作图和零件工作图的设计。设计时应遵循先整体后局部、先内后外、先主后次、先合理布局后细部结构设计、先绘图后标注的设计绘图原则，以保证课程设计的质量。

2）选择适用的机械 CAD 软件。目前应用较为广泛、绘图工具和工程数据库较为齐全的软件有 UGS、Pro/E、Solidworks、Inventer、开目 CAD 等。另外，还有一些机械零件设计软件和机械设计课程设计软件可供选用。

3）在使用机械 CAD 软件绘图时，必须符合国家标准的规定，要求图面清晰、结构合理、表达清楚、设计结果正确。

4）在设计时，应对图形进行有效的管理，教师应根据输出设备的情况，对图层、字体、比例、线型等参数做出规定，并要求学生遵守。

5）应用机械 CAD 软件进行设计绘图与手工绘图相比具有许多不同点，因此，在使用前要认真阅读操作使用说明书。使用时要逐步摸索其使用技巧，充分发挥软件的功能，如图形的生成、复制、镜像、平移、旋转、消隐等，提高设计绘图的效率，使 CAD 软件成为设计的快捷工具。

使用机械 CAD 软件进行设计绘图时，可参考图 1-2 所示步骤进行。

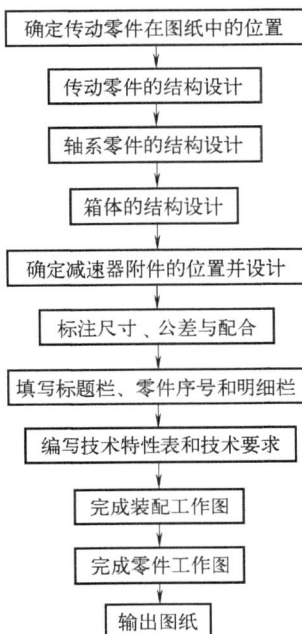

```
确定传动零件在图纸中的位置
        ↓
   传动零件的结构设计
        ↓
   轴系零件的结构设计
        ↓
    箱体的结构设计
        ↓
 确定减速器附件的位置并设计
        ↓
   标注尺寸、公差与配合
        ↓
 填写标题栏、零件序号和明细栏
        ↓
  编写技术特性表和技术要求
        ↓
    完成装配工作图
        ↓
    完成零件工作图
        ↓
      输出图纸
```

图 1-2　使用机械 CAD 软件进行设计绘图的步骤

思考题

1. 机械设计课程设计的目的是什么？它包括哪些内容？

2. 机械设计课程设计的主要步骤是什么？

3. 如何正确处理设计计算和结构设计之间的关系？为什么要采用"边计算、边绘图、边修改"的设计方法？零部件的结构设计要考虑哪些问题？

4. 在机械设计中为什么要采用标准和规范？

5. 在机械设计的各个阶段中，如何运用计算机进行辅助设计？

6. 为什么在应用计算机进行装配工作图和零件工作图设计之前，最好先通过手工绘图完成传动装置的装配草图设计？

7. 如何运用 AutoCAD 等绘图工具进行机械设计课程设计？

第2章　机械传动装置的方案设计和总体设计

2.1　机械传动装置的方案设计

机械通常由原动机、传动装置、工作机和控制系统等组成。传动装置介于机械中原动机与工作机之间，用来将原动机的运动形式、运动及动力参数以一定的转速、转矩或作用力转变为工作机所需的运动形式、运动及动力参数，并协调两者间的转速和转矩。

传动装置设计是机械设计工作的一个重要组成部分，是具有创造性的设计环节。传动装置方案设计的优劣，对机械的工作性能、外廓尺寸、重量、经济性等都有很大的影响。由于通常机械传动装置的设计方案不是唯一的，在相同的设计条件下，可以有不同的传动装置方案。因此，需要根据设计任务书的要求，分析和比较各种传动装置的特点，确定最佳的传动装置方案。

在设计传动装置时，应发扬创新精神，使学生树立正确的工程设计观念，培养其独立工作的能力。学生可依据设计任务书已给定的设计目标和工作要求，通过分析和比较传动装置参考方案，充分发挥个人的创造才能，提出自己的传动装置设计方案，也可以采用设计任务书中给出的传动装置参考方案。

2.2　方案设计应满足的要求

在设计机械传动装置的方案时，首先应满足工作机的功能要求，如所传递的功率及转速。此外，还应具有结构简单、尺寸紧凑、加工方便、成本低廉、传动效率高、使用维护方便、节能减排、容易回收等特点，以保证工作机的工作质量。要同时满足这些要求，通常是困难的，因此设计时要保证主要要求，兼顾其他要求。

图 2-1 所示为带式运输机的 4 种传动方案。图 2-1a 所示方案选用了 V 带传动和闭式齿轮传动。V 带传动布置于高速级，能发挥它传动平稳、缓冲吸振和过载保护的优点，但该方案的结构尺寸较大，V 带传动也不适宜用于工作要求繁重的场合及恶劣的工作环境。图 2-1b 所示方案结构紧凑，但由于蜗杆传动效率低、功率损耗大，不适宜用于长期连续运转的场合。图 2-1c 所示方案采用二级闭式齿轮传动，能在工作要求繁重及工作环境恶劣的条件下长期工作，且使用维护方便。图 2-1d 所示方案适合布置在狭窄的通道（如矿井巷道）中工作，但锥齿轮加工比圆柱齿轮加工困难，成本也较高。这 4 种方案各有其特点，适用于不同的工作场合。设计时要根据工作条件和设计要求进行综合比较，选取最适用的方案。

表 2-1 列出了常用传动机构的性能及适用范围，表 2-2 列出了常用减速器的主要类型及

特点，以供机械传动装置方案设计时参考。

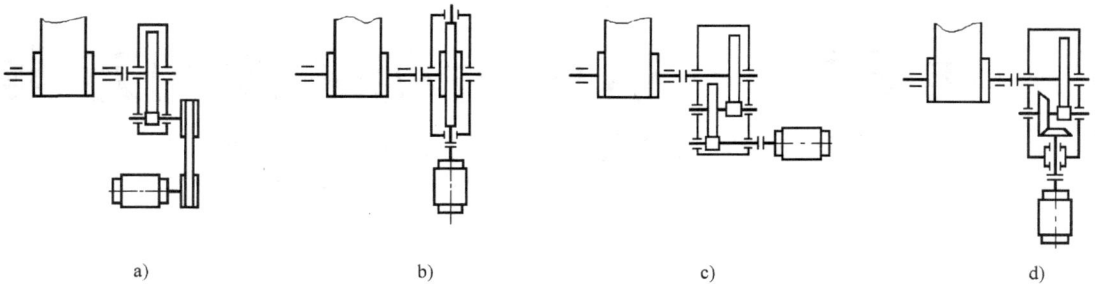

a)   b)   c)   d)

图 2-1　带式运输机的传动方案

表 2-1　常用传动机构的性能及适用范围

性能指标		传动机构						
		平带传动	V带传动	圆柱摩擦轮传动	链传动	齿轮传动		蜗杆传动
功率 P（常用值）/kW		小（≤20）	中（≤100）	小（≤20）	中（≤100）	中（最大达 50 000）		小（≤50）
						圆柱	圆锥	
单级传动比	常用值	2~4	2~4	2~4	2~5	3~5	2~3	10~40
	最大值	5	7	5	6	8	5	80
传动效率		中	中	较低	中	高		较低
许用线速度 $v/\mathrm{m \cdot s^{-1}}$		≤25	≤25~30	≤15~25	≤40	6级精度直齿≤18 非直齿≤36 5级精度可达100		滑动速度 $v_s \leqslant 50$
外廓尺寸		大	较大	大	较大	小		小
传动精度		低	低	低	中等	高		高
工作平稳性		好	好	好	差	一般		好
自锁能力		无	无	无	无	无		可有
过载保护		有	有	有	无	无		无
使用寿命		短	短	短	中等	长		中等
缓冲吸振能力		好	好	好	一般	差		差
制造及安装精度		低	低	中等	中等	高		高
润滑要求		不需	不需	少	中等	高		高
环境适应性		不能接触酸、碱、油类和爆炸性气体		一般	好	一般		一般

表 2-2　常用减速器的主要类型及特点

名称		运动简图	传动比范围		特点及应用
			一般	最大值	
一级圆柱齿轮减速器			≤5	8	轮齿可做成直齿、斜齿或人字齿。直齿用于速度较低或载荷较轻的传动；斜齿或人字齿用于速度较高或载荷较重的传动
二级圆柱齿轮减速器	展开式		8~40	60	该减速器结构简单，但齿轮相对轴承的位置不对称，因此轴应具有较大刚度。高速级齿轮布置在远离转矩输入端，这样，轴在转矩作用下产生的扭转变形将能减缓轴在转矩作用下产生弯曲变形所引起的载荷沿齿宽分布不均匀的现象 轮齿可做成直齿、斜齿或人字齿。用于载荷较平稳的场合

（续）

名　称		运 动 简 图	传动比范围		特 点 及 应 用
			一般	最大值	
二级圆柱齿轮减速器	同轴式		8~40	60	该减速器的长度较短，但轴向尺寸及重量较大。两对齿轮浸入油中深度大致相等。高速级齿轮的承载能力难以充分利用；中间轴承润滑困难；中间轴较长，刚性差，载荷沿齿宽分布不均匀
	分流式		8~40	60	高速级可做成斜齿，低速级可做成人字齿或直齿。结构较复杂，但齿轮对于轴承对称布置，载荷沿齿宽分布均匀，轴承受载均匀。中间轴的转矩相当于轴所传递的转矩之半。建议用于变载荷场合
一级锥齿轮减速器			≤3	5	用于输入轴和输出轴两轴线相交的传动，可做成卧式或立式。轮齿可做成直齿、斜齿或曲齿
二级圆锥-圆柱齿轮减速器			8~15	圆锥直齿22，圆锥斜齿40	锥齿轮应布置在高速级，以使其尺寸不致过大而造成加工困难。锥齿轮可做成直齿、斜齿或曲齿，圆柱齿轮可做成直齿或斜齿
蜗杆减速器	蜗杆下置式		10~40	80	蜗杆与蜗轮啮合处的冷却和润滑都较好，同时蜗杆轴承的润滑也较方便。但当蜗杆圆周速度太大时，搅油损失大，一般用于蜗杆圆周速度 $v \leqslant 4 \sim 5$ m/s 时
	蜗杆上置式		10~40	80	装拆方便，蜗杆的圆周速度允许高一些，但蜗杆轴承的润滑不太方便，需采取特殊的结构措施。一般用于蜗杆圆周速度 $v > 4 \sim 5$ m/s 时
齿轮-蜗杆减速器	齿轮传动置于高速级		60~90	180	齿轮传动布置在高速级，整体结构比较紧凑
	蜗杆传动置于高速级			320	蜗杆传动布置在高速级，其传动效率较高，适合较大传动比
行星齿轮减速器			3~9	20	行星齿轮减速器体积小、结构紧凑、重量轻，但结构较复杂，制造和安装精度要求高

当采用由几种传动形式组成的多级传动时，要合理布置其传动顺序。以下几点可供参考：

1) 带传动的承载能力较小，在传递相同转矩时，其结构尺寸要比其他传动形式的结构尺寸大。但带传动平稳、能缓冲吸振，因此，宜布置在高速级。

2) 链传动运转不均匀、有冲击，不适宜高速传动，应布置在低速级。

3) 蜗杆传动可实现较大的传动比，结构紧凑、传动平稳，但传动效率较低，承载能力较齿轮传动低，当与齿轮传动同时应用时，宜将其布置在高速级，以减小蜗轮尺寸，节省有色金属。另外，在高速下，蜗轮和蜗杆有较大的齿面相对滑动速度，易形成液体动力润滑油膜，有利于提高承载能力和效率，延长使用寿命。蜗杆传动适用于中、小功率及间歇运转的场合，不适用于闭式、连续、大功率的场合。

4) 锥齿轮（特别是大直径、大模数的锥齿轮）加工较困难，因此，通常用于需要改变轴的布置方向的场合，应尽量放在高速级并限制传动比，以减小大锥齿轮的直径和模数。

5) 斜齿轮传动的平稳性较直齿轮传动好，且结构紧凑、承载能力大，闭式传动润滑条件较好，常用于速度高、载荷大或要求传动平稳的场合。

6) 直齿轮、开式齿轮传动的工作环境一般较差，润滑条件不好，磨损严重，寿命较短，应布置在低速级。

7) 螺旋传动、连杆机构和凸轮机构等通常布置在靠近执行元件处。

在课程设计中，要求学生从整体出发，对多种可行方案进行分析比较，了解其优、缺点，并画出传动装置方案图。

2.3　电动机的选择

在通常机械设计中，原动机多选用电动机。电动机输出为连续转动，工作时经传动装置调整转速和转矩，可满足工作机的各种运动和动力要求，如不同的功率、转速和转矩等。

电动机为标准化产品，由专门厂家按国家标准生产，性能稳定、价格较低、品种多。在机械设计课程设计时，应根据工作机的工作特性、工作环境和工作载荷等条件，选择电动机的类型、结构、功率和转速，并在标准产品目录中选出电动机的具体型号和尺寸。

2.3.1　选择电动机的类型和结构形式

电动机按电源分为交流电动机和直流电动机两种。一般工程上常用三相异步交流电动机。三相异步交流电动机具有结构简单、维修方便、工作效率较高、重量较轻、成本较低、负载特性较硬等特点，能满足大多数工业生产机械的电气传动需要。它是各类电动机中应用最广、需求最多的一类电动机。

常用 Y 系列笼型三相异步交流电动机分为 Y 系列（IP23）防护式笼型三相异步电动机和 Y 系列（IP44）封闭式笼型三相异步电动机。

1) Y 系列（IP23）防护式笼型三相异步电动机，采用防淋水结构，能防止淋水对电动机的影响。该系列电动机具有效率高、耗电少、性能好、噪声低、振动小、体积小、重量轻、运行可靠、维修方便等特点，适用于驱动无特殊要求的各种机械设备，如切削机床、水泵、鼓风机、破碎机、运输机械等。

2）Y 系列（IP44）封闭式笼型三相异步电动机，采用封闭自扇冷式结构，能防止灰尘、铁屑或其他固体异物进入电动机内，并能防止任何方向的溅水对电动机的影响，适用于灰尘多，扬土、溅水等环境下工作的各种机械设备，如农用机械、矿山机械、搅拌机、磨粉机等。

YR 系列绕线型三相异步电动机分为 YR 系列（IP23）防护式绕线型三相异步电动机和 YR 系列（IP44）封闭式绕线型三相异步电动机。该系列电动机具有起动转矩大、起动电流小的优点，广泛用于机械、电力、化工、冶金、煤炭、纺织等部门，适宜长期连续运行、负载率高、消耗电能相对较多的场合。

针对不同机械的要求还有以下几种：①YX 系列高效率三相异步电动机，适用于长期连续运行、负载率高、消耗电能较多的场合；②YH 系列高转差率三相异步电动机，适用于转动飞轮力矩大和冲击负载较高及反转次数较多的场合；③YEJ 系列电磁制动三相异步电动机，适用于要求快速停止、准确定位的转动机构或装置；④YB 系列隔爆型异步电动机，适用于易形成爆炸混合物的场合；⑤YZR、YZ 系列起重冶金用三相异步电动机，适用于短时或断续运转、起动制动频繁、有时过载以及有较强振动和冲击的场合，适用于冶金及一般起重设备等类型的电动机。用户可根据不同工作要求，合理选用。

电动机的类型和结构形式应根据电源种类（交流或直流），工作条件（环境、温度、空间位置等），载荷大小、性质和过载情况，起动性能以及起动、制动、正反转的频繁程度等条件来选择。

常用 Y 系列三相异步电动机的技术数据和外形尺寸见表 17-2～表 17-7。

2.3.2　选择电动机的功率

电动机的功率选择是否合适，对电动机的正常工作和经济性都有影响。功率选得过小，则不能保证工作机正常工作，甚至会使电动机因超载而损坏；而功率选得过大，则电动机的体积大、价格高，传动能力又不能充分利用，而且由于电动机经常欠载运行，其效率和功率因数都较低，增加电能消耗，造成能源的浪费。

电动机的功率主要根据电动机运行时的发热情况来决定。对于载荷比较稳定、长期连续运行的机械（如运输机），只要所选电动机的额定功率 P_{ea} 等于或稍大于电动机所需的工作功率 P_d，即当 $P_{ea} \geqslant P_d$ 时，电动机就能正常工作而不会过热。因此，通常不必校验电动机的发热和起动转矩。

电动机所需的工作功率为

$$P_d = \frac{P_w}{\eta} \tag{2-1}$$

式中　P_w——工作机所需功率，指输入工作机轴的功率（kW）；

　　　η——由电动机至工作机的总效率。

工作机所需功率 P_w，应由工作机的工作阻力和运动参数（线速度或转速）计算求得。在课程设计中，可由设计任务书给定的工作机参数按下式计算：

$$P_w = \frac{Fv}{1000} \tag{2-2}$$

或

$$P_{\mathrm{w}} = \frac{Tn_{\mathrm{w}}}{9550} \tag{2-3}$$

式中　　F——工作机的工作阻力（N）；

　　　　v——工作机的线速度，如运输机输送带的线速度（m/s）；

　　　　T——工作机的阻力矩（N·m）；

　　　　n_{w}——工作机的转速，如运输机滚筒的转速（r/min）。

　　传动装置的总效率 η 应为组成传动装置的各个运动副效率的连乘积，即

$$\eta = \eta_1 \cdot \eta_2 \cdot \eta_3 \cdots \eta_n \tag{2-4}$$

式中　　η_1、η_2、η_3、$\cdots$、η_n——各种传动副（齿轮、蜗杆、带或链）、滚动轴承、联轴器和
　　　　　　　　　　　　　　　传动滚筒的效率。各种传动副、滚动轴承、联轴器和传动
　　　　　　　　　　　　　　　滚筒的效率概略值见表2-3。

表 2-3　机械传动和摩擦副的效率概略值

种　类		效率 η	种　类		效率 η
圆柱齿轮传动	很好跑合的 6 级和 7 级精度齿轮传动（油润滑）	0.98～0.99	摩擦传动	平摩擦轮	0.85～0.92
	8 级精度的一般齿轮传动（油润滑）	0.97		槽摩擦轮	0.88～0.90
	9 级精度的齿轮传动（油润滑）	0.96		卷绳轮	0.95
	加工齿的开式齿轮传动（脂润滑）	0.94～0.96	联轴器	十字滑块联轴器	0.97～0.99
	铸造齿的开式齿轮传动	0.90～0.93		齿式联轴器	0.99
锥齿轮传动	很好跑合的 6 级和 7 级精度的齿轮传动（油润滑）	0.97～0.98		弹性联轴器	0.99～0.995
				万向联轴器（$\alpha \leqslant 3°$）	0.97～0.98
	8 级精度的一般齿轮传动（油润滑）	0.94～0.97		万向联轴器（$\alpha > 3°$）	0.95～0.97
	加工齿的开式齿轮传动（脂润滑）	0.92～0.95	滑动轴承	润滑不良	0.94（一对）
	铸造齿的开式齿轮传动	0.88～0.92		润滑正常	0.97（一对）
蜗杆传动	自锁蜗杆（油润滑）	0.40～0.45		润滑良好（压力润滑）	0.98（一对）
	单头蜗杆（油润滑）	0.70～0.75		液体摩擦	0.99（一对）
	双头蜗杆（油润滑）	0.75～0.82	滚动轴承	球轴承（稀油润滑）	0.99（一对）
	四头蜗杆（油润滑）	0.80～0.92		滚子轴承（稀油润滑）	0.98（一对）
	环面蜗杆传动（油润滑）	0.85～0.95	卷筒	—	0.96
带传动	平带无张紧轮的开式传动	0.98	减（变）速器	一级圆柱齿轮减速器	0.97～0.98
	平带有张紧轮的开式传动	0.97		二级圆柱齿轮减速器	0.95～0.96
	平带交叉传动	0.90		行星圆柱齿轮减速器	0.95～0.98
	V 带传动	0.96		一级锥齿轮减速器	0.95～0.96
链传动	滚子链	0.96		圆锥-圆柱齿轮减速器	0.94～0.95
	齿形链	0.97		无级变速器	0.92～0.95
复滑轮组	滑动轴承（$i = 2 \sim 6$）	0.90～0.98		摆线-针轮减速器	0.90～0.97
	滚动轴承（$i = 2 \sim 6$）	0.95～0.99	螺旋传动	滑动螺旋	0.30～0.60
				滚动螺旋	0.85～0.95

计算总效率 η 时应注意的问题：

1) 表 2-3 中列出的效率数值为一个范围，如工作条件差、加工精度低、用润滑脂润滑或维护不良时可取低值，反之可取高值，通常可取中间值。

2) 轴承的效率是指一对轴承的效率。

3) 当动力经过每一个运动副时，都会产生功率损耗，故计算效率时应逐一计入。

4) 蜗杆传动效率与蜗杆的材料、参数等因数有关，设计时可先初定蜗杆头数，初选其效率值，待蜗杆传动参数确定后再精确地计算其效率。

2.3.3　选择电动机的转速

电动机的选择，除了选择合适的电动机系列和功率外，还要选择适当的电动机转速。功率相同的同类型电动机，可以有几种不同的转速供设计者选用。如三相异步电动机的同步转速，一般有 3000 r/min（2 极）、1500 r/min（4 极）、1000 r/min（6 极）和 750 r/min（8 极）四种。电动机同步转速越高，磁极对数越少，其重量越轻、外廓尺寸越小、价格越低。

选用电动机的转速与工作机转速相差过多时，势必使总传动比增大，致使传动装置的外廓尺寸和重量增加，价格提高；而选用较低转速的电动机时，则情况正好相反，即传动装置的外廓尺寸和重量减小，而电动机的尺寸和重量增大，价格提高。因此，在确定电动机转速时，应进行分析比较，权衡利弊，选择最优方案。

在本课程设计中，建议选用同步转速为 1500 r/min 或 1000 r/min 的电动机。

在设计计算传动装置时，通常用电动机所需的工作功率 P_d 进行计算，而不用电动机的额定功率 P_{ed}。只有当有些通用设备为留有储备能力以备发展，或为适应不同工作的需要，要求传动装置具有较大的通用性和适应性时，才按额定功率 P_{ed} 来设计传动装置。传动装置的输入转速可按电动机额定功率时的转速，即满载转速 n_m 计算，这一转速与实际工作时的转速相差不大。

例 2-1　如图 2-2 所示的带式运输机，运输胶带的有效拉力 $F = 4000$ N，带速 $v = 0.8$ m/s，传动滚筒直径 $D = 500$ mm，载荷平稳，在室温下连续运转，工作环境多尘，电源为三相交流，电压为 380 V，试选择合适的电动机。

解　(1) 选择电动机类型　按工作要求选用 YE3 系列（IP55）防护式笼型三相异步电动机，电压为 380 V。

(2) 选择电动机功率　按式 (2-1)，电动机所需的工作功率为

$$P_d = \frac{P_w}{\eta}$$

图 2-2　带式运输机

按式 (2-2)，工作机所需功率为

$$P_w = \frac{Fv}{1000}$$

传动装置的总效率为

$$\eta = \eta_1 \cdot \eta_2^4 \cdot \eta_3^2 \cdot \eta_4 \cdot \eta_5$$

按表 2-3 确定各部分效率：V 带传动效率 $\eta_1 = 0.96$，滚动轴承传动效率（一对）$\eta_2 =$

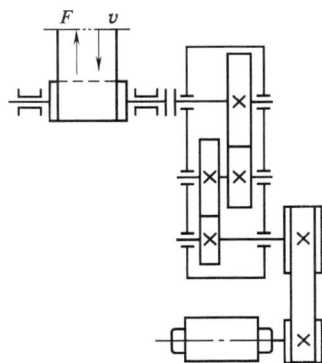

0.99，闭式齿轮传动效率 $\eta_3 = 0.97$，联轴器效率 $\eta_4 = 0.99$，传动滚筒效率 $\eta_5 = 0.96$，代入上式得

$$\eta = 0.96 \times 0.99^4 \times 0.97^2 \times 0.99 \times 0.96 = 0.825$$

所需电动机功率为

$$P_d = \frac{Fv}{1000\eta} = \frac{4000 \times 0.8}{1000 \times 0.825} \text{kW} = 3.88 \text{ kW}$$

因载荷平稳，电动机额定功率 P_{ed} 略大于 P_d 即可。由表 17-1，选电动机的额定功率 P_{ed} 为 4kW。

（3）确定电动机转速　滚筒轴工作转速为

$$n_w = \frac{60 \times 1000 v}{\pi D} = \frac{60 \times 1000 \times 0.8}{\pi \times 500} \text{r/min} = 30.56 \text{ r/min}$$

通常，V 带传动的传动比为 $i_1 = 2 \sim 4$；二级圆柱齿轮减速器的传动比为 $i_2 = 8 \sim 40$，则总传动比的范围为 $i = 16 \sim 160$，故电动机转速的可选范围为

$$n_d = i \cdot n_w = (16 \sim 160) \times 30.56 \text{ r/min} = 489 \sim 4890 \text{ r/min}$$

符合这一范围的同步转速有 750 r/min、1000 r/min、1500 r/min 和 3000 r/min。现以同步转速分别为 3000 r/min、1500 r/min 和 1000 r/min 三种方案进行比较。将由表 17-1 查得的电动机数据及计算出的总传动比列于表 2-4。

表 2-4　电动机数据及总传动比

方 案	电动机型号	额定功率 P_{ed}/kW	电动机转速 $n/\text{r} \cdot \text{min}^{-1}$		电动机质量 m/kg	参考价格 /元	总传动比 i_a
			同步转速	满载转速			
1	Y112M—2	4	3000	2890	45	910	94.54
2	Y112M—4	4	1500	1440	43	918	47.12
3	Y132M1—6	4	1000	960	75	1433	31.40

表 2-4 中，方案 1 电动机重量轻、价格稍便宜，但总传动比大、传动装置外廓尺寸大、制造成本高、结构不紧凑，故不可取。而方案 2 与方案 3 相比，综合考虑电动机和传动装置的尺寸、重量、价格以及总传动比，可以看出：如为使传动装置结构紧凑，选用方案 3 较好；如考虑电动机重量和价格，则选用方案 2。现选用方案 2，即选定电动机型号为 Y112M-4。

2.4　确定传动装置的总传动比和分配各级传动比

传动装置的总传动比 i_a 由选定的电动机满载转速 n_m 和工作机轴的转速 n_w 确定，即

$$i_a = \frac{n_m}{n_w} \tag{2-5}$$

总传动比 i_a 为各级传动比 i_0，i_1，i_2，i_3，…，i_n 的连乘积，即

$$i_a = i_0 \cdot i_1 \cdot i_2 \cdot i_3 \cdots i_n \tag{2-6}$$

如何合理分配各级传动比，是传动装置设计中的一个重要问题。传动比分配得合理，可以减小传动装置的外廓尺寸、重量，达到结构紧凑、降低成本的目的，也可以得到较好的润

滑条件。分配传动比主要应考虑以下几点：

1）各级传动比均应在推荐范围内选取，不得超过最大值。各种传动机构的传动比常用值见表 2-1。

2）各级传动零件应做到尺寸协调、结构匀称，避免相互间发生碰撞或安装不便。如图 2-3 所示，由于高速级传动比 i_1 过大，致使高速级大齿轮直径过大而与低速轴相碰。又如图 2-4 所示，由 V 带和一级圆柱齿轮减速器组成的二级传动中，由于带传动的传动比过大，使得大带轮外圆半径大于减速器中心高，造成尺寸不协调，安装时需将地基挖坑，为避免出现这种情况，应合理分配带传动与齿轮传动的传动比。

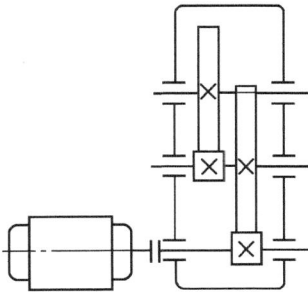

图 2-3　高速级大齿轮与低速轴干涉　　　　图 2-4　带轮过大造成安装不便

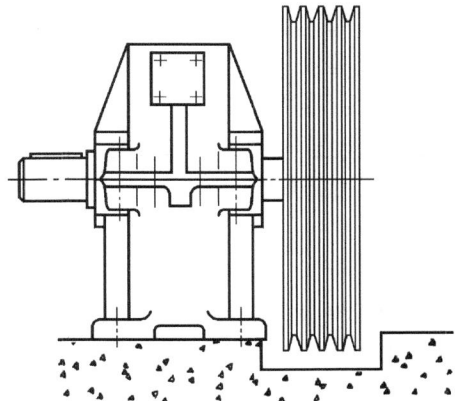

3）尽量使传动装置的外廓尺寸紧凑或重量较轻。图 2-5 所示为二级圆柱齿轮减速器的两种传动比分配方案。在总中心距和总传动比相同（$a = a'$，$i_1 \cdot i_2 = i_1' \cdot i_2'$）的情况下，图 2-5a 所示方案中 i_2 较小，使得低速级大齿轮的直径也较小，从而获得结构紧凑的外廓尺寸。

4）对于卧式二级齿轮减速器，各级齿轮都应得到充分润滑。为了保证各级大齿轮都能浸到油，往往致使某级大齿轮浸油过深而增加搅油损失。为避免此情况发生，通常尽量使各级大齿轮直径相近，应使高速级传动比大于低速级传动比，如图 2-5a 所示。此时，高速级大齿轮能浸到油，低速级大齿轮直径稍大于高速级大齿轮，浸油只稍深而已。

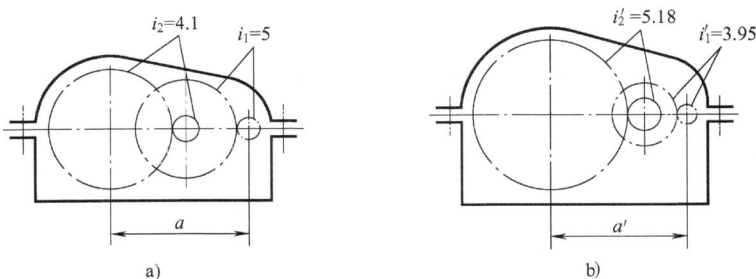

图 2-5　不同的传动比分配对外廓尺寸的影响

对于展开式二级圆柱齿轮减速器，在两级齿轮配对材料、性能及齿宽系数大致相同的情况下，即齿面接触强度大致相等时，两级齿轮的传动比可按下式分配：

$$i_1 \approx (1.3 \sim 1.5)i_2 \tag{2-7}$$

或
$$i_1 \approx \sqrt{(1.3 \sim 1.5)i} \tag{2-8}$$

式中　i_1、i_2——分别为高速级和低速级齿轮的传动比；

i——两级齿轮减速器的总传动比。

对于同轴式减速器，常取 $i_1 \approx i_2 = \sqrt{i}$。

5）对于圆锥-圆柱齿轮减速器，为了便于加工，大锥齿轮尺寸不应过大，为此应限制高速级圆锥齿轮的传动比 $i_1 \leqslant 3$，一般可取 $i_1 \approx 0.25i$。

6）对于齿轮-蜗杆减速器，当齿轮传动置于高速级时，可取齿轮传动的传动比 $i_1 < 2$；当齿轮传动置于低速级时，可取齿轮传动的传动比 $i_2 \approx (0.03 \sim 0.05)i$。

按照上述要求，计算得到各轴的运动和动力参数数据后，应汇总列于表中（例如表2-5），以备查用。

例 2-2　数据同例 2-1，试计算传动装置的总传动比，并分配各级传动比。

解　（1）总传动比为

$$i_a = \frac{n_m}{n_w} = \frac{1440}{30.56} = 47.12$$

（2）分配传动装置各级传动比　由表 2-1 取 V 带传动的传动比 $i_0 = 3$，则二级齿轮减速器的传动比 i 为

$$i = \frac{i_a}{i_0} = \frac{47.12}{3} = 15.71$$

取二级圆柱齿轮减速器高速级的传动比为

$$i_1 = \sqrt{1.4i} = \sqrt{1.4 \times 15.71} = 4.69$$

则低速级的传动比为

$$i_2 = \frac{i}{i_1} = \frac{15.71}{4.69} = 3.35$$

注意：以上传动比的分配只是初步的。传动装置的实际传动比必须在各级传动零件的参数（如带轮直径、齿轮齿数等）确定后才能计算出来，故应在各级传动零件的参数确定后计算实际传动比。对于带式运输机的传动装置，一般允许总传动比的实际值与设计要求的规定值有 $\pm(3\% \sim 5\%)$ 的误差。

2.5　计算传动装置的运动和动力参数

在选定电动机型号和分配传动比之后，应将传动装置中各轴的功率、转速和转矩计算出来，为传动零件和轴的设计计算提供依据。在计算时应注意以下几点：

1）按工作机所需要的电动机工作功率 P_d 来计算，各轴的转速可根据电动机的满载转速 n_m 及传动比进行计算。

2）因为存在轴承功率损耗，同一根轴的输入功率（或输入转矩）与输出功率（或输出转矩）的数值是不同的。

3）计算各轴运动及动力参数时，应先将传动装置中各轴从高速轴到低速轴依次编号，

定为 0 轴（电动机轴）、1 轴、2 轴、…；相邻两轴间的传动比表示为 i_{01}，i_{12}，i_{23}，…；相邻两轴间的传动效率为 η_{01}，η_{12}，η_{23}，…；各轴的输入功率为 P_1，P_2，P_3，…；各轴的转速为 n_1，n_2，n_3，…；各轴的输入转矩为 T_1，T_2，T_3，…。

电动机轴的输出功率、转速和转矩分别为

$$P_0 = P_d, \quad n_0 = n_m, \quad T_0 = 9550 \frac{P_0}{n_0}$$

传动装置中各轴的输入功率（单位为 kW）、转速（单位为 r/min）和转矩（单位为 N·m）分别为

$$P_1 = P_0 \cdot \eta_{01}, \quad n_1 = \frac{n_0}{i_{01}}, \quad T_1 = 9550 \frac{P_1}{n_1} = T_0 \cdot i_{01} \cdot \eta_{01}$$

$$P_2 = P_1 \cdot \eta_{12}, \quad n_2 = \frac{n_1}{i_{12}}, \quad T_2 = 9550 \frac{P_2}{n_2} = T_1 \cdot i_{12} \cdot \eta_{12}$$

$$P_3 = P_{20} \cdot \eta_{23}, \quad n_3 = \frac{n_2}{i_{23}}, \quad T_3 = 9550 \frac{P_3}{n_3} = T_2 \cdot i_{23} \cdot \eta_{23}$$

$$\cdots\cdots\cdots\cdots$$

注意：由于存在轴承功率损耗，同一根轴的输出功率（或输出转矩）与输入功率（或输入转矩）的数值不同，因此，在对传动零件进行设计时，应该用输出功率（或输出转矩）。另外，由于存在传动零件功率损耗，一根轴的输出功率（或输出转矩）与下一根轴的输入功率（或输入转矩）的数值也不相同，因此，计算时也必须加以区分。

例 2-3　数据同前两例条件，传动装置运动简图如图 2-2 所示。试计算传动装置各轴的运动和动力参数。

解　0 轴（电动机轴）：

$$P_0 = P_d = 3.88 \text{ kW}$$

$$n_0 = n_m = 1440 \text{ r/min}$$

$$T_0 = 9550 \frac{P_0}{n_0} = 9550 \times \frac{3.88}{1440} \text{ N·m} = 25.73 \text{ N·m}$$

1 轴（高速轴）：

$$P_1 = P_0 \cdot \eta_{01} = P_0 \cdot \eta_1 = 3.88 \times 0.96 \text{ kW} = 3.72 \text{ kW}$$

$$n_1 = \frac{n_0}{i_{01}} = \frac{1440}{3} \text{ r/min} = 480 \text{ r/min}$$

$$T_1 = 9550 \frac{P_1}{n_1} = 9550 \times \frac{3.72}{480} \text{ N·m} = 74.01 \text{ N·m}$$

2 轴（中间轴）：

$$P_2 = P_1 \cdot \eta_{12} = P_1 \cdot \eta_2 \cdot \eta_3 = 3.72 \times 0.99 \times 0.97 \text{ kW} = 3.57 \text{ kW}$$

$$n_2 = \frac{n_1}{i_{12}} = \frac{480}{4.69} \text{ r/min} = 102.35 \text{ r/min}$$

$$T_2 = 9550 \frac{P_2}{n_2} = 9550 \times \frac{3.57}{102.35} \text{ N·m} = 333.11 \text{ N·m}$$

3 轴（低速轴）：

$$P_3 = P_2 \cdot \eta_{23} = P_2 \cdot \eta_2 \cdot \eta_3 = 3.57 \times 0.99 \times 0.97 \text{ kW} = 3.43 \text{ kW}$$

$$n_3 = n_2/i_{23} = \frac{102.35}{3.35} \text{ r/min} = 30.55 \text{ r/min}$$

$$T_3 = 9550 \frac{P_3}{n_3} = 9550 \times \frac{3.43}{30.55} \text{N} \cdot \text{m} = 1072.23 \text{ N} \cdot \text{m}$$

4 轴（滚筒轴）：

$$P_4 = P_3 \cdot \eta_{34} = P_3 \cdot \eta_2 \cdot \eta_4 = 3.43 \times 0.99 \times 0.99 = 3.36 \text{ kW}$$

$$n_4 = n_3/i_{34} = \frac{30.55}{1} \text{ r/min} = 30.55 \text{ r/min}$$

$$T_4 = 9\,550 \frac{P_4}{n_4} = 9550 \times \frac{3.36}{30.55} \text{N} \cdot \text{m} = 1050.34 \text{ N} \cdot \text{m}$$

1～3 轴的输出功率（或输出转矩）分别为各轴的输入功率（或输入转矩）乘以轴承效率（0.99）。例如 1 轴的输出功率 $P_1' = P_1 \times 0.99 = 3.72 \times 0.99$ kW = 3.68 kW，输出转矩 $T_1' = T_1 \times 0.99 = 74 \times 0.99$ N·m = 73.26 N·m，其余类推。

运动和动力参数的计算结果应加以汇总，列出表格（见表 2-5），供后面的设计计算使用。

表 2-5 各轴运动和动力参数的计算结果

轴 名	功率 P/kW		转矩 T/N·m		转 速 n/r·min^{-1}	传动比 i	效 率 η
	输 入	输 出	输 入	输 出			
电动机轴		3.88		25.7	1 440		
1 轴	3.72	3.68	74.01	73.3	480	3	0.96
2 轴	3.57	3.53	333.11	330	102.35	4.69	0.99
3 轴	3.43	3.40	1072.23	1062	30.55	3.35	0.97
滚筒轴	3.36	3.33	1050.34	1039	30.55	1	0.98

思考题

1. 传动装置的主要功用是什么？传动方案设计应满足哪些要求？

2. 画出所设计传动装置的传动简图，标出各轴的转动方向、轮齿的螺旋线方向，并求出各轴的转速、功率和转矩。

3. 常用的机械传动形式有哪几种？各有何特点？各适用于何种场合？

4. 在多级传动中，为什么带传动一般布置在高速级，而链传动布置在低速级？

5. 为什么锥齿轮传动常布置在机械传动的高速级？

6. 蜗杆传动在多级传动中应布置在高速级还是低速级？为什么？

7. 减速器的主要类型有哪些？各有什么特点？你所设计的传动装置有哪些特点？

8. 工业生产中用得最多的是哪一种类型的电动机？它具有什么特点？

9. 选择电动机包括哪几方面的内容？根据哪些条件来选择电动机类型？

10. 电动机的功率主要根据什么条件确定？如何确定电动机所需的工作功率 P_d？

11. 电动机的转速如何确定？选用高转速电动机与低转速电动机各有什么优、缺点？电动机的满载转速与同步转速是否相同？设计中采用哪一转速？

12. 传动装置的总效率如何确定？计算总效率时要注意哪些问题？

13. 合理分配各级传动比有什么意义？分配传动比时要考虑哪些原则？

14. 传动装置的总传动比如何确定？分配的传动比和传动零件实际传动比是否一定相同？当工作机的实际转速与设计要求的误差范围不符时如何处理？

15. 传动装置中同一轴上的功率、转速和转矩之间有什么关系？传动装置中各相邻轴间的功率、转速和转矩之间的关系如何确定？

第3章 减速器传动零件设计

机械装置是由各种类型的零部件组成的，其中决定其工作性能、结构布置和尺寸大小的主要是传动零件，而支承零件和连接零件也需要根据传动零件来设计和选取，所以，一般应先设计传动零件。传动零件的设计包括选择传动零件的材料及热处理方法，确定传动零件的主要参数、结构和尺寸。

在机械设计课程设计中，需要根据传动装置的运动和动力参数的计算结果及设计任务书给定的工作条件对减速器内、外的传动零件进行设计。为了使设计减速器时的原始条件比较准确，通常应先设计减速器外的传动零件，然后再设计减速器内的传动零件。各类传动零件的设计方法可参考有关教材，这里不再重复。下面仅就设计传动零件时应注意的问题做简要的提示。同时，这些工作也是为设计装配草图而必须做好的前期工作。

3.1 减速器外传动零件设计

当所设计的传动装置中，除减速器以外还有其他传动零件（如 V 带传动、链传动、开式齿轮传动等）时，通常首先设计计算这些零件。在这些传动零件的参数（如带轮的基准直径、链轮齿数、开式齿轮齿数等）确定后，外部传动的实际传动比便可确定；然后修改减速器的传动比，再进行减速器内传动零件的设计，这样可以减小传动装置的传动比累积误差。

通常，由于课程设计学时的限制，装配工作图只画减速器部分，一般不画外部传动零件。因此，减速器以外的传动零件只需确定主要参数和安装尺寸，而不进行详细的结构设计。

3.1.1 V 带传动

设计 V 带传动所需的已知条件主要有：原动机种类和所需传递的功率，主动轮和从动轮的转速 n_1、n_2（或传动比 i），工作要求及外廓尺寸，传动位置的要求等。

设计内容包括：确定 V 带的型号、基准长度 L_d、根数 z，带轮的材料，基准直径 d_{d1}、d_{d2}，作用在轴上的力的大小和方向，传动中心距 a 以及带传动的张紧装置等。

在带轮尺寸确定后，应检查带传动的尺寸在传动装置中是否合适。例如，装在电动机轴上的小带轮直径与电动机的中心高是否匹配；其带轮轮毂孔直径和长度与电动机的轴直径和长度是否匹配；大带轮外圆是否与其他零部件干涉等。如有不合适的情况，应考虑改选带轮基准直径 d_{d1}、d_{d2}，重新设计计算。在带轮直径确定后，应验算带传动的实际传动比。

在确定轮毂孔直径和长度时，应与减速器输入轴轴头的直径和长度相适应，轮毂孔直径一般应符合标准规定，见表 9-6。带轮轮毂长度与带轮轮缘长度不一定相同，一般轮毂长度 l 可根据轴孔直径 d 的大小确定，常取 $l=(1.5\sim2)d$。而轮缘宽度则取决于带的型号和根数。

3.1.2　链传动

设计链传动所需的已知条件主要有：传递的功率 P，主动链轮和从动链轮的转速 n_1、n_2（或传动比 i），原动机的种类，工作条件等。

设计内容包括：确定链轮齿数 z_1、z_2，链号，链节数 L_p，排数 m，传动中心距 a，链轮的材料和结构尺寸，张紧装置以及润滑方式等。

大、小链轮的齿数最好选择奇数或不能整除链节数的数，一般限定 z_{min}；为使大链轮尺寸不致过大，应使 $z_{max}\leqslant120$，从而控制传动的外廓尺寸；速度较低的链传动齿数不宜取得过多。当大链轮安装在滚筒轴上时，其直径应小于滚筒直径。当采用单排链传动而计算出的链节距过大时，可改用双排链或多排链。为避免使用过渡链节，链条的链节数一般为偶数。链轮的结构可参考相关资料确定。

3.1.3　开式齿轮传动

设计开式齿轮传动所需的已知条件主要有：传递功率 P，主、从动轮的转速 n_1、n_2（或传动比 i），工作条件，尺寸限制等。

设计内容包括：选择材料及热处理方法，确定齿轮传动的参数（齿数 z、模数 m、螺旋角 β、变位系数 x、中心距 a、齿宽 b 等），齿轮的其他几何尺寸和结构尺寸以及作用在轴上的力的大小和方向等。

针对开式齿轮传动的工作特点，开式齿轮传动只需计算轮齿的弯曲疲劳强度。考虑到齿面磨损对轮齿弯曲强度的影响，应将强度计算求得的模数加大 $10\%\sim20\%$。

开式齿轮传动一般用于低速传动，为使支承结构简单，通常采用直齿。由于润滑及密封条件差、灰尘大，故应注意材料的配对选择，使之具有较好的减摩和耐磨性能。

开式齿轮轴的支承刚度较小，为减轻齿轮轮齿偏载的影响，齿宽系数应取小一些，一般取 $\varphi_a=b/a=0.1\sim0.3$，常取 $\varphi_a=0.2$。尺寸参数确定后，应检查传动的外廓尺寸。如与其他零件发生干涉或碰撞，则应修改参数重新计算。

3.1.4　联轴器的选择

1. 选择联轴器的类型

联轴器类型应根据机械传动装置所要完成的功能来选择。当电动机和减速器安装在公共底座上时，两轴间的同轴度容易保证，其联轴器无须具有很高的位移补偿功能。但该联轴器连接的是高速轴，为了减小起动载荷和其他动载荷，它应具有较小的转动惯量和良好的减振性能。因此，多采用带弹性元件的联轴器（如弹性柱销联轴器、弹性套柱销联轴器和梅花形弹性联轴器等）。

对于连接减速器和工作机的联轴器，由于它处于低速轴，因此，该联轴器对转动惯量和减振性能的要求不高。当减速器和工作机安装在同一底座上时，也可采用上述几种类型的带弹性元件的联轴器；当工作机和减速器不是安装在公共底座上时，则要求该联轴器具有较高的位移补偿功能，因此，可采用无弹性元件的挠性联轴器（如齿式联轴器、滑块联轴器等）。

2. 选择联轴器的型号

联轴器的型号按计算转矩 T_{ca} 进行选择，要求所选型号的联轴器所允许的最大转矩 T 大于计算转矩 T_{ca}，并且通过该型号联轴器连接的两轴直径均应在所选型号联轴器毂孔最大、最小直径的允许范围内。

3.2 减速器内传动零件设计

在减速器外的传动零件设计完成后，应检验所计算的运动及动力参数有无变动。如有变动，应作相应的修改，再进行减速器内传动零件的设计计算。齿轮传动和蜗杆传动的设计步骤与公式可参阅有关教材。下面仅对设计中应注意的问题作简要提示。

3.2.1 圆柱齿轮传动

圆柱齿轮传动设计中应注意以下问题：

（1）齿轮材料及热处理方法的选择 齿轮材料的选择，要考虑齿轮毛坯的制造方法。当齿轮的顶圆直径 $d_a \leqslant 400$ mm 时，一般采用锻造毛坯；当 $d_a > 400 \sim 500$ mm 或结构形状复杂时，因受锻造设备能力的限制，可采用铸钢制造；当齿轮直径与轴的直径相差不大时，应做成齿轮轴。选择材料时要兼顾齿轮与轴的一致性要求；同一减速器内各级大、小齿轮的材料最好对应相同，以减少材料品种和简化工艺要求。

用热处理的方法可以提高材料的性能，尤其是提高其硬度，从而提高材料的承载能力。按齿面硬度可以把钢制齿轮分为两类，即软齿面齿轮（齿面硬度不大于 350HBW）和硬齿面齿轮（齿面硬度大于 350HBW）。另外，提高齿面硬度还可以减小减速器的体积。目前，国际上齿轮制造向着高精度、高性能的方向发展，从而使机械传动装置向体积小、重量轻、传动功率大的方向发展。

（2）齿轮传动的几何参数和尺寸 齿轮传动的几何参数和尺寸应分别进行标准化、圆整或计算其精确值。例如：模数应标准化；中心距和齿宽应该圆整；分度圆、齿顶圆和齿根圆直径，螺旋角，变位系数等啮合尺寸必须计算其精确值。要求长度尺寸精确到小数点后二至三位（单位为 mm），角度精确到秒（″）。为便于制造和测量，中心距应尽量圆整成尾数为 0 或 5。对直齿圆柱齿轮传动，可以通过调整模数 m 和齿数 z，或采用角变位来实现中心距尾数的圆整；对斜齿圆柱齿轮传动，还可以通过调整螺旋角 β 来实现中心距尾数的圆整。在此过程中，还应考虑减轻重量、降低成本等。

齿轮的结构尺寸都应尽量圆整，以便于制造和测量。如轮毂直径和长度，轮辐的厚度和孔径，轮缘长度和内径等，应按设计资料给定的经验公式计算后，进行圆整。

（3）齿宽 b 齿宽 b 应为一对齿轮的工作宽度。为补偿齿轮轴向位置误差，应使小齿轮宽度大于大齿轮宽度，若大齿轮宽度取 b_2，则小齿轮宽度取 $b_1 = b_2 + (5 \sim 10)$ mm。

（4）齿轮的结构 通过齿轮传动的强度和几何尺寸计算，只能确定其基本参数和一些主要尺寸，如齿数、模数、齿宽、螺旋角、分度圆直径和中心距等；而轮缘、轮辐、轮毂等结构形式和尺寸大小，需要通过结构设计来确定。

齿轮的结构形式主要由毛坯材料、几何尺寸、加工工艺、生产批量、经济性等因素确定。常用的齿轮结构形式分为以下四种基本形式：齿轮轴、实心式齿轮、腹板式齿轮、轮辐式齿轮。通常是先按齿轮的直径大小选择合适的结构形式，然后再根据推荐的经验公式进行结构设计。

3.2.2 锥齿轮传动

锥齿轮传动设计中应注意以下问题：

1）直齿锥齿轮的锥距 R、分度圆直径 d（大端）等几何尺寸，应按大端模数和齿数精确计算至小数点后三位数值，不能圆整。

2）两轴相交角度为 90° 时，分度圆锥角 δ_1 和 δ_2 可以由齿数比 $u = z_2/z_1$ 算出，其中小锥齿轮齿数 z_1 可取 $17 \sim 25$。u 值的计算应足够精确，δ 值的计算应精确到秒（$''$）。

3）大、小锥齿轮的齿宽应相等，按齿宽系数计算式 $\varphi_R = b/R$ 得出的齿宽 b 的数值应圆整。

3.2.3 蜗杆传动

蜗杆传动设计中应注意以下问题：

1）蜗杆副材料的选择与滑动速度有关，一般在初估滑动速度的基础上选择材料。蜗杆副的滑动速度 v_s（m/s），可由下式估算

$$v_s = 5.2 \times 10^{-4} n_1 \sqrt[3]{T_2} \qquad (3-1)$$

式中　n_1——蜗杆转速（r/min）；

　　　T_2——蜗轮轴转矩（N·m）。

待蜗杆传动尺寸确定后，应校核滑动速度和传动效率，如与初估值有较大出入，则应重新修正计算，其中包括检查材料选择是否恰当。

2）为了便于加工，蜗杆和蜗轮的螺旋线方向应尽量取为右旋。

3）模数 m 和蜗杆分度圆直径 d_1 要符合标准规定。在确定 m、d_1、z_2 后，计算中心距应尽量圆整成尾数为 0 或 5。为此，常需将蜗杆传动做成变位传动，即对蜗轮进行变位，变位系数应为 $-1 \leqslant z \leqslant 1$。如不符合，则应调整 d_1 值或改变蜗轮 $1 \sim 2$ 个齿数。

4）当蜗杆分度圆圆周速度 $v \leqslant 4$ m/s 时，一般将蜗杆下置；当 $v > 4 \sim 5$ m/s 时，则将其上置。

3.2.4 轴的初步计算和初选滚动轴承类型

1. 轴的初步计算

在装配草图设计前，需要初步确定减速器中各轴外伸段的直径和长度，轴的结构设计要在初步计算出的轴径基础上进行。轴径 d（mm）可按扭转强度初算，计算式为

$$d \geqslant C \sqrt[3]{\frac{P}{n}} \qquad (3-2)$$

式中　P——轴所传递的功率（kW）；

　　　n——轴的转速（r/min）；

　　　C——与轴的材料有关的系数，见表 3-1。

注意：若为齿轮轴，轴与齿轮的材料应相同。

当轴上有键槽时，应适当增大轴径以考虑键槽对轴强度的削弱。当轴径 $d \leqslant 100$ mm 时，单键增大 5%~7%，双键增大 10%~15%。当轴径 $d > 100$ mm 时，单键增大 3%，双键增大 7%。然后将轴径圆整为标准直径。若轴外伸段与其他传动零件（如联轴器）相连接，则该段轴的直径应按标准选定。求得的直径作为承受转矩作用轴段的最小直径。

表 3-1　轴常用材料的 C 值

轴的材料	Q235, 20 钢	Q275, 35 钢	45 钢	40Cr, 35SiMn, 2Cr13, 38SiMnMo, 42SiMn
C	160~135	135~118	118~106	106~98

轴外伸段可做成圆柱形或圆锥形。在单件生产和小批量生产中优先采用圆柱形，因为圆柱形制造较为简便。在成批和大量生产中通常做成圆锥形，因为零件采用圆锥面配合装拆方便、定位精度高，其轴向定位不需要轴肩，并能产生适当过盈。

2. 初定轴外伸段的长度

轴外伸段的长度与外接零件及轴承盖的结构要求有关。当采用螺钉连接的凸缘式轴承盖时，外接零件的定位轴肩从轴承盖伸出长度必须满足在不拆下外接零件时，也能方便地拧下端盖螺钉，以便打开箱盖。联轴器的轮毂距轴承盖外端面的距离即为轴的伸出长度。若外接零件（带轮、链轮等）的轮毂直径较小，不影响轴承盖螺钉的拆卸时，则轴的伸出长度可取小一些，一般取 15~20 mm 即可；否则，其伸出长度应大于轴承盖螺钉的长度。当采用嵌入式轴承盖时，因为没有螺钉拆卸问题，其伸出长度可取小些，一般取 5~10 mm，详见图 5-11。

在设计轴的结构之前，应确定轴承透盖和轴承调整垫片的厚度。轴承透盖的厚度可按表 13-19 计算并圆整。调整垫片的厚度取 $t = 2$ mm。

3. 初选滚动轴承型号，确定轴承的安装位置

根据上述轴的径向尺寸，可初步选出滚动轴承型号及具体尺寸。通常同一根轴上的轴承取相同的型号，使两轴承座孔的尺寸相同，可以一次镗孔并保证两孔具有高的同轴度。然后再根据轴承的润滑方式定出轴承在箱体座孔内的位置，即箱体内壁距轴承内侧端面的距离，轴承采用脂润滑时取 10~15 mm，油润滑时取 3~5 mm。最后，画出轴承外廓、轴颈与轴承定位和固定的结构。

思考题

1. 在传动装置设计中，为什么一般要先设计传动零件？为什么传动零件中一般要先设计减速器外的传动零件？

2. 设计 V 带传动所需的已知条件主要有哪些？设计内容主要有哪些？应进行哪些检查以判断带传动的设计结果是否合适？

3. 设计链传动所需的已知条件主要有哪些？设计内容主要有哪些？应进行哪些检查以判断链传动的设计结果是否合适？

4. 设计开式齿轮传动为什么要进行齿根弯曲强度计算？应如何考虑齿面的磨损？

5. 在齿轮传动的参数和尺寸中，哪些应取标准值？哪些应该圆整？哪些必须精确计算？

6. 若对圆柱齿轮传动的中心距数值圆整成尾数为 0 或 5 的整数时，应如何调整 m、z、β 等参数？

7. 齿轮的材料和齿轮结构两者间有什么关系？直径大于 500 mm 的齿轮应该选用什么材料？为什么？

8. 齿轮的热处理方法有哪些？你设计的齿轮选用哪种热处理方法？为什么？

9. 在什么情况下齿轮与轴应制成齿轮轴？

10. 锥齿轮传动的锥距 R 能不能圆整？为什么？

11. 蜗杆传动的蜗杆、蜗轮材料如何选择？

12. 如何估算蜗杆的滑动速度 v_s？滑动速度的设计结果与初估值不一致时，应如何修正计算？

第4章 减速器的结构

减速器是由封闭在箱体内的齿轮传动或蜗杆传动所组成的独立部件。减速器常安装在原动机与工作机之间，用以降低从原动机输入工作机的转速并相应地增大输入转矩。这种方式在机器设备中被广泛采用。

减速器的种类繁多，其结构随其类型和工作要求不同而异，但基本结构有很多相似之处，主要由箱体、轴系零件（齿轮、轴及轴承组合）和附件三部分组成。图 4-1 所示为一级圆柱齿轮减速器的典型结构图。

4.1 齿轮、轴及轴承组合

图 4-1 中小齿轮与轴制成一体，即采用齿轮轴结构，这种结构用于齿轮直径与轴的直径相差不大的情况。如果轴的直径为 d，齿轮齿根圆的直径为 d_f，则当 $d_f-d \leqslant 6m$（m 为齿轮模数）时，应采用齿轮轴结构。而当 $d_f-d>6m$ 时，采用齿轮与轴分开为两个零件的结构（如低速轴与大齿轮），此时齿轮与轴的周向固定采用平键连接，轴上零件利用轴肩、轴套和轴承盖进行轴向固定。图 4-1 中，两轴均采用深沟球轴承，用于承受径向载荷和不大的轴向载荷的场合。当轴向载荷较大时，应采用角接触球轴承、圆锥滚子轴承或深沟球轴承与推力轴承的组合结构。图 4-1 中，轴承利用齿轮旋转时溅起的稀油进行润滑。减速器工作时箱座油池中的润滑油被旋转的齿轮溅起飞溅到箱盖的内壁上，沿内壁流到分箱面坡口后，通过导油槽流入轴承进行润滑。当浸油齿轮圆周速度 $v \leqslant 2\ \mathrm{m/s}$ 时，应采用润滑脂润滑轴承，为避免可能溅起的稀油冲掉润滑脂，可采用挡油环将其分开。为防止润滑油流失和外界灰尘进入箱内，在轴承端盖和外伸轴之间应装有密封元件。如图 4-1 中采用唇形密封圈，适用于环境多尘的场合。

4.2 箱体

箱体是减速器的重要组成部件。它是支承传动零件的基座，应具有足够的强度和刚度。

箱体通常用灰铸铁制造，灰铸铁具有很好的铸造性能和减振性能。对于受重载荷或冲击载荷的减速器也可以采用铸钢箱体。对于单件或小批量生产的减速器，为了简化工艺、降低成本，可采用钢板焊接箱体。

图 4-1 中的箱体是由灰铸铁制造的，为了便于轴系部件的安装和拆卸，箱体制成沿轴心

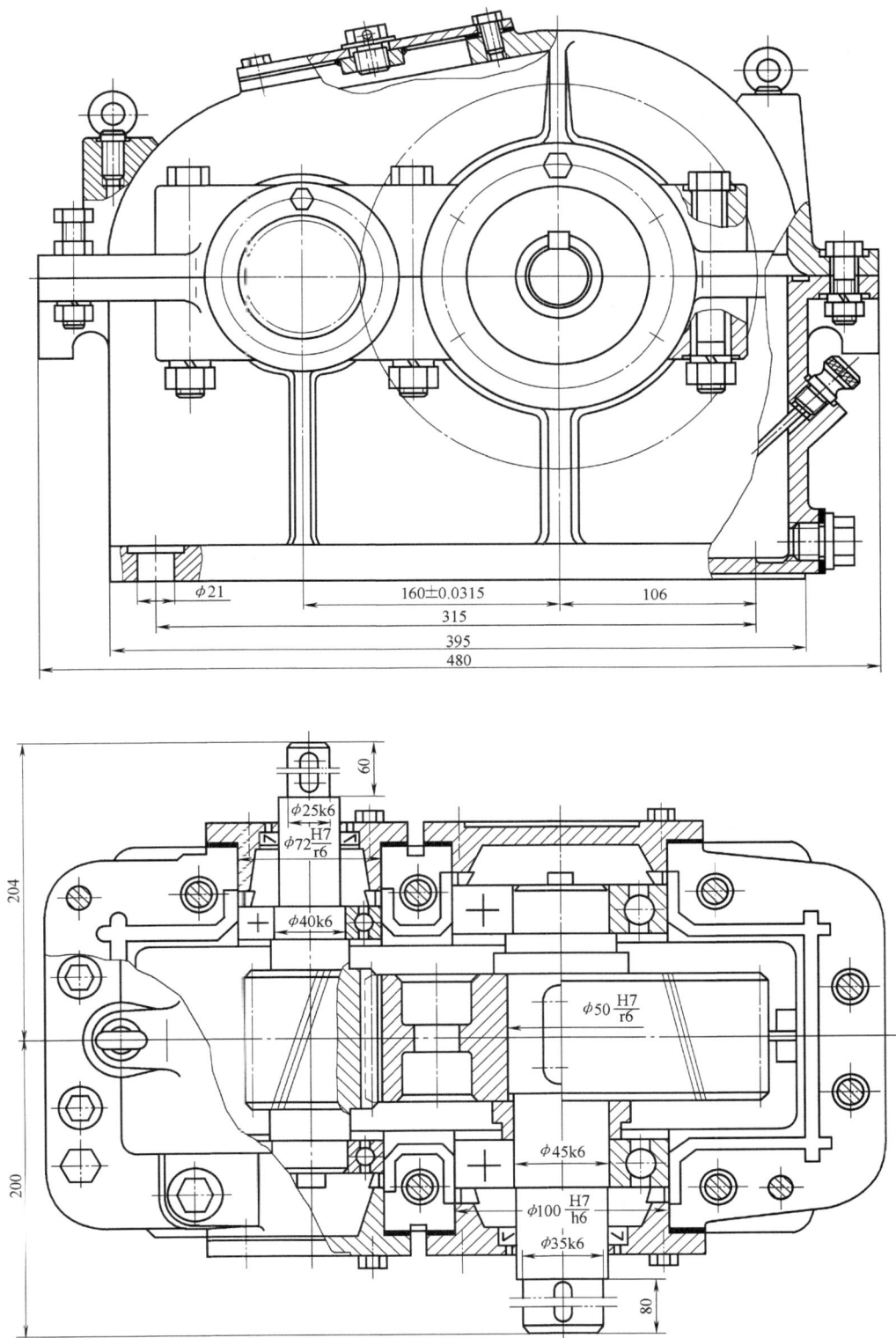

图 4-1　一级圆柱齿轮减速器的典型结构图

线水平剖分的形式，上箱盖和下箱座用螺栓连接成一体。轴承座的连接螺栓应尽量靠近轴承座孔；轴承座旁的凸台，应具有足够的承托面，以便放置连接螺栓，并保证旋紧螺栓时需要的扳手空间；为保证箱体具有足够的刚度，在轴承座附近加支承肋。为保证减速器安置在基础上的稳定性，应尽可能减少箱体底座平面的机械加工面积，箱体底座一般不采用完整的平面，图 4-1 中减速器下箱座底面采用两矩形加工基面。

4.3 减速器的附件

为了保证减速器的正常工作，除了对齿轮、轴、轴承组合和箱体的结构设计应给予足够重视外，还应考虑到为减速器润滑油池注油、排油，检查油面高度，检修拆装时箱盖与箱座的精确定位，吊运等辅助零部件的合理选择和设计。

（1）检查孔及检查孔盖   为了检查传动零件的啮合情况、接触斑点和侧隙，并向箱体内注入润滑油，应在箱体的适当位置设置检查孔。图 4-1 中检查孔设在箱盖顶部能够直接观察到齿轮啮合部位的地方。平时，检查孔的孔盖用螺钉固定在箱盖上，并用垫片加以密封。图 4-1 中检查孔为长方形，其大小应适当（以手能伸入箱内为宜），以便检查齿轮副啮合情况。

（2）通气器   减速器工作时，箱体内温度升高，气体膨胀，压力增大。为使箱内受热膨胀的空气能自由排出，以保持箱体内、外压力平衡，不致使润滑油沿分箱面或轴伸密封件等缝隙渗漏，通常在箱体顶部装设通气器。图 4-1 中采用的通气器是具有垂直相通气孔的通气螺塞，通气螺塞旋紧在检查孔盖的螺孔中。通气器的类型很多，如工作环境为多尘的场合，可采用带有滤网的通气器，其防尘效果较好。

（3）轴承盖   为了固定轴系部件的轴向位置并承受轴向载荷，轴承座孔两端用轴承盖封闭。轴承盖有凸缘式和嵌入式两种（见表 13-19 和表 13-20）。图 4-1 采用的是凸缘式轴承盖，利用六角头螺栓固定在箱体上；在外伸轴处的轴承盖是透盖，透盖中装有密封件。凸缘式轴承盖的优点是拆装、调整轴承比较方便；但和嵌入式轴承盖相比，零件数目较多，尺寸较大，外观不够平整。

（4）定位销   为了精确地加工轴承座孔，同时为了在每次拆装箱盖时仍保持轴承座孔制造加工时的位置精度，应在轴承孔精加工前，在箱盖与箱座的连接凸缘上配装定位销。图 4-1 采用的两个定位圆锥销，安置在箱体纵向两侧连接凸缘上。对称箱体应呈非对称布置，以免错装。

（5）油面指示器   为了检查减速器内油池油面的高度，以便经常保持油池内有适量的油量，一般在箱体便于观察、油面较稳定的部位装设油面指示器。图 4-1 中采用的油面指示器是杆式油标。

（6）放油螺塞   换油时，为了排放污油和清洗剂，应在箱座底部、油池的最低位置处开设放油孔，平时用螺塞将放油孔堵住。放油螺塞和箱体接合面间应加防漏用的封油圈。

（7）启盖螺钉　为了加强密封效果，通常在装配时，在箱体剖分面上涂以水玻璃或密封胶，因而在拆卸时往往因黏结紧密难于开箱。为此常在箱盖连接凸缘的适当位置加工出两个螺孔，旋入启箱用的圆柱端或半圆端启盖螺钉。旋动启盖螺钉可将箱盖顶起。启盖螺钉的大小可与分箱面连接螺栓相同。

（8）起吊装置　当减速器质量超过 25 kg 时，为了便于搬运，需在箱体上设置起吊装置，如在箱体上铸出吊耳、吊钩或安装吊环螺钉等。图 4-1 中箱盖上装有两个吊环螺钉，用于吊起箱盖；箱座两端的凸缘下面铸出四个吊钩，用于吊运整台减速器。

二级圆柱齿轮减速器铸造箱体结构如图 4-2 所示，圆锥-圆柱齿轮减速器铸造箱体结构如图 4-3 所示，蜗杆减速器铸造箱体结构如图 4-4 所示。减速器箱体结构尺寸按表 4-1 确定。

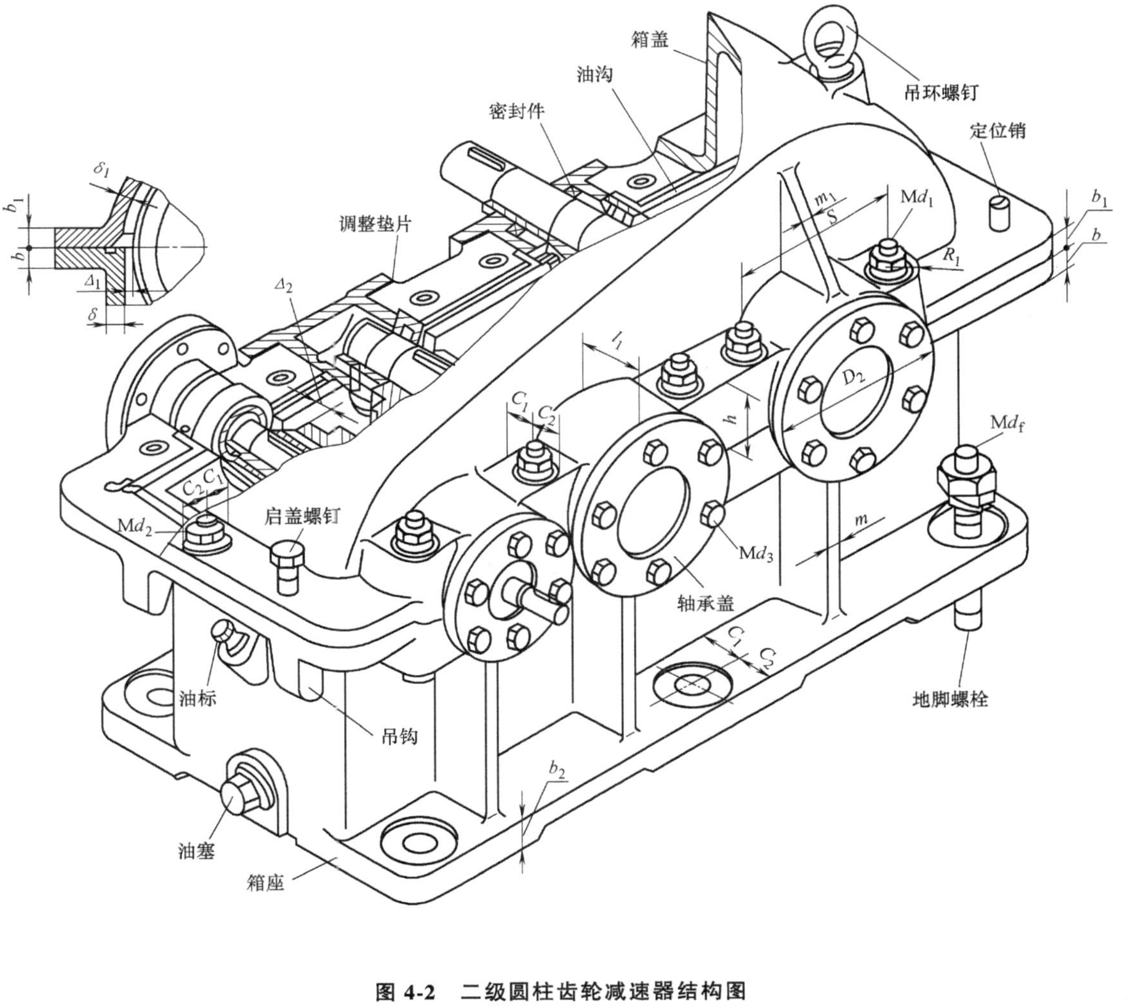

图 4-2　二级圆柱齿轮减速器结构图

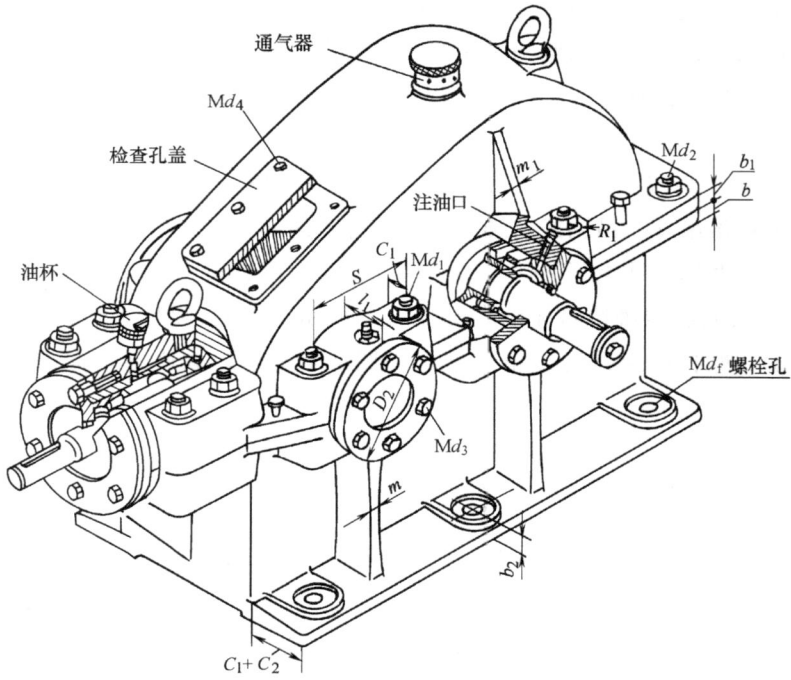

图 4-3 圆锥-圆柱齿轮减速器结构图

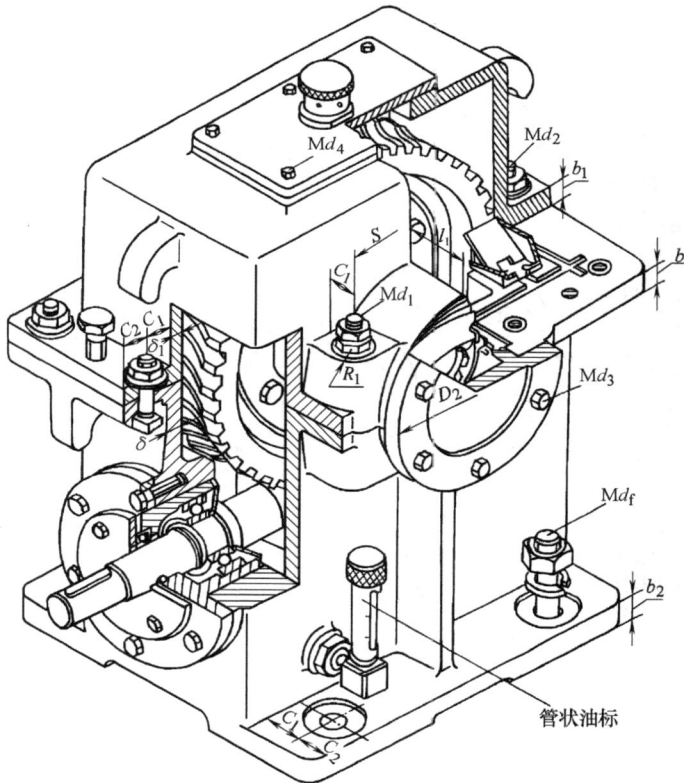

图 4-4 蜗杆减速器结构图

表 4-1 减速器箱体结构的推荐尺寸

名　　称	符号	减速器类型及尺寸关系/mm						
		齿轮减速器		锥齿轮减速器			蜗杆减速器	
箱座壁厚	δ	一级	$0.025a+1 \geqslant 8$		$0.025a+1 \geqslant 8$		$0.04a+3 \geqslant 8$	
		二级	$0.025a+3 \geqslant 8$					
		三级	$0.025a+5 \geqslant 8$					
		考虑铸造工艺，所有壁厚都不应小于 8 mm。对于多级减速器，a 为低速级齿轮中心距；对于圆锥-圆柱齿轮减速器，a 为圆柱齿轮传动的中心距						
箱盖壁厚	δ_1	$(0.8 \sim 0.85)\delta \geqslant 8$						
箱座凸缘厚度	b	1.5δ 箱座底凸缘周长						
箱盖凸缘厚度	b_1	$1.5\delta_1$						
箱座底凸缘厚度	b_2	2.5δ						
地脚螺栓直径	d_f	$0.036a+12$						
地脚螺栓数目	n	$n=$（箱座底凸缘周长）$/(400 \sim 600) \geqslant 4$					4	
轴承旁连接螺栓直径	d_1	$0.75d_f$						
箱盖与箱座连接螺栓直径	d_2	$(0.5 \sim 0.6)d_f$						
连接螺栓 d_2 的间距	l	$150 \sim 200$						
轴承端盖螺钉直径	d_3	$(0.4 \sim 0.5)d_f$（或按表 13-19 选取）						
检查孔盖螺钉直径	d_4	$(0.3 \sim 0.4)d_f$						
定位销直径	d	$(0.7 \sim 0.8)d_2$						
安装螺栓直径	d_x	M8	M10	M12	M16	M20	M24	M30
d_f、d_1、d_2 至外箱壁距离	C_{1min}	13	16	18	22	26	34	40
d_f、d_1、d_2 至凸缘边缘距离	C_{2min}	11	14	16	20	24	28	34
沉头座直径	D_0	20	24	26	32	40	48	60
轴承旁凸台半径	R_1	C_2						
凸台高度	h	根据低速级轴承座外径确定，以便于操作扳手为准						
外箱壁至轴承座端面距离	l_1	$C_1+C_2+(5 \sim 8)$						
大齿轮顶圆（蜗轮外圆）与内壁距离	Δ_1	$>1.2\delta$						
转动零件端面与内壁距离	Δ_2	$>\delta$						
轴承座孔边缘至轴承螺栓轴线的距离	l_8	$l_8 \approx (1 \sim 1.2)d_1$						
箱盖、箱座肋厚	m_1、m	$m_1 \approx 0.85\delta_1$，$m \approx 0.85\delta$						
轴承端盖外径	D_2	$D+(5 \sim 5.5)d_3$（或按表 13-19 选取）						
轴承端盖凸缘厚度	t	$(1 \sim 1.2)d_3$						
轴承旁连接螺栓距离	S	尽量靠近，以 d_1 和 d_3 互不干涉为准，一般取 $S \approx D_2$						

第5章 减速器装配草图设计

装配图是用来表达各零件的相互关系、位置、形状和尺寸的图样，也是机器组装、调试、维护和绘制零件图等的技术依据。由于装配图的设计和绘制过程比较复杂，因此，应先进行装配草图设计。在设计过程中，必须综合考虑零件的工作条件、材料、强度、刚度、制造、装拆、调整、润滑和密封等方面的要求，以期得到工作性能好、便于制造、成本低廉、节能减排的机器。

装配草图的设计内容包括：确定轴的结构及其尺寸；选择滚动轴承型号；确定轴的支点距离和轴上零件力的作用点；设计和绘制轴上传动零件和其他零件的结构；设计和绘制箱体及其附件的结构；验算轴和键连接的强度及轴承寿命等，从而为装配图和零件图的设计打下基础。在绘图过程中要注意：传动零件的结构尺寸是否协调和是否有干涉。

在装配草图的设计过程中，绘图和计算是交互进行的，需经过反复修改，以获得较好的设计效果。应该避免单纯追求图纸的表面美观，而不愿意修改已发现的不合理的结构。故装配草图设计通常采用"边计算、边画图、边修改"的方法，逐步完善和细化设计图样。

装配草图设计可按初绘装配草图，轴、轴承和键连接的校核计算，完成装配草图三个阶段进行。

5.1 初绘减速器装配草图

5.1.1 初绘装配草图前的准备

在绘制装配草图前应做好以下准备工作：

1）通过参观或装拆实际减速器、观看有关减速器的录像、阅读减速器装配图，了解各零部件的功用、结构和相互关系，做到对设计内容心中有数。

2）确定传动零件的主要尺寸，如齿轮或蜗轮的分度圆和齿顶圆直径、宽度、轮毂长度、传动中心距等。

3）按已选定的电动机类型和型号查出其轴径、轴伸长度和键槽尺寸。

4）按工作条件和转矩选定联轴器的类型和型号，查出对两端轴孔直径和孔宽及其有关装配尺寸的要求。

5）按工作条件初步选择轴承类型和型号。

6）确定滚动轴承的润滑和密封方式。

7）确定减速器箱体的结构方案（如剖分式、整体式等），并计算出它的各部分尺寸。

8）确定装配图的视图数，选择比例尺，合理布置图面。图 4-2~图 4-4 所示为铸造箱体的减速器结构图，其各部分尺寸可按表 4-1 所列公式确定。

5.1.2　初绘装配草图

传动零件、轴和轴承是减速器的主要零件，其他零件的结构尺寸随之而定。绘图时先画主要零件，后画次要零件；由箱体内零件画起，内外兼顾，逐步向外画；先画零件的中心线及轮廓线，后画细部结构。画图时要以一个视图为主，兼顾其他视图。

初绘装配草图的步骤如下。

1. 选择比例尺，合理布置图面

绘图时，按照规定应先绘出图框线及标题栏，图纸上所剩的空白图面即为绘图的有效面积。在绘图的有效面积内，应综合考虑视图、尺寸线、零件标号、技术要求等所占的空间，确定绘图比例尺。布置图面时，应根据传动件的中心距、顶圆直径及轮宽等主要尺寸，估计出减速器的轮廓尺寸，合理布置图面。

2. 确定传动零件的轮廓和相对位置

图 5-1 和图 5-2 所示为传动零件的轮廓和相对位置，绘图顺序如下。

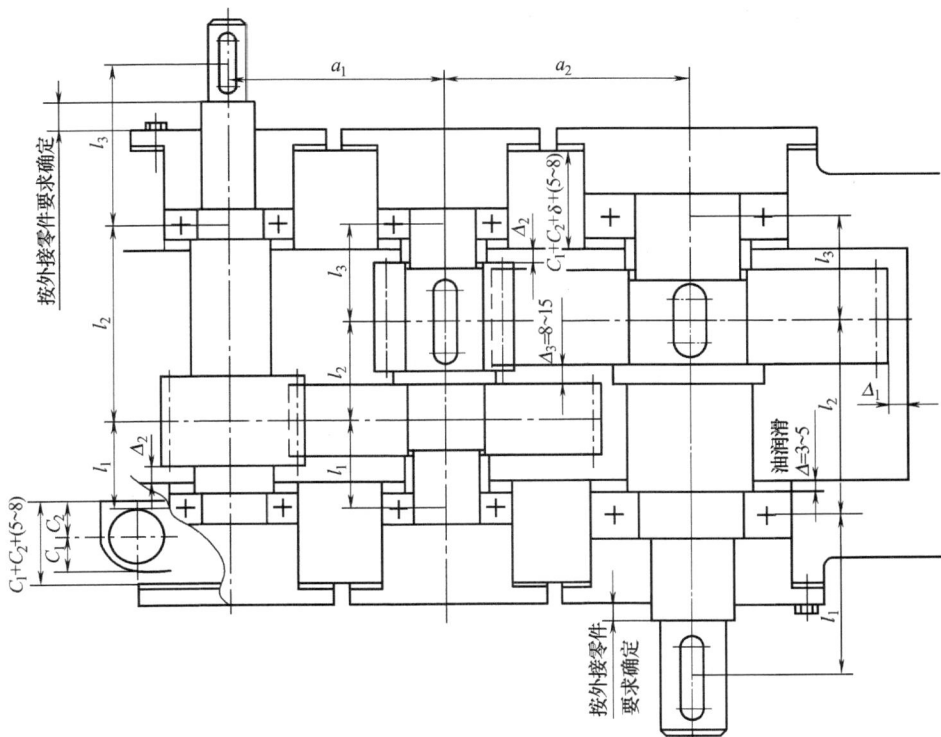

图 5-1　二级圆柱齿轮减速器初绘装配草图

（1）确定传动零件的轮廓　首先，在主、俯视图上画出箱体内传动零件的中心线、齿顶圆（或蜗轮外圆）、分度圆、齿宽和轮毂长等轮廓尺寸，其他细部结构暂不画出。为了保证全齿宽啮合并降低安装要求，通常取小齿轮齿宽比大齿轮齿宽大 5~10 mm。

（2）确定箱体内壁和轴承座端面的位置　对于圆柱齿轮减速器（见图 5-1、图 5-2），应在大齿轮顶圆和齿轮端面与箱体内壁之间留有一定距离 Δ_1 和 Δ_2，以避免由于箱体铸造误差引起的间隙过小，造成齿轮与箱体相碰。Δ_1 和 Δ_2 的取值见表 4-1。小齿轮顶圆与箱体内壁之间的距离，可待完成装配草图阶段由主视图上箱体结构的投影关系确定。

对于圆锥-圆柱齿轮减速器（见图 5-3），应在小锥齿轮大端轮缘端面和大锥齿轮轮毂端面与箱体内壁留有间隙 Δ_2（见图 5-3），小锥齿轮顶圆与圆弧形箱体内壁之间应留有一定距离 Δ_1（见图 5-4），Δ_1 和 Δ_2 值的确定参见表 4-1。注意：在设计箱体时，要以小锥齿轮轴为基准，上下对称（见图 5-5），以便于制造。

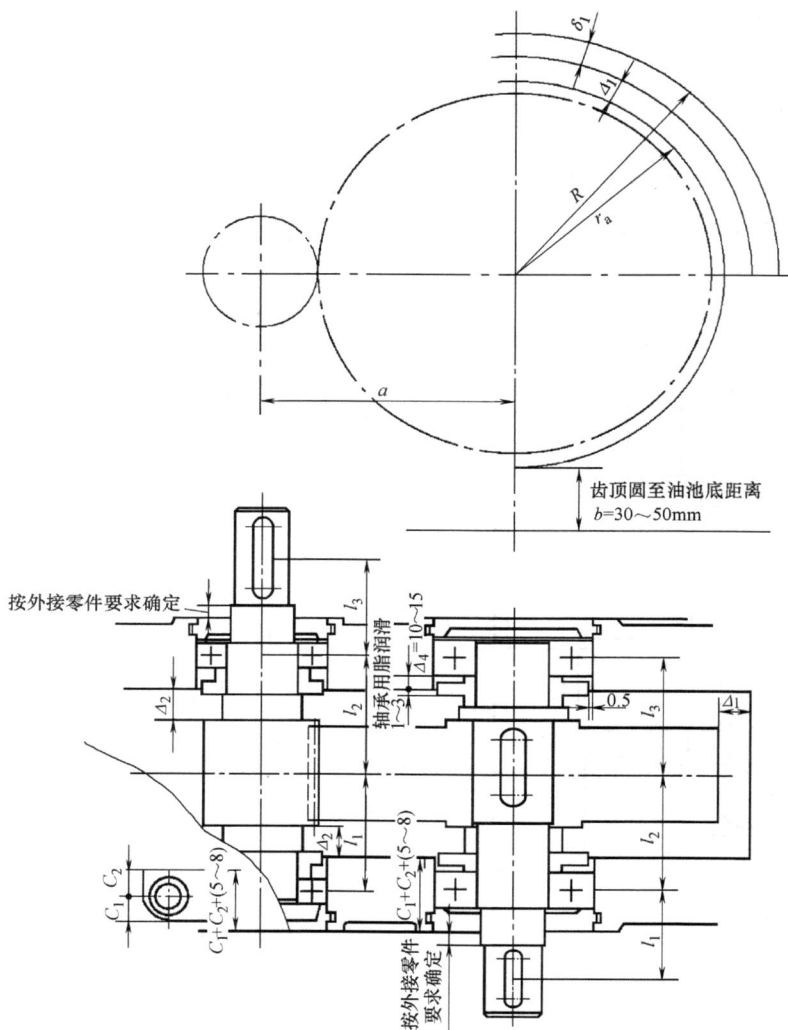

图 5-2　一级圆柱齿轮减速器初绘装配草图

设计二级齿轮减速器时，为避免发生干涉，应使高速级大齿轮齿顶与低速轴表面之间距离及两级齿轮端面间距 $\Delta_3 = 8 \sim 15$ mm。

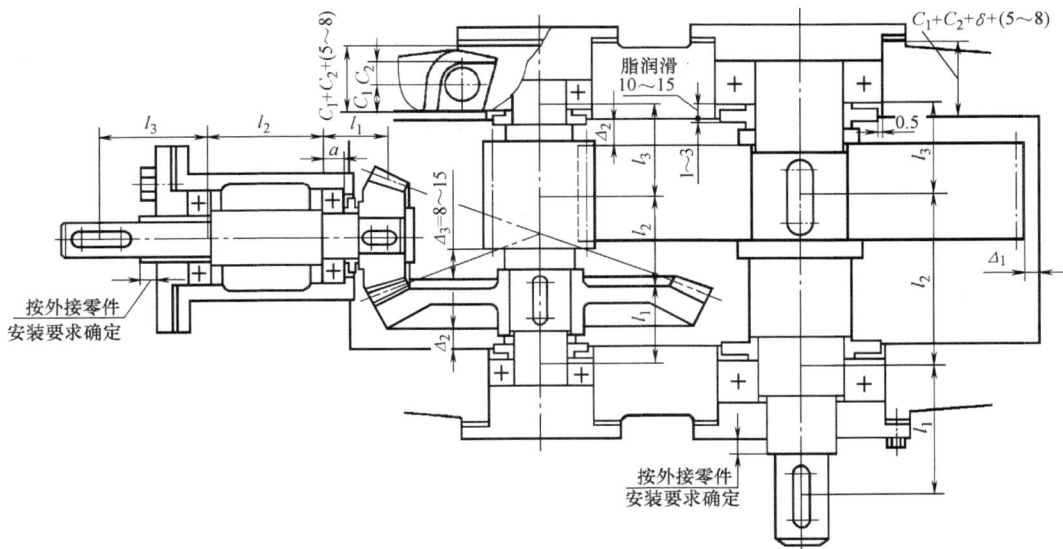

图 5-3　圆锥-圆柱齿轮减速器初绘装配草图

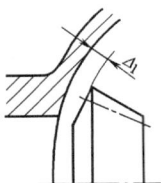

图 5-4　小锥齿轮与箱体内壁间距

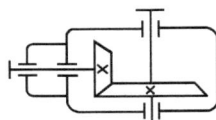

图 5-5　箱体上下对称

对于蜗杆减速器（见图 5-6），蜗轮外圆和蜗轮轮毂端面与箱体内壁之间应留有距离 Δ_1 和 Δ_2 值。为了提高蜗杆轴的刚度，应尽量缩小其支点间距离。因此，蜗杆轴承座常伸至箱

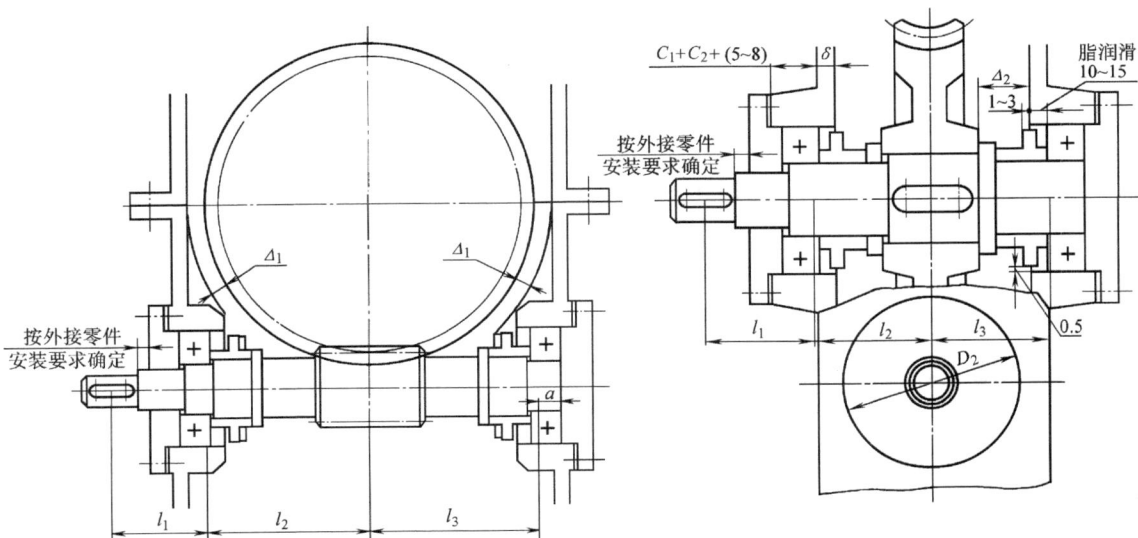

图 5-6　蜗杆减速器初绘装配草图

体内部（见图 5-7），内伸部分的外径 D_1 近似等于凸缘式轴承盖外径 D_2。内伸部分的端面确定，应使轴承座与蜗轮外圆之间留有一定的距离 Δ_1（见表 4-1）。为了增加轴承座的刚度，在其内伸部分的下面还应有加强肋。蜗杆减速器箱体宽度 B 是在侧视图上经绘图确定的，一般取 $B = D_2$，D_2 为蜗杆轴轴承盖外径，如图 5-8a 所示。有时为了缩小蜗杆轴的支点距离和提高其刚度，可使 B_1 略小于 D_2，如图 5-8b 所示。图 5-8 中 A 为蜗轮轴的支点距离。

减速器箱体内壁至轴承内侧之间的距离为 Δ_4。如轴承采用箱体内润滑油润滑时，$\Delta_4 = 3 \sim 5 mm$，如图 5-9a 所示；如轴承采用润滑脂润滑时，则需要装挡油环，$\Delta_4 = 10 \sim 15 mm$，如图 5-9b 所示。在轴承位置确定后，画出轴承轮廓。

箱体内壁至轴承座端面距离 l_2 值的确定与考虑扳手空间的尺寸 C_1、C_2，如图 5-10 所示；C_1、C_2 值见表 4-1。

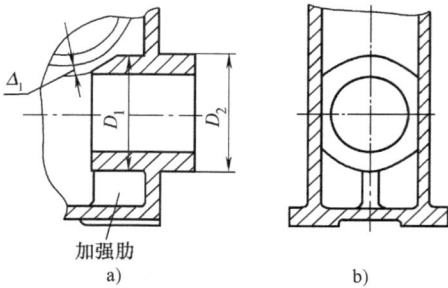

图 5-7 蜗杆轴轴承座结构

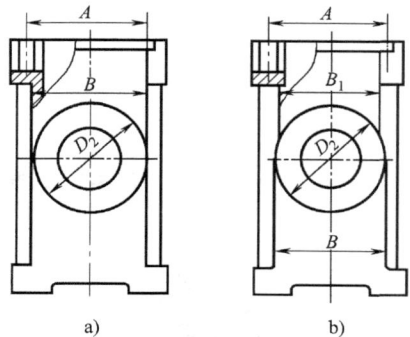

图 5-8 蜗杆减速器箱体宽度

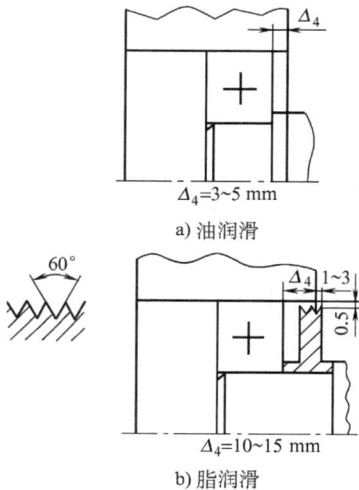

图 5-9 轴承在箱体中的位置

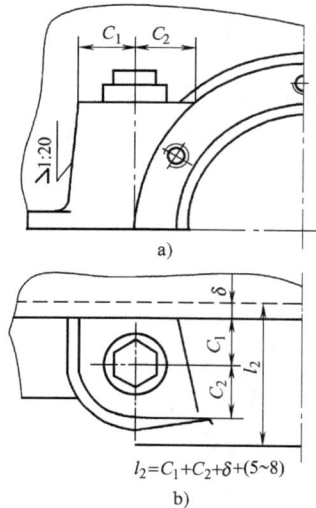

图 5-10 轴承座蜗杆减速器箱体宽度

5.1.3 初步计算轴径及轴的结构设计

1. 初步计算轴径

画出传动零件和箱体的轮廓图后，由于轴的支反力作用点尚属未知，不能确定轴上所受弯矩的大小和分布情况，因而尚不能按轴所受的实际载荷确定轴直径。通常可先根据轴所传递的转矩，按扭转强度来初步计算轴的直径，其计算公式及参数可查阅有关教材。

当轴上开有键槽时，应增大轴径以考虑键槽对轴强度的削弱。一般在有一个键槽时，轴径增大 3% 左右；有两个键槽时，轴径应增大 7% 左右，然后圆整为标准直径。

当外伸轴通过联轴器与电动机连接时，计算轴径和电动机轴径均应在所选联轴器孔径的允许范围内，否则应改变轴径 d，与其相匹配。

2. 进行轴的结构设计

轴的结构设计包括确定轴的合理外形和全部结构尺寸。

轴的结构应满足：轴和轴上的零件要有准确的工作位置；轴上的零件应便于装拆和调整；轴应具有良好的制造工艺性等。通常把轴做成阶梯形，如图 5-11 所示。

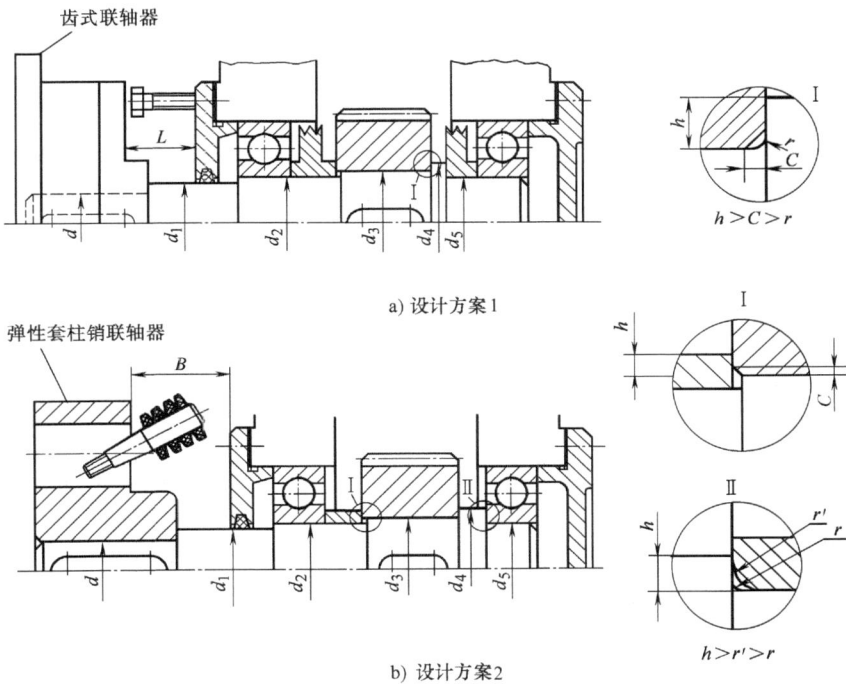

a) 设计方案1

b) 设计方案2

图 5-11　轴的结构

（1）确定轴的径向尺寸　相邻轴段直径变化处的轴肩分为定位轴肩和非定位轴肩。定位轴肩应使轴上零件定位可靠，以承受一定的轴向力，定位轴肩的高度 $h = (0.07 \sim 0.1)d$，d 为与零件配合处轴段的轴径。定位轴肩的尺寸可查表 5-1。轴肩圆角半径 r 应小于轴上零件倒角 C 或圆角半径 r'，如图 5-11 中 I、II 所示。当用定位轴肩固定滚动轴承时（见图 5-12），轴肩高度可查表 12-1 至表 12-6，以便于拆卸轴承。

表 5-1　定位轴肩的尺寸　　　　　　　　　　　　　　（单位：mm）

	d	r	C	d_1
	>18~30	1.0	1.6	
	>30~50	1.6	2.0	$d_1 = d + (3\sim4)C$
	>50~80	2.0	2.5	（计算值应尽量按标准直径圆整）
	>80~120	2.5	3.0	

当相邻轴段直径变化处的轴肩仅为了装拆方便或区别加工表面时，其直径变化值可较小，甚至可采用同一公称直径而取不同的偏差值。如图 5-11 中直径 d_1 和 d_2，d_2 和 d_3，其直径的变化量可取 $1 \sim 3$ mm。

当轴表面需要磨削加工或切削螺纹时，为便于加工，轴径变化处应留有砂轮越程槽（见图 5-13）或退刀槽，其尺寸见表 9-12 或表 11-23。

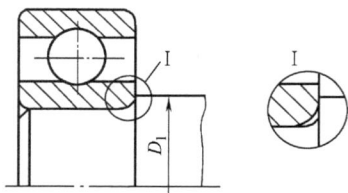

图 5-12　滚动轴承内圈的轴向固定

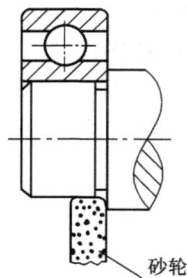

图 5-13　砂轮越程槽

（2）确定轴的轴向尺寸　轴上安装传动零件的轴段长度应由所装零件的轮毂长度确定。由于存在制造误差，为了保证零件轴向固定和定位可靠，应使轴的端面与轮毂端面间留有一定距离 Δl（见图 5-14），一般取 $\Delta l = 1 \sim 3$ mm。同理，轴端零件的轴向固定也如此（见图 5-15）。

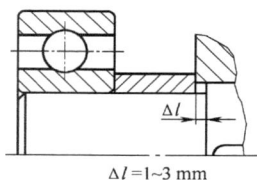

$\Delta l = 1 \sim 3$ mm

图 5-14　传动零件的轴向固定

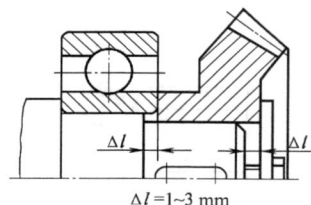

$\Delta l = 1 \sim 3$ mm

图 5-15　轴端零件的轴向固定

安装键的轴段，应使键槽靠近直径变化处（见图 5-16），以便于在装配时，轮毂上的键槽与轴上的键容易对准。通常，键的长度比零件轮毂的长度短 $5 \sim 10$ mm，并圆整为标准值（见表 11-29）。

轴的外伸长度取决于外接零件及轴承盖的结构。如轴端装有联轴器，则必须留有足够的装配距离，如图 5-11b 所示弹性套柱销联轴器所要求的安装尺寸 B。采用不同的轴承盖结构，也将影响轴的外伸长度。如图 5-11a 所示，当采用凸缘式轴承盖时，轴的外伸长度则应考虑拆装轴承盖螺钉所需的长度 L，以便在不拆下外接零件的情况下，能方便地拆下端盖螺钉，打开箱盖。当采用嵌入式轴承盖时，L 可取较小值。

（3）小锥齿轮轴的结构设计　小锥齿轮轴多采用悬臂支承结构，如图 5-17 所示。为使轴系具有较大的刚度，两轴承支点跨距 l_1 不宜太小，一般取 $l_1 \geqslant 2l_2$ 或取 $l_1 \approx 2.5d$（d 为轴颈直径），并尽量缩短 l_2，使受力点靠近支点。

为保证锥齿轮传动的啮合精度，装配时需要调整大小锥齿轮的轴向位置，使两轮锥顶重合。因此，常将小锥齿轮轴装在套杯内，构成一个独立组件，如图 5-18 所示。用套杯凸缘内端面与轴承座外端面之间的一组垫片调整小锥齿轮的轴向位置。套杯的凸肩用于固定轴承，为便于轴承拆卸，凸肩高度应按轴承安装尺寸要求确定，套杯厚度 $\delta_2 = 8 \sim 10$ mm（见图 5-18）。

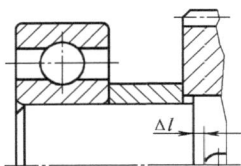

$\Delta l = 1 \sim 3$ mm

图 5-16　键槽位置

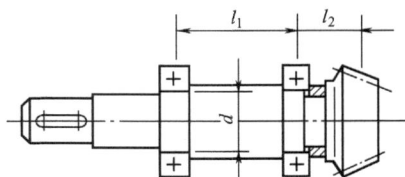

$l_1 \geqslant 2l_2$ 或 $l_1 \approx 2.5d$

图 5-17　小锥齿轮悬臂支承结构

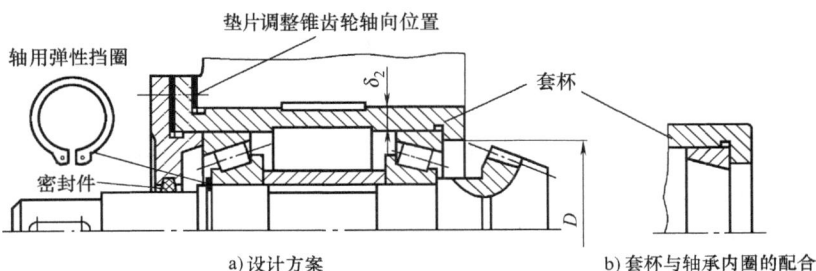

a) 设计方案　　　　　　　　　　b) 套杯与轴承内圈的配合

图 5-18　套杯结构

当小锥齿轮轴系采用角接触轴承时，轴承有正装和反装两种布置方式。

图 5-19 所示为轴承的正装结构，这种结构的支点跨距较小，刚性较差，但通过垫片调整轴承游隙比较方便，故应用较多。

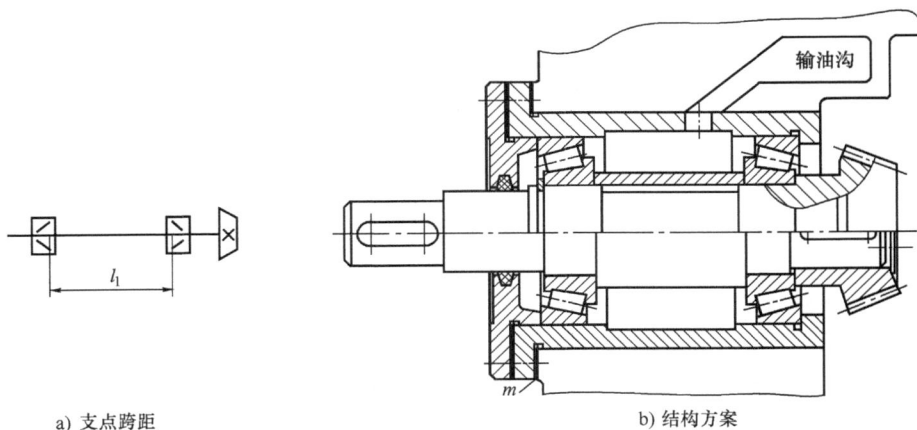

a) 支点跨距　　　　　　　　　　　　　b) 结构方案

图 5-19　小锥齿轮轴承组合（正装）

图 5-20 所示为轴承的反装结构，这种结构支点跨距较大，刚性较好。轴承游隙是靠轴上圆螺母来调整的，操作不方便，且需在轴上制出螺纹，易产生应力集中，削弱轴的强度，故应用较少。当要求两轴承布置结构紧凑而又需要提高轴系刚度时才采用这种结构。

3. 初步选择轴承型号

轴承型号和具体尺寸可根据轴的直径初步选出，一般同一根轴上取同一型号的轴承，使轴承孔可一次镗出，保证加工精度。

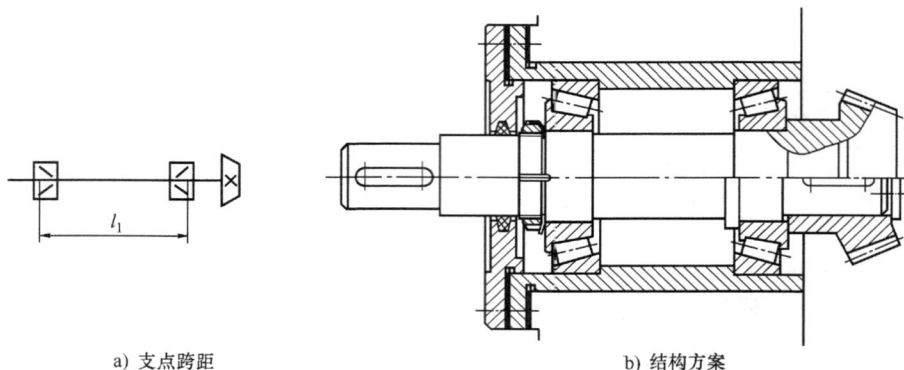

a) 支点跨距   b) 结构方案

图 5-20　小锥齿轮轴承组合（反装）

4. 画出轴承盖的外形

除画出轴承盖外形外，还要完整地画出一个连接螺栓，其余只画出中心线。轴承盖的结构尺寸见表 13-19 和表 13-20。

5. 确定轴上力的作用点及支点距离

轴的结构确定后，根据轴上传动零件和轴承的位置可以定出轴上力的作用点和轴的支点距离（见图 5-1～图 5-4）。向心轴承的支点可取轴承宽度的中点位置；角接触轴承的支点可取距轴承外圈端面为 a 的位置，如图 5-21 所示，a 值可查轴承标准。

确定了轴上力作用点及轴的支点距离后，便可进行轴和轴承的校核计算。

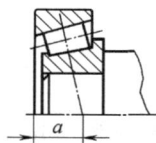

图 5-21　角接触轴承的支点位置

5.2　轴、轴承及键的校核计算

5.2.1　校核轴的强度

对于一般减速器的轴，通常按弯扭合成强度条件进行计算。

根据初绘草图阶段所确定的轴的结构和支点及轴上力的作用点，画出轴的受力简图，计算各力大小，绘制弯矩图和转矩图。

轴的强度校核应在轴的危险截面处进行，轴的危险截面应为载荷较大、轴径较小、应力集中严重的截面（如轴上有键槽、螺纹、过盈配合及尺寸变化处）。进行轴的强度校核时，应选择若干可疑危险截面进行比较计算。

当校核结果不能满足强度要求时，应对轴的设计进行修改，可通过增大轴的直径、修改轴的结构、改变轴的材料等方法提高轴的强度。

当轴的强度有富裕时，若与使用要求相差不大，一般以结构设计时确定的尺寸为准，不再修改；或待轴承和键验算完后综合考虑整体结构，再决定是否修改。

对于受变应力作用的较重要的轴，除做上述强度校核外，还应按疲劳强度条件进行精确校核，确定在变应力条件下轴的安全裕度。

蜗杆轴的变形对蜗杆蜗轮副的啮合精度影响较大。因此，对跨距较大的蜗杆轴除做强度校核外，还应做刚度校核。

5.2.2　验算滚动轴承寿命

轴承的寿命一般按减速器的工作寿命或检修期（2~3 年）确定。当按后者确定时，需定期更换轴承。

通用齿轮减速器的工作寿命一般为 36000 h（小时），其轴承的最低寿命为 10000 h；蜗杆减速器的工作寿命为 20000 h，其轴承的最低寿命为 5000 h，可供设计时参考。

经验算，当轴承寿命不符合要求时，一般不要轻易改变轴承的内孔直径，可通过改变轴承类型或直径系列，提高轴承的基本额定动载荷，使之符合要求。

5.2.3　校核键连接的强度

对于采用常用材料并按标准选取尺寸的平键连接，主要校核其挤压强度。

校核计算时应取键的工作长度为计算长度；许用挤压应力应选取键、轴、轮毂三者中材料强度较弱的，一般是轮毂的材料强度较弱。

当键的强度不满足要求时，可采取改变键的长度、使用双键、加大轴径以选用较大截面的键等途径来满足强度要求，亦可采用花键连接。

当采用双键时，两键应对称布置。考虑载荷分布的不均匀性，双键连接的强度按 1.5 个键计算。

对上述各项校核计算完毕，并对初绘草图做必要修改后，可进入完成装配草图设计阶段。

5.3　完成减速器装配草图

这一阶段的主要任务是对减速器的轴系部件进行结构细化设计，并完成减速器箱体及其附件的设计。

5.3.1　轴系部件的结构设计

以初绘草图阶段所确定的设计方案为基础，对轴系部件（包括箱内传动零件、轴上其他零件和与轴承组合有关的零件）进行结构设计。设计步骤大致如下。

1. 传动零件的结构设计

齿轮的结构形式与其几何尺寸、毛坯、材料、加工方法、使用要求等因素有关。通常先按齿轮直径选择适当的结构形式，然后再根据推荐的经验公式和数据进行结构设计。

按毛坯的不同，齿轮结构可分为锻造齿轮、铸造齿轮等类型，见表 5-2。

（1）锻造齿轮　由于锻造后钢材的力学性能较好，所以，对于齿顶圆直径 $d_a \leqslant 500$ mm 的齿轮通常采用锻造齿轮。如表 5-2 所示，根据齿轮尺寸大小的不同，可有以下几种结构形式。

1）齿轮轴。对于钢制齿轮，当齿根圆直径与轴径相近时，可将齿轮与轴制成一体，称为齿轮轴。对于直径稍大的小齿轮，应尽量把齿轮与轴分开，以便于齿轮的制造和装配。

2）实心式齿轮。当齿顶圆直径 $d_a \leqslant 200$ mm 时，可采用实心式齿轮。

3）辐板式齿轮。当齿顶圆直径 $d_a \leqslant 500$ mm 时，为了减轻重量，节约材料，常采用幅板式结构。锻造齿轮的幅板式结构又分为模锻和自由锻两种形式，前者用于批量生产。

（2）铸造齿轮　由于锻造设备的限制，通常齿顶圆直径 $d_a > 400$ mm 的齿轮采用铸造。铸造齿轮的结构要考虑铸造工艺性，如断面变化的要求，以降低应力集中或铸造缺陷。

表 5-2　齿轮的结构

齿坯	图　形	结构尺寸/mm
锻造齿轮		圆柱齿轮： 当 $d_a < 2d$ 或 $x_1 \leqslant 2.5m_t$ 时，应将齿轮做成齿轮轴 锥齿轮： 当 $x_2 \leqslant 1.6m$（m 为大端模数）时，应将齿轮做成齿轮轴
		$D_1 = 1.6d_h$ $l = (1.2 \sim 1.5)d_h$，$l \geqslant b$ $\delta_0 = 2.5m_n$，但不小于 8 ~ 10 mm $D_0 = 0.5(D_1 + D_2)$ $d_0 = 10 \sim 29$ mm，当 d_0 较小时不钻孔
		$D_1 = 1.6d_h$ $l = (1.2 \sim 1.5)d_h$，$l \geqslant b$ $\delta_0 = (2.5 \sim 4)m_n$，但不小于 8 ~ 10 mm $n = 0.5m_n$ $r \approx 0.5C$ 圆柱齿轮： $D_0 = 0.5(D_1 + D_2)$ $d_0 = 15 \sim 25$ mm $C \begin{cases} = (0.2 \sim 0.3)b,\ 模锻 \\ = 0.3b,\ 自由锻 \end{cases}$ 锥齿轮： $\delta = (3 \sim 4)m$（m 为模数），但不小于 10 mm $C = (0.1 \sim 0.17)R$ D_0、d_0 按结构确定

（续）

齿坯	图　　形	结构尺寸/mm
铸造齿轮	$d_a > 500\ mm$ 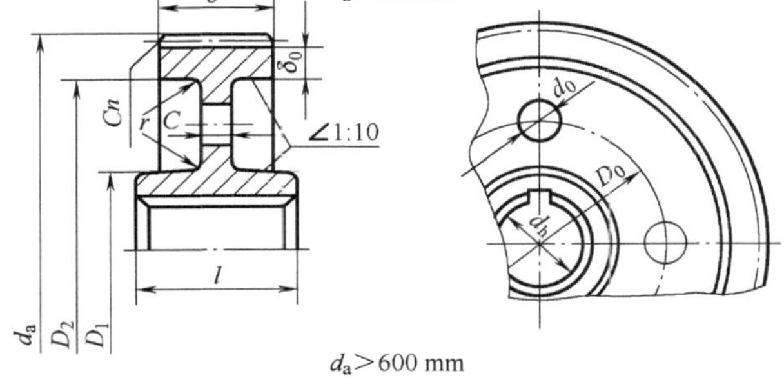　$d_a > 600\ mm$ 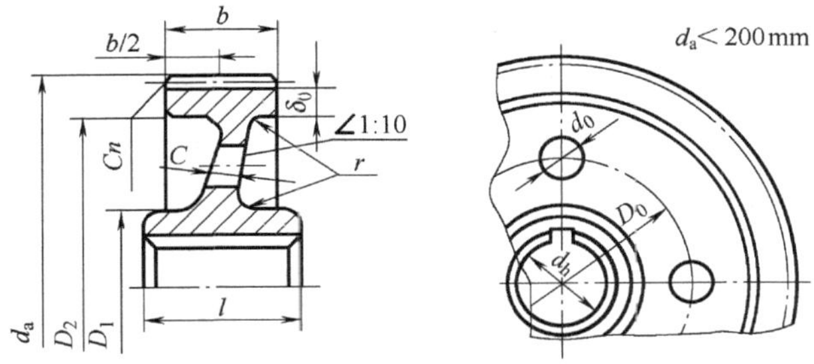　$d_a < 200\ mm$	$D_1 = 1.6 d_h$（铸钢） $D_1 = 1.8 d_h$（铸铁） $l = (1.2 \sim 1.5) d_h$，$l \geqslant b$ $\delta_0 = (2.5 \sim 4) m_n$，但不小于 $8 \sim 10\ mm$ $n = 0.5 m_n$ $r \approx 0.5 C$ $D_0 = 0.5 (D_1 + D_2)$ $d_0 = 0.25 (D_2 - D_1)$ $C = 0.2 b$，但不小于 $10\ mm$
	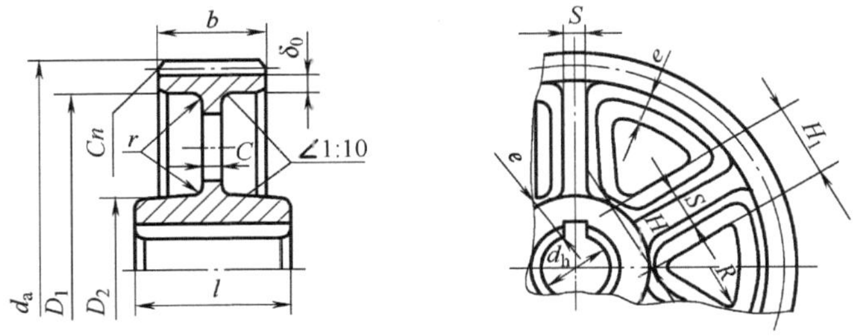 $d_a = 400 \sim 1000\ mm$　$d_a > 300\ mm$ 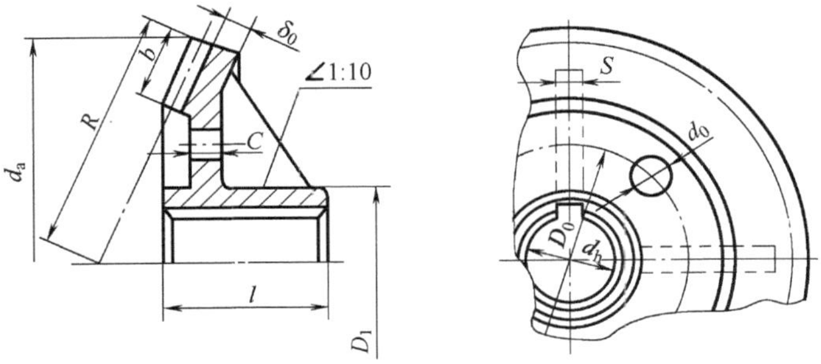	$D_1 = 1.6 d_h$（铸钢） $D_1 = 1.8 d_h$（铸铁） $l = (1.2 \sim 1.5) d_h$ $\delta_0 = (2.5 \sim 4) m_n$，但不小于 $8\ mm$ 圆柱齿轮： $n = 0.5 m_n$ $r \approx 0.5 C$ $C = H/5$；$S = H/6$，但不小于 $10\ mm$ $e = 0.8 \delta_0$ $H = 0.8 d_h$ $H_1 = 0.8 H$ 锥齿轮： $C = (0.1 \sim 0.17) R$，但不小于 $10\ mm$ $S = 0.8 C$，但不小于 $10\ mm$ D_0、d_0 按结构确定

（3）**蜗杆轴的结构**　一般蜗杆与轴制成一体，称为蜗杆轴如图 5-22 所示；仅在 $d_f/d > 1.7$ 时才将蜗杆齿圈与轴分开制造。图 5-22a 所示为车制蜗杆轴的结构，轴径 $d = d_f - (2 \sim 4)\ mm$；图 5-22b 所示为铣制蜗杆的结构，轴径 d 可大于 d_f，故蜗杆轴的刚度较大。

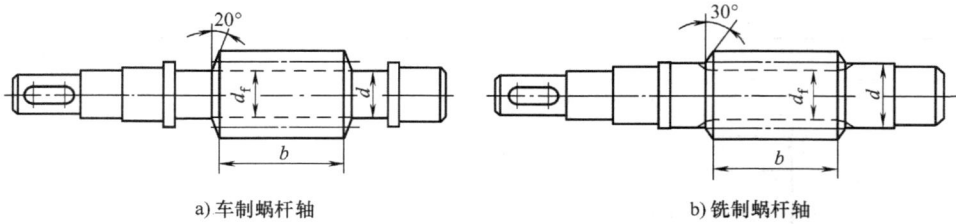

a) 车制蜗杆轴　　　　　　　　　　　b) 铣制蜗杆轴

图 5-22　蜗杆轴的结构

（4）蜗轮的结构　常用的蜗轮结构有整体式（见图 5-23d）和组合式。整体式适用于铸铁蜗轮和直径小于 100 mm 的青铜蜗轮；当蜗轮直径较大时，为节约有色金属，可采用轮箍式（见图 5-23a）、螺栓连接式（见图 5-23b）和镶铸式（见图 5-23c）等组合结构。其中轮箍式是将青铜轮缘压装在铸铁轮芯上，再进行齿圈加工的蜗轮结构。为了防止轮缘松动，可在配合面圆周上加台肩和紧定螺钉，螺钉为 4~6 个；螺栓连接式在大直径蜗轮上应用较多。轮缘与轮芯配装后，采用加强杆螺栓连接。这种形式装拆方便，磨损后可更换齿圈；镶铸式适用于大批量生产。将青铜轮缘镶铸在铸铁轮芯上，并在轮芯上预制出榫槽，以防轮缘在工作时滑动。

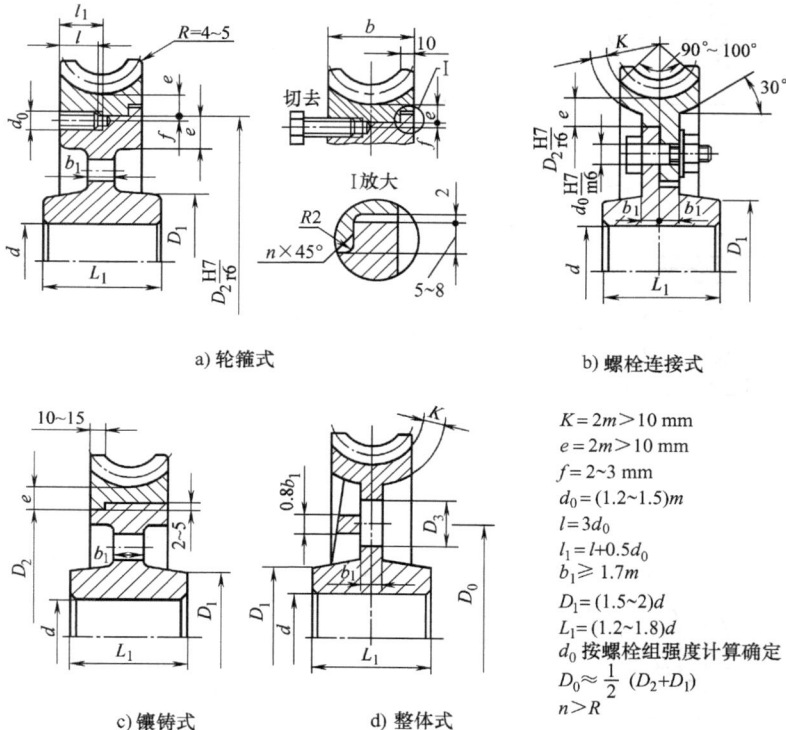

a) 轮箍式　　　　　　　　　　　b) 螺栓连接式

$K=2m>10$ mm
$e=2m>10$ mm
$f=2\sim3$ mm
$d_0=(1.2\sim1.5)m$
$l=3d_0$
$l_1=l+0.5d_0$
$b_1 \geqslant 1.7m$
$D_1=(1.5\sim2)d$
$L_1=(1.2\sim1.8)d$
d_0 按螺栓组强度计算确定
$D_0 \approx \frac{1}{2}(D_2+D_1)$
$n>R$

c) 镶铸式　　　　　　　　　　　d) 整体式

图 5-23　蜗轮的结构

2. 滚动轴承的组合设计

（1）滚动轴承的支承结构　滚动轴承的支承结构有三种基本形式，即两端固定支承、一端固定一端游动支承和两端游动支承。它们的结构特点和应用场合可参阅机械设计相关教材。

普通齿轮减速器的轴承跨距较小，故常采用两端固定支承。轴承内圈在轴上可用轴肩或套筒进行轴向定位，轴承外圈用轴承端盖进行轴向固定。这种支承结构是使两端轴承各限制轴在一个方向的轴向移动，两个轴承合在一起限制了轴的双向移动。为了补偿轴的受热伸长，可在一端轴承的外圈和轴承端面间留出 $C = 0.2 \sim 0.4 \, mm$ 的轴向间隙（见图 5-24a）。对于角接触球轴承，也可用螺钉调整轴承外圈的方法来调节（见图 5-24b）。

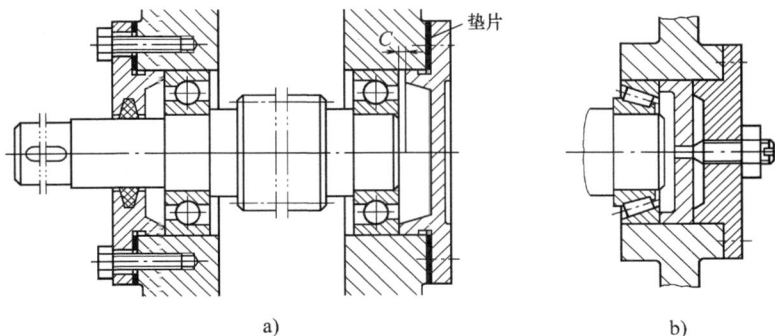

图 5-24　两端固定支承

（2）轴承盖的结构　轴承盖的作用是固定轴承、调整轴承间隙及承受轴向载荷。轴承盖有嵌入式和凸缘式两种形式。轴承盖常用材料为灰铸铁 HT150 或普通碳素钢 Q125、Q235。

嵌入式轴承盖（见图 5-25）结构紧凑，与箱体间无需用螺栓连接，为增强其密封性能，常与 O 形密封圈配合使用，如图 5-25b 所示。由于调整轴承间隙时，需打开箱盖，放置调整垫片，比较麻烦，故多用于不经常调节间隙的轴承处。如用其固定角接触轴承时，可采用图 5-25c 所示的结构，即用调整螺钉调整轴承间隙。

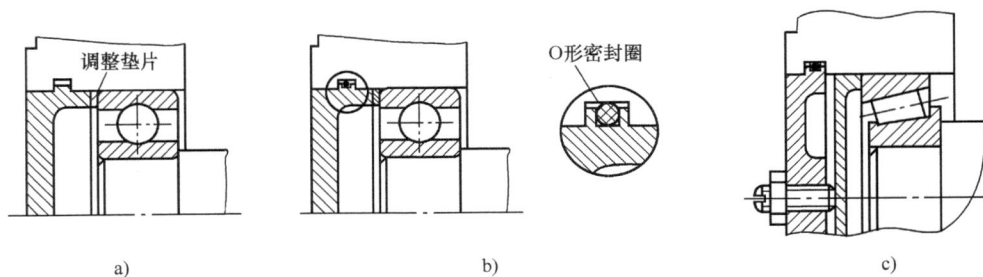

图 5-25　嵌入式轴承盖

由于凸缘式轴承盖（见图 5-26、图 5-27）安装、拆卸、调整轴承间隙都较为方便，易密封，故得到广泛应用。但其外缘尺寸较大，调整轴承间隙和装拆箱体时，需先将其与箱体间的连接螺栓拆除。对于穿道式凸缘轴承盖，由于安装密封件的要求，轴承盖与轴配合处应留出较大厚度，设计时应使其厚度均匀，如图 5-26b、c 所示的结构。

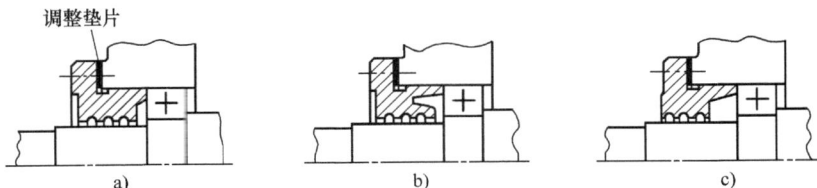

图 5-26　凸缘式轴承盖

轴承盖设计时应注意下列问题：

1) 当轴承盖与箱体的配合长度 l 较大时，为了减少配合部分的接触面，可采用图 5-27b 所示的结构形式，即在端部加工出一段较小的直径 D'，但必须保留足够的配合长度 l，以避免拧紧螺钉时端盖歪斜，使轴承受力均匀。

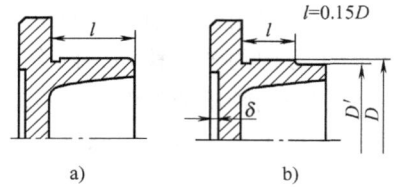

图 5-27　轴承盖与箱体的配合长度

2) 为减少加工面，应使轴承盖的外端面凹进 δ 深度。

3) 当轴承采用箱体内的润滑油润滑时，为了使传动件飞溅出的油经箱体剖分面上的油沟流入轴承，应在轴承盖的端部加工出 4 个缺口，并车出一段较小的直径，以便使油先流入环状间隙，再经缺口进入轴承腔内，从而保证油路畅通，如图 5-28 所示。

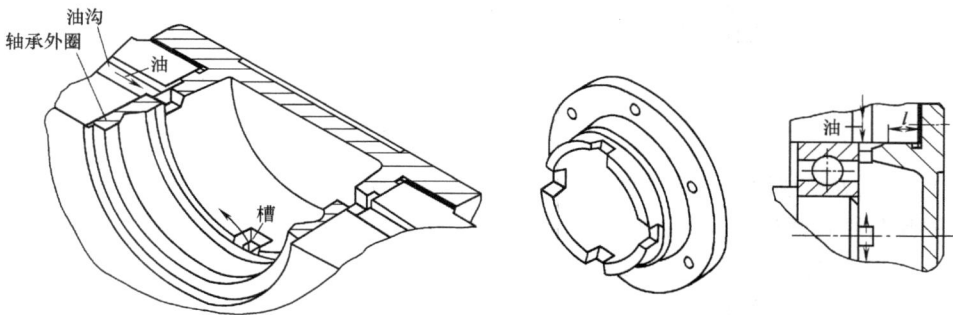

图 5-28　油润滑轴承的轴承盖结构

轴承盖的形式和结构尺寸见第 13 章表 13-19 和表 13-20。

(3) 轴外伸处的密封设计　在输入轴和输出轴的外伸处，为防止润滑剂外漏及外界的灰尘、水分和其他杂质侵入，造成轴承的磨损或腐蚀，要求设置密封装置。

密封的形式很多，密封效果也不相同，常见的密封形式有以下几种。

1) 毡圈密封。毡圈密封适用于脂润滑及转速不高的稀油润滑，其结构形式如图 5-29 所示。

2) 密封圈密封。唇形密封圈密封适用于较高的工作速度，设计时应使密封唇的方向朝向密封的部位。若为了防止润滑剂外漏，应使

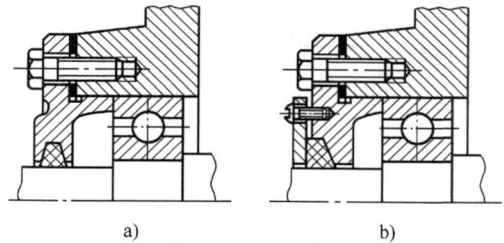

图 5-29　毡圈密封

密封唇朝向轴承，如图 5-30a 所示；若为了防止外界的灰尘、水分和其他杂质侵入，应使密封唇背向轴承，如图 5-30b 所示；若两种作用均有要求，则应使用两个唇形密封圈并排反向安装，如图 5-30c 所示。

唇形密封圈按有无内包骨架分为两种：对有内包骨架的密封，与孔配合安装，不需要轴向固定，如图 5-30b 所示；对无内包骨架的密封，需要有轴向固定，如图 5-30a、c 所示。

轴颈与密封圈接触处应精车或磨光，最好经过表面硬化处理，以增强耐磨性。

3) 油沟密封。当使用油沟密封时（见图 5-31），需要用润滑脂填满油沟间隙，以加强密封效果。其密封性能取决于间隙的大小，间隙越小越好。图 5-31b 所示是开有回油槽的结

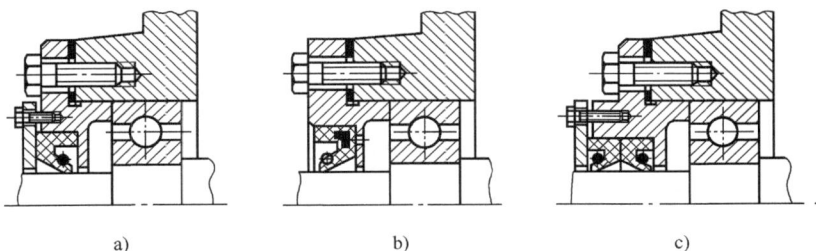

图 5-30　唇形密封圈

构，有利于提高密封能力。这种密封件结构简单，但密封不够可靠，仅适用于脂润滑及工作环境清洁的轴承。

4）曲路密封。曲路密封（见图 5-32）效果好，对油润滑及脂润滑都适用；在较脏和潮湿的环境下密封可靠。若与接触式密封件配合使用，效果更佳。

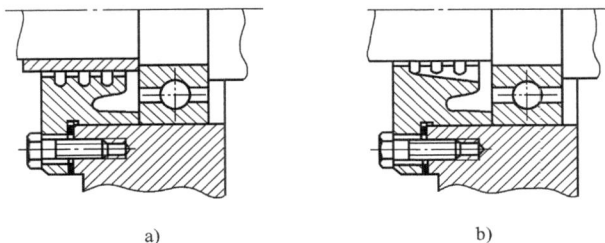

图 5-31　油沟密封　　　　　**图 5-32　曲路密封**

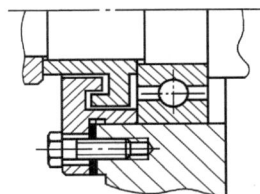

（4）轴系其他零件的细部设计

1）**轴承套杯**　其主要作用是：①套杯用于小锥齿轮轴结构中，可调整轴的轴向位置；②当同一轴上两端轴承外径不相等时，可用套杯使两轴承座孔直径保持一致，以便一次镗孔，从而有效保证了同轴度。

套杯结构可参考第 13 章表 13-21 设计。

2）调整垫片。调整垫片用于调整轴承间隙及轴的轴向位置。它由一组多片厚度不同的垫片组成。可根据需要组成不同的厚度。垫片材料多为软钢片（08F）或薄铜片。

3）挡油环。挡油环作用如下：① 当轴承采用脂润滑时，防止箱内润滑油进入轴承，造成润滑脂稀释而流出；② 防止齿轮啮合时（特别是斜齿轮啮合时）挤出的润滑油冲向轴承，增加轴承的阻力。图 5-33a、c 所示的挡油环由车制而成，适用于单件或小批量生产；图 5-33b 的挡油环为冲压件，适用于成批生产。挡油环的尺寸可按第 13 章表 13-16 中的荐用值确定。

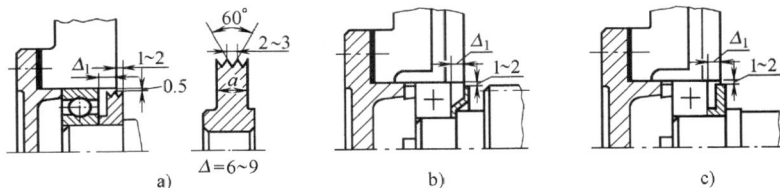

图 5-33　挡油环的结构尺寸和安装位置

4）轴套、轴端挡圈等的结构。轴套结构简单，通常可根据实际结构自行设计。轴端挡圈是标准件，其结构类型及尺寸可从表 11-20 中查取。

5.3.2 减速器箱体的结构设计

减速器箱体是支承和固定轴系，保证传动零件正常啮合、良好润滑和密封的基础部件，因此，应具有足够的强度和刚度。

箱体多用灰铸铁（HT150 或 HT200）铸造。在重型减速器生产中，为提高箱体强度，可用铸钢铸造。对于单件生产的减速器，为简化工艺、降低成本，可采用钢板焊接箱体。

箱体由箱座和箱盖组成。为了便于轴系部件的安装和拆卸，箱体多做成剖分式，剖分面多取轴的中心线所在平面；箱座和箱盖采用普通螺栓连接，用圆锥销定位。剖分式铸造箱体的设计要点如下。

1. 轴承座的结构设计

为保证减速器箱体的支承刚度，箱体轴承座孔处应有一定的壁厚，并且应设置加强肋。如图 5-34 所示，箱体的加强肋有外肋式和内肋式两种结构。内肋式刚度大，箱体外表面光滑、美观，但会增加搅油损耗，制造工艺也比较复杂，故多采用外肋式或凸壁式箱体结构（见图 5-34c）。

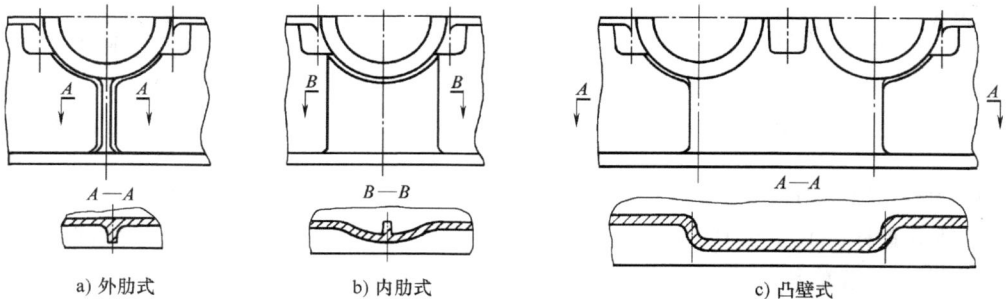

图 5-34 箱体加强肋结构

对于锥齿轮减速器，应增加支承小锥齿轮的悬臂部分的壁厚，并应尽量缩短悬臂部分的长度。

对于蜗杆减速器，常在轴承座箱体内伸部分的下面设置加强肋（见图 5-7）。

2. 轴承旁连接螺栓凸台的结构设计

为了提高箱体轴承座孔处的连接刚度，应使轴承座孔两侧的连接螺栓尽量靠近轴承，但应避免与箱体上固定轴承盖的螺纹孔及箱体剖分面上的油沟发生干涉。通常取两连接螺栓的中心距 $S \approx D_2$（D_2 为轴承盖外径）。

为提高连接刚度，在轴承座旁连接螺栓处应做出凸台，凸台的高度 h 由连接螺栓直径所确定的扳手空间尺寸 C_1 和 C_2 确定，如图 5-35a 所示。由于减速器上各轴承盖的外径不等，为便于制造，各凸台高度应一致，并以最大轴承盖直径 D_2 所确定的高度为准。

凸台的尺寸由作图确定。画凸台结构时应按投影关系，在三个视图上同时作图，如图 5-36a 所示。

图 5-36a 所示为凸台位于箱壁内侧的结构，图 5-36b 所示为凸台位于箱壁外侧时的结构。

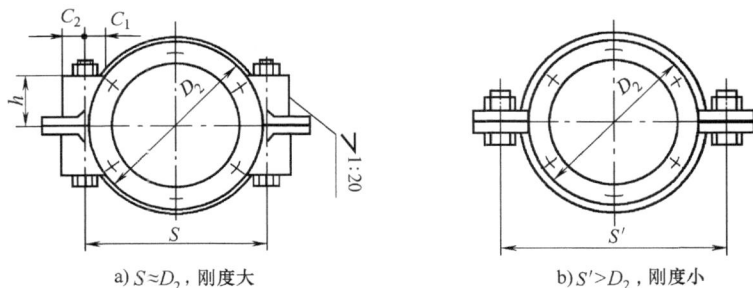

a) $S \approx D_2$，刚度大　　　　　　　　　　　b) $S' > D_2$，刚度小

图 5-35　轴承座凸台结构

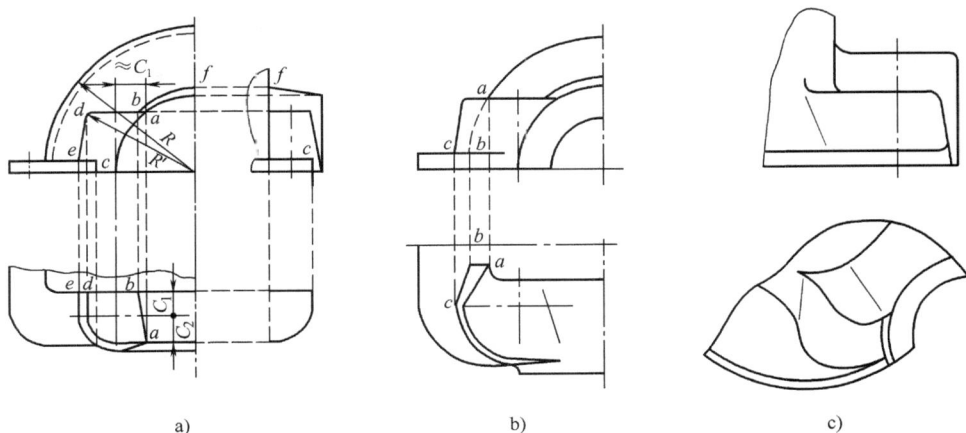

a)　　　　　　　　　b)　　　　　　　　c)

图 5-36　凸台的画法

3. 箱盖圆弧半径的确定

通常箱盖顶部在主视图上的外廓由圆弧和直线组成，大齿轮所在一侧箱盖的外表面圆弧半径 $R = r_a + \Delta_1 + \delta_1$（$r_a$ 为齿顶圆半径），如图 5-2 所示。在一般情况下，轴承旁螺栓凸台均在圆弧内侧，按有关尺寸画出即可。而小齿轮一侧的外表面圆弧半径应根据结构作图确定。图 5-36a 所示为小齿轮轴承旁螺栓凸台位于圆弧之内，$R > R'$；图 5-36b、c 所示为小齿轮轴承旁螺栓凸台位于圆弧之外，$R < R'$。当主视图上小齿轮端箱盖结构确定之后，将有关部分投影到俯视图上，便可画出箱体内壁、外壁及凸缘等结构。

4. 箱体凸缘的结构设计

为了保证箱盖与箱座的连接刚度，箱盖与箱座连接凸缘应有较大的厚度 b_1 和 b，如图 5-37a 所示；箱座底面凸缘的宽度 B 应超过箱座的内壁，以利于支撑，如图 5-37b、c 所示。

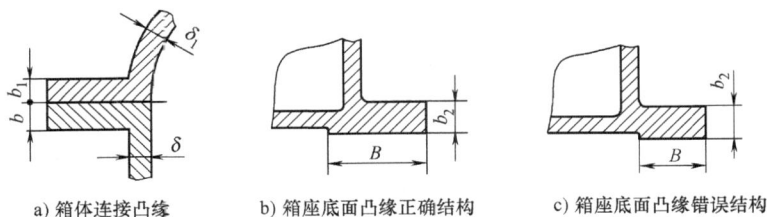

a) 箱体连接凸缘　　　b) 箱座底面凸缘正确结构　　　c) 箱座底面凸缘错误结构

图 5-37　箱体连接凸缘和箱座底面凸缘（$b_1 = 1.5\delta_1$；$b = 1.5\delta$；$b_2 = 2.5\delta$）

5. 箱体凸缘连接螺栓的布置

为保证箱体密封，除箱体剖分面连接凸缘要有足够的宽度及剖分面要经过精刨或刮研加工外，还应合理布置箱体凸缘连接螺栓。通常对于中小型减速器，螺栓间距取 100~150 mm；对于大型减速器，螺栓间距取 150~200 mm。尽量对称均匀布置，并注意不要与吊耳、吊钩和定位销等发生干涉。

6. 油面位置及箱座高度的确定

当传动零件采用浸油润滑时，浸油深度应根据传动零件的类型而定。对于圆柱齿轮，通常取浸油深度为一个齿高；对于锥齿轮，其浸油深度为 0.5~1 个齿宽，但不小于 10 mm；对于多级传动中的低速级大齿轮，其浸油深度不得超过其分度圆半径的 1/3；对于下置式蜗杆减速器，其油面高度不得超过支承蜗杆的滚动轴承最低滚动体的中心。

为避免传动零件转动时将沉积在油池底部的污物搅起，造成齿面磨损，应使大齿轮齿顶距油池底面的距离不小于 30~50 mm，如图 5-38 所示。

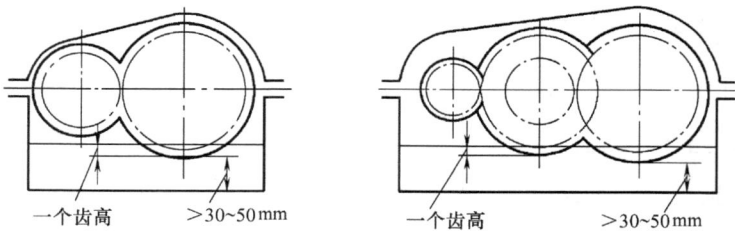

图 5-38　减速器油面及油池深度

为保证润滑及散热的需要，减速器内应有足够的油量。对于单级减速器，每传递 1 kW 的功率，需油量为 $V_0 = 0.35~0.7$L。多级减速器需油量则按级数成比例增加。V_0 的小值用于低黏度润滑油，大值用于高黏度润滑油。

应使油池容积 $V \geq V_0$，油池容积越大，则润滑油的性能维持越久，润滑效果越好。

综合以上各项要求即可确定出箱座高度。

7. 油沟的结构形式及尺寸

（1）输油沟　当轴承利用传动零件飞溅起来的润滑油进行润滑时，应在箱座的剖分面上开设输油沟，使溅起的油沿箱盖内壁经斜面流入输油沟内，再经轴承盖上的导油槽流入轴承，如图 5-39 所示。

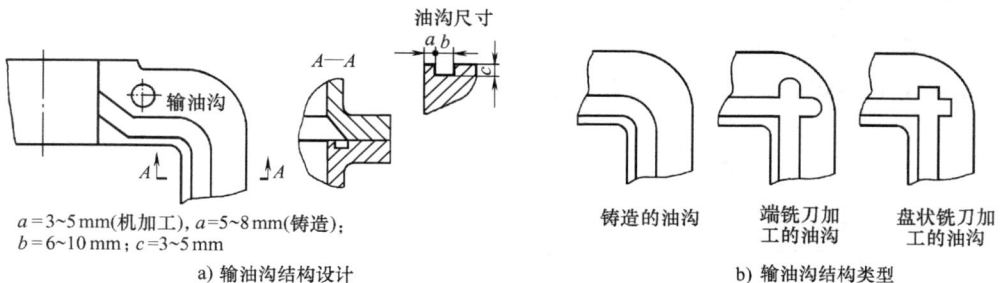

$a = 3~5$mm(机加工)，$a = 5~8$mm(铸造)；
$b = 6~10$mm；$c = 3~5$mm

a) 输油沟结构设计　　　　　　　　　b) 输油沟结构类型

图 5-39　输油沟结构

输油沟有铸造油沟和机加工油沟两种结构形式。机加工油沟容易制造，工艺性好，故用得较多，其结构尺寸如图 5-39 所示。

（2）回油沟　为提高减速器箱体的密封性，可在箱座的剖分面上制出与箱内沟通的回油沟，使渗入箱体剖分面的油沿回油沟流回箱内。回油沟的尺寸与输油沟相同，其结构如图 5-40 所示。

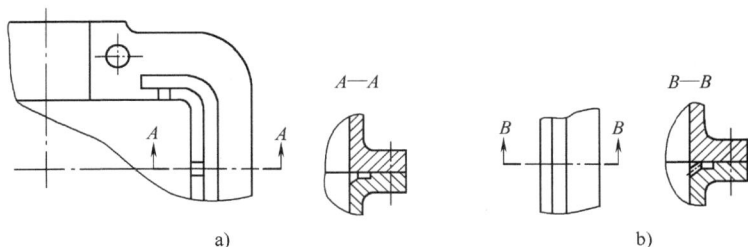

图 5-40　回油沟结构

（3）刮油板　当传动零件（如蜗轮）转速较低时，单靠飞溅的油不能满足轴承润滑，就需要利用箱体内的油润滑，可在靠近传动零件端面处设置刮油板，如图 5-41 所示。刮油板的端面贴近传动件端面，将油从轮上刮下，并通过输油沟将油引入轴承中。

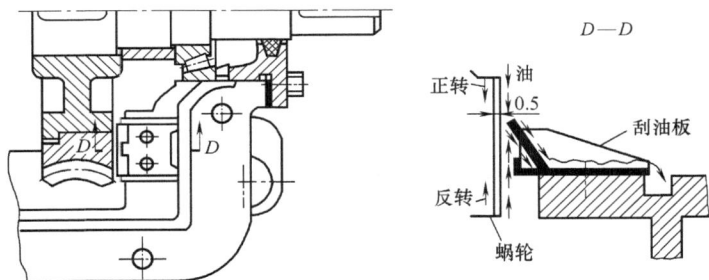

图 5-41　刮油板结构

8. 箱体结构应具有良好的工艺性

（1）铸造工艺性　为便于造型、浇铸及减少铸造缺陷，箱体应力求形状简单、壁厚均匀、过渡平缓；为避免产生金属积聚，不宜采用形成锐角的倾斜肋和壁，如图 5-42 所示。

考虑液态金属的流动性，箱体壁厚不应过薄，其值按表 4-1 荐用的经验公式计算。砂型铸造圆角半径一般可取 $R \geqslant 5\text{mm}$。

为便于造型时取模，铸件表面沿起模方向应设计成 1：10～1：20 的起模斜度。起模斜度在图上可不画出，但应在零件图中注出。

在铸造箱体的起模方向上应尽量减少凸起结构，必要时可设置活块，以减小起模难度，有活块模型的起模过程如图 5-43 所示。当铸件表面有多个凸起结构时，应当尽量将相近的凸起连成一体，以便于木模制造和造型，如图 5-44 所示。

因砂型强度较差，狭缝起模时容易带砂，浇铸时容易被铁水冲坏而形成废品，故箱体设计应尽量避免出现狭缝，如图 5-45 所示。

（2）机加工工艺性　如图 5-46 所示，各轴承座的外端面要尽量位于同一平面内，两侧以箱体中心线对称，以便于加工和检验。

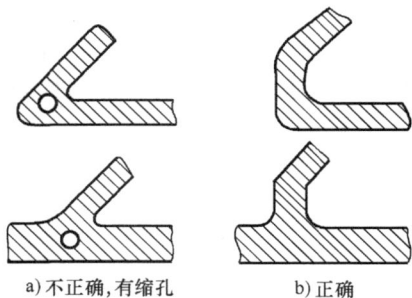

图 5-42 箱壁结构

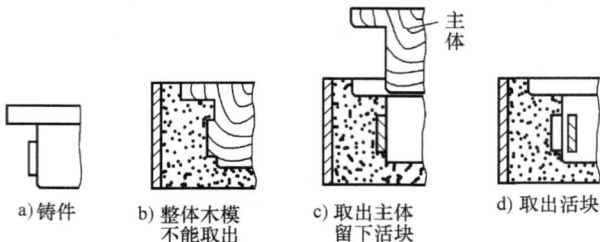

图 5-43 有活块模型的起模过程

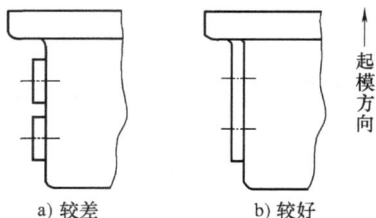

图 5-44 铸件的凸起结构

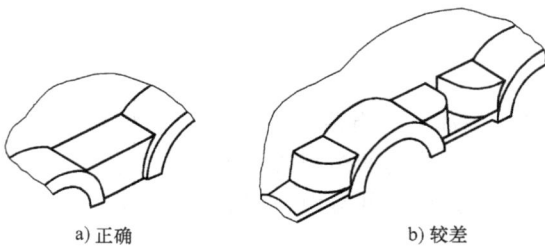

图 5-45 避免狭缝的铸件结构

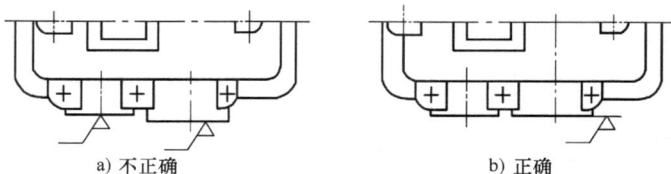

图 5-46 箱体轴承座端面结构

为了减小箱体的加工面积，箱体上任何一处的加工面与非加工面必须分开。

箱体与其他零件的结合处，如箱体轴承座端面与轴承盖、检查孔与检查孔盖、螺塞及吊环螺钉的支承面，均应做出凸台，以便于机加工。

箱体底面的结构形状如图 5-47 所示。图 5-47a 所示结构的加工面积太大，不甚合理；图 5-47d 所示的结构较好。对于小型减速器的箱体，可采用图 5-47b 或 c 所示的结构。

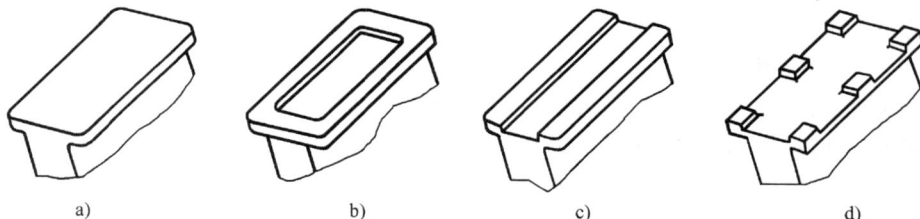

图 5-47 箱体底面的结构形状

螺栓头及螺母的支承面需铣平或锪平，应设计出凸台或沉头座。图 5-48 所示为支承面（凸台或沉头座）的结构形式及加工方法。

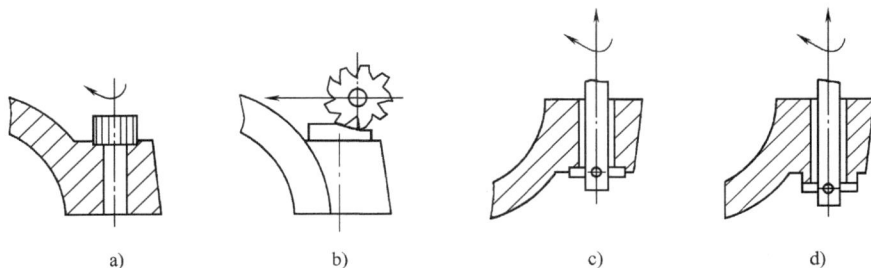

图 5-48 凸台或沉头座的结构形式及加工方法

9. 锥齿轮减速器、圆锥-圆柱齿轮减速器的箱体结构

锥齿轮减速器或圆锥-圆柱齿轮减速器的箱体，一般采用以小锥齿轮的轴线为对称线的对称结构。如果将大锥齿轮调头安装时，可改变输出轴的方向，以增加减速器的适应性。

10. 蜗杆减速器的箱体结构

由于蜗杆减速器的发热量大，其箱体大小应满足散热面积的需要。若不能满足热平衡要求，则应适当增大箱体尺寸，或增设散热片，以扩大散热面积。散热片的方向应与空气流动方向一致。图 5-49a 所示的散热片形状不便于起模，图 5-48b 所示为改进后的散热片结构。

若加散热片后仍不能满足散热要求时，可在蜗杆轴端部加装风扇，以加速空气流动；当发热严重时，可在油池中设置蛇形冷却管。

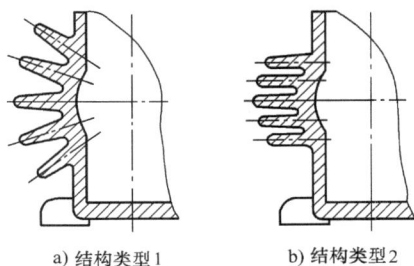

a) 结构类型1 b) 结构类型2

图 5-49 散热片的结构

11. 箱体造型设计

设计箱体时，应尽量使其外形简洁明了、造型美观。

图 5-50 所示为方形外廓减速器的箱体。这种箱体结构简洁，几何形状简单，采用内肋式结构增强了轴承座刚度；箱盖与箱座采用便于装拆的双头螺柱或内六角圆柱头螺钉连接结构。安装地脚螺栓处采用底凸缘不伸出箱体的外表面，使箱体结构更为紧凑，造型更为美观。

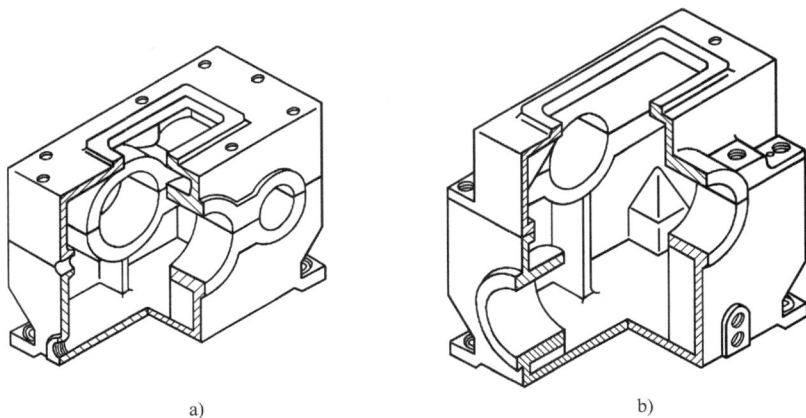

a) b)

图 5-50 方形外廓减速器的箱体结构

12. 焊接箱体结构设计

对于大型减速器或单件生产的减速器，为降低成本可采用焊接箱体。焊接箱体的壁厚 δ' 可比铸造箱体的壁厚 δ 小，其结构尺寸可参考图 5-51 和表 4-1。

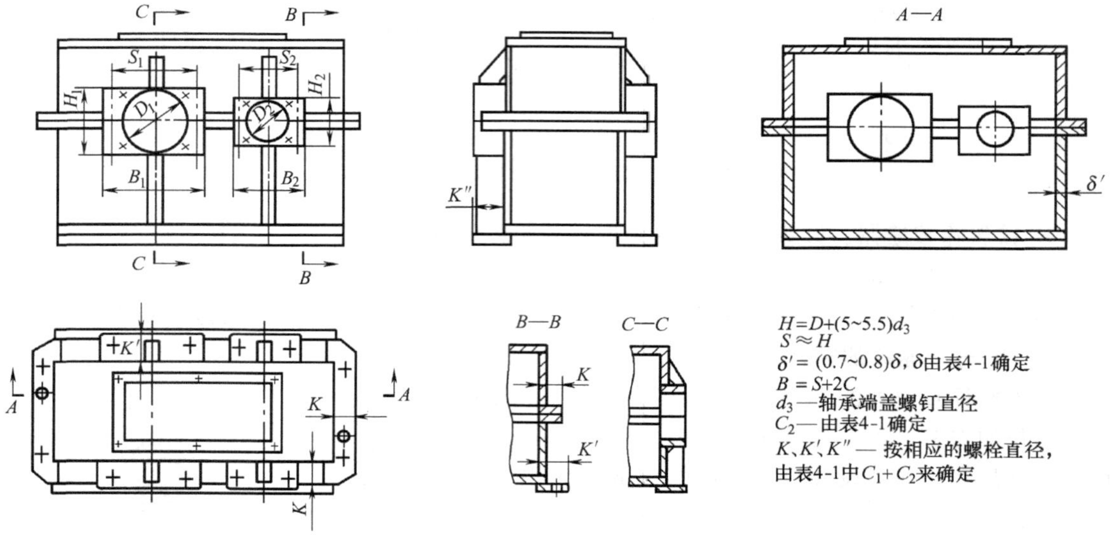
A—A
B—B
C—C
$H=D+(5\sim5.5)d_3$
$S\approx H$
$\delta'=(0.7\sim0.8)\delta$，$\delta$由表4-1确定
$B=S+2C$
d_3—轴承端盖螺钉直径
C_2—由表4-1确定
K、K'、K''— 按相应的螺栓直径，
由表4-1中C_1+C_2来确定

图 5-51　减速器焊接箱体的结构

（公式中 H、S、B、D 代表图中 H_1、H_2、S_1、S_2、B_1、B_2、D_1、D_2）

5.3.3　减速器附件的结构设计

为保证减速器正常工作，除了对箱体、轴系部件的结构设计应给予足够重视外，还应考虑到为减速器润滑油池注油、排油、指示油面，装拆时箱座与箱盖的精确定位、启盖及吊运等减速器附件的合理设计。减速器各种附件的作用及设计要求如下。

1. 检查孔及检查孔盖

为了检查传动零件的啮合和润滑情况，并向箱体内注入润滑油，应在传动件啮合区的上方设置检查孔。检查孔应足够大，以便于检查操作。

检查孔应开在箱盖上部便于观察传动件啮合情况的位置。箱体上开检查孔处应制出凸台，以便于加工出检查孔盖支承表面，检查孔盖下面应设有封油垫片，以防止污物进入箱体或润滑油渗漏出来，如图 5-52 所示。检查孔盖可用轧制钢板或铸铁制造。轧制钢板制作的检查孔盖，如图 5-53a 所示，其结构轻便，上下面无须机械加工，无论单件或成批生产均常

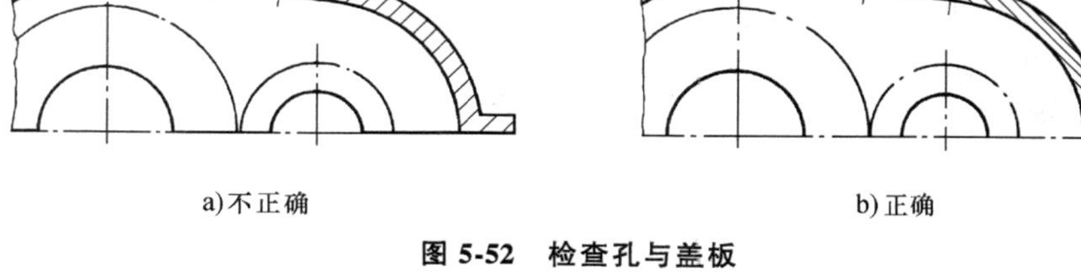
检查孔过小且偏离啮合区
密封垫

a)不正确　　b)正确

图 5-52　检查孔与盖板

a)　　　　　　　　　　　　　　　　b)

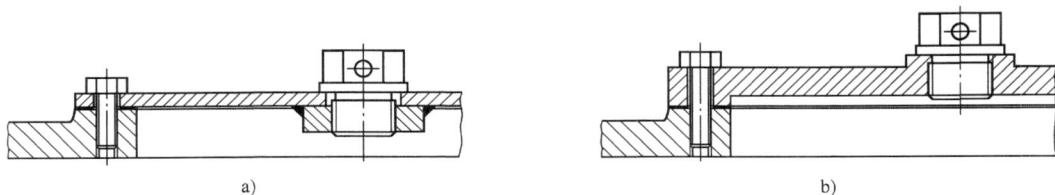

图 5-53　检查孔盖

采用。铸铁制作的检查孔盖，如图 5-53b 所示，由于机械加工部位较多，故应用较少。检查孔盖用螺钉紧固。表 5-3 为检查孔及检查孔盖的尺寸。

表 5-3　检查孔及检查孔盖的尺寸　　　　　　　　　　　　（单位：mm）

A	100　120　150　180　200
A_1	$A+(5\sim6)d_4$
A_2	$\dfrac{1}{2}(A+A_1)$
B	$B_1-(5\sim6)d_4$
B_1	箱体宽$-(15\sim20)$
B_2	$\dfrac{1}{2}(B+B_1)$
d_4	M6~M8，螺钉数为 4~6 个
R	5~10
h	3~5

注：检查孔盖的材料为 Q235A 钢板。

2. 通气器

减速器运转时，由于摩擦发热，箱内会发生温度升高、气体膨胀、压力增大等现象。为使箱体内受热膨胀的空气和油的蒸气能自由地排出，以保持箱体内、外气压相等，避免润滑油沿箱体接合面、轴伸处及其他缝隙渗漏出来，通常在箱盖顶部设置通气器。通气器的结构形式很多，图 5-54a 所示为简单的通气器，用于比较清洁的场合；图 5-54b 所示为比较完善的通气器，其内部做成曲路，并设有金属滤网，可减少停机后随空气进入箱内的灰尘。通气器的结构及尺寸见第 13 章 13.5 节的内容。

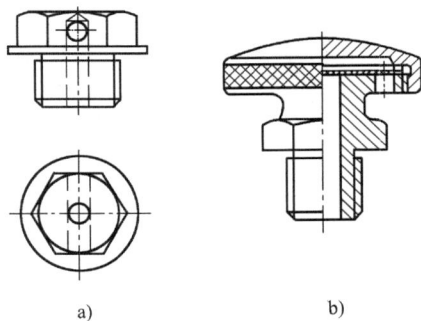

a)　　　　　　　　b)

图 5-54　通气器

3. 放油孔及螺塞

为了将箱体内的污油排放干净，应在油池的最低位置处设置放油孔，如图 5-55 所示。放油孔用螺塞及封油垫密封，螺塞有细牙螺纹圆柱螺塞和圆锥螺塞两种。圆锥螺塞能形成密封连接，不需附加密封；而圆柱螺塞必须配置封油垫，封油垫材料为耐油橡胶、石棉及皮革等。螺塞直径约为箱体壁厚的 2~3 倍。螺塞及封油垫的结构尺寸见第 13 章 13.3 节的内容。

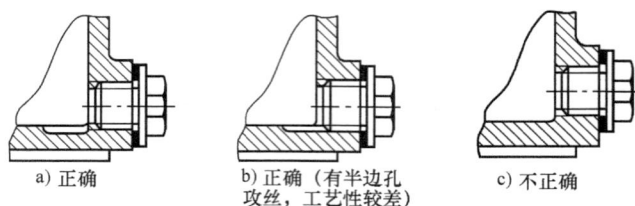

a) 正确   b) 正确（有半边孔   c) 不正确
                    攻丝，工艺性较差）

图 5-55　放油孔位置

4. 油面指示器

为了指示减速器内油面的高度，以保持箱内正常的油量，应在便于观察和油面比较稳定的部位设置油面指示器。

油面指示器上有两条刻线，分别表示最高油面和最低油面的位置。最低油面为传动零件正常运转时所需的油面，其高度根据传动零件的浸油润滑要求确定；最高油面为油面静止时的高度。两油面高度差值与传动零件的结构、速度等因素有关，可通过实验确定。

油面指示器的结构形式及尺寸见第 13 章 13.2 节的内容。其中杆式油标结构简单，在减速器中应用较多，其结构形式如图 5-56 所示。检查油面时需将油标拔出，根据油标上的油痕判断油面高度是否合适。

图 5-56a 所示为常用的杆式油标结构及安装方式；图 5-56b 所示为带隔离套的油标，这种油标可以避免因油搅动而影响检查效果，便于在不停机的情况下随时检查油面位置；图 5-56c 所示为直装式油标，油标上附设有通气器，常用于箱座较矮而不便于安装在箱体侧面的情况；图 5-56d 所示为简易油标。

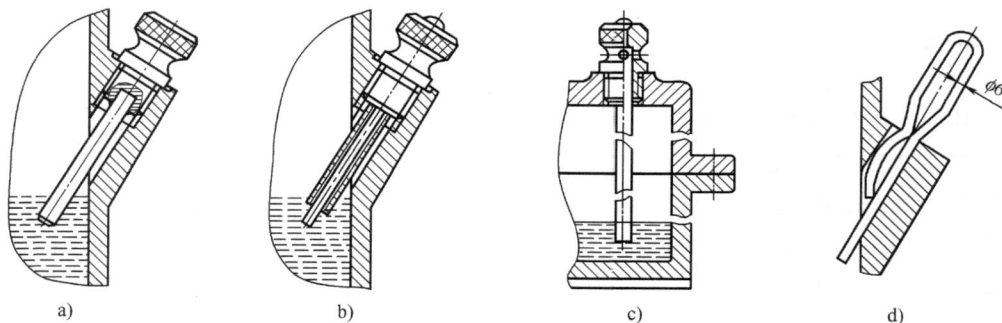

a)   b)   c)   d)

图 5-56　杆式油标的结构和安装

设计时应合理确定杆式油标插座的位置及倾斜角度，既要避免箱体内的润滑油溢出，又要便于杆式油标的插取及插座上沉头座孔的加工。杆式油标插座的位置如图 5-57 所示。杆式油标插座的主视图与侧视图的投影关系如图 5-58 所示。

若减速器离地面较高或箱座较低无法安装杆式油标，可采用圆形油标或长形油标，其结构和尺寸见表 13-6 和表 13-7。

5. 起吊装置

为了便于搬运减速器，应在箱体上设置起吊装置。常用的起吊装置有吊环螺钉、吊耳、吊钩等。

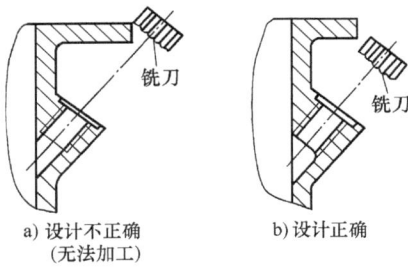

图 5-57　杆式油标插座的位置

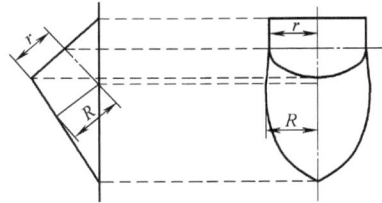

图 5-58　杆式油标插座的投影关系

（1）吊环螺钉　吊环螺钉为标准件，按起吊质量由表 11-11 选取。吊环螺钉通常用于吊运箱盖；也可用于吊运轻型减速器，此时应按整台减速器的质量选用。

为保证吊运安全，通常每台减速器应设置两个吊环螺钉，吊环螺钉应完全旋入箱盖上的螺孔中，箱盖安装吊环螺钉处应设置凸台或沉头座，如图 5-59 所示。关于安装吊环螺钉的螺孔结构，见表 11-11。

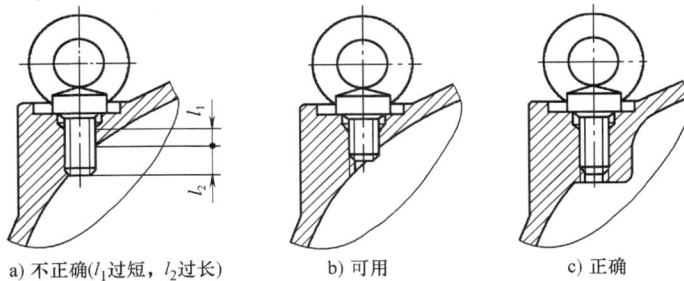

图 5-59　吊环螺钉的安装

为保证足够的承载能力，吊环螺钉旋入螺孔中的螺纹部分不宜太短，加工螺孔时应避免钻头半边切削的行程过长，如图 5-60 所示。

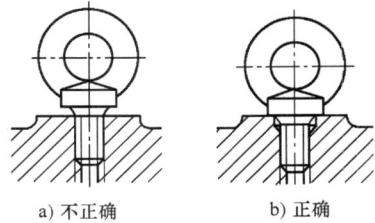

图 5-60　吊环螺钉的安装结构

（2）吊耳、吊钩　箱盖吊耳、吊钩和箱座吊钩的结构尺寸如图 5-61 所示，设计时可视具体情况适当修改。

6. 定位销

为了精确地加工轴承座孔，并保证减速器每次装拆后轴承座的上、下半孔始终保持加工时的位置精度，应在箱盖和箱座的剖分面加工完成并用螺栓连接之后、镗孔之前，在箱盖和箱座的连接凸缘上配装两个定位圆锥销。定位销的位置应便于钻、铰加工，且不妨碍附近连接螺栓的装拆。两个定位圆锥销应相距较远，且不宜对称布置，以提高定位精度。

圆锥销的公称直径（小端直径）可取为 $(0.7 \sim 0.8) d_2$（d_2 为箱盖与箱座连接螺栓直径），其长度应稍大于箱盖和箱座连接凸缘的总厚度（见图 5-62），以便于装拆。

定位销的直径 d 应按表 11-32 选取标准值。

$C_1 = (4 \sim 5)\delta_1$
$C_2 = (1.3 \sim 1.5)C_1$
$b = 2\delta_1$
$R = C_2$
$r_1 = 0.25C_1$
$r_2 = 0.2C_1$
δ_1 为箱盖壁厚

a) 箱盖吊钩

$d = (1.8 \sim 2.5)\delta_1$
$R = (1 \sim 1.2)d$
$e = (0.8 \sim 1)d$
$b = 2\delta_1$
δ_1 为箱盖壁厚

b) 箱盖吊耳

$B = C_1 + C_2$
$H = 0.8B$
$h = 0.5H$
$r_2 = 0.25B$
$b = 2\delta$
C_1、C_2 为扳手空间尺寸
δ 为箱盖壁厚

c) 箱盖吊钩

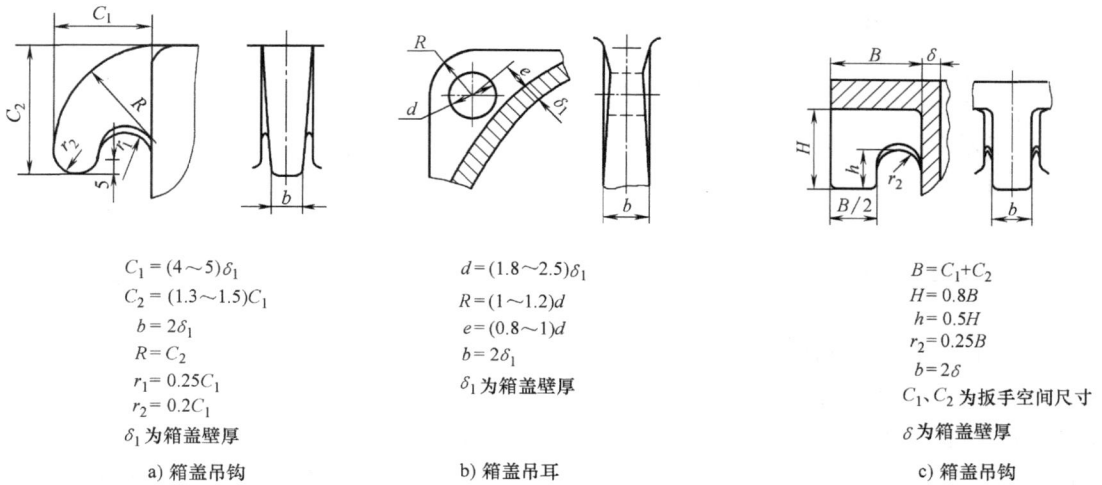

图 5-61   吊钩、吊耳的结构尺寸

7. 启盖螺钉

为了加强密封效果，防止润滑油从箱体剖分面处渗漏，通常在箱盖和箱座剖分面上涂以密封胶，因而在拆卸时往往因粘接较紧而不易分开。为此常在箱盖凸缘的适当位置上设置1~2个启盖螺钉。

启盖螺钉的直径与箱盖凸缘连接螺栓直径相同，其长度应大于箱盖凸缘的厚度。其端部应为圆柱形或半圆形，以免在拧动时将其端部螺纹破坏，如图 5-63 所示。

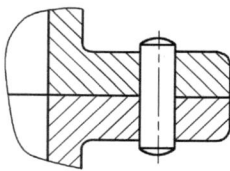

图 5-62   定位销结构

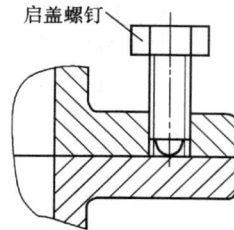

图 5-63   启盖螺钉结构

5.3.4   装配草图的检查及修改

完成减速器装配草图后，应认真检查并进行必要的修改。检查的主要内容为：装配图设计与传动方案布置是否一致；输入、输出轴的位置及结构尺寸是否符合设计要求；图面布置和表达方式是否合适；视图选择和投影关系是否正确；传动件、轴、轴承、箱体、箱体附件及其他零件结构是否合理；定位、固定、调整、加工、装拆是否方便可靠；重要零件的结构尺寸与设计计算是否一致，如中心距、分度圆直径、齿宽、锥距、轴的结构尺寸等。

图 5-64 所示为减速器装配草图设计中常见的错误及其改正方法，可供检查时参考。

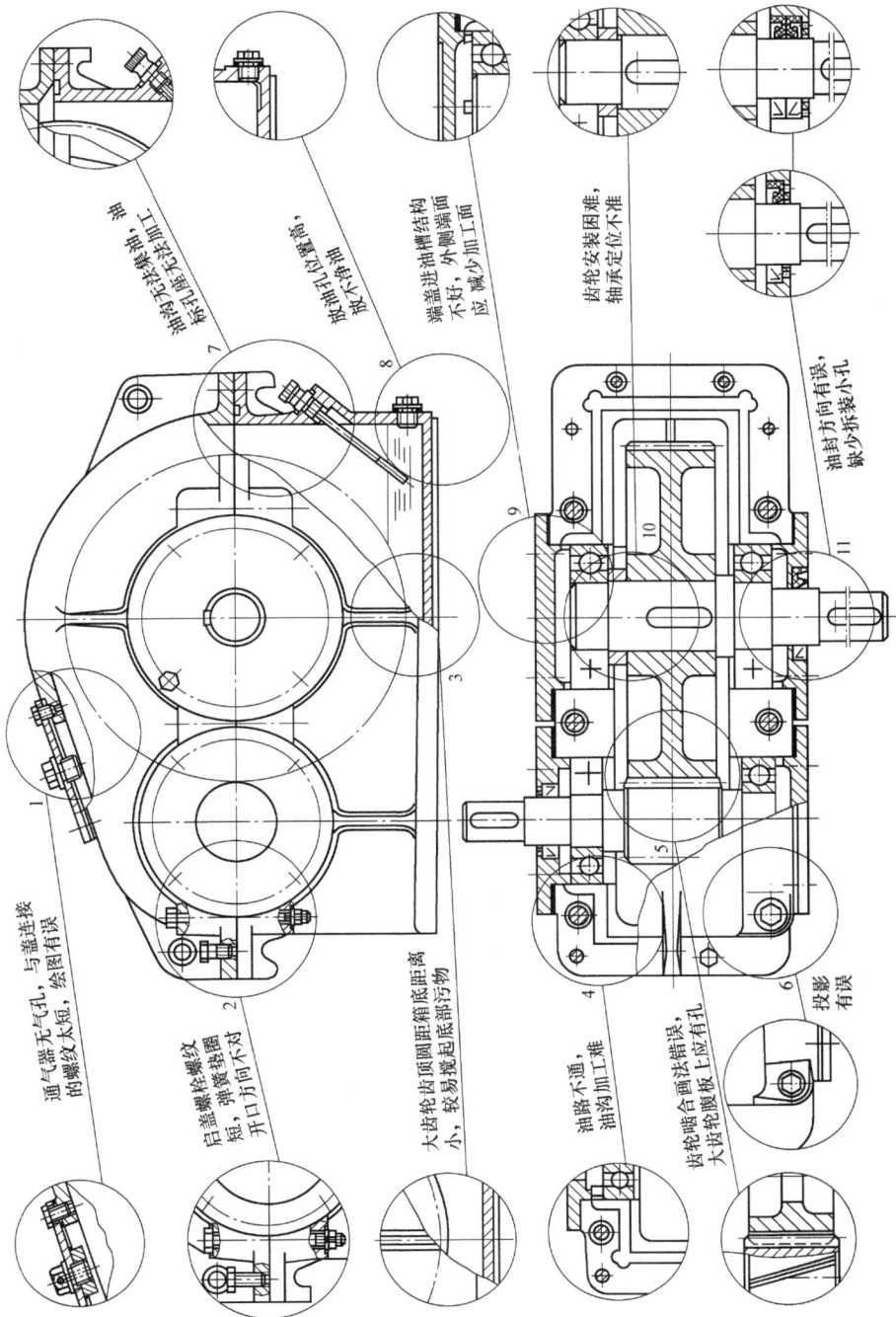

图 5-64　减速器装配图中常见错误示例及其改正方法

思考题

1. 设计机器时为什么通常要先进行装配草图设计？减速器装配草图设计包括哪些内容？
2. 绘制装配草图前应做哪些准备工作？
3. 如何选取联轴器？
4. 如何确定阶梯轴各段的径向尺寸及轴向尺寸？
5. 如何保证轴上零件的周向固定及轴向固定？
6. 轴的外伸长度如何确定？
7. 轴承在轴承座上的位置如何确定？
8. 确定轴承座宽度的依据是什么？选择轴承时应注意哪些问题？
9. 锥齿轮高速轴的轴向尺寸如何确定？
10. 轴承套杯的作用是什么？
11. 角接触球轴承的布置方式有哪几种？各应用于什么场合？
12. 对轴进行强度校核时，如何选取危险截面？
13. 当滚动轴承的寿命不能满足要求时，应如何解决？
14. 键在轴上的位置如何确定？校核键的强度应注意哪些问题？
15. 轴的支点位置如何确定？传动零件上力的作用点如何确定？
16. 如何保证轴承的润滑与密封？
17. 轴承盖有哪几种类型？各有何特点？
18. 如何选择齿轮传动的润滑方式？
19. 锻造齿轮与铸造齿轮在结构上有何区别？
20. 箱体的刚度为何特别重要？设计时可采取哪些保证措施？
21. 箱体的加强肋有哪些结构形式？各有何特点？
22. 设计轴承座旁的连接螺栓凸台时应考虑哪些问题？
23. 输油沟和回油沟如何加工？设计时应注意什么？
24. 传动零件的浸油深度及箱座高度如何确定？
25. 可采取哪些措施保证箱体密封？
26. 设计铸造箱体时如何考虑铸造工艺性及机加工工艺性？
27. 减速器小齿轮顶圆与箱体内壁之间的距离如何确定？
28. 减速器有哪些附件？作用是什么？

第6章 减速器装配图设计

装配图是表达产品中各零件的相对位置、装配关系、结构形状及其尺寸的图样，也是产品装配、检验和维护等环节的技术依据。在设计过程中，应先画出装配图，再根据装配图画出零件图。零件加工完成后，根据装配图进行装配和检验。因此，装配图是表达设计思想及进行技术交流的重要技术文件。

装配图是在装配草图的基础上绘制的，设计时要综合考虑装配图中各零件的材料、强度、刚度、加工、装拆、调整和润滑等要求，修改其错误或不合理之处，保证装配图的设计质量。

减速器装配图的主要内容包括：表达减速器各零件相对位置和装配关系的图形、标注尺寸和配合、技术要求、技术特性、零件编号、标题栏和明细栏等。

6.1 绘制减速器装配图

在绘制减速器装配图前，应根据装配草图确定图纸幅面和图形比例，综合考虑装配图的各项设计内容，合理布置图面。

减速器装配图通常选用两个或三个主要视图，必要时加辅助剖面、剖视或局部视图。在完整、准确地表达减速器零部件的结构形状、尺寸和各部分相互关系的前提下，视图数量应尽量少。

画剖视图时，同一零件在各剖视图中的剖面线方向应一致。相邻的不同零件，其剖面线方向或间距应不同，以示区别。对于较薄的零件（厚度小于或等于 2 mm），其剖面可以涂黑。

减速器装配图上某些结构可以按机械制图国家标准中关于简化画法的规定进行绘制，例如螺栓、螺母、滚动轴承等。对同一类型、尺寸、规格的螺栓连接，可以只画一个，但所画的螺栓连接必须在各视图上表达清楚，其余可以用中心线表示。

减速器装配图绘制好后，先不要加深，待零件工作图设计完成后，修改装配图中某些不合理的结构和尺寸，然后再加深，完成装配图设计。

6.2 标注尺寸

装配图应标注的尺寸主要包括：性能尺寸、配合尺寸、安装尺寸、外形尺寸以及与装配、检验、维护等有关的尺寸。

（1）性能尺寸　性能尺寸是表示减速器性能和规格的尺寸。如传动零件的中心距及其偏差等。

（2）配合尺寸　配合尺寸是表示减速器中零件之间有装配关系的尺寸，零件配合处应标注尺寸、配合和精度等级。如轴与传动零件、轴承和联轴器的配合尺寸，轴承与轴承孔的配合尺寸等。配合和精度的选择对于减速器的工作性能、加工工艺及制造成本影响很大，应根据设计资料认真选定。减速器主要零件的公差配合见表 6-1，供设计时参考。

（3）安装尺寸　安装尺寸是表示减速器安装在基础上或安装其他零部件所需的尺寸。如箱体底面尺寸；地脚螺栓孔的中心距、直径和定位尺寸；减速器中心高；轴外伸端配合长度和直径；轴外伸端面与减速器某基准轴线的距离等。

（4）外形尺寸　外形尺寸是表示减速器外形轮廓大小的尺寸，即减速器的总长、总宽和总高。它是确定包装、运输和车间布置的依据。

标注尺寸时，应使尺寸线的布置整齐、清晰，尺寸应尽量标注在视图外面，并尽可能集中标注在反映主要结构的视图上。

表 6-1　减速器主要零件的公差配合

配合零件	公差配合	装拆方法
大中型减速器的低速级齿轮（蜗轮）与轴的配合；轮缘与轮芯的配合	$\dfrac{H7}{r6}$，$\dfrac{H7}{s6}$	用压力机或温差法（中等压力的配合，小过盈配合）
一般齿轮、蜗轮、带轮、联轴器与轴的配合	$\dfrac{H7}{r6}$	用压力机（中等压力的配合）
要求对中性良好和很少装拆的齿轮、蜗轮、联轴器与轴的配合	$\dfrac{H7}{n6}$	用压力机（较紧的过渡配合）
小锥齿轮和较常装拆的齿轮、联轴器与轴的配合	$\dfrac{H7}{m6}$，$\dfrac{H7}{k6}$	锤子打入（过渡配合）
滚动轴承内孔与轴的配合（内圈旋转）	j6（轻负荷）	用压力机（实际为过盈配合）
	k6，m6（中等负荷）	
滚动轴承外圈与机体的配合（外圈不转）	H7，H6（精度高时要求）	用锤或徒手装拆
轴套、挡油盘、溅油轮与轴的配合	$\dfrac{D11}{k6}$，$\dfrac{F9}{k6}$，$\dfrac{F9}{m6}$，$\dfrac{H8}{h7}$，$\dfrac{H8}{h8}$	
轴承套杯与机孔的配合	$\dfrac{H7}{js6}$，$\dfrac{H7}{h6}$	
轴承盖与箱体孔（或套杯孔）的配合	$\dfrac{H7}{d11}$，$\dfrac{H7}{h8}$	
嵌入式轴承盖的凸缘与箱体孔凹槽之间的配合	$\dfrac{H11}{h11}$	
与密封件相接触轴段的公差带	F9、h11	

6.3　标注减速器的技术特性

减速器的技术特性包括输入功率、转速、传动效率、传动特性（如各级传动比、各级传动的主要参数）和精度等级等。通常在装配图明细栏或技术要求的上方适当位置采用列表方式来表示。列表内容和格式可参考表 6-2。

表 6-2　技术特性

输入功率 P/kW	输入转速 $n/r \cdot min^{-1}$	效率 η	总传动比 i	传动特性							
				第一级				第二级			
				m_n/mm	z_2/z_1	$\beta/(")$	精度等级	m_n/mm	z_2/z_1	$\beta/(")$	精度等级

6.4　编写技术要求

装配图的技术要求是用文字说明在视图上无法表达的有关装配、调整、检验、润滑、维护等方面的内容。正确地制订技术要求，可以保证减速器的工作性能。技术要求一般写在明细栏上方或图样下方的空白处，也可以另编技术文件，附于图样之后。装配图通常包括以下几方面的技术要求内容。

1. 装配前的要求

装配前，所有零件应用煤油或汽油清洗干净，零件配合表面应涂上润滑油。箱体内不允许有任何杂物存在，箱体内壁、齿轮和蜗轮等的未加工表面应涂上防护涂料。根据零件的设计要求工作情况，应对零件的装配工艺做出规定。

2. 对安装和调整的要求

（1）滚动轴承的安装和调整　为保证滚动轴承的正常工作，在安装时必须留出一定的轴向游隙。对游隙可调的轴承（如角接触球轴承和圆锥滚子轴承），轴向游隙数值可由第 12 章表 12-12 或轴承手册查出。对游隙不可调的轴承（如深沟球轴承），可在轴承盖与轴承外圈端面之间留出适当间隙 Δ（$\Delta = 0.25 \sim 0.4$ mm）。

图 6-1 所示为用垫片调整轴承的轴向游隙 Δ。首先，用轴承盖将轴承顶紧，消除轴承的轴向间隙；然后用塞尺测量端盖与轴承座之间的间隙 δ；再用一组厚度为 $\delta + \Delta$ 的调整垫片置于轴承盖凸缘与轴承座端面之间，拧紧螺钉，即可得到所要求的间隙 Δ。

图 6-2a 所示为用圆螺母调节圆锥滚子轴承的轴向游隙，图 6-2b 所示为用螺钉调节轴承的轴向游隙。可先将螺钉或螺母拧紧，消除轴承的轴向间隙，然后再退至所需要的轴向游隙 Δ 为止，最后锁紧螺钉或螺母。

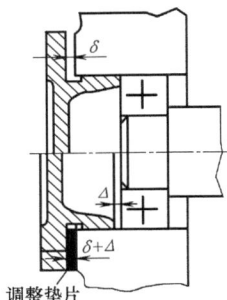

图 6-1　用垫片调整滚动轴承的轴向游隙

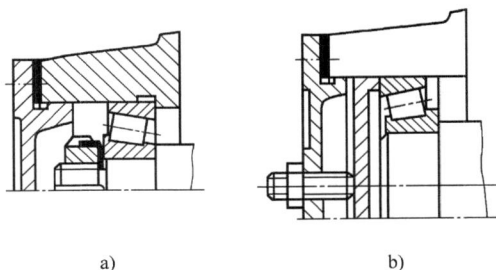

a)　　　　　　　　　　b)

图 6-2　用螺纹零件调整滚动轴承的轴向游隙

（2）传动侧隙和接触斑点　齿轮或蜗杆与蜗轮安装后，所要求的传动侧隙和齿面接触斑点是由传动精度确定的，传动精度可由本书第16章的内容中查出。

传动侧隙的检查可将塞尺或铅丝放入相互啮合的两齿面间，然后测量塞尺或铅丝变形后的厚度。

接触斑点的检查是在主动轮啮合齿面上涂色，将其转动几周后，观察从动轮啮合齿面的着色情况，分析接触区的位置和接触面积的大小。

当传动侧隙或接触斑点不符合要求时，可对齿面进行刮研、跑合或调整传动件的啮合位置。对于锥齿轮传动，可通过垫片调整两轮位置，使其锥顶重合。对于蜗杆减速器，可调整蜗轮轴承盖与轴承座之间的垫片（一端加垫片，一端减垫片），使蜗杆轴线与蜗轮的中间平面重合。

对于多级传动，如各级传动的侧隙和接触斑点要求不同时，应分别在技术要求中注明。

3. 对润滑的要求

润滑对减速器的传动性能有很大影响，在技术要求中应注明传动件和轴承的润滑剂品种、用量和更换时间。

选择传动件的润滑剂时，应考虑传动特点、载荷性质、载荷大小及运转速度。一般对于重载、高速、频繁起动、反复运转等情况，由于形成油膜的条件差、温升高，故应选用黏度大、油性和极压性好的润滑油。对于轻载、低速、间歇工作的传动件，可选黏度较小的润滑油。例如，重型齿轮传动可选用黏度大、油性好的工业闭式齿轮油；蜗杆传动由于不利于形成油膜，可选既含极压添加剂，又加有油性添加剂的蜗轮蜗杆油；开式齿轮传动可选耐腐蚀、抗氧化及减摩性好的开式齿轮油。

当传动件与轴承采用同一润滑剂时，应优先满足传动件的要求，适当兼顾轴承的要求。

对多级传动，应按高速级和低速级对润滑剂黏度要求的平均值来选择润滑剂。

传动件和轴承所用润滑剂的选择方法参见相关教材及本书第13章13.1节的内容。

减速器换油时间取决于油中杂质的多少和被氧化与被污染的程度，一般为半年左右。

4. 对密封的要求

减速器箱体的剖分面、各接触面和密封处均不允许漏油。箱体剖分面上允许涂密封胶或水玻璃，不允许使用垫片或填料。

5. 对试验的要求

减速器做空载试验时，在额定转速下正转、反转各一个小时，要求运转平稳、噪声小、连接处不松动、无渗漏等；做负载试验时，在额定转速和额定功率下，油池温升不得超过35℃，轴承温升不得超过40℃。

6. 对外观、包装和运输的要求

箱体表面应涂防锈漆；外伸轴及零件需涂油并应包装严密；运输及装卸时不可倒置。

6.5　零件序号

为了便于读图、装配、图样管理以及做好生产准备工作，要对装配图中的所有零部件进行编序。装配图中零件序号的编排应符合机械制图国家标准的规定，序号应按顺时针或逆时针方向依次排列整齐，避免重复或遗漏。对于不同种类的零件（如尺寸、形状、材料任何一项不同）均应单独编号，相同零件共用一个序号。对于独立组件，如滚动轴承、垫片组、油标、通气器等，可用一个序号。对于装配关系清楚的零件组，如螺栓、螺母、垫圈，可共用一条指引线再分别编号，如图 6-3 所示。零件指引线不得交叉，尽量不与剖面线平行；编号数字应比图中数字大 1 号，标准件和非标准件可混编序号或分编序号。

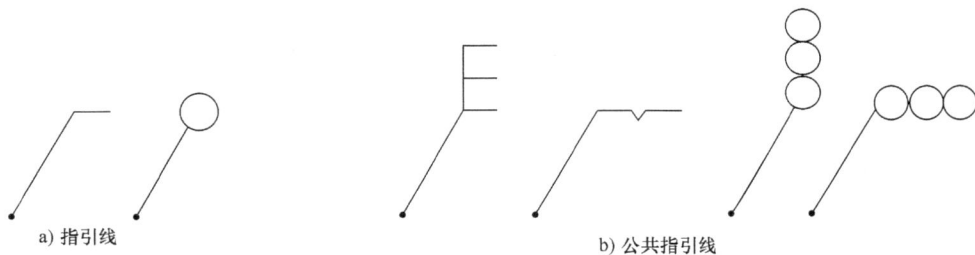

a) 指引线　　　　　　　　b) 公共指引线

图 6-3　指引线样式

6.6　编制标题栏和明细栏

技术图样的标题栏应布置在图纸的右下角，其格式、线型及内容应按国家标准 GB/T 10609.1—2008 的规定绘制。允许根据实际需要增、减标题栏中的内容。

本书中，标题栏用来说明减速器的名称、图号、比例、重量和件数等，应置于图纸的右下角。图 6-4 所示为简化的标题栏示例。

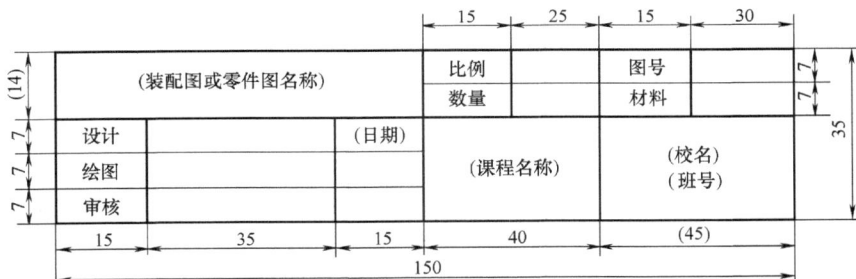

图 6-4　简化标题栏示例

明细栏是装配图中全部零部件的详细目录，填写明细栏的过程也是对各零部件、组件的名称、品种、数量、材料进行审查的过程。明细栏布置在标题栏的上方，由下而上顺序填写。零件较多时，允许紧靠标题栏左边自下而上续表，必要时可另页单独编制。应按序号完整地写出零件的名称、数量、材料、规格和标准等。其中，标准件必须按照相应国家标准的规定标记，完整地写出零件名称、材料牌号、主要尺寸及标准代号。简化明细表的示例如图 6-5 所示。

图 6-5　简化明细栏示例

6.7 检查装配图

装配图完成后，应按下列项目认真检查。

1）装配图中传动方案布置与设计任务书的要求是否一致，如检查输入、输出轴的位置等。

2）视图的数量和表达方式是否恰当，投影关系是否正确，尺寸标注是否正确，是否清楚地表达了减速器的工作原理和装配关系。

3）零件材料选择是否合理，零件结构是否正确，是否便于加工、装拆、调整、润滑、密封及维修。

4）尺寸标注是否正确，配合和精度的选择是否恰当。

5）零件编号是否齐全，标题栏、明细栏是否填写正确，有无遗漏。

6）技术要求、技术特性是否填写正确，有无遗漏。

7）图样、数字和文字是否符合国家标准，标准件标注是否正确。

图样经检查修改后，注意保持图面整洁，文字和数字要求清晰。

思考题

1. 装配图的作用是什么？减速器装配图包括哪些内容？

2. 装配图中应标注哪几类尺寸？其作用各是什么？

3. 减速器主要零件的配合与精度如何选择？传动零件与轴的配合如何选择？滚动轴承与轴和箱体的配合如何选择？

4. 装配图的技术要求主要包括哪些内容？

5. 滚动轴承在安装时为什么要预留轴向游隙？游隙如何调整？

6. 为什么要保证传动件的侧隙？传动侧隙如何测量？

7. 如何检查传动件的齿面接触斑点？它与传动精度有何关系？如果不符合要求应如何调整？

8. 减速器中哪些零件需要润滑？如何选择润滑剂？如何选择润滑方法？

9. 为什么在减速器剖分面处不允许使用垫片？如何防止漏油？

10. 装配图中零部件序号的编写应注意些什么问题？

11. 明细栏的作用是什么？应填写哪些内容？标题栏应填写哪些内容？

12. 检查装配图时应主要检查哪些内容？

13. 何时加深装配图？为什么要这样做？

第7章　减速器零件图设计

零件图是制造、检验和制订零件工艺规程用的图样。零件图既要反映出设计意图，又要考虑到制造的可能性和合理性。一张完整的零件图应全面、正确、规范、合理地表达出零件的内外结构，制造和检验时的全部尺寸及应达到的技术要求。

在课程设计中，绘制零件图主要是为了培养学生的设计能力，使其掌握零件图的设计内容和绘制方法。根据教学要求，学生应绘制由教师指定的 1~3 个典型零件的工作图。

零件图的设计要点如下：

1. 选择和布置视图

零件图选取视图（包括剖视图、剖面图、局部视图等）的数量要恰当，以能完全、正确、清楚地表明零件的结构形状和相对位置关系为原则，每个视图应有其表达重点。

零件图优先选用 1:1 的比例。布置视图时，要合理利用图纸幅面，若零件尺寸较小或较大时，可按规定的放大或缩小比例画出图形。对于细部结构如有必要，可以采用局部放大图。

零件图是在完成装配图设计的基础上绘制的，零件图中所表达的结构和尺寸应与装配图一致，不应随意改动。如必须改动时，应对装配图进行相应的修改。

2. 标注尺寸

零件图上的尺寸是加工与检验的依据。在图上标注尺寸时，应做到正确、完整、书写清晰、工艺合理、便于检验。

对于配合尺寸或要求精确的尺寸，应注出尺寸的极限偏差。

零件的所有表面（包括非加工面）都应按照国家标准规定的标注方法注明表面粗糙度。如较多表面具有同一粗糙度时，可在图样的标题栏上方集中标注，但仅允许标注使用最多的一种表面粗糙度。表面粗糙度的选择应根据设计要求确定，在保证正常工作的前提下，选取合理的表面粗糙度数值。

零件图上应标注必要的几何公差，它是评定零件加工质量的重要指标之一。其具体数值和标注方法见第 15 章的内容。

对于传动零件，要列出主要参数、精度等级和误差检验项目表。

3. 编写技术要求

对于零件在制造或检验时必须保证的要求和条件，不便用图形或符号表示时，可在零件图技术要求中注出。它的内容应根据不同零件和不同加工方法的要求而定。

4. 画出零件图标题栏

在图纸的右下角画出标题栏，用来说明零件的名称、图号、数量、材料、比例等内容，其格式见第 6.6 节的内容。

7.1 轴类零件图设计

7.1.1 视图

轴类零件的工作图，一般只需要绘制主视图即可基本表达清楚，视图上表达不清的键槽和孔等，可用剖面图或剖视图辅助表达。对轴的细部结构，如螺纹退刀槽、砂轮越程槽、中心孔等，必要时可画出局部放大图。

7.1.2 标注尺寸、表面粗糙度和几何公差

1. 标注尺寸

轴类零件主要标注径向尺寸和轴向尺寸。

标注径向尺寸时，对有配合关系的直径应标出尺寸极限偏差。

标注轴向尺寸时，应根据设计及工艺要求选好基准面，通常可选轴孔配合端面或轴端作为基准面。尺寸标注既要反映加工工艺及测量的要求，又要满足装配尺寸链的精度要求，不允许出现封闭尺寸链。取加工误差不影响装配要求的轴段作为封闭环，其长度尺寸不标注，如图 7-1 所示。

所有尺寸应逐一标注，不可因尺寸相同而省略。对所有倒角、圆角、槽等，都应标注尺寸或在技术要求中说明。

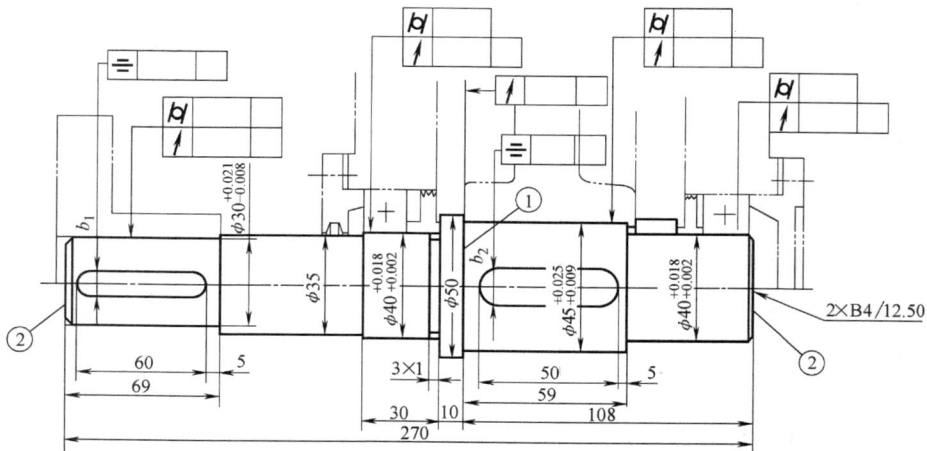

图 7-1 轴的尺寸标注

①—主要基准　②—辅助基准

2. 标注表面粗糙度

轴的所有表面都要加工，故各表面都应注明表面粗糙度。具体数值可查阅表 7-1。

表 7-1　轴的加工表面粗糙度 *Ra* 荐用值　　　　　　　　　　（单位：μm）

加 工 表 面	表面粗糙度值		
与传动件及联轴器等轮毂相配合的表面	1.6		
与滚动轴承配合的表面	1.0(轴承内径 $d \leqslant 80$ mm)；1.6(轴承内径 $d > 80$ mm)		
与滚动轴承配合的轴肩端面	2.0(轴承内径 $d \leqslant 80$ mm)；2.5(轴承内径 $d > 80$ mm)		
与传动件及联轴器相配合的轴肩端面	3.2		
平键键槽	3.2(工作表面)；6.3(非工作表面)		
密封处的表面	毡圈密封	密封圈密封	油沟密封
	与轴接触处的圆周速度		3.2~1.6
	≤3 m/s	>3~5 m/s	>5~10 m/s	
	1.6~0.8	0.8~0.4	0.4~0.2	

3. 标注几何公差

为了保证轴的加工精度和装配质量，在轴类零件图上还应标注几何公差。表 7-2 列出了轴的几何公差推荐项目和精度等级，供设计时参考。

表 7-2　轴的几何公差推荐项目和精度等级

内容	项　　目	符　号	精度等级	对工作性能的影响
形状公差	与传动零件相配合直径的圆度	○	7~8	影响传动零件与轴配合的松紧及对中性
	与传动零件相配合直径的圆柱度	/◯/		
	与轴承相配合直径的圆柱度		6	影响轴承与轴配合的松紧及对中性
跳动公差	齿轮的定位端面相对轴线的轴向圆跳动	/	6~8	影响齿轮与轴承的定位及其受载均匀性
	轴承的定位端面相对轴线的轴向圆跳动		6	
	与传动零件配合的直径相对轴线的径向圆跳动		6~8	影响传动件的运转（偏心）
	与轴承相配合的直径相对轴线的径向圆跳动		5~6	影响轴承的运转（偏心）
位置公差	键槽对轴线的对称度（要求不高时可不注）	=	7~9	影响键受载均匀性及装拆的难易

7.1.3　技术要求

轴类零件图上的技术要求主要包括：

1）对材料的力学性能和化学成分的要求，允许的代用材料等。

2）对零件表面性能的要求，如热处理方法、热处理后的硬度、渗碳深度及淬火深度等。

3）对机加工的要求，如是否要求保留中心孔。如果零件图上未画中心孔，应在技术要求中注明中心孔的类型及国标代号。与其他零件一起配合加工处（如配钻、配铰等）也应说明。

4) 对图中未注明的圆角、倒角的说明，以及其他特殊要求的说明。如对个别部位要求修饰加工的说明，对较长的轴要求进行毛坯校直的说明等。

轴的零件图示例见本书第 3 部分(参考图例及设计题目)的内容。

7.2　齿轮类零件图设计

齿轮类零件包括齿轮、蜗轮等。这类零件图中除有视图和技术要求外，还应有啮合特性表，它一般布置在图纸的右上角。

7.2.1　视图

齿轮类零件一般需要一个或两个视图表达。主视图轴线一般按水平布置，并用全剖或半剖视图画出齿轮的内部结构，侧视图可只绘制主视图表达不清的键槽与孔。

对于组合式蜗轮结构，应分别画出齿圈和轮芯的零件图和蜗轮的组件图。为了表达齿形的有关特征及参数(如蜗杆的轴向齿距)，必要时应画出局部剖面图。齿轮轴和蜗杆轴的视图与轴类零件图相似。

7.2.2　标注尺寸、表面粗糙度和几何公差

1. 标注尺寸

齿轮类零件图的径向尺寸以轴线为基准标注，宽度方向的尺寸则以端面为基准标注。分度圆虽然不能直接测量，但它是设计的基本尺寸，必须标注。齿顶圆的偏差值与其是否作为测量基准有关。齿根圆直径在齿轮加工时无须测量，在图样上不必标注。轴孔是加工、测量和装配时的主要基准，应标注尺寸偏差。径向尺寸还应标注轮毂外径、轮缘内侧直径以及腹板孔的位置和尺寸等。此外，齿轮上轮毂孔的键槽尺寸及极限偏差也应标注。

锥齿轮的锥距和锥角是保证啮合的重要尺寸。标注时，锥距应精确到 0.01 mm，锥角应精确到秒。另外，基准端面到锥顶的距离会影响锥齿轮的啮合精度，应该标注。锥齿轮除齿部偏差外，其他必须标注的尺寸及偏差可参见第 18 章(参考图例)的内容。

绘制装配式蜗轮组件时，应标注齿圈和轮芯配合尺寸、精度及配合性质。

2. 标注表面粗糙度

齿轮类零件的所有表面都应标注表面粗糙度，可根据各表面工作要求查阅手册或参考表 7-3 按荐用值标注。

表 7-3　齿轮和蜗轮表面粗糙度 *Ra* 荐用值　　　　　　(单位：μm)

加 工 表 面		传动精度等级			
		6	7	8	9
齿轮工作面	圆柱齿轮	1.6~0.8	3.2~0.8	3.2~1.6	6.3~3.2
	锥齿轮 蜗杆及蜗轮		1.6~0.8		
齿顶圆		12.5~3.2			
轴孔		3.2~1.6			

（续）

加工表面	传动精度等级			
	6	7	8	9
与轴肩配合的端面	6.3~3.2			
平键键槽	6.3~3.2(工作面)；12.5(非工作面)			
轮圈与轮芯的配合	3.2~1.6			
其他加工表面	12.5~6.3			

3. 标注几何公差

齿轮类零件的轮坯几何公差对其传动精度影响很大，通常根据零件精度等级确定公差值。表7-4列出了齿轮类零件的几何公差推荐项目，供设计时参考。

表7-4　齿轮类零件轮坯的几何公差推荐项目

类别	标注项目	符号	精度等级	对工作性能的影响
跳动公差	圆柱齿轮以顶圆作为测量基准时齿顶圆的径向圆跳动 锥齿轮的齿顶圆锥的径向圆跳动 蜗轮齿顶圆的径向圆跳动 蜗杆齿顶圆的径向圆跳动 基准端面对轴线的轴向圆跳动	∕	按齿轮和蜗轮(蜗杆)的精度等级确定	影响齿厚的测量精度，并在切齿时产生相应的齿圈径向圆跳动误差。产生传动件的加工中心与使用中心不一致，引起分齿不均。同时会使轴线与机床垂直导轨不平行而引起齿向误差。影响齿面载荷分布及齿轮副间隙的均匀性
位置公差	键槽侧面对孔中心线的对称度	═	8~9	影响键侧面受载的均匀性及装拆难易
形状公差	轴孔的圆柱度	⌀	7~8	影响传动零件与轴配合的松紧及对中性

7.2.3　啮合特性表

啮合特性表的内容包括齿轮(蜗轮)的主要参数、精度等级和误差检验项目。齿轮(蜗轮)的精度等级、误差检验项目和具体数值见第16章的内容。表7-5为啮合特性表格式，供设计时参考。

表7-5　齿轮啮合特性表格式

模数	$m(m_n)$		精度等级		
齿数	z		相啮合齿轮图号		
压力角	α		变位系数	x	
分度圆直径	d		检验项目	代号	公差(极限偏差)
齿顶高系数	h_a^*				
顶隙系数	c^*				
齿高	h				
螺旋角	β				
轮齿旋向	左旋或右旋				

7.2.4　技术要求

齿轮类零件图的技术要求包括：

1）对铸件、锻件或其他类型坯件的要求。如要求不允许有氧化皮及毛刺等。

2）对材料的力学性能和化学成分的要求，允许的代用材料等。

3）对零件表面性能的要求，如热处理方法、热处理后的硬度、渗碳深度及淬火深度等。

4）对未注明的倒角、圆角半径的说明。

5）对大型或高速齿轮的平衡试验要求。

6）其他需要文字说明的事宜等。

7.3　箱体零件图设计

7.3.1　视图

铸造箱体通常设计成剖分式。箱体由箱座和箱盖组成，因此，应按箱座和箱盖两个零件分别绘制。

箱体零件的结构比较复杂，为了正确、完整、清晰地表达出箱体的结构形式和尺寸，一般需要三个视图，并辅以必要的局部视图或局部放大图。

7.3.2　标注尺寸、表面粗糙度和几何公差

1. 标注尺寸

箱体形状的尺寸标注比轴类和齿轮类零件复杂得多。标注尺寸时，要考虑铸造工艺、加工工艺及测量的要求，既不能遗漏也不能重复，故应注意以下几点。

1）要选好基准，最好是选用加工基准作为标注尺寸的基准，以便于加工和测量。

高度方向的尺寸：按所选基准面分为两个尺寸组。第一尺寸组以箱座底平面为主要基准进行标注，如箱体高度、油标尺孔高度、放油孔高度和底座的厚度等。第二尺寸组以分箱面为辅助基准进行标注，如分箱面的凸缘厚度和轴承旁边螺栓连接凸台的高度等。此外，某些局部结构的尺寸，也可以非加工表面为基准进行标注，如吊钩凸台的高度。

宽度方向的尺寸：应以箱体的对称中心线为基准进行标注，如螺纹孔沿宽度方向的位置尺寸、箱体宽度和吊钩厚度等。

长度方向的尺寸：应以轴承座孔为主要基准进行标注，如轴承座孔中心距、轴承旁边螺纹孔的位置尺寸等。

地脚螺纹孔的位置尺寸：应以箱体底座的对称中心线为基准标注。此外，还应注明地脚螺栓与轴承座孔的定位尺寸，为减速器安装定位所用。

除以上主要尺寸外，其余尺寸如检查孔、加强肋、油沟和吊钩等可按具体情况选择合适的基准进行标注。

2）箱体尺寸可分为形状尺寸和定位尺寸，标注时应注意二者的区别。

形状尺寸是表示箱体各部分形状大小的尺寸，应直接标出。如箱座和箱盖的长、宽、高及壁厚，各种孔径及深度，螺纹孔尺寸，凸缘尺寸，槽的宽度及深度，各倾斜部分的斜

度等。

定位尺寸是确定箱体各部分相对于基准的位置尺寸。如孔的中心线、曲线的曲率中心及其他部位的平面与基准的距离等。对于这些尺寸，一是要防止遗漏，二是应注意从基准（或辅助基准）直接标出。

3）对于影响机器工作性能的尺寸应直接标出，以保证加工准确性，如箱体孔的中心距等。

4）配合尺寸应标出极限偏差。

5）所有圆角、倒角、拔模斜度等都必须直接标出或在技术要求中说明。

2. 标注表面粗糙度

箱体的表面粗糙度值 Ra 可查阅手册或参考表 7-6 按荐用值标注。

表 7-6　箱体表面粗糙度 Ra 荐用值　　　　（单位：μm）

表　面	表面粗糙度
箱体剖分面	3.2～1.6
与滚动轴承（P0 级）配合的轴承座孔 D	1.0（$D \leqslant 80$ mm）；2.5（$D > 80$ mm）
轴承座孔外端面	6.3～3.2
螺纹孔沉头座	12.5
与轴承盖及其套杯配合的孔	3.2
油沟及检查孔的接触面	12.5
箱体底面	12.5～6.3
圆锥销孔	3.2～1.6

3. 标注几何公差

箱体的几何公差推荐项目见表 7-7。

表 7-7　箱体几何公差推荐项目

类别	标注项目	符号	精度等级	对工作性能的影响
方向公差	轴承座孔中心线对端面的垂直度	⊥	7	影响轴承固定及轴向受载的均匀性
	轴承座孔中心线相互间的平行度	∥	6	影响传动件的传动平稳性及载荷分布的均匀性
	锥齿轮减速器和蜗杆减速器的轴承孔中心线相互间的垂直度	⊥	7	
位置公差	两轴承座孔中心线的同轴度	◎	7	影响减速器的装配及传动零件的载荷分布的均匀性
形状公差	轴承座孔的圆柱度	⌀	7	影响箱体与轴承的配合性能及对中性
	剖分面的平面度	▱	7～8	

7.3.3 技术要求

箱体零件图的技术要求包括以下几方面的内容：

1）剖分面上定位销孔的加工，应将箱座与箱盖用螺栓连接后进行配钻、配铰。

2）箱座与箱盖的轴承座孔应在用螺栓连接并装入定位销后进行配镗。镗孔时，结合面禁止放任何衬垫。

3）箱座与箱盖铸成后应进行清砂、时效处理，合箱后边缘应对齐。

4）箱座与箱盖内表面需用煤油清洗，并涂防锈漆，以防止润滑油的腐蚀和便于清洗。

5）未注铸造斜度、倒角、圆角以及未注尺寸公差和几何公差的说明。

6）箱体应进行消除内应力的处理等。

思考题

1. 零件图的作用是什么？零件图设计主要包括哪些内容？

2. 零件图中哪些尺寸需要圆整？

3. 标注轴类零件的长度尺寸时，为什么要选取基准？如何选取基准？

4. 轴类零件的尺寸标注如何反映加工工艺及测量的要求？

5. 为什么不允许出现封闭的尺寸链？

6. 标注轴类零件的长度尺寸时，应将精度要求不高的轴段选作封闭环，其长度尺寸不标注，为什么？

7. 分析轴的表面粗糙度和几何公差对轴的加工精度和装配质量的影响。

8. 标注齿轮类零件的尺寸时，如何选取基准？

9. 如何选择齿轮类零件的误差检验项目？它和齿轮精度的关系如何？

10. 为什么要标注齿轮毛坯的公差？它包括哪些项目？

11. 标注箱体零件的尺寸时，如何选取基准？

12. 箱体孔的中心距及其偏差如何标注？

13. 如何标注箱体的几何尺寸？

14. 试分析箱体的几何公差对减速器工作性能的影响。

15. 绘制箱体零件图时，如何选取视图？

第8章　编写设计计算说明书和准备答辩

设计计算说明书是图纸设计的理论基础，是设计计算的整理和总结，是审核设计的技术文件之一。因此，编写设计计算说明书是设计工作的一个重要组成部分。

8.1　设计计算说明书的内容

设计计算说明书的内容根据设计对象确定，说明书的内容大致包括：

1）目录（标题、页码）。

2）设计任务书。

3）传动方案的分析与拟定（简要说明传动方案，并对此方案优、缺点进行分析，附传动方案简图）。

4）电动机的选择，分配各级传动比，传动装置的运动及动力参数的选择和计算。

5）传动零件的设计计算（包括减速器外传动零件和减速器内传动零件）。

6）轴的设计计算（包括初估轴径、轴的结构设计、轴的强度校核）。

7）滚动轴承的选择和计算。

8）键连接的选择和计算。

9）联轴器的选择。

10）减速器箱体的设计。

11）减速器的润滑和密封的选择，润滑剂牌号选择和装油量计算。

12）设计小结（对课程设计的体会，设计的优缺点和改进意见等）。

13）参考资料（按序号、作者、书名、出版单位和出版时间顺序列出）。

8.2　设计计算说明书的要求与注意事项

设计计算说明书应包含设计中所考虑的主要问题和全部计算内容，要求计算正确、论述清楚、文字精练、插图简明、书写工整。同时，还应注意以下事项：

1）计算内容的书写，应列出计算公式，代入有关数据，不必列出运算过程。最后写出计算结果并标明单位，写出简短的结论或说明，如"满足强度条件""所选轴承符合使用条件"等。

2）所引用的计算公式和数据应注明来源。主要参数、尺寸和规格以及主要的计算结果，可写在每页右侧的"计算结果"栏中。

3）为了清楚地说明计算内容，说明书应附有必要的简图，如传动方案简图、轴的结构简图、受力图、弯矩图和转矩图等。

4）全部计算中所使用的符号应前后一致，各参量的数值应标明单位，其单位要统一。

8.3　设计计算说明书的书写格式

设计计算说明书的封面格式参考图 8-1a，设计计算说明书编写格式参考图 8-1b。

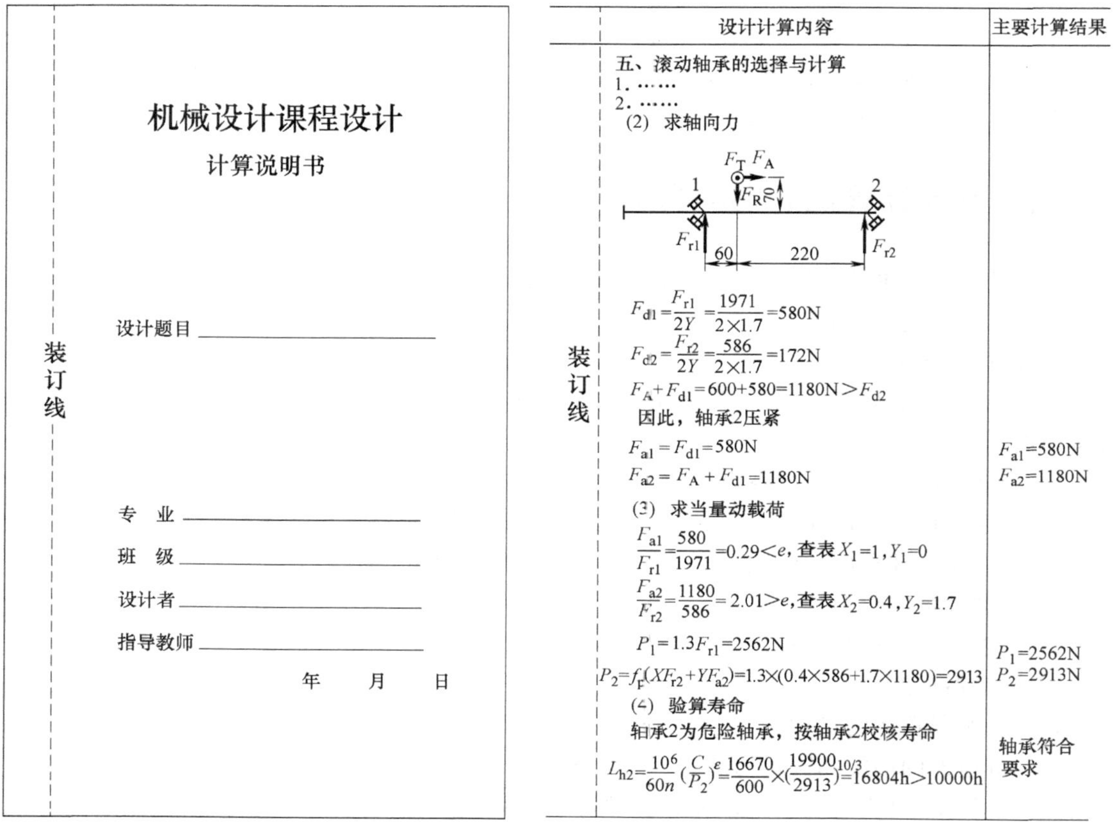

机械设计课程设计

计算说明书

装
订
线

设计题目＿＿＿＿＿＿＿＿＿

专　业＿＿＿＿＿＿＿＿＿
班　级＿＿＿＿＿＿＿＿＿
设计者＿＿＿＿＿＿＿＿＿
指导教师＿＿＿＿＿＿＿＿

年　　月　　日

a）封面格式

设计计算内容	主要计算结果
五、滚动轴承的选择与计算	
1. ……	
2. ……	
（2）求轴向力	

$$F_{d1}=\frac{F_{r1}}{2Y}=\frac{1971}{2\times1.7}=580\text{N}$$

$$F_{d2}=\frac{F_{r2}}{2Y}=\frac{586}{2\times1.7}=172\text{N}$$

$F_A+F_{d1}=600+580=1180\text{N}>F_{d2}$
因此，轴承2压紧

$F_{a1}=F_{d1}=580\text{N}$ ＿＿＿ $F_{a1}=580\text{N}$

$F_{a2}=F_A+F_{d1}=1180\text{N}$ ＿＿＿ $F_{a2}=1180\text{N}$

（3）求当量动载荷

$\frac{F_{a1}}{F_{r1}}=\frac{580}{1971}=0.29<e$，查表 $X_1=1,Y_1=0$

$\frac{F_{a2}}{F_{r2}}=\frac{1180}{586}=2.01>e$，查表 $X_2=0.4,Y_2=1.7$

$P_1=1.3F_{r1}=2562\text{N}$ ＿＿＿ $P_1=2562\text{N}$

$P_2=f_p(XF_{r2}+YF_{a2})=1.3\times(0.4\times586+1.7\times1180)=2913$ ＿＿＿ $P_2=2913\text{N}$

（4）验算寿命
轴承2为危险轴承，按轴承2校核寿命

$$L_{h2}=\frac{10^6}{60n}\left(\frac{C}{P_2}\right)^{\varepsilon}=\frac{16670}{600}\times\left(\frac{19900}{2913}\right)^{10/3}=16804\text{h}>10000\text{h}$$

轴承符合要求

b）说明书格式

图 8-1　封面及说明书格式

8.4　准备答辩

答辩是课程设计的最后一个环节。通过准备答辩，可以系统地回顾和总结整个设计过程的内容：掌握总体方案确定、受力分析、材料选择、工作能力计算、主要参数及尺寸确定、结构设计、设计资料和标准的运用，以及零件的工艺性、使用和维护等方面的知识；全面分析本次设计的优、缺点，发现今后在设计时应注意的问题；初步掌握机械设计的方法和步骤，提高分析和解决工程实际问题的能力。

在答辩前，应将装订好的设计计算说明书、叠好的图纸一起装入资料袋，准备答辩。

在学生系统总结的基础上，通过答辩，找出设计计算和图纸中存在的问题，进一步把尚未考虑到的问题搞清楚，丰富设计中取得的收获，以达到课程设计的目的和要求。

课程设计成绩的评定，是以设计图纸、设计计算说明书、学生在答辩中回答问题的情况为依据的，并考虑学生在设计过程中的表现给出综合成绩。

第 2 部分

机械设计常用
标准和规范

第9章 　一般标准

机械设计课程设计一般标准见表 9-1~表 9-25。

表 9-1　国内部分标准代号

国内标准代号	标准名称	国内标准代号	标准名称
GB	强制性国家标准	LY	林业行业标准
GB/T	推荐性国家标准	MH	民用航空行业标准
GJB	国家军用标准	MT	煤炭行业标准
BB	包装行业标准	NY	农业行业标准
CB	船舶行业标准	QB	原轻工行业标准
CH	测绘行业标准	QC	汽车行业标准
DA	档案工作行业标准	QJ	航天工业行业标准
DL	电力行业标准	SB	国内贸易行业标准
DZ	地质矿业行业标准	SH	石油化工行业标准
EJ	核工业行业标准	SJ	电子行业标准
FZ	纺织行业标准	SL	水利行业标准
GA	社会公共安全行业标准	SY	石油天然气行业标准
GY	广播电影电视行业标准	SC	水产行业标准
HB	航空工业行业标准	TB	铁道行业标准
HG	化工行业标准	WB	物资行业标准
HJ	环境保护行业标准	WJ	兵工民品行业标准
HS	海关行业标准	WM	对外经济贸易行业标准
HY	海洋行业标准	WS	原卫生部标准
JB	机械行业标准	XB	稀土行业标准
JB/Z	机械工业指导性技术文件	YB	黑色冶金行业标准
JC	建材行业标准	YD	通信行业标准
JG	建筑工业行业标准	YS	有色冶金行业标准
JT	交通行业标准	YY	医药行业标准
JY	教育行业标准	YZ	邮政行业标准
LD	劳动和劳动安全行业标准		

表 9-2　国外部分标准代号

国外标准代号	标准名称	国外标准代号	标准名称
ANSI	美国国家标准	JIS	日本工业标准
BS	英国标准	KS	韩国标准
CSA	加拿大标准	NB	巴西标准
DIN	德国标准	UNE	西班牙标准
IRAM	阿根廷标准	UNI	意大利标准

表 9-3　图框格式和图幅尺寸

留装订边　　　　　　　　　　　　　不留装订边

图纸幅面（GB/T 14689—2008 摘录）/mm						图样比例（GB/T 14690—1993）		
基本幅面（第一选择）				加长幅面（第二选择）		原值比例	缩小比例	放大比例
幅面代号	$B \times L$	a	c	e	幅面代号	$B \times L$		

幅面代号	$B \times L$	a	c	e	幅面代号	$B \times L$	原值比例	缩小比例	放大比例
A0	841×1189			20	A3×3	420×891		$1:2$　$1:2\times10^n$	$5:1$　$5\times10^n:1$
A1	594×841		10		A3×4	420×1189		$1:5$　$1:5\times10^n$	$2:1$　$2\times10^n:1$
A2	420×594	25			A4×3	297×630	$1:1$	$1:10$　$1:1\times10^n$	$1\times10^n:1$
A3	297×420			10	A4×4	297×841		必要时允许选取 $1:1.5$　$1:1.5\times10^n$ $1:2.5$　$1:2.5\times10^n$ $1:3$　$1:3\times10^n$ $1:4$　$1:4\times10^n$ $1:6$　$1:6\times10^n$	必要时允许选取 $4:1$　$4\times10^n:1$ $2.5:1$　$2.5\times10^n:1$
A4	210×297		5		A4×5	297×1051			

注：1. 加长幅面的图框尺寸按所选用的基本幅面大一号图框尺寸确定。例如 A3×4 的图框尺寸，按 A2 的图框尺寸确定，即 e 为 10（或 c 为 10）。

2. 加长幅面（第三选择）的尺寸见 GB/T 14689。

3. n 为正整数。

表 9-4　剖面符号

材　料	剖面符号	材　料	剖面符号
金属材料 （已有规定剖面符号者除外）		木质胶合板 （不分层数）	
线圈绕组元件		基础周围的泥土	

（续）

材　　料	剖面符号	材　　料	剖面符号
转子、电枢、变压器和电抗器等的迭钢片	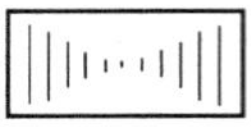	混凝土	
非金属材料（已有规定剖面符号者除外）	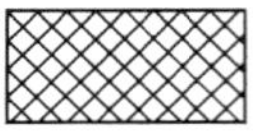	钢筋混凝土	
型砂、填砂、粉末冶金、砂轮、陶瓷刀片、硬质合金刀片等		砖	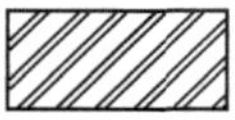
玻璃及供观察用的其他透明材料	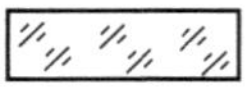	格网（筛网、过滤网等）	
木材 纵剖面	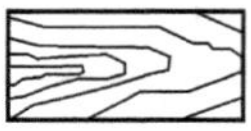	液体	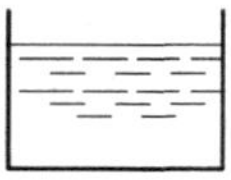
木材 横剖面	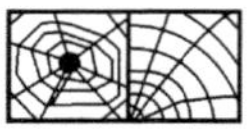		

注：1. 剖面符号仅表示材料的类别，材料的名称和代号必须另行注明。

　　2. 迭钢片的剖面线方向，应与束装中迭钢片的方向一致。

　　3. 液面用细实线绘制。

　　4. 另有 GB/T 17453—2005《技术制图　图样画法　剖面区域的表示法》适用于各种技术图样，如机械、电气、建筑和土木工程图样等，所以机械制图应同时执行 GB/T 17453—2005 的规定。

表 9-5　机械制图中的线型及应用（GB/T 4457.4—2002 摘录）

名称	宽度	形　　式	一　般　应　用
粗实线	b	——————	可见轮廓线 可见过渡线
细实线	约 $b/2$	——————	尺寸线、分界线、引出线、辅助线、剖面线、不连续同一表面的连线
虚线	约 $b/2$	---------	不可见轮廓线 不可见过渡线
双点画线	约 $b/2$	— ·· — ·· —	相邻辅助零件轮廓线 极限位置轮廓线
细点画线	约 $b/2$	— · — · —	轴线、节线、节圆、对称线
波浪线	约 $b/2$	 ∿	视图与剖视图的分界线 断裂处的边界线

注：图线宽度 b 推荐系列为 0.25 mm、0.35 mm、0.5 mm、0.7 mm、1 mm、1.4 mm、2 mm。

表 9-6 标准尺寸(直径、长度、高度等)(GB/T 2822—2005 摘录)　　(单位：mm)

R系列			R'系列			R系列			R'系列		
R10	R20	R40	R'10	R'20	R'40	R10	R20	R40	R'10	R'20	R'40
1.00	1.00		1.0	1.0				67.0			67
	1.12			**1.1**			71.0	71.0		71.0	71
1.25	1.25		**1.2**	**1.2**				75.0			75
	1.40			1.4		80.0	80.0	80.0	80	80	80
1.60	1.60		1.6	1.6				85.0			85
	1.80			1.8			90.0	90.0		90	90
2.00	2.00		2.0	2.0				95.0			95
	2.24			**2.2**		100.0	100.0	100.0	100	100	100
2.50	2.50		2.5	2.5				106			**105**
	2.80			2.8			112	112		**110**	**110**
3.15	3.15		**3.0**	**3.0**				118			**120**
	3.55			**3.5**		125	125	125	125	125	125
4.00	4.00		4.0	4.0				132			**130**
	4.50			4.5			140	140		140	140
5.00	5.00		5.0	5.0				150			150
	5.60			**5.5**		160	160	160	160	160	160
6.30	6.30		**6.0**	**6.0**				170			170
	7.10			**7.0**			180	180		180	180
8.00	8.00		8.0	8.0				190			190
	9.00			9.0		200	200	200	200	200	200
10.00	10.00		10.0	10.0				212			**210**
	11.2			**11**			224	224		**220**	220
12.5	12.5	12.5	**12**	**12**	12			236			240
		13.2			**13**	250	250	250	250	250	250
	14.0	14.0		14	14			265			**260**
		15.0			15		280	280		280	280
16.0	16.0	16.0	16	16	16			300			300
		17.0			17	315	315	315	**320**	**320**	**320**
	18.0	18.0		18	18			335			**340**
		19.0			19		355	355		**360**	**360**
20	20.0	20.0	20	20	20			375			**380**
		21.2			**21**	400	400	400	400	400	400
	22.4	22.4		**22**	**22**			425			**420**
		23.6			**24**		450	450		450	450
25.0	25.0	25.0	25	25	25			475			**480**
		26.5			**26**	500	500	500	500	500	500
	28.0	28.0		28	28			530			530
		30.0			30		560	560		560	560
31.5	31.5	31.5	**32**	**32**	32			600			600
		33.5			**34**	630	630	630	630	630	630
	35.5	35.5		**36**	**36**			670			670
		37.5			**38**		710	710		710	710
40.0	40.0	40.0	40	40	40			750			750
		42.5			**42**	800	800	800	800	800	800
	45.0	45.0		45	45			850			850
		47.5			**48**		900	900		900	900
50.0	50.0	50.0	50	50	50			950			950
		53.0			53	1000	1000	1000	1000	1000	1000
	56.0	56.0		56	56						
		60.0			60						
63.0	63.0	63.0	63	63	63						

注：1. "标准尺寸"为直径、长度、高度等系列尺寸。

　　2. R'系列中的黑体字，为 R 系列相应各项优先数的化整值。

　　3. 选择尺寸时，优先选用 R 系列，按照 R10、R20、R40 的顺序。如必须将数值圆整，可选择相应的 R'系列，
应按照 R'10、R'20、R'40 的顺序选择。

表 9-7　机构运动简图用图形符号（GB/T 4460—2013 摘录）

名称	基本符号	可用符号	名称	基本符号	可用符号
机架			联轴器		
轴、杆			一般符号（不指明类型）		
构件组成部分与轴（杆）的固定连接			固定联轴器		
齿轮传动（不指明齿线）			可移式联轴器		
圆柱齿轮			弹性联轴器		
锥齿轮			啮合式离合器		
			单向式		
			摩擦离合器 单向式		
蜗轮与圆柱蜗杆			制动器		
			一般符号		
摩擦传动			轴承 向心轴承		
圆柱轮			滑动轴承		
			滚动轴承		
			推力轴承		
			单向推力普通轴承		
圆锥轮			推力滚动轴承		
			向心推力轴承		
带传动		附注：若需指明类型用下列符号：	单向向心推力普通轴承		
		V带传动	双向向心推力普通轴承		
一般符号（不指明类型）			向心推力滚动轴承		
链传动			弹簧		
		滚子链传动	压缩弹簧		
一般符号（不指明类型）			拉伸弹簧		
螺杆传动整体螺母			电动机		
			一般符号		

表 9-8 中心孔（GB/T 145—2001 摘录）　　　　　　　　　　（单位：mm）

A型 不带护锥的中心孔	B型 带护锥的中心孔	C型 带螺纹的中心孔	R型 弧形中心孔

d	D₁		l₂ (参考)		t (参考)	l_min	r_max	r_min	D	D₁	D₂	l	l₁ (参考)	选择中心孔的参考数据		
A、B、R型	A、R型	B型	A型	B型	A、B型		R型				C型				原料端部最小直径 D₀	轴状原料最大直径 D_c	工件最大质量 /t
1.60	3.35	5.00	1.52	1.99	1.4	3.5	5.00	4.00								>10~18	0.12
2.00	4.25	6.30	1.95	2.54	1.8	4.4	6.30	5.00						8	>10~18	0.12
2.50	5.30	8.00	2.42	3.20	2.2	5.5	8.00	6.30						10	>18~30	0.2
3.15	6.70	10.00	3.07	4.03	2.8	7.0	10.00	8.00	M3	3.2	5.8	2.6	1.8	12	>30~50	0.5
4.00	8.50	12.50	3.90	5.05	3.5	8.9	12.50	10.00	M4	4.3	7.4	3.2	2.1	15	>50~80	0.8
(5.00)	10.60	16.00	4.85	6.41	4.4	11.2	16.00	12.50	M5	5.3	8.8	4.0	2.4	20	>80~120	1
6.30	13.20	18.00	5.98	7.36	5.5	14.0	20.00	16.00	M6	6.4	10.5	5.0	2.8	25	>120~180	1.5
(8.00)	17.00	22.40	7.79	9.36	7.0	17.9	25.00	20.00	M8	8.4	13.2	6.0	3.3	30	>180~220	2
10.00	21.20	28.00	9.70	11.66	8.7	22.5	31.50	25.00	M10	10.5	16.3	7.5	3.8	35	>180~220	2.5
									M12	13.0	19.8	9.5	4.4	42	>220~260	3

注：1. A 型和 B 型中心孔的尺寸 l 取决于中心钻的长度，此值不应小于 t 值。
　　2. 括号内的尺寸尽量不采用。
　　3. 选择中心孔的参考数据不属 GB/T 145—2001 的内容，仅供参考。

表 9-9 中心孔表示法（GB/T 4459.5—1999 摘录）

标注示例	解　释	标注示例	解　释
GB/T 4459.5-B3.15/10	B 型中心孔 d = 3.15 mm，D₁ = 10 mm 在完工的零件上要求保留中心孔	GB/T 4459.5-A4/8.5	A 型中心孔 d = 4 mm，D = 8.5 mm 零件上不允许保留中心孔
GB/T 4459.5-A4/8.5	A 型中心孔 d = 4 mm，D = 8.5 mm 零件上是否保留中心孔都可以	2×GB/T 4459.5-B3.15/10	同一轴的两端中心孔相同，可只在其一端标注，但应注出数量

表 9-10 滚花（GB/T 6403.3—2008 摘录）　　　　　　　　（单位：mm）

模数 m	h	r	节距 P
0.2	0.132	0.06	0.628
0.3	0.198	0.09	0.942
0.4	0.264	0.12	1.257
0.5	0.326	0.16	1.571

模数 m = 0.3，直纹滚花（或网纹滚花）的标记示例：
直纹（或网纹）m0.3 GB/T 6403.3—2008

注：1. 滚花前工件表面粗糙度轮廓算术平均偏差 Ra≤12.5 μm。
　　2. 滚花后工件直径大于滚花前直径，其增值 Δ≈(0.8~1.6)m，m 为模数。

表 9-11　一般用途圆锥的锥度与锥角（GB/T 157—2001 摘录）

图 例	基本值	推算值		应用举例
		圆锥度 α	锥度 C	
	120°	—	1:0.288675	螺纹孔内倒角、填料盒内填料的锥度
	90°	—	1:0.500000	沉头螺钉头、螺纹倒角、轴的倒角
	60°	—	1:0.866025	车床顶尖、中心孔
	45°	—	1:1.207107	轻型螺旋管接口的锥形密合
	30°	—	1:1.866025	摩擦离合器
	1:3	18°55′28.7″	—	有极限扭矩的摩擦圆锥离合器
	1:5	11°25′16.3″	—	易拆机件的锥形连接、锥形摩擦离合器
	1:10	5°43′29.3″	—	受轴向力及横向力的锥形零件的接合面、电动机及其他机械的锥形轴端
	1:20	2°51′51.1″	—	机床主轴锥度、刀具尾柄、公制锥度铰刀、圆锥螺栓
	1:30	1°54′34.9″	—	装柄的铰刀及扩孔钻
	1:50	1°8′45.2″	—	圆锥销、定位销、圆锥销孔的铰刀
	1:100	0°34′22.6″	—	承受陡振及静变载荷的不需拆开的连接机件
	1:200	0°17′11.3″	—	承受陡振及冲击变载荷的需拆开的连接零件、圆锥螺栓

$C=\dfrac{D-d}{L}$

$C=2\tan\dfrac{\alpha}{2}=1:\dfrac{1}{2}\cot\dfrac{\alpha}{2}$

表 9-12　回转面及端面砂轮越程槽（GB/T 6403.5—2008 摘录）　　（单位：mm）

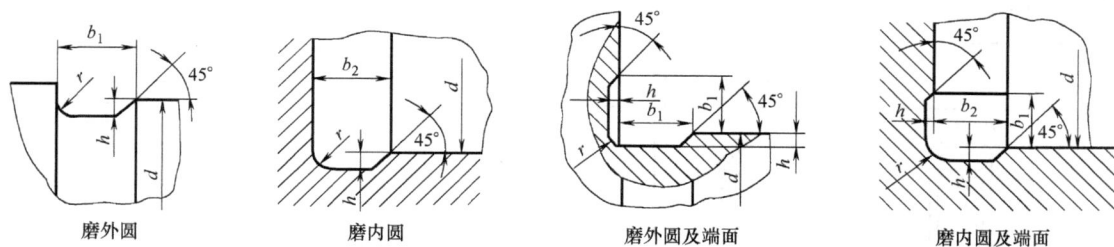

磨外圆　　磨内圆　　磨外圆及端面　　磨内圆及端面

b_1	0.6	1.0	1.6	2.0	3.0	4.0	5.0	8.0	10
b_2	2.0	3.0		4.0		5.0		8.0	10
h	0.1	0.2		0.3	0.4		0.6	0.8	1.2
r	0.2	0.5		0.8	1.0		1.6	2.0	3.0
d	~10			>10~50		>50~100		>100	

表 9-13 零件倒圆与倒角（GB/T 6403.4—2008 摘录）　　　　　　（单位：mm）

倒圆、倒角形式	倒圆、倒角（45°）的四种装配形式

$C_1 > R$　　　$R_1 > R$　　　$C < 0.58 R_1$　　　$C_1 > C$

倒圆、倒角尺寸												
R 或 C	0.1	0.2	0.3	0.4	0.5	0.6	0.8	1.0	1.2	1.6	2.0	2.5	3.0
	4.0	5.0	6.0	8.0	10	12	16	20	25	32	40	50	—

与直径 φ 相应的倒圆 R、倒角 C 的推荐值

φ	~3	>3 ~6	>6 ~10	>10 ~18	>18 ~30	>30 ~50	>50 ~80	>80 ~120	>120 ~180	>180 ~250	>250 ~320	>320 ~400	>400 ~500	>500 ~630	>630 ~800	>800 ~1 000
R 或 C	0.2	0.4	0.6	0.8	1.0	1.6	2.0	2.5	3.0	4.0	5.0	6.0	8.0	10	12	16

内角倒角、外角倒圆时 C_{max} 与 R_1 的关系

R_1	0.1	0.2	0.3	0.4	0.5	0.6	0.8	1.0	1.2	1.6	2.0	2.5	3.0	4.0	5.0	6.0	8.0	10	12	16	20	25
$C_{max}(C < 0.58 R_1)$	—	0.1		0.2		0.3	0.4	0.5	0.6	0.8	1.0	1.2	1.6	2.0	2.5	3.0	4.0	5.0	6.0	8.0	10	12

注：$\alpha = 45°$，也可采用 30° 或 60°。

表 9-14 圆形零件自由表面过渡圆角半径　　　　　　（单位：mm）

$D-d$	2	5	8	10	15	20	25
R	1	2	3	4	5	8	10
$D-d$	30	40	55	70	100	140	180
R	12	16	20	25	30	40	50

注：$D-d$ 为两组数据中间值时，一般可按小值选取 R。

表 9-15 轴肩和轴环尺寸（参考）　　　　　　（单位：mm）

$a = (0.07 \sim 0.1) d$

$b \approx 1.4 a$

定位用 $a > R$

R—倒圆半径

表 9-16 齿轮滚刀外径尺寸(GB/T 6083—2016 摘录)

小尺寸单头齿轮滚刀					单头齿轮滚刀			
类型	模数 m		外径 D/mm	孔径 d/mm	模数 m		外径 D/mm	孔径 d/mm
	I 系列	II 系列			I 系列	II 系列		
1	0.5	—	24	8	1	—	50	22
	—	0.55			—	1.125		
	0.6	—			1.25	—		
	—	0.7			—	1.375		
	—	0.75			1.5	—	55	
	0.8	—			—	1.75		
	—	0.9			2	—	65	27
	1.0	—			—	2.25		
2	0.5	—	32	10	2.5	—	70	
	—	0.55			—	2.75		
	0.6	—			3	—	75	32
	—	0.7			—	3.5	80	
	—	0.75			4	—	85	
	0.8	—			—	4.5	90	
	—	0.9			5	—	95	
	1.0	—			—	5.5	100	
	—	1.125			6	—	105	
	1.25	—	40		—	6.5	110	
	—	1.375			—	7	115	
	1.50	—			8	—	120	
	—	1.75			—	9	125	
	2.0	—			10	—	130	
3	0.5	—	32	13	—	11	150	40
	—	0.55			12	—	160	
	0.6	—			—	14	180	
	—	0.7			16	—	200	50
	—	0.75			—	18	220	
	0.8	—			20	—	240	
	—	0.9			—	22	250	60
	1.0	—			25	—	280	
	—	1.125			—	28	320	
	1.25	—	40		32	—	350	80
	—	1.375			—	36	380	
	1.5	—			40	—	400	
	—	1.75						
	2.0	—						

表 9-17　齿轮加工退刀槽（JB/ZQ 4238—2006 摘录）　　　（单位：mm）

插齿空刀槽													
模数	2	2.5	3	4	5	6	7	8	9	10	12	14	16
h_{min}	5	6			7			8			9		
b_{min}	5	6	7.5	10.5	13	15	16	19	22	24	28	33	38
r	0.5				1.0								

滚切人字齿轮退刀槽									
法向模数 m_n	螺旋角 β				法向模数 m_n	螺旋角 β			
	25°	30°	35°	40°		25°	30°	35°	40°
	b_{min}					b_{min}			
4	46	50	52	54	10	94	100	104	108
5	58	58	62	64	12	118	124	130	136
6	64	66	72	74	14	130	138	146	152
7	70	74	78	82	16	148	158	165	174
8	78	82	86	90	18	164	175	184	192
9	84	90	94	98	20	185	198	208	218

表 9-18　铸件最小壁厚　　　（单位：mm）

铸型种类	铸件尺寸	铸　钢	灰铸铁	球墨铸铁	可锻铸铁	铝合金	镁合金	高锰钢
砂型	≤200×200	6~8	5~6	6	4~5	3	—	
	>200×200~ 500×500	10~12	6~10	12	5~8	4	3	
	<500×500	18~25	15~20			5~7		20
金属型	≤70×70	5	4	—	2.5~3.5	2~3	—	
	>70×70~ 150×150	—	5		3.5~4.5	4	2.5	
	>150×150	10	6			5		

注：1. 一般铸造条件下，各种灰铸铁的最小允许壁厚：HT100、HT150 为 4~6 mm；HT200 为 6~8 mm；HT250 为 8~15 mm。

2. 如有特殊需要，在改善铸造条件下，灰铸铁最小壁厚可达 3 mm，可锻铸铁可小于 3 mm。

表 9-19　壁厚过渡尺寸　　　（单位：mm）

		铸铁	$R \geq \left(\dfrac{1}{3} \sim \dfrac{1}{2}\right)\left(\dfrac{a+b}{2}\right)$									
	$b \leq 2a$	铸钢，可锻铸铁、有色金属	$\dfrac{a+b}{2}$	<12	12~16	16~20	20~27	27~35	35~45	45~60	60~80	80~110	110~150
			R	6	8	10	12	15	20	25	30	35	40
	$b > 2a$	铸铁	$L \geq 4(b-a)$									
		钢	$L \geq 4(b-a)$									
	$b < 1.5a$		$R = \dfrac{2a+b}{2}$									
	$b > 1.5a$		$R = 4a,\ L = 4(a+b)$									

表 9-20 铸造斜度

斜度 $b:h$	角度 β	使用范围
1:5	11°30′	$h<25$ mm 时，钢和铁的铸件
1:10	5°30′	h 为 25~500 mm 时，钢和铁的铸件
1:20	3°	
1:50	1°	$h>500$ mm 时，钢和铁的铸件
1:100	30′	有色金属铸件

表 9-21 铸造过渡斜度（JB/ZQ 4254—2006 摘录） （单位：mm）

适用于减速器、连接管、气缸及其他连接法兰

铸铁和铸钢件的型厚 δ	K	h	R
10~15	3	15	5
>15~20	4	20	5
>20~25	5	25	5
>25~30	6	30	8
>30~35	7	35	8
>35~40	8	40	10
>40~45	9	45	10
>45~50	10	50	10

表 9-22 铸造外圆角（JB/ZQ 4256—2006 摘录）

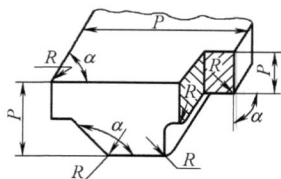

表面的最小边尺寸 P/mm	R/mm					
	外圆角 α					
	<50°	51°~75°	76°~105°	106°~135°	136°~165°	>165°
≤25	2	2	2	4	6	8
>25~60	2	4	4	6	10	16
>60~160	4	4	6	8	16	25
>160~250	4	6	8	12	20	30
>250~400	6	8	10	16	25	40
>400~600	6	8	12	20	30	50

表 9-23 铸造内圆角(JB/ZQ 4255—2006 摘录)

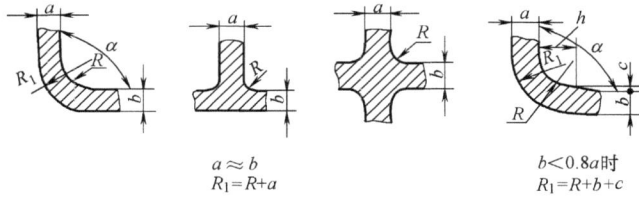

$a \approx b$
$R_1 = R + a$

$b < 0.8a$ 时
$R_1 = R + b + c$

$\dfrac{a+b}{2}$	R/mm											
	内圆角 α											
	≤50°		>50°~75°		>75°~105°		>105°~135°		>135°~165°		>165°	
	钢	铁	钢	铁	钢	铁	钢	铁	钢	铁	钢	铁
≤8	4	4	4	4	6	4	8	6	16	10	20	16
9~12	4	4	4	4	6	6	10	8	16	12	25	20
13~16	4	4	6	4	8	6	12	10	20	16	30	25
17~20	6	4	8	6	10	8	16	12	25	20	40	30
21~27	6	6	10	8	12	10	20	16	30	25	50	40

c 和 h/mm				
b/a	<0.4	>0.4~0.65	>0.65~0.8	>0.8
$c \approx$	$0.7(a-b)$	$0.8(a-b)$	$a-b$	—
$h \approx$ 钢	$8c$			
$h \approx$ 铁	$9c$			

表 9-24 加强肋

中部的肋	两边的肋
$H \leq 5\delta$ $a = 0.8\delta$, $s = 1.25\delta$ $r = 0.5\delta$	$H \leq 5\delta$ $a = \delta$, $s = 1.25\delta$ $r = 0.3\delta$, $r_1 = 0.25\delta$

表 9-25 凸座

$c_1 = 1.5c$
$h_1 = (0.75 \sim 1)c$
$r_1 = 0.25c$
$r_2 = c_1$
$\alpha = 30° \sim 45°$
a、b 随螺栓大小而定

（续）

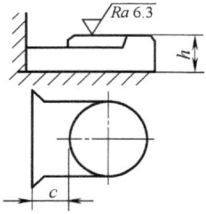

凸座与壁距离很近
时最好使其连接起来，
c 的最小尺寸见右表

h/mm	<10	10～18	18～30	30～50	>50
$c_{\min}/\text{mm}$	20	25	30	40	50

第10章　常用材料

10.1　黑色金属材料（见表 10-1~表 10-10）

表 10-1　金属材料中常用化学元素名称及符号

名　称	铬	镍	硅	锰	铝	磷	硫	钨	钼	钒	钛	铜	铁	硼	钴	氮	钙	碳	铅	锡	锑	锌
符　号	Cr	Ni	Si	Mn	Al	P	S	W	Mo	V	Ti	Cu	Fe	B	Co	N	Ca	C	Pb	Sn	Sb	Zn

表 10-2　钢的常用热处理方法及应用

名称	说　明	应　用
退　火	将钢件（或钢坯）加热到临界温度以上 30~50℃，保温一段时间，然后再缓慢地冷却下来（一般用炉冷）	用来消除铸、锻、焊零件的内应力，降低硬度，以易于切削加工，细化金属晶粒，改善组织，增加韧度
正　火	将钢件加热到临界温度以上 30~50 ℃，保温一段时间，然后在空气中冷却，冷却速度比退火快	用来处理低碳和中碳结构钢材及渗碳零件，使其组织细化，增加强度及韧度，减少内应力，改善切削性能
淬　火	将钢件加热到临界点以上的某一温度，保温一段时间，然后放入水、盐水或油中（个别材料在空气中）急剧冷却，使其得到高硬度	用来提高钢的硬度和强度极限。但淬火时会引起内应力，使钢变脆，所以淬火后必须回火
回　火	将淬硬的钢件加热到临界点以下的某一温度，保温一段时间，然后在空气中或油中冷却	用来消除淬火后的脆性和内应力，提高钢的塑性和冲击韧度
调　质	淬火后高温回火	用来使钢获得高的韧度和足够的强度，很多重要零件都是经过调质处理的
表面淬火	仅对零件表层进行淬火。使零件表层有高的硬度和耐磨性，而心部保持原有的强度和韧度	常用来处理轮齿的表面
渗　碳	使表面增碳；渗碳层深度为 0.4~6mm 或大于 6 mm，硬度为 56~65 HRC	提高钢件的耐磨性能、表面硬度、抗拉强度及疲劳极限；适用于低碳、中碳（$w_C < 0.40\%$）结构钢的中小型零件和受重负荷、受冲击、耐磨的大型零件
碳氮共渗	使表面增加碳与氮；扩散层深度较浅，为 0.02~3.0mm；硬度高，在共渗层为 0.02~0.04mm 时具有 66~70 HRC	提高结构钢、工具钢制件的耐磨性、表面硬度和疲劳极限，提高刀具切削性能和使用寿命；适用于要求硬度高，热处理变形小，耐磨的中、小型及薄片的零件和刀具等

（续）

名 称	说 明	应 用
渗 氮	表面增氮，氮化层为 0.025 ~ 0.8mm，而渗氮时间需 40~50h，硬度很高（1200HV），耐磨、耐腐蚀性能高	提高钢件的耐磨性能、表面硬度、疲劳极限和耐蚀能力；适用于结构钢和铸铁件，如气缸套、气门座、机床主轴、丝杠等耐磨零件，以及在潮湿碱水和燃烧气体介质的环境中工作的零件，如水泵轴、排气阀等零件

表 10-3　常用热处理工艺及代号（GB/T 12603—2005 摘录）

工 艺	代 号	工 艺	代 号	工 艺	代 号
退火	511	淬火	513	渗碳	531
正火	512	空冷淬火	513-00A	固体渗碳	531-09
调质	515	油冷淬火	513-00O	盐浴（液体）渗碳	531-03
表面淬火和回火	521	水冷淬火	513-00W	可控气氛（气体）渗碳	531-01
感应淬火和回火	521-04	感应淬火	513-04	渗氮	533
火焰淬火和回火	521-05	淬火和回火	514	氮碳共渗	534

注：代号前三位数字分别为热处理总称、工艺类型和工艺名称，后接"-"加两位数字（加热方式）和两位字符（退火工艺、淬火冷却介质）。

表 10-4　灰铸铁 （GB/T 9439—2010 摘录）

牌号	铸件壁厚/mm		最小抗拉强度 R_m（单铸试棒）/MPa	铸件本体预期抗拉强度 R_m（min）/MPa	应 用 举 例
	>	≤			
HT100	5	40	100	—	盖、外罩、油盘、手轮、手把、支架等
HT150	5	10	150	155	端盖、汽轮泵体、轴承座、阀壳、管及管路附件、手轮、一般机床底座、床身及其他复杂零件、滑座、工作台等
	10	20		130	
	20	40		110	
HT200	5	10	200	205	气缸、齿轮、底架、箱体、飞轮、齿条、衬套、一般机床铸有导轨的床身及中等压力（8 MPa 以下）的油缸、液压泵和阀的壳体等
	10	20		180	
	20	40		155	
HT225	5	10	225	230	
	10	20		200	
	20	40		170	
HT250	5	10	250	250	阀壳、油缸、气缸、联轴器、箱体、齿轮、齿轮箱体、飞轮、衬套、凸轮、轴承座等
	10	20		225	
	20	40		195	
HT275	10	20	275	250	
	20	40		220	
HT300	10	20	300	270	齿轮、凸轮、车床卡盘、剪床及压力机的床身；导板、转塔自动车床及其他重负荷机床铸有导轨的床身；高压油缸、液压泵和滑阀的壳体等
	20	40		240	
HT350	10	20	350	315	
	20	40		280	

表 10-5　球墨铸铁（GB/T 1348—2019 摘录）及应用

牌号	抗拉强度 R_m	屈服强度 $R_{p0.2}$	断后伸长率 A (%)	供参考 硬度 HBW	应用举例
	MPa				
	最小值				
QT400-18	400	250	18	120～175	减速器箱体、齿轮、拨叉、阀门、阀盖、高低压气缸、吊耳、离合器壳
QT400-15	400	250	15	120～180	
QT450-10	450	310	10	160～210	油泵齿轮、车辆轴瓦、减速器箱体、齿轮、轴承座、阀门体、凸轮、犁铧、千斤顶底座
QT500-7	500	320	7	170～230	
QT600-3	600	370	3	190～270	齿轮轴、曲轴、凸轮轴、机床主轴、缸体、连杆、矿车轮、农机零件
QT700-2	700	420	2	225～305	
QT800-2	800	480	2	245～335	曲轴、凸轮轴、连杆、杠杆、履带式拖拉机链轨板、车床刀架体
QT900-2	900	600	2	280～360	

注：表中数据系由单铸试块测定的力学性能。

表 10-6　一般工程用铸造碳钢（GB/T 11352—2009 摘录）

牌号	抗拉强度 R_m	屈服强度 R_{eH} ($R_{p0.2}$)	断后伸长率 A (%)	根据合同选择		硬度		应用举例
				断面收缩率 Z	冲击吸收功 A_{KV}	回火正火 HBW	表面淬火 HRC	
	MPa							
	最小值							
ZG200-400	400	200	25	40	30	—	—	各种形状的机件，如机座、变速箱壳等
ZG230-450	450	230	22	32	25	≥131	—	铸造平坦的零件，如机座、机盖、箱体、铁砧台，工作温度在450℃以下的管路附件等。焊接性良好
ZG270-500	500	270	18	25	22	≥143	40～45	各种形状的机件，如飞轮、机架、蒸汽锤、桩锤、联轴器、水压机工作缸、横梁等。焊接性尚可
ZG310-570	570	310	15	21	15	≥153	40～50	各种形状的机件，如联轴器、气缸、齿轮、齿轮圈及重负荷机架等
ZG340-640	640	340	10	18	10	169～229	45～55	起重运输机中的齿轮、联轴器及重要机件等

注：1. 各牌号铸钢的性能，适用于厚度为 100 mm 以下的铸件，当厚度超过 100 mm 时，仅表中规定的 $R_{p0.2}$ 屈服强度可供设计使用。

　　2. 表中力学性能的试验环境温度为（20±10）℃。

　　3. 表中硬度值非 GB/T 11352—2009 内容，仅供参考。

表 10-7　碳素结构钢(GB/T 700—2006 摘录)

牌号	等级	力学性能													应用举例
		屈服强度 R_{eH}/MPa						抗拉强度 R_m/MPa	断后伸长率 A(%)					冲击试验 V型冲击吸收功(纵向) A_{KV}/J	
		钢材厚度(直径)/mm							钢材厚度(直径)/mm					温度/℃	
		≤16	>16~40	>40~60	>60~100	>100~150	>150		≤40	>40~60	>60~100	>100~150	>150~200		
		不　小　于							不　小　于						不小于
Q195	—	(195)	(185)	—	—	—	—	315~430	33	—	—	—	—	—	—	塑性好,常用其轧制薄板、拉制线材、制钉和焊接钢管
Q215	A	215	205	195	185	175	165	335~450	31	30	29	27	26	—	—	金属结构件、拉杆、套圈、铆钉、螺栓、短轴、心轴、凸轮(载荷不大的)、垫圈、渗碳零件及焊接件
	B													20	27	
Q235	A	235	225	215	205	195	185	370~500	26	25	24	22	21	—	—	金属结构件,心部强度要求不高的渗碳或碳氮共渗零件、吊钩、拉杆、套圈、气缸、齿轮、螺栓、螺母、连杆、轮轴、楔、盖及焊接件
	B													20	27	
	C													0		
	D													−20		
Q275	A	275	265	255	245	235	225	410~540	22	21	20	18	17	—	—	轴、轴销、刹车杆、螺母、螺栓、垫圈、连杆、齿轮以及其他强度较高的零件,焊接性尚可
	B													20	27	
	C													—		
	D													−20		

注:括号内的数值仅供参考。表中 A、B、C、D 为 4 种质量等级。

表 10-8　优质碳素结构钢（GB/T 699—2015 摘录）

牌号	推荐热处理温度/℃			试件毛坯尺寸/mm	力学性能					钢材交货状态硬度 HBW		应用举例
					抗拉强度 R_m	下屈服强度 R_{eL}	断后伸长率 A	断面收缩率 Z	冲击吸收能量 KU_2	未热处理	退火钢	
	正火	淬火	回火		MPa		(%)		J			
					不小于		不小于		不小于	不大于		
08	930	—	—	25	325	195	33	60	—	131	—	垫片、垫圈、管材、摩擦片等
10	930	—	—	25	335	205	31	55	—	137	—	拉杆、卡头、垫片、垫圈等
20	910	—	—	25	410	245	25	55	—	156	—	杠杆、轴套、螺钉、吊钩等
25	900	870	600	25	450	275	23	50	71	170	—	轴、辊子、插接器、垫圈、螺栓等
35	870	850	600	25	530	315	20	45	55	197	—	连杆、圆盘、轴销、轴等
40	860	840	600	25	570	335	19	45	47	217	187	齿轮、链轮、轴、键、销、轧辊、曲柄销、活塞杆、圆盘等
45	850	840	600	25	600	355	16	40	39	229	197	
50	830	830	600	25	630	375	14	40	31	241	207	齿轮、轧辊、轴、圆盘等
60	810	—	—	25	675	400	12	35	—	255	229	轧辊、弹簧、凸轮、轴等
20Mn	910	—	—	25	450	275	24	50	—	197	—	凸轮、齿轮、联轴器、铰链等
30Mn	880	860	600	25	540	315	20	45	63	217	187	螺栓、螺母、杠杆、制动踏板等
40Mn	860	840	600	25	590	355	17	45	47	229	207	轴、曲轴、连杆、螺栓、螺母等
50Mn	830	830	600	25	645	390	13	40	31	255	217	齿轮、轴、凸轮、摩擦盘等
65Mn	830	—	—	25	735	430	9	30	—	285	229	弹簧、弹簧垫圈等

注：适用于公称直径或厚度不大于 250mm 的热轧和锻制优质碳素结构钢棒材。牌号和化学成分也适用于钢锭、钢坯和其他截面的钢材及其制品。

表 10-9　合金结构钢（GB/T 3077—2015 摘录）

牌号	热处理				截面尺寸（试样直径）/mm	力学性能					硬度		应用举例
	淬火		回火			抗拉强度 R_m	下屈服强度 R_{eL}	断后伸长率 A	断面收缩率 Z	冲击吸收能量 KU_2	钢材退火或高温回火供应状态的布氏硬度		
	温度/℃	冷却剂	温度/℃	冷却剂		MPa		(%)		J	压痕直径/mm	HBW[①]	
						≥					≥	≤	
20Mn2	850 880	水、油	200 440	水、空气	15	785	590	10	40	47	4.4	187	小齿轮、小轴、钢套、链板等，渗碳淬火 56~62HRC
35Mn2	840	水	500	水	25	835	685	12	45	55	4.2	207	重要用途的螺栓及小轴等，可代替40Cr，表面淬火 40~50 HRC

（续）

牌号	热 处 理				截面尺寸（试样直径）/mm	力 学 性 能					硬 度		应 用 举 例
	淬 火		回 火			抗拉强度 R_m	下屈服强度 R_{eL}	断后伸长率 A	断面收缩率 Z	冲击吸收能量 KU_2	钢材退火或高温回火供应状态的布氏硬度		
	温度/℃	冷却剂	温度/℃	冷却剂		MPa		（%）		J	压痕直径/mm	HBW[①]	
						≥					≥	≤	
35SiMn	900	水	570	水、油	25	885	735	15	45	47	4.0	229	冲击韧度高，可代替 40Cr，部分代替 40CrNi，用于轴、齿轮、紧固件等，表面淬火 45~55HRC
42SiMn	880		590	水					40				
20SiMnVB	900	油	200	水、空气	15	1175	980	10	45	55	4.2	207	可代替 18CrMnTi、20CrMnTi 做齿轮等，渗碳淬火 56~62HRC
37SiMn2MoV	870	水、油	650	水、空气	25	980	835	12	50	63	3.7	269	重要的轴、连杆、齿轮、曲轴表面淬火 50~55HRC
35CrMo	850	油	550	水、油	25	980	835	12	45	63	4.0	229	可代替 40CrNi 做大截面齿轮和重载传动轴等，表面淬火 56~62HRC
40Cr	850	油	520	水、油	25	980	785	9	45	47	4.2	207	重要调质零件，如齿轮、轴、曲轴、连杆、螺栓等，表面淬火 48~55HRC
20CrNi	850	水、油	460	水、油	25	785	590	10	50	63	4.3	197	重要渗碳零件，如齿轮、轴、花键轴、活塞销等
20CrMnTi	第1次 880 第2次 870	油	200	水、空气	15	1080	850	10	45	55	4.1	217	是 18CrMnTi 的代用钢，用于要求强度、韧度高的重要渗碳零件，如齿轮、轴、蜗杆、离合器等

① 为参考值。

表 10-10　一般工程用铸造碳钢（GB/T 11352—2009 摘录）

牌 号	抗拉强度 R_m	屈服强度 R_{eL} ($R_{p0.2}$)	断后伸长率 A	根据合同选择		硬 度		应 用 举 例
				断面收缩率 Z	冲击吸收能量（V 型缺口试样）	正火回火 HBW	表面淬火 HRC	
	MPa			（%）	J			
	最 小 值							
ZG200-400	400	200	25	40	30	—	—	箱座、箱盖、箱体等
ZG230-450	450	230	22	32	25	≥131	—	
ZG270-500	500	270	18	25	22	≥143	40~45	飞轮、机架、连杆、汽锤等
ZG310-570	570	310	15	21	15	≥153	40~50	联轴器、大齿轮、气缸、机架等
ZG340-640	640	340	10	18	10	169~229	45~55	齿轮、联轴器及重要零件等

注：1. 各牌号铸钢的性能，适用于厚度为 100mm 以下的铸件。
　　2. 表中硬度值不属于 GB/T 11352—2009 的内容，仅供参考。

10.2　有色金属材料（见表 10-11 和表 10-12）

表 10-11　铸造铜合金、铸造铝合金和铸造轴承合金

合金牌号	合金名称（或代号）	铸造方法	合金状态	力学性能（不低于）				应 用 举 例
				抗拉强度 R_m	屈服强度 $R_{p0.2}$	断后伸长率 A（%）	布氏硬度 HBW	
				MPa				
铸造铜合金（GB/T 1176—2013 摘录）								
ZCuSn5Pb5Zn5	5-5-5 锡青铜	S、J、R		200	90	13	60[1]	较高载荷、中速下工作的耐磨、耐蚀件，如轴瓦、衬套、缸套及蜗轮等
		Li、La		250	100		65[1]	
ZCuSn10Pb1	10-1 锡青铜	S、R		220	130	3	80[1]	高负荷（20 MPa 以下）和高速（8 m/s）下工作的耐磨件，如连杆、衬套、轴瓦、蜗轮等
		J		310	170	2	90[1]	
		Li		330	170	4		
		La		360	170	6		
ZCuSn10Pb5	10-5 锡青铜	S		195		10	70	耐蚀、耐酸件及破碎机衬套、轴瓦等
		J		245				
ZCuPb17Sn4Zn4	17-4-4 铅青铜	S		150		5	55	一般耐磨件、轴承等
		J		175		7	60	
ZCuAl10Fe3	10-3 铝青铜	S		490	180	13	100[1]	要求强度高、耐磨、耐蚀的零件，如轴套、螺母、蜗轮、齿轮等
		J		540	200	15	110[1]	
		Li、La		540	200	15		
ZCuAl10Fe3Mn2	10-3-2 铝青铜	S、R		490		15	110	
		J		540		20	120	
ZCuZn38	38 黄铜	S		295		30	60	一般结构件和耐蚀件，如法兰、阀座、螺母等
		J					70	
ZCuZn40Pb2	40-2 铅黄铜	S、R		220	95	15	80[1]	一般用途的耐磨、耐蚀件，如轴套、齿轮等
		J		280	120	20	90[1]	
ZCuZn35Al2Mn2Fe1	35-2-2-1 铝黄铜	S		450	170	20	100[1]	管路配件和要求不高的耐磨件
		J		475	200	18	110[1]	
		Li、La						
ZCuZn38Mn2Pb2	38-2-2 锰黄铜	S		245		10	70	一般用途的结构件，如套筒、衬套、轴瓦、滑块等
		J		345		18	80	
铸造铝合金（GB/T 1173—2013 摘录）								
ZAlSi12	ZL102 铝硅合金	SB、JB、RB、KB	F	145		4	50	气缸活塞以及高温工作的承受冲击载荷的复杂薄壁零件
			T2	135		4		

（续）

合金牌号	合金名称（或代号）	铸造方法	合金状态	力学性能（不低于）				应 用 举 例
				抗拉强度 R_m	屈服强度 $R_{p0.2}$	断后伸长率 A（%）	布氏硬度 HBW	
				MPa				
铸造铝合金（GB/T 1173—2013 摘录）								
ZAlSi12	ZL102 铝硅合金	J	F	155		2	50	气缸活塞以及高温工作的承受冲击载荷的复杂薄壁零件
			T2	145		3		
ZAlSi9Mg	ZL104 铝硅合金	S、J、R、K	F	150		2	50	形状复杂的高温静载荷或受冲击作用的大型零件，如风机叶片、水冷气缸头
		J	T1	200		1.5	65	
		SB、RB、KB	T6	230		2	70	
		J、JB	T6	240		2	70	
ZAlMg5Si1	ZL303 铝镁合金	S、J、R、K	F	143		1	55	高耐蚀性或在高温下工作的零件
ZAlZn11Si7	ZL401 铝锌合金	S、R、K	T1	195		2	80	铸造性能较好，可不热处理，用于形状复杂的大型薄壁零件，耐蚀性差
		J		245		1.5	90	
铸造轴承合金（GB/T 1174—1992 摘录）								
ZSnSb12Pb10Cu4	锡基轴承合金	J					29	汽轮机、压缩机、机车、发电机、球磨机、轧机减速器、发动机等各种机器的滑动轴承衬
ZSnSb11Cu6							27	
ZPbSb16Sn16Cu2	铅基轴承合金	J					30	
ZPbSb15Sn5							20	

注：1. 铸造方法代号：S—砂型铸造；J—金属型铸造；Li—离心铸造；La—连续铸造；R—熔模铸造；K—壳型铸造；B—变质处理。

2. 合金状态代号：F—铸态；T1—人工时效；T2—退火；T6—固溶处理加人工完全时效。

① 为参考值。

表 10-12 铜及铜合金拉制棒材的力学性能（GB/T 4423—2007 摘录）

牌号	状态	直径、对边距/mm	抗拉强度 R_m/MPa	断后伸长率 A（%）	牌号	状态	直径、对边距/mm	抗拉强度 R_m/MPa	断后伸长率 A（%）
			不小于					不小于	
T2 T3	Y	3~40	275	10	H96	Y	3~40	275	8
		40~60	245	12			40~60	245	10
		60~80	210	16			60~80	205	14
	M	3~80	200	40		M	3~80	200	40
TU1 TU2 TP2	Y	3~80	—	—	H90	Y	3~40	330	—
					H80	Y	3~40	390	—
						M	3~40	275	50

（续）

牌号	状态	直径、对边距/mm	抗拉强度 R_m/MPa	断后伸长率 A(%)	牌号	状态	直径、对边距/mm	抗拉强度 R_m/MPa	断后伸长率 A(%)
			不小于					不小于	
H65	Y	3~40	390	—	H68	M	13~35	295	50
	M	3~40	295	44	HPb61-1	Y_2	3~20	390	11
H62	Y_2	3~40	370	18	HPb59-1	Y_2	3~20	420	12
		40~80	335	24			20~40	390	14
H68	Y_2	3~12	370	18			40~80	370	19
		12~40	315	30	HPb61-0.1 H63	Y_2	3~20	370	18
		40~80	295	34			20~40	340	21

10.3　工程塑料（见表 10-13 和表 10-14）

表 10-13　常用工程塑料性能

品种	力学性能							热性能				应用举例
	抗拉强度/MPa	抗压强度/MPa	抗弯强度/MPa	伸长率(%)	冲击韧性/kJ·m⁻²	弹性模量/(10^3MPa)	硬度	熔点/℃	马丁耐热/℃	脆化温度/℃	线胀系数/(10^{-5}℃⁻¹)	
尼龙 6	53~77	59~88	69~98	150~250	带缺口 0.0031	0.83~2.6	85~114 HRR	215~223	40~50	-20~-30	7.9~8.7	具有优良的机械强度和耐磨性，广泛用作机械、化工及电气零件，例如轴承、齿轮、凸轮、滚子、辊轴、泵叶轮、风扇叶轮、蜗轮、螺钉、螺母、垫圈、高压密封圈、阀座、输油管、储油容器等。尼龙粉末还可喷涂于各种零件表面，以提高耐磨性能和密封性能
尼龙 9	57~64	—	79~84	—	无缺口 0.25~0.30	0.97~1.2	—	209~215	12~48		8~12	
尼龙 66	66~82	88~118	98~108	60~200	带缺口 0.0039	1.4~3.3	100~118 HRR	265	50~60	-25~30	9.1~10.0	
尼龙 610	46~59	69~88	69~98	100~240	带缺口 0.0035~0.0055	1.2~2.3	90~113 HRR	210~223	51~56		9.0~12.0	
尼龙 1010	51~54	108	81~87	100~250	带缺口 0.0040~0.0050	1.6	7.1HB	200~210	45	-60	10.5	

（续）

品种	力学性能							热性能				应用举例
	抗拉强度/MPa	抗压强度/MPa	抗弯强度/MPa	伸长率（%）	冲击韧性/kJ·m⁻²	弹性模量/(10³MPa)	硬度	熔点/℃	马丁耐热/℃	脆化温度/℃	线胀系数/(10⁻⁵℃⁻¹)	
MC尼龙（无填充）	90	105	156	20	无缺口 0.520~0.624	3.6（拉伸）	21.3 HB	—	55	—	8.3	强度特别高，适于制造大型齿轮、蜗轮、轴套、大型阀门密封面、导向环、导轨、滚动轴承保持架、船尾轴承、起重汽车吊索绞盘蜗轮、柴油发动机燃料泵齿轮、矿山铲掘机轴承、水压机立柱导套、大型轧钢机辊道轴瓦等
聚甲醛（均聚物）	69（屈服）	125	96	15	带缺口 0.0076	2.9（弯曲）	17.2 HB	—	60~64	—	8.1~10.0（当温度在0~40℃时）	具有良好的摩擦磨损性能，尤其是优越的干摩擦性能。用于制造轴承、齿轮、凸轮、滚轮、辊子、阀门上的阀杆螺母、垫圈、法兰、垫片、泵叶轮、鼓风机叶片、弹簧、管道等
聚碳酸酯	65~69	82~86	104	100	带缺口 0.064~0.075	2.2~2.5（拉伸）	9.7~10.4 HB	220~230	110~130	−100	6~7	具有高的冲击韧性和优异的尺寸稳定性。用于制造齿轮、蜗轮、蜗杆、齿条、凸轮、心轴、轴承、滑轮、铰链、传动链、螺栓、螺母、垫圈、铆钉、泵叶轮、汽车化油器部件、节流阀、各种外壳等

表 10-14　常用材料价格比

材料种类	Q235	45	40Cr	铸铁	角钢	槽钢 工字钢	铝锭	黄铜	青铜	尼龙
价格比	1	1.05~1.15	1.4~1.6	~0.5	0.8~0.9	~1	4~5	8~9	9~10	10~11

注：本表以 Q235 中等尺寸圆钢单位重量价格为 1 计算，其他为相对值。由于市场价格变化，本表仅供课程设计参考。

10.4 型钢及型材（见表 10-15～表 10-18）

表 10-15 热轧等边角钢（GB/T 706—2016 摘录）

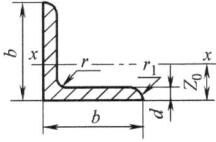

标记示例：

碳素结构钢 Q235A，尺寸为 100 mm×100 mm×16 mm 的热轧等边角钢：

$$热轧等边角钢 \frac{100×100×16—GB/T\ 706}{Q235A—GB/T\ 700}$$

角钢号	尺寸/mm b	尺寸/mm d	尺寸/mm r	截面面积/cm²	惯性矩 J_x/cm⁴	惯性半径 i_x/cm	重心距离 Z_0/cm
2	20	3	3.5	1.132	0.40	0.59	0.60
		4		1.459	0.50	0.58	0.64
2.5	25	3		1.432	0.82	0.76	0.73
		4		1.859	1.03	0.74	0.76
3	30	3	4.5	1.749	1.46	0.91	0.85
		4		2.276	1.84	0.90	0.89
3.6	36	3		2.109	2.58	1.11	1.00
		4		2.756	3.29	1.09	1.04
		5		3.382	3.95	1.08	1.07
4	40	3	5	2.359	3.59	1.23	1.09
		4		3.086	4.60	1.22	1.13
		5		3.792	5.53	1.21	1.17
4.5	45	3		2.659	5.17	1.40	1.22
		4		3.486	6.65	1.38	1.26
		5		4.292	8.04	1.37	1.30
		6		5.076	9.33	1.36	1.33
5	50	3	5.5	2.971	7.18	1.55	1.34
		4		3.897	9.26	1.54	1.38
		5		4.803	11.2	1.53	1.42
		6		5.688	13.1	1.52	1.46
5.6	56	3	6	3.343	10.2	1.75	1.48
		4		4.390	13.2	1.73	1.53
		5		5.415	16.0	1.72	1.57
		8		8.367	23.6	1.68	1.68
6.3	63	4	7	4.978	19.0	1.96	1.70
		5		6.143	23.2	1.94	1.74
		6		7.288	27.1	1.93	1.78
		8		9.515	34.5	1.90	1.85
		10		11.66	41.1	1.88	1.93

角钢号	尺寸/mm b	尺寸/mm d	尺寸/mm r	截面面积/cm²	惯性矩 J_x/cm⁴	惯性半径 i_x/cm	重心距离 Z_0/cm
7	70	4	8	5.570	26.4	2.18	1.86
		5		6.876	32.2	2.16	1.91
		6		8.160	37.8	2.15	1.95
		7		9.424	43.1	2.14	1.99
		8		10.67	48.2	2.12	2.03
7.5	75	5	9	7.412	40.0	2.33	2.04
		6		8.797	47.0	2.31	2.07
		7		10.16	53.6	2.30	2.11
		8		11.50	60.0	2.28	2.15
		10		14.13	72.0	2.26	2.22
8	80	5	9	7.912	48.8	2.48	2.15
		6		9.397	57.4	2.47	2.19
		7		10.860	65.6	2.46	2.23
		8		12.30	73.5	2.44	2.27
		10		15.13	88.4	2.42	2.35
9	90	6	10	10.64	82.8	2.79	2.44
		7		12.30	94.8	2.78	2.48
		8		13.94	106	2.76	2.52
		10		17.17	129	2.74	2.59
		12		20.31	149	2.71	2.67
10	100	6	12	11.93	115	3.10	2.67
		7		13.80	132	3.09	2.71
		8		15.64	148	3.08	2.76
		10		19.26	180	3.05	2.84
		12		22.80	209	3.03	2.91
		14		26.26	237	3.00	2.99
		16		29.63	262	2.98	3.06

注：1. 角钢长度：角钢号 2～9，长度 4～12 m；角钢号 10～14，长度 4～19 m。

2. $r_1 = d/3$。

表 10-16　热轧钢棒尺寸（GB/T 702—2017 摘录）　（单位：mm）

圆钢方钢直径边长																											
5.5	6	6.5	7	8	9	10	11	12	13	14	15	16	17	18	19	20	21										
22	23	24	25	26	27	28	29	30	31	32	33	34	35	36	38	40	42										
45	48	50	53	55	56	58	60	63	65	68	70	75	80	85	90	95	100										
105	110	115	120	125	130	135	140	145	150	155	160	165	170	180	190	200	210	220	230	240	250	260	270	280	290	300	310

注：1. 本标准适用于直径为 5.5~380mm 的热轧圆钢和边长为 5.5~300mm 的热轧方钢。

2. 优质及特殊质量钢通常长度为 2~7m；普通钢的长度当直径或边长不大于 25mm 时为 4~10m，大于 25mm 时为 3~9m。

3. 冷轧钢板和钢带的公称厚度为 0.3~4.0mm，公称厚度小于 1mm 时按 0.05mm 倍数的任何尺寸，公称厚度不小于 1mm 时，按 0.1mm 倍数的任何尺寸；其公称宽度为 600~2050mm，按 10mm 倍数的任何尺寸。

4. 热轧钢板和钢带：单轧钢板的公称厚度为 3~400mm，厚度小于 30mm 时按 0.5mm 倍数的任何尺寸，厚度不小于 30mm 时按 1mm 倍数的任何尺寸；钢带的公称厚度为 0.8~25.4mm，按 0.1mm 倍数的任何尺寸。单轧钢板的公称宽度为 600~4800mm，按 10mm 或 50mm 倍数的任何尺寸；钢带的公称宽度为 600~2200mm，按 10mm 倍数的任何尺寸。

表 10-17　热轧槽钢（GB/T 706—2016 摘录）

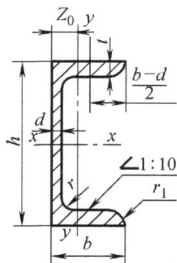

标记示例：
碳素结构钢 Q235A，尺寸为 180 mm×70 mm×9 mm 的热轧槽钢：
热轧槽钢
180×70×9—GB/T 706
Q235A—GB/T 700

型号	尺寸/mm						截面面积/cm²	截面模数		重心距离
	h	b	d	t	r	r_1		W_x/cm³	W_y/cm³	Z_0/cm
8	80	43	5.0	8.0	8.0	4.0	10.24	25.3	5.79	1.43
10	100	48	5.3	8.5	8.5	4.2	12.74	39.7	7.80	1.52
12.6	126	53	5.5	9.0	9.0	4.5	15.69	62.1	10.2	1.59
14a	140	58	6.0	9.5	9.5	4.8	18.51	80.5	13.0	1.71
14b	140	60	8.0				21.31	87.1	14.1	1.67
16a	160	63	6.5	10.0	10.0	5.0	21.95	108	16.3	1.80
16b	160	65	8.5				25.15	117	17.6	1.75
18a	180	68	7.0	10.5	10.5	5.2	25.69	141	20.0	1.88
18b	180	70	9.0				29.29	152	21.5	1.84
20a	200	73	7.0	11.0	11.0	5.5	28.83	178	24.2	2.01
20b	200	75	9.0				32.84	191	25.9	1.95
22a	220	77	7.0	11.5	11.5	5.8	31.85	218	28.2	2.10
22b	220	79	9.0				36.23	234	30.1	2.03
25a	250	78	7.0	12.0	12.0	6.0	34.91	270	30.6	2.07
25b	250	80	9.0				39.91	282	32.7	1.98
25c	250	82	11.0				44.91	295	35.9	1.92
28a	280	82	7.5	12.5	12.5	6.2	40.02	340	35.7	2.10
28b	280	84	9.5				45.62	366	37.9	2.02
28c	280	86	11.5				51.22	393	40.3	1.95
32a	320	88	8.0	14.0	14.0	7.0	48.50	475	46.5	2.24
32b	320	90	10.0				54.90	509	49.2	2.16
32c	320	92	12.0				61.30	543	52.6	2.09

注：槽钢长度：槽钢号 8，长度 5~12 m；槽钢号 10~18，长度 5~19 m；槽钢号 20~32，长度 6~19 m。

表 10-18　热轧工字钢（GB/T 706—2016 摘录）

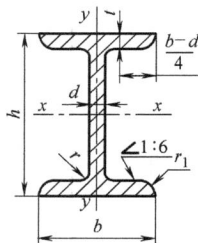

标记示例：
碳素结构钢 Q235AF，尺寸为 400 mm×144 mm×12.5 mm 的热轧工字钢：
热轧工字钢
400×144×12.5—GB/T 706
Q235AF—GB/T 700

型号	尺寸/mm						截面面积/cm²	截面模数	
	h	b	d	t	r	r_1		W_x/cm³	W_y/cm³
10	100	68	4.5	7.6	6.5	3.3	14.33	49.0	9.72
12.6	126	74	5.0	8.4	7.0	3.5	18.10	77.5	12.7
14	140	80	5.5	9.1	7.5	3.8	21.50	102	16.1
16	160	88	6.0	9.9	8.0	4.0	26.11	141	21.2
18	180	94	6.5	10.7	8.5	4.3	30.74	185	26.0
20a	200	100	7.0	11.4	9.0	4.5	35.55	237	31.5
20b	200	102	9.0				39.55	250	33.1
22a	220	110	7.5	12.3	9.5	4.8	42.10	309	40.9
22b	220	112	9.5				46.50	325	42.7
25a	250	116	8.0	13.0	10.0	5.0	48.51	402	48.3
25b	250	118	10.0				53.51	423	52.4
28a	280	122	8.5	13.7	10.5	5.3	55.37	508	56.6
28b	280	124	10.5				61.97	534	61.2
32a	320	130	9.5	15.0	11.5	5.8	67.12	692	70.8
32b	320	132	11.5				73.52	726	76.0
32c	320	134	13.5				79.92	760	81.2
36a	360	136	10.0	15.8	12.0	6.0	76.44	875	81.2
36b	360	138	12.0				83.64	919	84.3
36c	360	140	14.0				90.84	962	87.4
40a	400	142	10.5	16.5	12.5	6.3	86.07	1090	93.2
40b	400	144	12.5				94.07	1140	96.2
40c	400	146	14.5				102.1	1190	99.6

注：工字钢长度：工字钢号 10~18，长度为 5~19 m；工字钢号 20~40，长度 6~19 m。

11.1　螺纹（见表 11-1～表 11-4）

表 11-1　普通螺纹基本尺寸（GB/T 196—2003 摘录）　　　　（单位：mm）

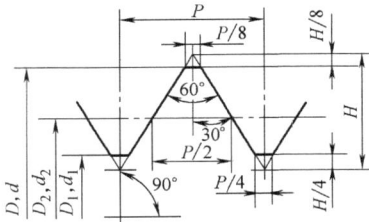

$$H = 0.866P$$
$$d_2 = d - 0.6495P$$
$$d_1 = d - 1.0825P$$

D，d——内、外螺纹基本大径（公称直径）
D_2，d_2——内、外螺纹基本中径
D_1，d_1——内、外螺纹基本小径
P——螺距

标记示例：
公称直径 = 20mm，中径和大径的公差带均为 6H 的粗牙右旋内螺纹：
M20-6H
公称直径 = 20mm，中径和大径的公差带均为 6g 的粗牙右旋外螺纹：
M20-6g
上述规格的螺纹副：
M20-6H/6g
公称直径 = 20mm，螺距 = 2mm，中径、大径的公差带分别为 5g、6g，短旋合长度的细牙左旋外螺纹：
M20×2 左-5g6g-S

公称直径 D、d 第一系列	第二系列	螺距 P	中径 D_2、d_2	小径 D_1、d_1
3		**0.5**	2.675	2.459
		0.35	2.773	2.621
	3.5	(0.6)	3.110	2.850
		0.35	3.273	3.121
4		**0.7**	3.545	3.242
		0.5	3.675	3.459
	4.5	(0.75)	4.013	3.688
		0.5	4.175	3.959
5		**0.8**	4.480	4.134
		0.5	4.675	4.459
6		**1**	5.350	4.917
		0.75	5.513	5.188
	7	**1**	6.350	5.917
		0.75	6.513	6.188
8		**1.25**	7.188	6.647
		1	7.350	6.917
		0.75	7.513	7.188
10		**1.5**	9.026	8.376
		1.25	9.188	8.647
		1	9.350	8.917
		0.75	9.513	9.188
12		**1.75**	10.863	10.106
		1.5	11.026	10.376
		1.25	11.188	10.647
		1	11.350	10.917
	14	**2**	12.701	11.835
		1.5	13.026	12.376
		1	13.350	12.917
16		**2**	14.701	13.835
		1.5	15.026	14.376
		1	15.350	14.917
	18	**2.5**	16.376	15.294
		2	16.701	15.835

公称直径 D、d 第一系列	第二系列	螺距 P	中径 D_2、d_2	小径 D_1、d_1
	18	1.5	17.026	16.376
		1	17.350	16.917
20		**2.5**	18.376	17.294
		2	**18.701**	17.835
		1.5	19.026	18.376
		1	19.350	18.917
	22	**2.5**	20.376	19.294
		2	20.701	19.835
		1.5	21.026	20.376
		1	21.350	20.917
24		**3**	22.051	20.752
		2	22.701	21.835
		1.5	23.026	22.376
		1	23.350	22.917
	27	**3**	25.051	23.752
		2	25.701	24.835
		1.5	26.026	25.376
		1	26.350	25.917
30		**3.5**	27.727	26.211
		3	28.051	26.752
		2	28.701	27.835
		1.5	29.026	28.376
		1	29.350	28.917
	33	**3.5**	30.727	29.211
		3	31.051	>9.752
		2	31.701	30.835
		1.5	32.026	31.376
36		**4**	33.402	31.670
		3	34.051	32.752
		2	34.701	33.835
		1.5	35.026	34.376
	39	**4**	36.402	34.670
		3	37.051	35.752

公称直径 D、d 第一系列	第二系列	螺距 P	中径 D_2、d_2	小径 D_1、d_1
	39	2	37.701	36.835
		1.5	38.026	37.376
42		**4.5**	39.077	37.129
		3	40.051	38.752
		2	40.701	39.835
		1.5	41.026	40.376
	45	**4.5**	42.077	40.129
		4	42.402	40.670
		3	43.051	41.752
		2	43.701	42.835
		1.5	44.026	43.376
48		**5**	44.752	42.587
		4	45.402	43.670
		3	46.051	44.752
		2	46.701	45.835
		1.5	47.026	46.376
	52	**5**	48.752	46.587
		4	49.402	47.670
		3	50.051	48.752
		2	50.701	49.835
		1.5	51.026	50.376
56		**5.5**	52.428	50.046
		4	53.402	51.670
		3	54.051	52.752
		2	54.701	53.835
		1.5	55.026	54.376
	60	**5.5**	56.428	54.046
		4	47.402	55.670
		3	58.051	56.752
		2	58.701	57.835
		1.5	59.026	58.376
64		**6**	60.103	57.505
		4	61.402	59.670
		3	62.051	60.752

注：1. "螺距 P"栏中第一个数值（黑体字）为粗牙螺距，其余为细牙螺距。
　　2. 优先选用第一系列，其次是第二系列，第三系列（表中未列出）尽可能不用。
　　3. 括号内尺寸尽可能不用。

表 11-2　梯形螺纹设计牙型尺寸（GB/T 5796.1—2005 摘录）　　　（单位：mm）

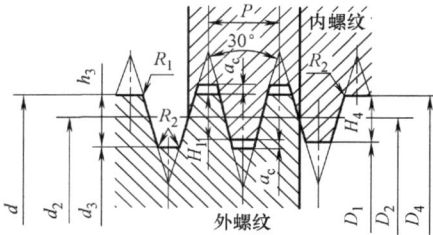

标记示例：

公称直径 $d = 40$ mm，螺距 $P = 7$ mm，精度等级 7H 的梯形内螺纹：

Tr40×7-7H

公称直径 $d = 40$ mm，导程 $P_h = 14$mm，螺距 $P = 7$mm，精度等级 7e 的多线左旋梯形外螺纹：

Tr40×14(P7)LH-7e

公称直径 $d = 40$ mm，螺距 $P = 7$ mm，内螺纹精度等级 7H，外螺纹精度等级 7e 的梯形螺旋副：

Tr40×7-7H/7e

螺距 P	a_c	$H_4 = h_3$	R_{1max}	R_{2max}	螺距 P	a_c	$H_4 = h_3$	R_{1max}	R_{2max}	螺距 P	a_c	$H_4 = h_3$	R_{1max}	R_{2max}
1.5	0.15	0.9	0.075	0.15	8	0.5	4.5	0.25	0.5	22	1	12	0.5	1
2	0.25	1.25	0.125	0.25	9		5			24		13		
3		1.75			10		5.5			28		15		
4		2.25			12		6.5			32		17		
5		2.75			14	1	8	0.5	1	36		19		
6	0.5	3.5	0.25	0.5	16		9			40		21		
7		4			18		10			44		23		
					20		11							

表 11-3　梯形螺纹直径与螺距系列（GB/T 5796.2—2005 摘录）　　　（单位：mm）

公称直径 d		螺距 P	公称直径 d		螺距 P	公称直径 d		螺距 P	公称直径 d		螺距 P
第一系列	第二系列		第一系列	第二系列		第一系列	第二系列		第一系列	第二系列	
8		**1.5**	28	26	8,**5**,3	52	50	12,**8**,3		110	20,**12**,4
10	9	**2**,1.5		30	10,**6**,3		55	14,**9**,3	120	130	22,**14**,6
	11	**3**,2	32		10,**6**,3	60		14,**9**,3	140		24,**14**,6
12		**3**,2	36	34		70	65	16,**10**,4		150	24,**16**,6
16	14	**3**,2		38	10,**7**,3	80	75	16,**10**,4	160		28,**16**,6
	18	**4**,2	40	42			85	18,**12**,4		170	28,**16**,**6**
20		**4**,2	44		12,**7**,3	90	95	18,**12**,4	180		28,**18**,8
24	22	8,**5**,3	48	46	12,**8**,3	100		20,**12**,4		190	32,**18**,8

注：优先选用第一系列的直径，黑体字为对应直径优先选用的螺距。

表 11-4　梯形螺纹基本尺寸（GB/T 5796.3—2005 摘录）　　　（单位：mm）

螺距 P	外螺纹小径 d_3	内、外螺纹中径 D_2、d_2	内螺纹大径 D_4	内螺纹小径 D_1	螺距 P	外螺纹小径 d_3	内、外螺纹中径 D_2、d_2	内螺纹大径 D_4	内螺纹小径 D_1
1.5	$d-1.8$	$d-0.75$	$d+0.3$	$d-1.5$	8	$d-9$	$d-4$	$d+1$	$d-8$
2	$d-2.5$	$d-1$	$d+0.5$	$d-2$	9	$d-10$	$d-4.5$	$d+1$	$d-9$
3	$d-3.5$	$d-1.5$	$d+0.5$	$d-3$	10	$d-11$	$d-5$	$d+1$	$d-10$
4	$d-4.5$	$d-2$	$d+0.5$	$d-4$	12	$d-13$	$d-6$	$d+1$	$d-12$
5	$d-5.5$	$d-2.5$	$d+0.5$	$d-5$	14	$d-16$	$d-7$	$d+2$	$d-14$
6	$d-7$	$d-3$	$d+1$	$d-6$	16	$d-18$	$d-8$	$d+2$	$d-16$
7	$d-8$	$d-3.5$	$d+1$	$d-7$	18	$d-20$	$d-9$	$d+2$	$d-18$

注：1. d—公称直径（即外螺纹大径）。

2. 表中所列数值的计算公式：$d_3 = d - 2h_3$；D_2、$d_2 = d - 0.5P$；$D_4 = d + 2a_c$；$D_1 = d - P$。

11.2　螺栓、螺柱、螺钉（见表 11-5~表 11-11）

表 11-5　六角头螺栓——**A 和 B 级**（GB/T 5782—2016 摘录）、
六角头螺栓—全螺纹——**A 和 B 级**（GB/T 5783—2016 摘录）　　　　（单位：mm）

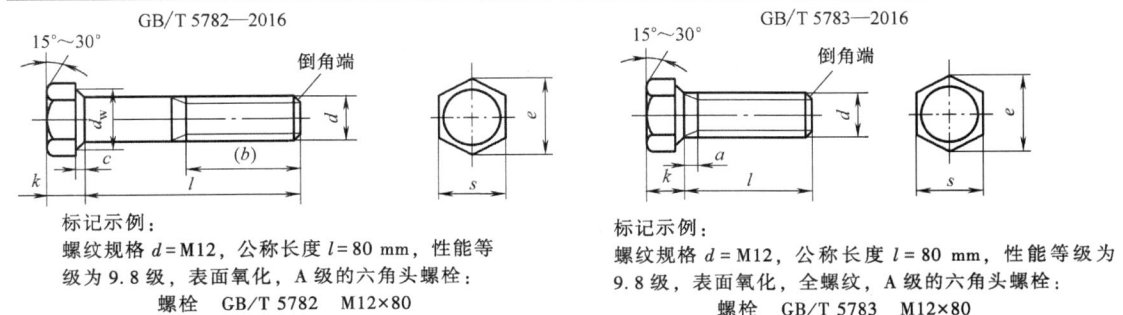

GB/T 5782—2016　　　　　　　　　　　　　　　　GB/T 5783—2016

标记示例：

螺纹规格 *d* = M12，公称长度 *l* = 80 mm，性能等级为 9.8 级，表面氧化，A 级的六角头螺栓：

　　螺栓　GB/T 5782　M12×80

标记示例：

螺纹规格 *d* = M12，公称长度 *l* = 80 mm，性能等级为 9.8 级，表面氧化，全螺纹，A 级的六角头螺栓：

　　螺栓　GB/T 5783　M12×80

螺纹规格 d			M3	M4	M5	M6	M8	M10	M12	M16	M20	M24	M30	M36
b 参考	$l \leqslant 125$		12	14	16	18	22	26	30	38	46	54	66	—
	$125 < l \leqslant 200$		18	20	22	24	28	32	36	44	52	60	72	84
	$l > 200$		31	33	35	37	41	45	49	57	65	7	85	97
a	max		1.5	2.1	2.4	3	3.75	4.5	5.25	6	7.5	9	10.5	12
c	max		0.4	0.4	0.5	0.5	0.6	0.6	0.6	0.8	0.8	0.8	0.8	0.8
d_w	min	A	4.57	5.88	6.88	8.88	11.63	14.63	16.63	24.49	28.19	33.61	—	—
		B	4.45	5.74	6.74	8.74	11.47	14.47	16.47	22	27.7	33.25	42.75	51.11
e	min	A	6.01	7.66	8.79	11.05	14.38	17.77	20.03	26.75	33.53	39.98	—	—
		B	5.88	7.50	8.63	10.89	14.20	17.59	19.85	26.17	32.95	39.55	50.85	60.79
k	公称		2	2.8	3.5	4	5.3	6.4	7.5	10	12.5	15	18.7	22.5
r	min		0.1	0.2	0.2	0.25	0.4	0.4	0.6	0.6	0.8	0.8	1	1
s	公称		5.5	7	8	10	13	16	18	24	30	36	46	55
l 范围（GB/T 5782）			20~30	25~40	25~50	30~60	40~80	45~100	50~120	65~160	80~200	90~240	110~300	140~360
l 范围（全螺纹）（GB/T 5783）			6~30	8~40	10~50	12~60	16~80	20~100	25~250	30~150	40~150	50~150	60~200	70~200
l 系列（GB/T 5782）			20~65（5 进位）、70~160（10 进位）、180~360（20 进位）											
l 系列（GB/T 5783）			6、8、10、12、16、20~65（5 进位）、70~160（10 进位）、180、200											

技术条件	材料	力学性能等级	螺纹公差	公差产品等级	表面处理
	钢	5.6、8.8、9.8、10.9	6g	A 级用于 $d \leqslant 24$ 和 $l \leqslant 10d$ 或 $l \leqslant 150$ B 级用于 $d > 24$ 和 $l > 10d$ 或 $l > 150$	氧化
	不锈钢	A2-70、A4-70			简单处理
	非铁金属	Cu2、Cu3、A14 等			简单处理

注：1. A、B 为产品等级，C 级产品螺纹公差为 8g，规格为 M5~M64，性能等级为 3.6、4.6 和 4.8 级，详见 GB/T 5780—2016，GB/T 5781—2016。

2. 非优先的螺纹规格未列入。

3. 表面处理中，电镀按 GB/T 5267，非电解锌粉覆盖层按 ISO 10683，其他按协议。

表 11-6　六角头加强杆螺栓（GB/T 27—2013 摘录）　　　　　　（单位：mm）

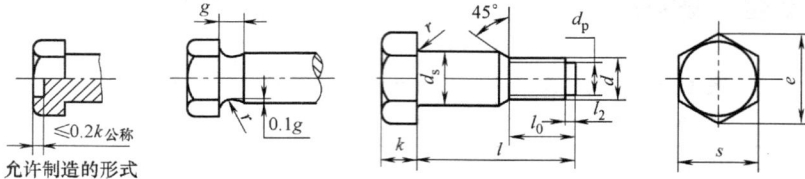

标记示例：

螺纹规格 d=M12，d_s 尺寸按表规定，公称长度 l=80 mm，性能等级为 8.8 级，表面氧化处理，A 级的六角头加强杆螺栓：

螺栓 GB/T 27　M12×80

当 d_s 按 m6 制造时对应标记为：

螺栓　GB/T 27　M12×m6×80

螺纹规格 d		M6	M8	M10	M12	(M14)	M16	(M18)	M20	(M22)	M24	(M27)	M30	M36
d_s(h9)	max	7	9	11	13	15	17	19	21	23	25	28	32	38
s	max	10	13	16	18	21	24	27	30	34	36	41	46	55
k	公称	4	5	6	7	8	9	10	11	12	13	15	17	20
r	min	0.25	0.4	0.4	0.6	0.6	0.6	0.6	0.8	0.8	0.8	1	1	1
d_p		4	5.5	7	8.5	10	12	13	15	17	18	21	23	28
l_2		1.5		2		3			4			5		6
e_{min}	A	11.05	14.38	17.77	20.03	23.35	26.75	30.14	33.53	37.72	39.98	—	—	—
	B	10.89	14.20	17.59	19.85	22.78	26.17	29.56	32.95	37.29	39.55	45.2	50.85	60.79
g		2.5			3.5				5					
l_0		12	15	18	22	25	28	30	32	35	38	42	50	55
l 范围		25~65	25~80	30~120	35~180	40~180	45~200	50~200	55~200	60~200	65~200	75~200	80~230	90~300
l 系列		25，(28)，30，(32)，35，(38)，40，45，50，(55)，60，(65)，70，(75)，80，(85)，90，(95)，100~260（10 进位），280，300												

注：1. 公差技术条件见表 11-5。

2. 括号内为非优选的螺纹规格，尽可能不采用。

3. 替代 GB/T 27—1988《六角头铰制孔用螺栓　A 级和 B 级》。

表 11-7　内六角圆柱头螺钉（GB/T 70.1—2008 摘录）　　　　　　（单位：mm）

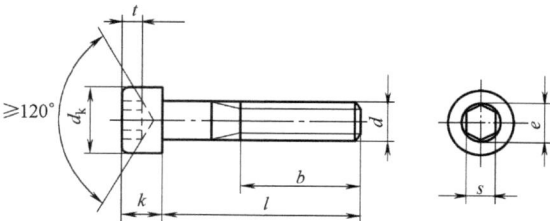

标记示例：

螺纹规格 d=M8，公称长度 l=20mm，性能等级为 8.8 级，表面氧化的内六角圆柱螺钉：

螺栓　GB/T 70.1　M8×20

螺纹规格 d	M5	M6	M8	M10	M12	M16	M20	M24	M30	M36
b(参考)	22	24	28	32	36	44	52	60	72	84
d_k(max)	8.5	10	13	16	18	24	30	36	45	54
e(min)	4.583	5.723	6.863	9.149	11.429	15.996	19.437	21.734	25.154	30.854
k(max)	5	6	8	10	12	16	20	24	30	36

（续）

螺纹规格 d	M5	M6	M8	M10	M12	M16	M20	M24	M30	M36
s（公称）	4	5	6	8	10	14	17	19	22	27
t（min）	2.5	3	4	5	6	8	10	12	15.5	19
l 范围（公称）	8~50	10~60	12~80	16~100	20~120	25~160	30~200	40~200	45~200	55~200
制成全螺纹时 $l\leqslant$	25	30	35	40	45	55	65	80	90	110
l 系列（公称）	8,10,12,16,20~70（5 进位），80~160（10 进位），180,200									

注：非优选的螺纹规格未列入。

表 11-8　双头螺柱 $b_m=1d$（GB/T 897—1988 摘录）、双头螺柱 $b_m=1.25d$（GB/T 898—1988 摘录）、双头螺柱 $b_m=1.5d$（GB/T 899—1988 摘录） （单位：mm）

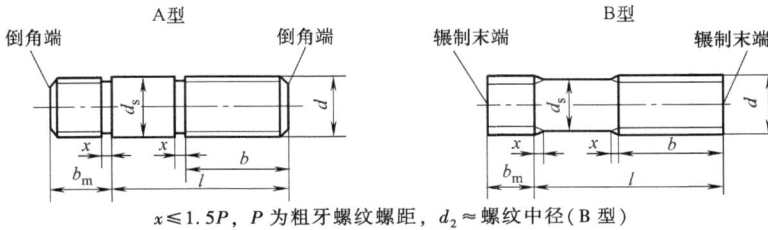

$x\leqslant1.5P$，P 为粗牙螺纹螺距，$d_2\approx$ 螺纹中径（B 型）

标记示例：
两端均为粗牙普通螺纹，$d=10$mm，$l=50$mm，性能等级为 4.8 级，不经表面处理，B 型 $b_m=1.25d$ 的双头螺柱：
　　　　螺柱　GB/T 898　M10×50
旋入机体一端为粗牙普通螺纹，旋螺母一端为螺距 $P=1$ mm 的细牙普通螺纹，$d=10$ mm，$l=50$ mm，性能等级为 4.8 级，不经表面处理，A 型，$b_m=1.25d$ 的双头螺柱：
　　　　螺柱　GB/T 898　AM10-M10×1×50
旋入机体一端为过渡配合螺纹的第一种配合，旋螺母一端为粗牙普通螺纹，$d=10$ mm，$l=50$ mm，性能等级为 8.8 级，镀锌钝化，B 型，$b_m=1.25d$ 的双头螺柱：
　　　　螺柱　GB/T 898　GM10-M10×50-8.8-Zn·D

螺纹规格 d		5	6	8	10	12	(14)	16	(18)	20	24	30
b_m（公称）	GB/T 897	5	6	8	10	12	14	16	18	20	24	30
	GB/T 898	6	8	10	12	15	18	20	22	25	30	38
	GB/T 899	8	10	12	15	18	21	24	27	30	36	45
d_s	max	=d										
	min	4.7	5.7	7.64	9.64	11.57	13.57	15.57	17.57	19.48	23.48	29.48
$\dfrac{l（公称）}{b}$		$\dfrac{16\sim22}{10}$	$\dfrac{20\sim22}{10}$	$\dfrac{20\sim22}{12}$	$\dfrac{25\sim28}{14}$	$\dfrac{25\sim30}{16}$	$\dfrac{30\sim35}{18}$	$\dfrac{30\sim38}{20}$	$\dfrac{35\sim40}{22}$	$\dfrac{35\sim40}{25}$	$\dfrac{45\sim50}{30}$	$\dfrac{60\sim65}{40}$
		$\dfrac{25\sim50}{16}$	$\dfrac{25\sim30}{14}$	$\dfrac{25\sim30}{16}$	$\dfrac{30\sim38}{16}$	$\dfrac{32\sim40}{20}$	$\dfrac{38\sim45}{25}$	$\dfrac{40\sim55}{30}$	$\dfrac{45\sim60}{35}$	$\dfrac{45\sim65}{35}$	$\dfrac{55\sim75}{45}$	$\dfrac{70\sim90}{50}$
		$\dfrac{32\sim75}{18}$	$\dfrac{32\sim90}{22}$	$\dfrac{32\sim90}{22}$	$\dfrac{40\sim120}{26}$	$\dfrac{45\sim120}{30}$	$\dfrac{50\sim120}{34}$	$\dfrac{60\sim120}{38}$	$\dfrac{65\sim120}{42}$	$\dfrac{70\sim120}{46}$	$\dfrac{80\sim120}{54}$	$\dfrac{90\sim120}{66}$
					$\dfrac{130}{32}$	$\dfrac{130\sim180}{36}$	$\dfrac{130\sim180}{40}$	$\dfrac{130\sim180}{44}$	$\dfrac{130\sim200}{48}$	$\dfrac{130\sim200}{52}$	$\dfrac{130\sim200}{60}$	$\dfrac{130\sim200}{72}$
												$\dfrac{210\sim250}{85}$
范围		16~50	20~75	20~90	25~130	25~180	30~180	30~200	35~200	35~200	45~200	60~250
l 系列		16,(18),20,(22),25,(28),30,(32),35,(38),40~100（5 进位），110~260（10 进位），280,300										

注：1. 括号内的尺寸尽可能不用。

　　2. GB 898 $d=5\sim20$ mm 为商品规格，其余均为通用规格。

表 11-9　十字槽盘头螺钉(GB/T 818—2016 摘录)、
十字槽沉头螺钉(GB/T 819.1—2016 摘录)　　　　　（单位：mm）

GB/T 818—2016

Z型

无螺纹部分杆径
≈中径
或=螺纹大径

GB/T 819.1—2016

Z型

无螺纹部分杆径
≈中径
或=螺纹大径

标记示例：

螺纹规格 d=M5，公称长度 l=20 mm，性能等级为 4.8 级，不经表面处理的十字槽盘头螺钉（或十字槽沉头螺钉）：

螺钉　GB/T 818　M5×20（或 GB/T 819.1　M5×20）

螺纹规格 d			M1.6	M2	M2.5	M3	M4	M5	M6	M8	M10
螺距 P			0.35	0.4	0.45	0.5	0.7	0.8	1	1.25	1.5
a		max	0.7	0.8	0.9	1	1.4	1.6	2	2.5	3
b		min		25					38		
x		max	0.9	1	1.1	1.25	1.75	2	2.5	3.2	3.8
十字槽盘头螺钉	d_a	max	2.1	2.6	3.1	3.6	4.7	5.7	6.8	9.2	11.2
	d_k	max	3.2	4	5	5.6	8	9.5	12	16	20
	k	max	1.3	1.6	2.1	2.4	3.1	3.7	4.6	6	7.5
	r	min		0.1			0.2		0.25		0.4
	r_f	≈	2.5	3.2	4	5	6.5	8	10	13	16
	m	参考	1.7	1.9	2.6	2.9	4.4	4.6	6.8	8.8	10
	l 商品规格范围		3~16	3~20	3~25	4~30	5~40	6~45	8~60	10~60	12~60
十字槽沉头螺钉	d_k	max	3	3.8	4.7	5.5	8.4	9.3	11.3	15.8	18.3
	k	max	1	1.2	1.5	1.65	2.7	2.7	3.3	4.65	5
	r	max	0.4	0.5	0.6	0.8	1	1.3	1.5	2	2.5
	m	参考	1.8	2	3	3.2	4.6	5.1	6.8	9	10
	l 商品规格范围		3~16	3~20	3~25	4~30	5~40	6~50	8~60	10~60	12~60
公称长度 l 的系列			3, 4, 5, 6, 8, 10, 12, (14), 16, 20, 25, 30, 35, 40, 45, 50, (55), 60								

技术条件	材料	力学性能等级	螺纹公差	公差产品等级	表面处理
	钢	4.8	6g	A	不经处理 电镀或协议

注：1. 括号内非优选的螺纹规格尽可能不采用。

　　2. 对十字槽盘头螺钉，d≤M3、l≤25 mm 或 d>M4、l≤40 mm 时，制出全螺纹(b=l-a)；

　　　对十字槽沉头螺钉，d≤M3、l≤30 mm 或 d≤M4、l≥45 mm 时，制出全螺纹[b=l-(k+a)]。

　　3. GB/T 818 材料可选不锈钢或非铁金属。

表 11-10 开槽锥端紧定螺钉(GB/T 71—1985 摘录)、开槽平端紧定螺钉(GB/T 73—2017 摘录)、
开槽长圆柱端紧定螺钉(GB/T 75—2018 摘录)　　　　　　　(单位: mm)

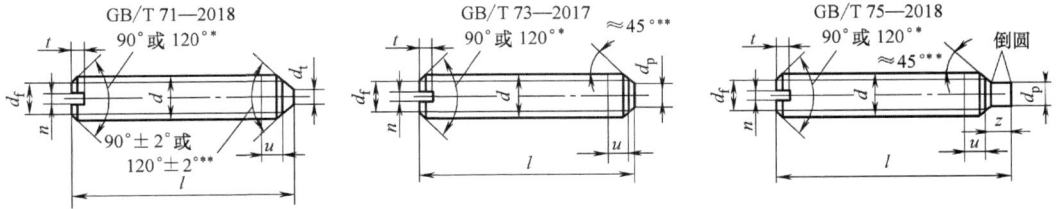

标记示例:

螺纹规格 d = M5, 公称长度 l = 12mm, 性能等级为 14H 级, 表面氧化的开槽锥端紧定螺钉(或开槽平端, 或开槽长圆柱端紧定螺钉):

螺钉　GB/T 71　M5×12(或 GB/T 73　M5×12, 或 GB/T 75　M5×12)

螺纹规格 d		M3	M4	M5	M6	M8	M10	M12
螺距 P		0.5	0.7	0.8	1	1.25	1.5	1.75
$d_f \approx$		螺 纹 小 径						
d_t	max	0.3	0.4	0.5	1.5	2	2.5	3
d_p	max	2	2.5	3.5	4	5.5	7	8.5
n	公称	0.4	0.6	0.8	1	1.2	1.6	2
t	min	0.8	1.12	1.28	1.6	2	2.4	2.8
z	max	1.75	2.25	2.75	3.25	4.3	5.3	6.3
不完整螺纹的长度 u		$\leqslant 2P$						
l 范围 (商品规格)	GB/T 71	4~16	6~20	8~25	8~30	10~40	12~50	14~60
	GB/T 73	3~16	4~20	5~25	6~30	8~40	10~50	12~60
	GB/T 75	5~16	6~20	8~25	8~30	10~40	12~50	14~60
短螺钉	GB/T 73	3	4	5	6	—	—	—
	GB/T 75	5	6	8	8, 10	10, 12, 14	12, 14, 16	14, 16, 20
公称长度 l 的系列		3, 4, 5, 6, 8, 10, 12, (14), 16, 20, 25, 30, 35, 40, 45, 50, 55, 60						
技术条件		材料	力学性能等级		螺纹公差	公差产品等级	表面处理	
		钢	14H, 22H		6g	A	氧化或镀锌钝化	

注: 1. 括号内为非优选的螺纹规格, 尽可能不采用。

2. 表图中标有 * 者, 公称长度在表中 l 范围内的短螺钉应制成120°; 标有 ＊＊ 者, 90°或120°和45°仅适用于螺纹小径以内的末端部分。

表 11-11 吊环螺钉(GB/T 825—1988 摘录)　　　　　(单位：mm)

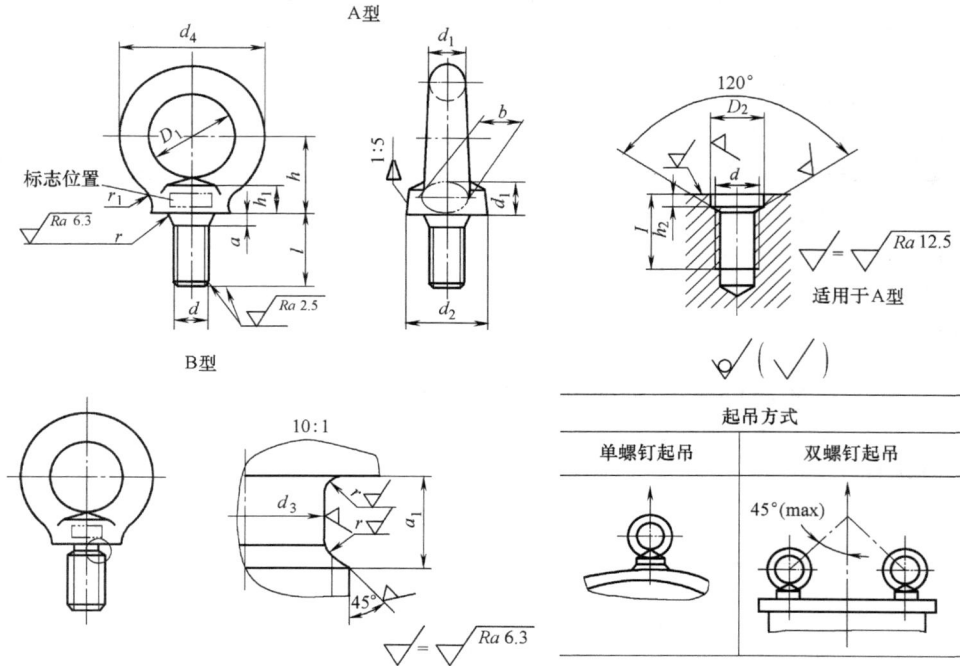

标记示例：

规格为 20 mm，材料为 20 钢，经正火处理，不经表面处理的 A 型吊环螺钉：

螺钉　GB/T 825　M20

螺　纹　规　格(d)		M8	M10	M12	M16	M20	M24	M30	M36	M42	M48
d_1	max	9.1	11.1	13.1	15.2	17.4	21.4	25.7	30	34.4	40.7
D_1	公称	20	24	28	34	40	48	56	67	80	95
d_2	max	21.1	25.1	29.1	35.2	41.4	49.4	57.7	69	82.4	97.7
h_1	max	7	9	11	13	15.1	19.1	23.2	27.4	31.7	36.9
l	公称	16	20	22	28	35	40	45	55	65	70
d_4	参考	36	44	52	62	72	88	104	123	144	171
h		18	22	26	31	36	44	53	63	74	87
r_1		4	4	6	6	8	12	15	18	20	22
r	min	1	1	1	1	1	2	2	3	3	3
a_1	max	3.75	4.5	5.25	6	7.5	9	10.5	12	13.5	15
d_3	公称(max)	6	7.7	9.4	13	16.4	19.6	25	30.8	35.6	41
a	max	2.5	3	3.5	4	5	6	7	8	9	10
b		10	12	14	16	19	24	28	32	38	46
D_2	公称(min)	13	15	17	22	28	32	38	45	52	60
h_2	公称(min)	2.5	3	3.5	4.5	5	7	8	9.5	10.5	11.5
最大起吊 质量/t	单螺钉起吊 (参见 右上图)	0.16	0.25	0.4	0.63	1	1.6	2.5	4	6.3	8
	双螺钉起吊	0.08	0.125	0.2	0.32	0.5	0.8	1.25	2	3.2	4

减速器类型	一级圆柱齿轮减速器						二级圆柱齿轮减速器				
中心距 a	100	125	160	200	250	315	100×140	140×200	180×250	200×280	250×355
重量 W/kN	0.26	0.52	1.05	2.1	4	8	1	2.6	4.8	6.8	12.5

注：1. M8~M36 为商品规格。

2. "减速器重量 W" 非 GB/T 825 内容，仅供课程设计参考用。

11.3 螺母、垫圈（见表 11-12 ~ 表 11-19）

表 11-12 1 型六角螺母（GB/T 6170—2015 摘录）、

六角薄螺母（GB/T 6172.1—2016 摘录）　　　　（单位：mm）

标记示例：
螺纹规格 D = M12，性能等级为 10 级，不经表面处理，A 级的 1 型六角螺母：
　　螺母　GB/T 6170　M12
螺纹规格 D = M12，性能等级为 04 级，不经表面处理，A 级的六角薄螺母：
　　螺母　GB/T 6172.1　M12

螺纹规格 D		M3	M4	M5	M6	M8	M10	M12	(M14)	M16	(M18)	M20	(M22)	M24	M(27)	M30	M36
d_a	max	3.45	4.6	5.75	6.75	8.75	10.8	13	15.1	17.3	19.5	21.6	23.7	25.9	29.1	32.4	38.9
d_w	min	4.6	5.9	6.9	8.9	11.6	14.6	16.6	19.6	22.5	24.8	27.7	31.4	33.3	38	42.8	51.1
e	min	6.01	7.66	8.79	11.05	14.38	17.77	20.03	23.35	26.75	29.56	32.95	37.29	39.55	45.2	50.85	60.79
s	max	5.5	7	8	10	13	16	18	21	24	27	30	34	36	41	46	55
c	max	0.4	0.4	0.5	0.5	0.6	0.6	0.6	0.6	0.8	0.8	0.8	0.8	0.8	0.8	0.8	0.8
m max	六角螺母	2.4	3.2	4.7	5.2	6.8	8.4	10.8	12.8	14.8	15.8	18	19.4	21.5	23.8	25.6	31
	薄螺母	1.8	2.2	2.7	3.2	4	5	6	7	8	9	10	11	12	13.5	15	18

技术条件	材料	力学性能等级	螺纹公差	表面处理	公差产品等级
	钢	6,8,10	6H	不经处理 电镀或协议	A 级用于 D≤M16 B 级用于 D>M16

注：括号内为非优选规格，尽可能不采用。

表 11-13 1 型六角开槽螺母 A 和 B 级（GB/T 6178—1986 摘录）　（单位：mm）

标记示例：
螺纹规格 D = M5，性能等级为 8 级，不经表面处理，A 级的 I 型六角开槽螺母：
　　螺母　GB/T 6178　M5

螺纹规格 D		M4	M5	M6	M8	M10	M12	(M14)	M16	M20	M24	M30	M36
d_e	max	—	—	—	—	—	—	—	—	28	34	42	50
m	max	5	6.7	7.7	9.8	12.4	15.8	17.8	20.8	24	29.5	34.6	40
n	min	1.2	1.4	2	2.5	2.8	3.5	3.5	4.5	4.5	5.5	7	7
w	max	3.2	4.7	5.2	6.8	8.4	10.8	12.8	14.8	18	21.5	25.6	31
s	max	7	8	10	13	16	18	21	24	30	36	46	55
d_a	max	4.6	5.75	6.75	8.75	10.8	13	15.1	17.3	21.6	25.9	32.4	38.9
	min	4	5	6	8	10	12	14	16	20	24	30	36
d_w	min	5.9	6.9	8.9	11.6	14.6	16.5	19.6	22.5	27.7	33.2	42.7	51.1
e	min	7.66	8.79	11.05	14.38	17.77	20.03	23.35	26.75	32.95	39.55	50.85	60.79
开口销		1×10	1.2×12	1.6×14	2×16	2.5×20	3.2×22	3.2×25	4×28	4×36	5×40	6.3×50	6.3×63

注：尽可能不采用括号内的规格。

表 11-14　小垫圈、平垫圈　　　　　　　　　　　　（单位：mm）

小垫圈—A 级（GB/T 848—2002 摘录）
平垫圈—A 级（GB/T 97.1—2002 摘录）
平垫圈—倒角型—A 级（GB/T 97.2—2002 摘录）

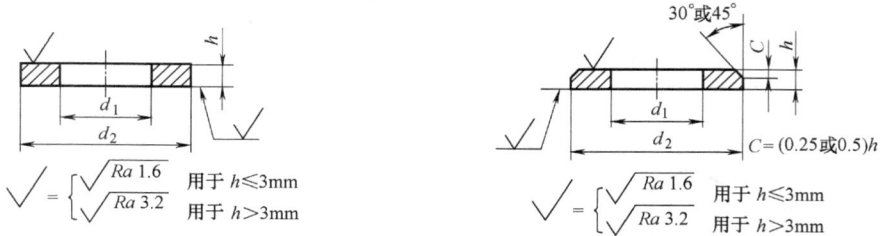

$$\sqrt{} = \begin{cases} \sqrt{Ra\ 1.6} & 用于\ h\leqslant 3mm \\ \sqrt{Ra\ 3.2} & 用于\ h>3mm \end{cases}$$

$C=(0.25或0.5)h$

$$\sqrt{} = \begin{cases} \sqrt{Ra\ 1.6} & 用于\ h\leqslant 3mm \\ \sqrt{Ra\ 3.2} & 用于\ h>3mm \end{cases}$$

标记示例：
小系列（或标准系列），公称规格 8mm，由钢制造的硬度等级为 200HV 级，不经表面处理、产品等级为 A 级的平垫圈：

垫圈　GB/T 848　8（或 GB/T 97.1　8 或 GB/T 97.2　8）

公称规格（螺纹大径 d）		1.6	2	2.5	3	4	5	6	8	10	12	(14)	16	20	24	30	36
d_1	GB/T 848—2002	1.7	2.2	2.7	3.2	4.3	5.3	6.4	8.4	10.5	13	15	17	21	25	31	37
	GB/T 97.1—2002	1.7	2.2	2.7	3.2	4.3	5.3	6.4	8.4	10.5	13	15	17	21	25	31	37
	GB/T 97.2—2002	—	—	—	—		5.3	6.4	8.4	10.5	13	15	17	21	25	31	37
d_2	GB/T 848—2002	3.5	4.5	5	6	8	9	11	15	18	20	24	28	34	39	50	60
	GB/T 97.1—2002	4	5	6	7	9	10	12	16	20	24	28	30	37	44	56	66
	GB/T 97.2—2002	—	—	—	—		10	12	16	20	24	28	30	37	44	56	66
h	GB/T 848—2002	0.3	0.3	0.5	0.5	0.5	1	1.6	1.6	1.6	2	2.5	2.5	3	4	4	5
	GB/T 97.1—2002	0.3	0.3	0.5	0.5	0.8	1	1.6	1.6	2	2.5	2.5	2.5	3	4	4	5
	GB/T 97.2—2002	—	—	—	—		1	1.6	1.6	2	2.5	2.5	3	3	4	4	5

表 11-15　标准型弹簧垫圈（GB/T 93—1987 摘录）、
轻型弹簧垫圈（GB/T 859—1987 摘录）　　　　　（单位：mm）

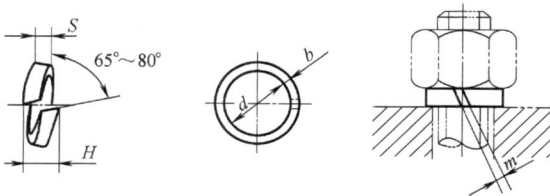

标记示例：
规格为 16，材料为 65 Mn，表面氧化的标准型（或轻型）弹簧垫圈：

垫圈　GB/T 93　16
（或 GB/T 859　16）

规格（螺纹大径）			3	4	5	6	8	10	12	(14)	16	(18)	20	(22)	24	(27)	30	(33)	36
GB/T 93—1987	$S(b)$	公称	0.8	1.1	1.3	1.6	2.1	2.6	3.1	3.6	4.1	4.5	5.0	5.5	6.0	6.8	7.5	8.5	9
	H	min	1.6	2.2	2.6	3.2	4.2	5.2	6.2	7.2	8.2	9	10	11	12	13.6	15	17	18
		max	2	2.75	3.25	4	5.25	6.5	7.75	9	10.25	11.25	12.5	13.75	15	17	18.75	21.25	22.5
	m	≤	0.4	0.55	0.65	0.8	1.05	1.3	1.55	1.8	2.05	2.25	2.5	2.75	3	3.4	3.75	4.25	4.5
GB/T 859—1987	S	公称	0.6	0.8	1.1	1.3	1.6	2	2.5	3	3.2	3.6	4	4.5	5	5.5	6	—	—
	b	公称	1	1.2	1.5	2	2.5	3	3.5	4	4.5	5	5.5	6	7	8	9	—	—
	H	min	1.2	1.6	2.2	2.6	3.2	4	5	6	6.4	7.2	8	9	10	11	12	—	—
		max	1.5	2	2.75	3.25	4	5	6.25	7.5	8	9	10	11.25	12.5	13.75	15	—	—
	m	≤	0.3	0.4	0.55	0.65	0.8	1.0	1.25	1.5	1.6	1.8	2.0	2.25	2.5	2.75	3.0	—	—

注：尽可能不采用括号内的规格。

表 11-16　外舌止动垫圈（GB/T 856—1988 摘录）　　　　（单位：mm）

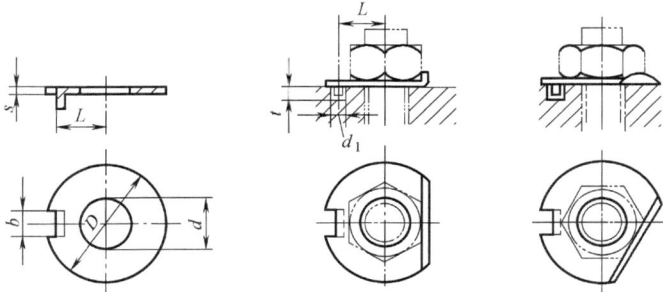

标记示例：

规格为 10，材料为 Q235A，经退火、表面氧化处理的外舌止动垫圈：

垫圈　GB/T 856　10

规格（螺纹大径）		3	4	5	6	8	10	12	(14)	16	(18)	20	(22)	24	(27)	30	36
d	max	3.5	4.5	5.6	6.76	8.76	10.93	13.43	15.43	17.43	19.52	21.52	23.52	25.52	28.52	31.62	37.62
	min	3.2	4.2	5.3	6.4	8.4	10.5	13	15	17	19	21	23	25	28	31	37
D	max	12	14	17	19	22	26	32	32	40	45	45	50	50	58	63	75
	min	11.57	13.57	16.57	18.48	21.48	25.48	31.38	31.38	39.38	44.38	44.38	49.38	49.38	57.26	62.26	74.26
b	max	2.5	2.5	3.5	3.5	3.5	4.5	4.5	4.5	5.5	6	6	7	7	8	8	11
	min	2.25	2.25	3.2	3.2	3.2	4.2	4.2	4.2	5.2	5.7	5.7	6.64	6.64	7.64	7.64	10.57
L		4.5	5.5	7	7.5	8.5	10	12	12	15	18	18	20	20	23	25	31
s		0.4	0.4	0.5	0.5	0.5	0.5	1	1	1	1	1	1	1	1.5	1.5	1.5
d_1		3	3	4	4	4	5	6	6	7	7	8	8	9	9	9	12
t		3	3	4	4	4	5	6	6	7	7	7	7	10	10	10	10

注：尽可能不采用括号内的规格。

表 11-17　工字钢、槽钢用方斜垫圈（GB/T 856—1988 摘录）　　　（单位：mm）

工字钢用方斜垫圈（GB/T 852—1988 摘录）　　　槽钢用方斜垫圈（GB/T 853—1988 摘录）

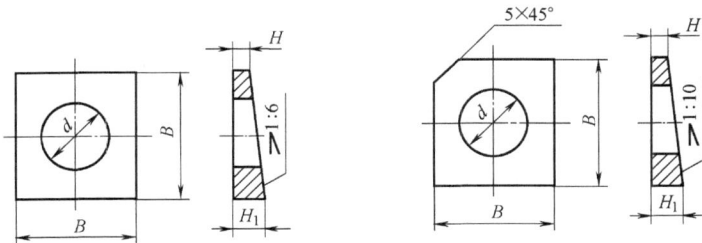

标记示例：

规格为 16，材料为 Q235A，不经表面处理的工字钢用（槽钢用）方斜垫圈：

垫圈　GB/T 852　16（GB/T 853　16）

规格（螺纹大径）		6	8	10	12	16	(18)	20	(22)	24	(27)	30	36
d	max	6.96	9.36	11.43	13.93	17.93	20.52	22.52	24.52	26.52	30.52	33.62	39.62
	min	6.6	9	11	13.5	17.5	20	22	24	26	30	33	39
B		16	18	22	28	35	40	40	40	50	50	60	70
H		2					3						
H_1	GB/T 852—1988	4.7	5.0	5.7	6.7	7.7	9.7	9.7	9.7	11.3	11.3	13.0	14.7
	GB/T 853—1988	3.6	3.8	4.2	4.8	5.4	7	7	7	8	8	9	10

注：尽可能不采用括号内的规格。

表 11-18　圆螺母（GB/T 812—1988摘录）、小圆螺母（GB/T 810—1988摘录）　（单位：mm）

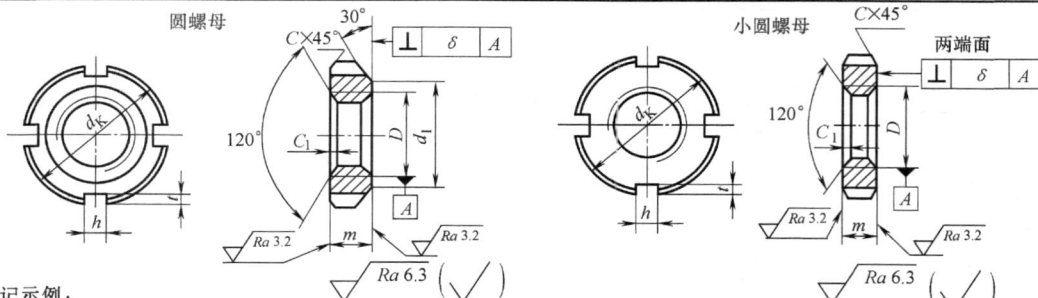

标记示例：
螺纹规格 $D=\text{M}16\times1.5$，材料为45钢，槽或全部热处理硬度35~45HRC，表面氧化的圆螺母和小圆螺母：
　　　　　螺母　GB/T 812　M16×1.5
　　　　　螺母　GB/T 810　M16×1.5

圆螺母（GB/T 812—1988）

螺纹规格 $D\times P$	d_K	d_1	m	h max	h min	t max	t min	C	C_1
M10×1	22	16	8					0.5	0.5
M12×1.25	25	19		4.3	4	2.6	2		
M14×1.5	28	20							
M16×1.5	30	22							
M18×1.5	32	24							
M20×1.5	35	27							
M22×1.5	38	30							
M24×1.5	42	34	10	5.3	5	3.1	2.5		
M25×1.5*									
M27×1.5	45	37							
M30×1.5	48	40						1	
M33×1.5	52	43							
M35×1.5*									
M36×1.5	55	46							
M39×1.5	58	49		6.3	6	3.6	3		
M40×1.5*									
M42×1.5	62	53							
M45×1.5	68	59							
M48×1.5	72	61							
M50×1.5*									
M52×1.5	78	67							
M55×2*									
M56×2	85	74	12	8.36	8	4.25	3.5	1.5	
M60×2	90	79							
M64×2	95	84							
M65×2*									
M68×2	100	88							
M72×2	105	93							
M75×2*									
M76×2	110	98	15	10.36	10	4.75	4		1
M80×2	115	103							
M85×2	120	108							
M90×2	125	112							
M95×2	130	117							
M100×2	135	122	18	12.43	12	5.75	5		
M105×2	140	127							

小圆螺母（GB/T 810—1988）

螺纹规格 $D\times P$	d_K	d_1	m	h max	h min	t max	t min	C	C_1
M10×1	20		6					0.5	0.5
M12×1.25	22			4.3	4	2.6	2		
M14×1.5	25								
M16×1.5	28								
M18×1.5	30								
M20×1.5	32								
M22×1.5	35								
M24×1.5	38		8	5.3	5	3.1	2.5		
M27×1.5	42								
M30×1.5	45								
M33×1.5	48								
M36×1.5	52								
M39×1.5	55								
M42×1.5	58			6.3	6	3.6	3		
M45×1.5	62								
M48×1.5	68								
M52×1.5	72								
M56×2	78		10	8.36	8	4.25	3.5	1	
M60×2	80								
M64×2	85								
M68×2	90								
M72×2	95								
M76×2	100								
M80×2	105								
M85×2	110		12	10.36	10	4.75	4	1.5	1
M90×2	115								
M95×2	120								
M100×2	125								
M105×2	130		15	12.43	12	5.75	5		

注：1. 槽数 n：当 $D\leqslant\text{M}100\times2$，$n=4$；当 $D\geqslant\text{M}105\times2$，$n=6$。
　　2. *仅用于滚动轴承锁紧装置。

表 11-19　圆螺母用止动垫圈（GB/T 858—1988 摘录）　　　　（单位：mm）

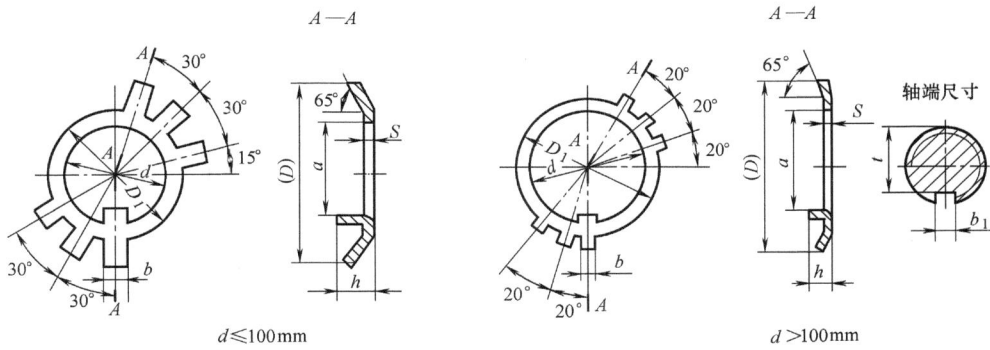

d≤100mm　　　　　　　　　　　　　　　d>100mm

标记示例：

规格为 16，材料为 Q235-A，经退火、表面氧化的圆螺母用止动垫圈：

垫圈　GB/T 858　16

规格(螺纹大径)	d	D(参考)	D1	S	b	a	h	轴端		规格(螺纹大径)	d	D(参考)	D1	S	b	a	h	轴端	
								b1	t									b1	t
10	10.5	25	16	1	3.8	8	3	4	7	48	48.5	76	61	1.5	7.7	45	5	8	44
12	12.5	28	19			9			8	50*	50.5					47			—
14	14.5	32	20			11			10	52	52.5	82	67			49			48
16	16.5	34	22			13			12	55*	56					52			—
18	18.5	35	24			15			14	56	57	90	74			53	6		52
20	20.5	38	27		4.8	17	4	5	16	60	61	94	79			57			56
22	22.5	42	30			19			18	64	65	100	84			61			60
24	24.5	45	34			21			20	65*	66					62			—
25*	25.5					22			—	68	69	105	88		9.6	65		10	64
27	27.5	48	37			24			23	72	73	110	93			69			68
30	30.5	52	40			27			26	75*	76					71			—
33	33.5	56	43	1.5	5.7	30	5	6	29	76	77	115	98			72	7		70
35*	35.5					32			—	80	81	120	103			76			74
36	36.5	60	46			33			32	85	86	125	108			81			79
39	39.5	62	49			36			35	90	91	130	112	2	11.6	86		12	84
40*	40.5					37			—	95	96	135	117			91			89
42	42.5	66	53			39			38	100	101	140	122			96			94
45	45.5	72	59			42			41	105	106	145	127			101			99

注：　* 仅用于滚动轴承锁紧装置。

11.4 挡圈（见表 11-20 ~ 表 11-22）

表 11-20　轴端挡圈　　　　　　　　　　　　　　　　　（单位：mm）

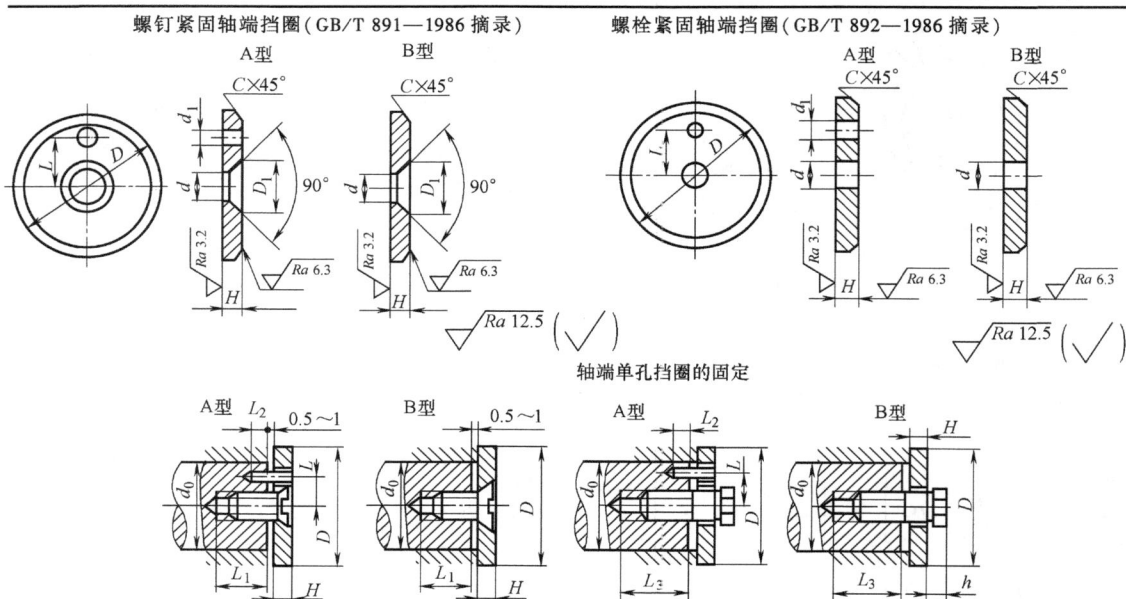

螺钉紧固轴端挡圈（GB/T 891—1986 摘录）　　螺栓紧固轴端挡圈（GB/T 892—1986 摘录）

A型　　B型　　　　　　A型　　B型

轴端单孔挡圈的固定

标记示例：公称直径 $D = 45$，材料为 Q235-A，不经表面处理的 A 型螺钉紧固轴端挡圈：

挡圈　GB/T 891　45

公称直径 $D = 45$，材料为 Q235-A，不经表面处理的 B 型螺钉紧固轴端挡圈：

挡圈　GB/T 891　B45

轴径 ≤	公称直径 D	H	L	d	d_1	C	螺钉紧固轴端挡圈			螺栓紧固轴端挡圈			安装尺寸（参考）			
							D_1	螺钉 GB/T 819.1 —2000（推荐）	圆柱销 GB/T 119.1 —2000（推荐）	螺栓 GB/T 5783 —2000（推荐）	圆柱销 GB/T 119.1 —2000（推荐）	垫圈 GB/T 93— 1987（推荐）	L_1	L_2	L_3	h
14	20	4	—													
16	22	4	—													
18	25	4	—	5.5	2.1	0.5	11	M5×12	A2×10	M5×16	A2×10	5	14	6	16	4.8
20	28	4	7.5													
22	30	4	7.5													
25	32	5	10													
28	35	5	10													
30	38	5	10	6.6	3.2	1	13	M6×16	A3×12	M6×20	A3×12	6	18	7	20	5.6
32	40	5	12													
35	45	5	12													
40	50	5	12													
45	55	6	16													
50	60	6	16													
55	65	6	16	9	4.2	1.5	17	M8×20	A4×14	M8×25	A4×14	8	22	8	24	7.4
60	70	6	20													
65	75	6	20													
70	80	6	20													
75	90	8	25	13	5.2	2	25	M12×25	A5×16	M12×30	A5×16	12	26	10	28	10.6
85	100	8	25													

注：1. 当挡圈装在带螺纹孔的轴端时，紧固用螺钉允许加长。

2. 材料：Q235-A、35 钢、45 钢。

3. "轴端单孔挡圈的固定"不属于 GB/T 891—1986、GB/T 892—1986，仅供参考。

表 11-21　轴用弹性挡圈（A 型）（GB/T 894—2017 摘录）　　　　　（单位：mm）

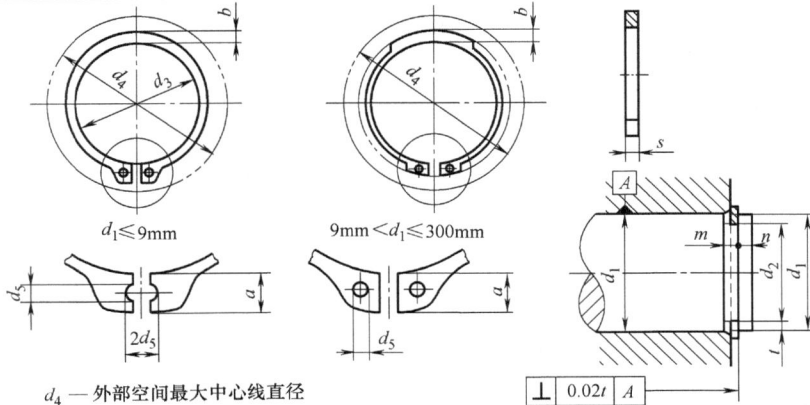

$d_1 \leqslant 9mm$　　　$9mm < d_1 \leqslant 300mm$

d_4 — 外部空间最大中心线直径

$\perp$ | 0.02t | A

标记示例：

轴径 $d_1 = 50mm$，材料 65Mn，热处理 44～51HRC，经表面氧化处理的 A 型轴用弹性挡圈：

挡圈　GB/T 894　50

公称规格 d_1	挡圈 d_3	s	$b \approx$	d_5	a	沟槽（推荐）d_2 基本尺寸	d_2 极限偏差	m	n min	d_4
3	2.7	0.4	0.8	1	1.9	2.8	0 / −0.04	0.5	0.3	7.0
4	3.7	0.4	0.9	1	2.2	3.8	0 / −0.04	0.5	0.3	8.6
5	4.7	0.6	1.1	1.2	2.5	4.8	0 / −0.05	0.7	0.5	10.3
6	5.6	0.7	1.4	1.2	2.7	5.7	0 / −0.05	0.8	0.5	11.7
7	6.5	0.8	1.4	1.2	3.1	6.7	0 / −0.06	0.9	0.6	13.5
8	7.4	0.8	1.5	1.2	3.2	7.6	0 / −0.06	0.9	0.6	14.7
9	8.4	1	1.7	1.5	3.3	8.9	0 / −0.06	1.1	0.6	16.0
10	9.3	1	1.8	1.5	3.3	9.6	0 / −0.11	1.1	0.8	17.0
11	10.2	1	1.8	1.5	3.3	10.5	0 / −0.11	1.1	0.8	18.0
12	11	1	1.8	1.5	3.4	11.5	0 / −0.11	1.1	0.9	19.0
13	11.9	1	2.0	1.7	3.5	12.4	0 / −0.11	1.1	0.9	20.2
14	12.9	1	2.1	1.7	3.6	13.4	0 / −0.11	1.1	1.1	21.4
15	13.8	1	2.2	1.7	3.7	14.3	0 / −0.11	1.1	1.1	22.6
16	14.7	1	2.3	1.7	3.8	15.2	0 / −0.11	1.2	1.2	23.8
17	15.7	1	2.4	1.7	3.9	16.2	0 / −0.11	1.2	1.2	25.0
18	16.5	1.2	2.5	3.9		17	0 / −0.11	1.3	1.2	26.2
19	17.5	1.2	2.6		4.0	18	0 / −0.13	1.3	1.5	27.2
20	18.5	1.2	2.7		4.1	19	0 / −0.13	1.3	1.5	28.4
21	19.5	1.2	2.8		4.2	20	0 / −0.13	1.3	1.5	29.6
22	20.5	1.2	3.0	2	4.4	21	0 / −0.13	1.3	1.5	30.8
24	22.2	1.2	3.0	2	4.4	22.9	0 / −0.13	1.3	1.7	33.2
25	23.2	1.2	3.1	2	4.5	23.9	0 / −0.21	1.3	1.7	34.2
26	24.2	1.2	3.4	2	4.7	24.9	0 / −0.21	1.3	1.7	35.5
28	25.9	1.5	3.2	2	4.8	26.6	0 / −0.21	1.6	2.1	37.9
29	26.9	1.5	3.4	2	5.0	27.6	0 / −0.21	1.6	2.1	39.1
30	27.9	1.5	3.5	2.5	5.2	28.6	0 / −0.21	1.6	2.1	40.5
32	29.6	1.5	3.6	2.5	5.4	30.3	0 / −0.25	1.6	2.6	43
34	31.5	1.5	3.8	2.5	5.6	32.3	0 / −0.25	1.6	2.6	45.4
35	32.2	1.5	3.9	2.5	5.6	33	0 / −0.25	1.85	3	46.8
36	33.2	1.75	4.0	2.5	5.6	34	0 / −0.25	1.85	3	47.8
38	35.2	1.75	4.2	2.5	5.8	36	0 / −0.25	1.85	3	50.2
40	36.5	1.75	4.4	2.5	6.0	37.5	0 / −0.25	1.85	3	52.6
42	38.5	1.75	4.5	2.5	8.4	39.5	0 / −0.25	1.85	3.8	55.7
45	41.5	1.75	4.7	2.5	8.6	42.5	0 / −0.25	1.85	3.8	59.1
48	44.5	1.75	5.0	2.5	8.6	45.5	0 / −0.25	1.85	3.8	62.5
50	45.8	2	5.1	3	8.7	47	0 / −0.25	2.15	3.8	64.5
52	47.8	2	5.2	3	8.7	49	0 / −0.25	2.15	3.8	66.7
55	50.8	2	5.4	3	8.8	52	0 / −0.30	2.15	4.5	70.2
56	51.8	2	5.5	3	8.8	53	0 / −0.30	2.15	4.5	71.6
58	53.8	2	5.6	3	9.4	55	0 / −0.30	2.15	4.5	73.6
60	55.8	2	5.8	3	9.6	57	0 / −0.30	2.15	4.5	75.6
62	57.8	2	6.0	3	9.9	59	0 / −0.30	2.15	4.5	77.8
63	58.8	2	6.2	3	10.1	60	0 / −0.30	2.15	4.5	79
65	60.8	3	6.3	3	11.6	62	0 / −0.30	2.65	4.5	81.4
68	63.5	3	6.5	3	11.0	65	0 / −0.30	2.65	4.5	84.8
70	65.5	2.5	6.6	3	11.4	67	0 / −0.30	2.65	5.3	87
72	67.5	2.5	6.8	3	11.4	69	0 / −0.30	2.65	5.3	89.2
75	70.5	2.5	7.0	3	11.4	72	0 / −0.30	2.65	5.3	92.7
78	73.5	2.5	7.3	3	11.4	75	0 / −0.30	2.65	5.3	96.1
80	74.5	2.5	7.3	3	11.4	76.5	0 / −0.30	2.65	5.3	98.1
82	76.5	3	7.6	3	11.4	78.5	0 / −0.35	3.15	5.3	100.3
85	79.5	3	7.8	3	11.4	81.5	0 / −0.35	3.15	5.3	103.3
88	82.5	3	8.0	3	11.4	84.5	0 / −0.35	3.15	5.3	106.5
90	84.5	3	8.2	3	11.4	86.5	0 / −0.35	3.15	5.3	108.5
95	89.5	3	8.6	4	11.4	91.5	0 / −0.35	3.15	5.3	114.8
100	94.5	3	9.0	4	11.4	96.5	0 / −0.35	3.15	5.3	120.2
105	98	4	9.3	4	11.4	101	0 / −0.54	4.15	6	125.8
110	103	4	9.6	4	11.4	106	0 / −0.54	4.15	6	131.2
115	108	4	9.8	4	11.4	111	0 / −0.54	4.15	6	137.3
120	113	4	10.2	4	11.4	116	0 / −0.54	4.15	6	143.1
125	118	4	10.4	4	11.4	121	0 / −0.63	4.15	6	149

注：尺寸 m 的极限偏差：当 $d_0 \leqslant 100$ 时为 $^{+0.14}_{0}$；当 $d_0 > 100$ 时为 $^{+0.18}_{0}$。

表 11-22　孔用弹性挡圈(A 型)(GB/T 893—2017 摘录)　　　　　　　　(单位：mm)

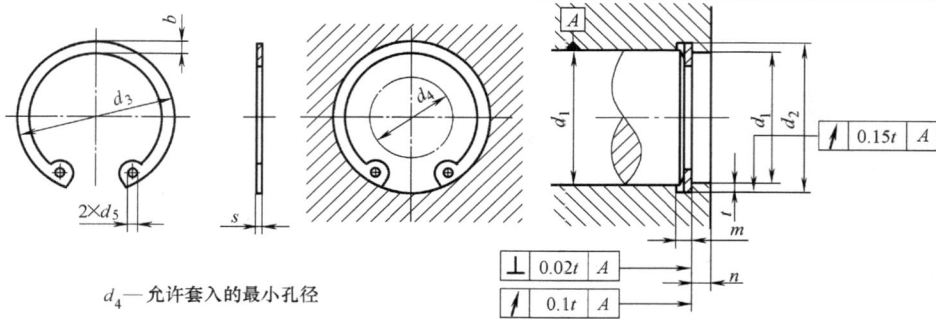

d_4——允许套入的最小孔径

标记示例：

孔径 $d_1 = 50$mm，材料 65Mn，热处理硬度 44~51HRC，经表面氧化处理的 A 型孔用弹性挡圈：

挡圈　GB/T 893　50

孔径 d_1	挡圈 d_3	s	$b \approx$	d_5	沟槽(推荐) d_2 基本尺寸	d_2 极限偏差	m H13	n min	d_4
8	8.7	0.8	1.1	1	8.4	+0.09 / 0	0.9		2.0
9	9.8		1.3		9.4			0.6	2.7
10	10.8		1.4	1.2	10.4				3.3
11	11.8		1.5		11.4				4.1
12	13		1.7	1.15	12.5	+0.11 / 0		0.8	4.9
13	14.1		1.8		13.6				5.4
14	15.1		1.9		14.6		0.9		6.2
15	16.2		2.0	1.7	15.7			1.1	7.2
16	17.3	1	2.0		16.8		1.1	1.2	8.0
17	18.3		2.1		17.8				8.8
18	19.5		2.2		19				9.4
19	20.5		2.2		20	+0.13 / 0		1.5	10.4
20	21.5		2.3		21				11.2
21	22.5		2.4		22				12.2
22	23.5		2.5		23				13.2
24	25.9		2.6	2.0	25.2			1.8	14.8
25	26.9		2.7		26.2	+0.21 / 0			15.5
26	27.9		2.8		27.2				16.1
28	30.1	1.2	2.9		29.4		1.3	2.1	17.9
30	32.1		3.0		31.4				19.9
31	33.4		3.2		32.7			2.6	20.0
32	34.4		3.2		33.7				20.6
34	36.5		3.3		35.7				22.6
35	37.8		3.4		37		3		23.6
36	38.8	1.5	3.5	2.5	38	+0.25 / 0	1.6		24.6
37	39.8		3.6		39				25.4
38	40.8		3.7		40				26.4
40	43.5		3.9		42.5			3.8	27.8
42	45.5		4.1		44.5				29.6
45	48.5	1.75	4.3		47.5		1.85		32.0
47	50.5		4.4		49.5				33.5
48	51.5	1.75	4.5		50.5		1.85	3.8	34.5
50	54.2		4.6		53				36.3
52	56.2		4.7		55				37.9
55	59.2		5.0		58				40.7
56	60.2	2	5.1	2.5	59		2.15		41.7
58	62.2		5.2		61				43.5
60	64.2		5.4		63	+0.30 / 0			44.7
62	66.2		5.5		65			4.5	46.7
63	67.2		5.6		66				47.7
65	69.2		5.8		68				49
68	72.5		6.1		71				51.6
70	74.5		6.2		73				53.6
72	76.5	2.5	6.4		75		2.65		55.6
75	79.5		6.6		78				58.6
78	82.5		6.6	3.0	81				60.1
80	85.5		6.8		83.5				62.1
82	87.5		7.0		85.5				64.1
85	90.5		7.0		88.5				66.9
88	93.5		7.2		91.5	+0.35 / 0			69.9
90	95.5		7.6		93.5			5.3	71.9
92	97.5	3	7.8		95.5		3.15		73.7
95	100.5		8.1		98.5				76.5
98	103.5		8.3		101.5				79
100	105.5		8.4		103.5				80.6
102	108		8.5	3.5	106				82.0
105	112		8.7		109				85.0
108	115		8.9		112	+0.54 / 0			88.0
110	117	4	9.0		114		4.15	6	88.2
112	119		9.1		116				90.0
115	122		9.3		119				93.0
120	127		9.7		124	+0.63			96.9

注：尺寸 m 的极限偏差：当 $d_1 \leqslant 100$ 时为 $^{+0.14}_{0}$；当 $d_1 > 100$ 时为 $^{+0.18}_{0}$。

11.5　螺纹零件的结构要素（见表 11-23 ~表 11-28）

表 11-23　普通螺纹收尾、肩距、退刀槽和倒角（GB/T 3—1997 摘录）（单位：mm）

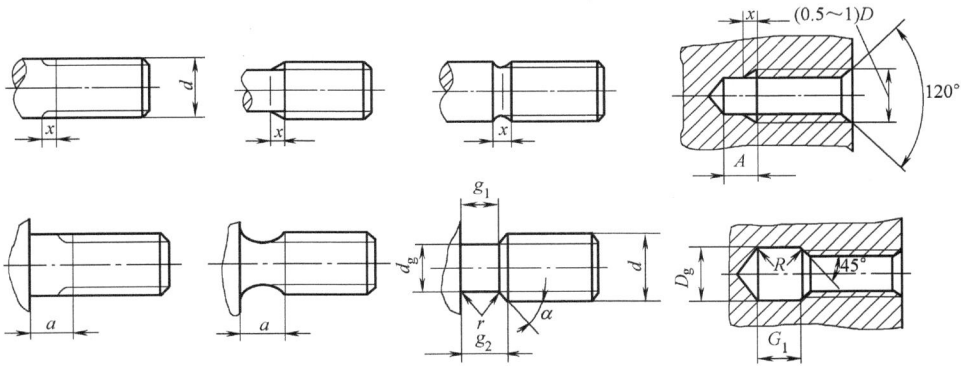

外螺纹										内螺纹							
螺距 P	收尾 x (max)		肩距 a (max)			退刀槽				螺距 P	收尾 x (max)		肩距 A		退刀槽			
	一般	短的	一般	长的	短的	g_2 max	g_1 min	r ≈	d_g		一般	短的	一般	长的	G_1 一般	G_1 窄的	R	D_g
0.5	1.25	0.7	1.5	2	1	1.5	0.8	0.2	d−0.8	0.5	2	1	3	4	2	1	0.2	
0.7	1.75	0.9	2.1	2.8	1.4	2.1	1.1	0.4	d−1.1	0.7	2.8	1.4	3.5	5.6	2.8	1.4	0.4	d+0.3
0.8	2	1	2.4	3.2	1.6	2.4	1.3		d−1.3	0.8	3.2	1.6	4	6.4	3.2	1.6		
1	2.5	1.25	3	4	2	3	1.6	0.6	d−1.6	1	4	2	5	8	4	2	0.5	
1.25	3.2	1.6	4	5	2.5	3.75	2		d−2	1.25	5	2.5	6	10	5	2.5	0.6	
1.5	3.8	1.9	4.5	6	3	4.5	2.5	0.8	d−2.3	1.5	6	3	7	12	6	3	0.8	
1.75	4.3	2.2	5.3	7	3.5	5.25	3	1	d−2.6	1.75	7	3.5	9	14	7	3.5	0.9	
2	5	2.5	6	8	4	6	3.4		d−3	2	8	4	10	16	8	4	1	
2.5	6.3	3.2	7.5	10	5	7.5	4.4	1.2	d−3.6	2.5	10	5	12	18	10	5	1.2	d+0.5
3	7.5	3.8	9	12	6	9	5.2	1.6	d−4.4	3	12	6	14	22	12	6	1.5	
3.5	9	4.5	10.5	14	7	10.5	6.2		d−5	3.5	14	7	16	24	14	7	1.8	
4	10	5	12	16	8	12	7	2	d−5.7	4	16	8	18	26	16	8	2	
4.5	11	5.5	13.5	18	9	13.5	8	2.5	d−6.4	4.5	18	9	21	29	18	9	2.2	
5	12.5	6.3	15	20	10	15	9		d−7	5	20	10	23	32	20	10	2.5	
5.5	14	7	16.5	22	11	17.5	11	3.2	d−7.7	5.5	22	11	25	35	22	11	2.8	
6	15	7.5	18	24	12	18	11		d−8.3	6	24	12	28	38	24	12	3	

注：1. 外螺纹始端端面的倒角一般为 45°，也可采用 60° 或 30°。当螺纹按 60° 或 30° 倒角时，倒角深度应大于或等于螺纹牙型高度。

　　2. 应优先选用"一般"长度的收尾和肩距；"短"收尾和"短"肩距仅用于结构受限制的螺纹件。

表 11-24 单头梯形螺纹的退刀槽和倒角 （单位：mm）

外螺纹　　　　　　　　　　内螺纹

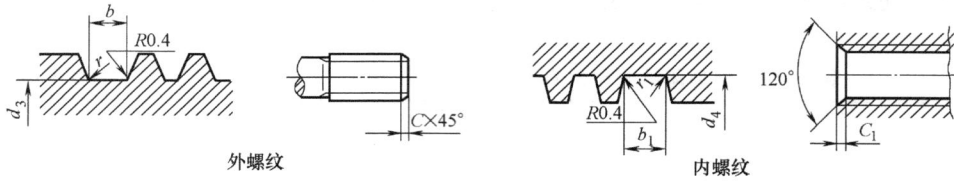

P	b=b₁	d₃	d₄	r=r₁	C=C₁	P	b=b₁	d₃	d₄	r=r₁	C=C₁
2	2.5	d-3	d+1	1	1.5	6	7.5	d-7.8	d+1.8	2	3.5
3	4	d-4			2	8	10	d-9.8		2.5	4.5
4	5	d-5.1	d+1.1	1.5	2.5	10	12.5	d-12	d+2	3	5.5
5	6.5	d-6.6	d+1.6		3	12	15	d-14			6.5

表 11-25 螺栓和螺钉通孔及沉孔尺寸 （单位：mm）

螺纹规格	螺栓和螺钉通孔直径 dₕ			沉头螺钉及半沉头螺钉的沉孔				内六角圆柱头螺钉的圆柱头沉孔				六角头螺栓和六角螺母的沉孔			
d	精装配	中等装配	粗装配	d₂	t≈	d₁	α	d₂	t	d₃	d₁	d₂	d₃	d₁	t
M3	3.2	3.4	3.6	6.4	1.6	3.4		6.0	3.4		3.4	9		3.4	
M4	4.3	4.5	4.8	9.6	2.7	4.5		8.0	4.6		4.5	10		4.5	
M5	5.3	5.5	5.8	10.6	2.7	5.5		10.0	5.7	—	5.5	11	—	5.5	
M6	6.4	6.6	7	12.8	3.3	6.6		11.0	6.8		6.6	13		6.6	
M8	8.4	9	10	17.6	4.6	9		15.0	9.0		9.0	18		9.0	
M10	10.5	11	12	20.3	5.0	11		18.0	11.0		11.0	22		11.0	只要能制出与通孔轴线垂直的圆平面即可
M12	13	13.5	14.5	24.4	6.0	13.5		20.0	13.0	16	13.5	26	16	13.5	
M14	15	15.5	16.5	28.4	7.0	15.5	90°₋₄°⁻²°	24.0	15.0	18	15.5	30	18	13.5	
M16	17	17.5	18.5	32.4	8.0	17.5		26.0	17.5	20	17.5	33	20	17.5	
M18	19	20	21	—	—	—		—	—	—	—	36	22	20.0	
M20	21	22	24	40.4	10.0	22		33.0	21.5	24	22.0	40	24	22.0	
M22	23	24	26					—				43	26	24	
M24	25	26	28					40.0	25.5	28	26.0	48	28	26	
M27	28	30	32	—	—	—		—				53	33	30	
M30	31	33	35					48.0	32.0	36	33.0	61	36	33	
M36	37	39	42					57.0	38.0	42	39.0	71	42	39	

表 11-26　轴上固定螺钉用孔（JB/ZQ 4251—2006）　　　（单位：mm）

d	3	4	6	8	10	12	16	20	24
d_1			4.5	6	7	9	12	15	18
c_1			4	5	6	7	8	10	12
c_2	1.5	2	3	3	3.5	4	5	6	
$h_1 \geqslant$			4	5	6	7	8	10	12
h_2	1.5	2	3	3	3.5	4	5	6	

注：1. 工作图上除 c_1、c_2 外，其他尺寸应全部注出。
2. d 为螺纹规格。

表 11-27　普通粗牙螺纹的余留长度、钻孔余留深度　　　（单位：mm）

螺纹直径 d	余留长度			末端长度 a
	内螺纹 l_1	外螺纹 l	钻孔 l_2	
5	1.5	2.5	6	2~3
6	2	3.5	7	2.5~4
8	2.5	4	9	
10	3	4.5	10	3.5~5
12	3.5	5.5	13	
14, 16	4	6	14	4.5~6.5
18, 20, 22	5	7	17	
24、27	6	8	20	5.5~8
30	7	10	23	
36	8	11	26	7~11
42	9	12	30	
48	10	13	33	10~15
56	11	16	36	

拧入深度 L 由设计者决定；
钻孔深度 $L_2 = L + l_2$；螺孔深度 $L_1 = L + l_1$

表 11-28　扳手空间　　　　　　　　　　（单位：mm）

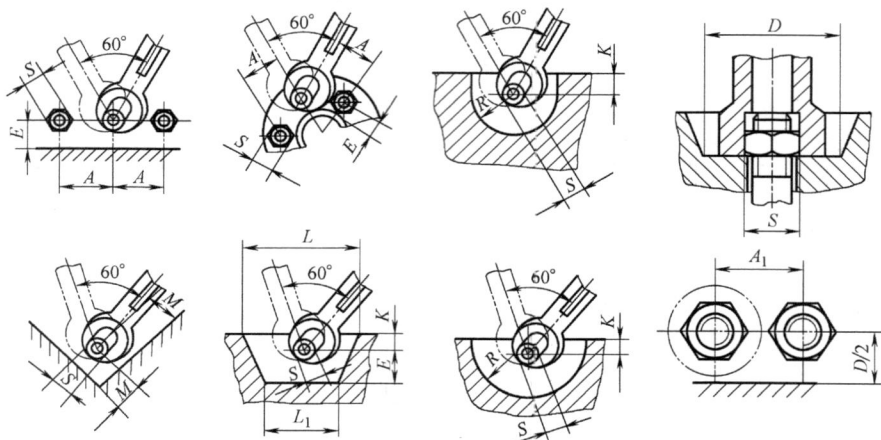

螺纹直径 d	S	A	A₁	E = K	M	L	L₁	R	D
6	10	26	18	8	15	46	38	20	24
7	11	28	20	10	16	50	40	22	25
8	13	32	24	11	18	55	44	25	28
10	16	38	28	13	22	62	50	30	30
12	18	42	—	14	24	70	55	32	—
14	21	48	36	15	26	70	65	36	40
16	24	55	38	16	30	85	70	42	—
18	27	62	45	19	32	95	75	46	52
20	30	68	48	20	35	105	85	50	56
22	34	76	55	24	40	120	95	58	60
24	36	80	58	24	42	125	100	60	70
27	41	90	65	26	46	135	110	65	76
30	46	100	72	30	50	155	125	75	82
33	50	108	76	32	55	165	130	80	88
36	55	118	85	36	60	180	145	88	95
39	60	125	90	38	65	190	155	92	100
42	65	135	96	42	70	205	165	100	106
45	70	145	105	45	75	220	175	105	112
48	75	160	115	48	80	235	185	115	126
52	80	170	120	48	84	245	195	125	132
56	85	180	126	52	90	260	205	130	138

11.6 键、花键（见表11-29～表11-31）

表 11-29 平键连接的剖面和键槽尺寸（GB/T 1095—2003 摘录）

普通平键的形式和尺寸（GB/T 1096—2003 摘录） （单位：mm）

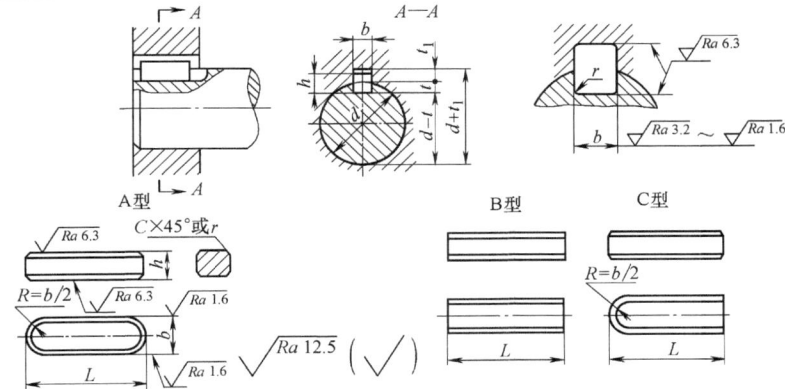

标记示例：$b=16$，$h=10$，$L=100$ 的普通平键（A型）：

GB/T 1096 键 16×10×100

$b=16$，$h=10$，$L=100$ 的平头普通平键（B型）：

GB/T 1096 键 B16×10×100

$b=16$，$h=10$，$L=100$ 的单圆头普通平键（C型）：

GB/T 1096 键 C16×10×100

公称直径 d	公称尺寸 $b×h$	键槽										
		宽度 b					深度				半径 r	
		公称尺寸 b	极限偏差				轴 t_1		毂 t_2			
			松连接		正常连接		紧密连接					
			轴 H9	毂 D10	轴 N9	毂 JS9	轴和毂 P9	公称尺寸	极限偏差	公称尺寸	极限偏差	最小	最大
自 6~8	2×2	2	+0.025 0	+0.060 +0.020	−0.004 −0.029	±0.0125	−0.006 −0.031	1.2	+0.1 0	1	+0.1 0	0.08	0.16
>8~10	3×3	3						1.8		1.4			
>10~12	4×4	4	+0.030 0	+0.078 +0.030	0 −0.030	±0.015	−0.012 −0.042	2.5		1.8		0.16	0.25
>12~17	5×5	5						3.0		2.3			
>17~22	6×6	6						3.5		2.8			
>22~30	8×7	8	−0.036 0	+0.098 +0.040	0 −0.036	±0.018	−0.015 −0.051	4.0		3.3			
>30~38	10×8	10						5.0		3.3			
>38~44	12×8	12	+0.043 0	+0.120 +0.050	0 −0.043	±0.0215	−0.018 −0.061	5.0		3.3	+0.2 0	0.25	0.40
>44~50	14×9	14						5.5	+0.2 0	3.8			
>50~58	16×10	16						6.0		4.3			
>58~65	18×11	18						7.0		4.4			
>65~75	20×12	20	+0.052 0	+0.149 +0.065	0 −0.052	±0.026	−0.022 −0.074	7.5		4.9		0.40	0.60
>75~85	22×14	22						9.0		5.4			
>85~95	25×14	25						9.0		5.4			
>95~110	28×16	28						10.0		6.4			

键的长度系列	6，8，10，12，14，16，18，20，22，25，28，32，36，40，45，50，56，63，70，80，90，100，110，125，140，160，180，200，220，250，280，320，360

注：1. 在工作图中，轴槽深用 t 或 $(d-t)$ 标注，轮毂槽深用 $(d+t_1)$ 标注。

2. $(d-t)$ 和 $(d+t_1)$ 两组组合尺寸的极限偏差按相应的 t 和 t_1 极限偏差选取，但 $(d-t)$ 极限偏差值应取负号。

3. 键尺寸的极限偏差 b 为 h8，h 为 h11，L 为 h14。

4. 键材料的抗拉强度应不小于 590MPa。

表 11-30　导向平键的形式和尺寸（GB/T 1097—2003 摘录）　　　（单位：mm）

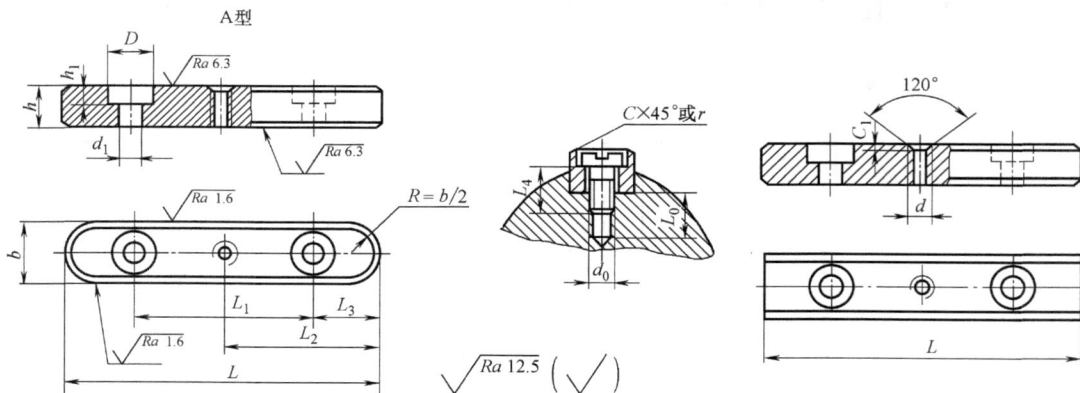

A型

$R = b/2$

$C×45°$或r

120°

$\sqrt{Ra\,12.5}$ $\left(\sqrt{}\right)$

标记示例：

$b = 16$，$h = 10$，$L = 100$ 的 A 型导向平键（圆头）：

GB/T 1097　键　16×100

$b = 16$，$h = 10$，$L = 100$ 的 B 型导向平键（平头）：

GB/T 1097　键　B16×100

b	8	10	12	14	16	18	20	22	25	28	32
h	7	8	8	9	10	11	12	14	14	16	18
C 或 r	0.25~0.4	0.40~0.60					0.60~0.80				
h_1	2.4		3	3.5		4.5			6		7
d	M3		M4	M5		M6			M8		M10
d_1	3.4		4.5	5.5		6.6			9		11
D	6		8.5	10		12			15		18
C_1	0.3			0.5							
L_0	7		8	10			12		15		18
螺钉 $(d_0×L_4)$	M3×8	M3×10	M4×10	M5×10		M6×12		M6×16	M8×16		M10×20
L	25~90	25~110	28~140	36~160	45~180	50~200	56~220	63~250	70~280	80~320	90~360

L，L_1，L_2，L_3 对应长度系列

L	25	28	32	36	40	45	50	56	63	70	80	90	100	110	125	140	160	180	200	220	250	280	320	360
L_1	13	14	16	18	20	23	26	30	35	40	48	54	60	66	75	80	90	100	110	120	140	160	180	200
L_2	12.5	14	16	18	20	22.5	25	28	31.5	35	40	45	50	55	62	70	80	90	100	110	125	140	160	180
L_3	6	7	8	9	10	11	12	13	14	15	16	18	20	22	25	30	35	40	45	50	55	60	70	80

注：1. 固定用螺钉应符合规定；

2. 键的截面尺寸（b×h）的选取及键槽尺寸见表 4-1；

3. 导向平键常用材料为 45 钢。

表 11-31　矩形花键尺寸、公差（GB/T 1144—2001 摘录）　　　（单位：mm）

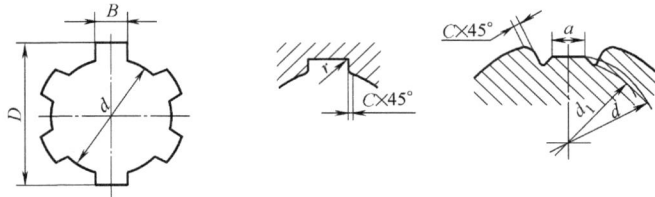

标记示例：

花键 $N=6$，$d=23\frac{H7}{f7}$，$D=26\frac{H10}{a11}$，$B=6\frac{H11}{d10}$；　　花键副 $6\times23\frac{H7}{f7}\times26\frac{H10}{a11}\times6\frac{H11}{d10}$　GB/T 1144

内花键 6×23H7×26H10×6H11　GB/T 1144；　　外花键 6×23f7×26a11×6d10　GB/T 1144

小径	轻　系　列					中　系　列				
d	规格 $N\times d\times D\times B$	C	r	参考		规格 $N\times d\times D\times B$	C	r	参考	
				d_{1min}	a_{min}				d_{1min}	a_{min}
18	—	—	—	—	—	6×18×22×5	0.3	0.2	16.6	1.0
21						6×21×25×5			19.5	2.0
23	6×23×26×6	0.2	0.1	22	3.5	6×23×28×6			21.2	1.2
26	6×26×30×6			24.5	3.8	6×26×32×6			23.6	1.2
28	6×28×32×7			26.6	4.0	6×28×34×7			25.3	1.4
32	8×32×36×6	0.3	0.2	30.3	2.7	8×32×38×6	0.4	0.3	29.4	1.0
36	8×36×40×7			34.4	3.5	8×36×42×7			33.4	1.0
42	8×42×46×8			40.5	5.0	8×42×48×8			39.4	2.5
46	8×46×50×9			44.6	5.7	8×46×54×9			42.6	1.4
52	8×52×58×10			49.6	4.8	8×52×60×10	0.5	0.4	48.6	2.5
56	8×56×62×10			53.5	6.5	8×56×65×10			52.0	2.5
62	8×62×68×12	0.4	0.3	59.7	7.3	8×62×72×12			57.7	2.4
72	10×72×78×12			69.6	5.4	10×72×82×12	0.6	0.5	67.4	1.0
82	10×82×88×12			79.3	8.5	10×82×92×12			77.0	2.9
92	10×92×98×14			89.6	9.9	10×92×102×14			87.3	4.5
102	10×102×108×16			99.6	11.3	10×102×112×16			97.7	6.2

内、外花键的尺寸公差

内　花　键				外　花　键			装配形式
d	D	B		d	D	B	
		拉削后不进行热处理	拉削后热处理				
一　般　用　公　差　带							
H7	H10	H9	H11	f7	a11	d10	滑动
				g7		f9	紧滑动
				h7		h10	固定
精　密　传　动　用　公　差　带							
H5	H10	H7、H9		f5	a11	d8	滑动
				g5		f7	紧滑动
				h5		h8	固定
H6				f6		d8	滑动
				g6		f7	紧滑动
				h6		d8	固定

注：1. N—键数、D—大径、B—键宽，d_1 和 a 值仅适用于展成法加工。
2. 精密传动用的内花键，当需要控制键侧配合间隙时，槽宽可选用 H7，一般情况下可选用 H9。
3. d 为 H6 和 H7 的内花键，允许与提高一级的外花键配合。

11.7　销（见表 11-32 ~ 表 11-36）

表 11-32　圆柱销（GB/T 119.1—2000 摘录）、**圆锥销**（GB/T 117—2000 摘录）

（单位：mm）

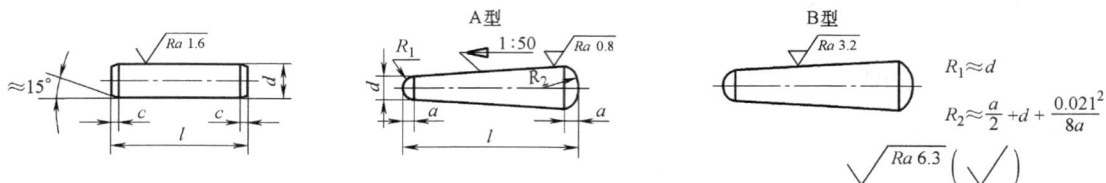

公差 m6：表面粗糙度 $Ra \leqslant 0.8 \ \mu m$

公差 h8：表面粗糙度 $Ra \leqslant 1.6 \ \mu m$

标记示例：

公称直径 $d=6$，公差为 m6，公称长度 $l=30$，材料为钢，不经淬火、不经表面处理的圆柱销：

销　GB/T 119.1　6　m6×30

公称直径 $d=6$，公称长度 $l=30$，材料为 35 钢，热处理硬度 28~38 HRC，表面氧化处理的 A 型圆锥销：

销　GB/T 117　6×30

	公称直径 d		3	4	5	6	8	10	12	16	20	25
圆柱销	d h8 或 m6		3	4	5	6	8	10	12	16	20	25
	$c \approx$		0.5	0.63	0.8	1.2	1.6	2.0	2.5	3.0	3.5	4.0
	l（公称）		8~30	8~40	10~50	12~60	14~80	18~95	22~140	26~180	35~200	50~200
圆锥销	d h10	min	2.96	3.95	4.95	5.95	7.94	9.94	11.93	15.93	19.92	24.92
		max	3	4	5	6	8	10	12	16	20	25
	$a \approx$		0.4	0.5	0.63	0.8	1.0	1.2	1.6	2.0	2.5	3.0
	l（公称）		12~45	14~55	18~60	22~90	22~120	26~160	32~180	40~200	45~200	50~200
	l（公称）的系列		12~32（2 进位），35~100（5 进位），100~200（20 进位）									

表 11-33　螺尾锥销（GB/T 881—2000 摘录）　　　　（单位：mm）

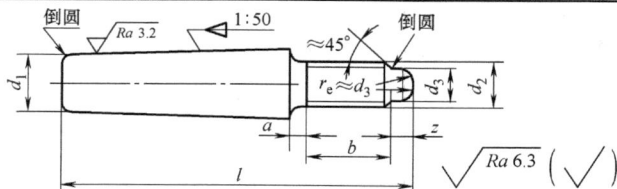

标记示例：

公称直径 $d_1=6$，公称长度 $l=50$，材料为钢，不经热处理、不经表面处理的螺尾锥销：

销　GB/T 881　6×50

d_1 h10	公称	5	6	8	10	12	16	20	25	30	40	50
	min	4.952	5.952	7.942	9.942	11.930	15.930	19.916	24.916	29.916	39.90	49.90
	max	5	6	8	10	12	16	20	25	30	40	50
a	max	2.4	3	4	4.5	5.3	6	6	7.5	9	10.5	12

（续）

b	max	15.6	20	24.5	27	30.5	39	39	45	52	65	78
	min	14	18	22	24	27	35	35	40	46	58	70
d_2		M5	M6	M8	M10	M12	M16	M16	M20	M24	M30	M36
d_3	max	3.5	4	5.5	7	8.5	12	12	15	18	23	28
	min	3.25	3.7	5.2	6.6	8.1	11.5	11.5	14.5	17.5	22.5	27.5
z	max	1.5	1.75	2.25	2.75	3.25	4.3	4.3	5.3	6.3	7.5	9.4
	min	1.25	1.5	2	2.5	3	4	4	5	6	7	9
l	公 称	40~50	45~60	55~75	65~100	85~120	100~160	120~190	140~250	160~280	190~320	220~400
l 的系列		40~75(5 进位)，85，100，120，140，160，190，220，280，320，360，400										

表 11-34 内螺纹圆柱销（GB/T 120.1—2000 摘录）、内螺纹圆锥销（GB/T 118—2000 摘录）

（单位：mm）

A 型

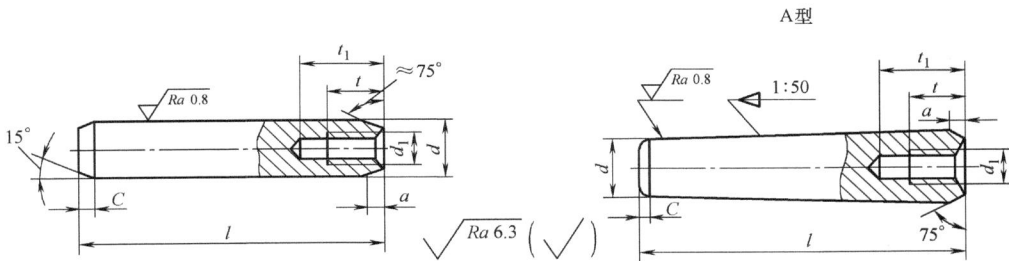

标记示例：

公称直径 $d=6$，公差为 m6，公称长度 $l=30$，材料为钢，不经淬火、不经表面处理的内螺纹圆柱销：

销 GB/T 120.1 6×30

公称直径 $d=10$，公称长度 $l=60$，材料为 35 钢，热处理硬度 28~38HRC，表面氧化处理的 A 型内螺纹圆锥销：

销 GB/T 118 10×60

B 型

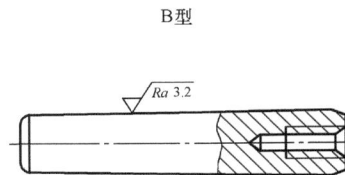

公称直径 d			6	8	10	12	16	20	25	30	40	50
$a \approx$			0.8	1	1.2	1.6	2	2.5	3	4	5	6.3
内螺纹圆柱销	d m6	min	6.004	8.006	10.006	12.007	16.007	20.008	25.008	30.008	40.009	50.009
		max	6.012	8.015	10.015	12.018	16.018	20.021	25.021	30.021	40.025	50.025
	$c \approx$		1.2	1.6	2	2.5	3	3.5	4	5	6.3	8
	d_1		M4	M5	M6	M6	M8	M10	M16	M20	M20	M24
	t	min	6	8	10	12	16	18	24	30	30	36
	t_1		10	12	16	20	25	28	35	40	40	50
	l（公称）		16~60	18~80	22~100	26~120	32~160	40~200	50~200	60~200	80~200	100~200

（续）

内螺纹圆锥销	d h10	min	5.952	7.942	9.942	11.93	15.93	19.916	24.916	29.916	39.9	49.9
		max	6	8	10	12	16	20	25	30	40	50
	d_1		M4	M5	M6	M8	M10	M12	M16	M20	M20	M24
	t		6	8	10	12	16	18	24	30	30	36
	t_1	min	10	12	16	20	25	28	35	40	40	50
	$C \approx$		0.8	1	1.2	1.6	2	2.5	3	4	5	6.3
	l(公称)		16~60	18~80	22~100	26~120	32~160	45~200	50~200	60~200	80~200	120~200
	l(公称)的系列		16~32(2进位)，35~100(5进位)，100~200(20进位)									

表 11-35　开口销（GB/T 91—2000 摘录）　　　　　　　（单位：mm）

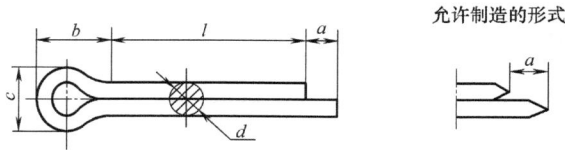

允许制造的形式

标记示例：

公称直径 d＝5，长度 l＝50，材料为低碳钢，不经表面处理的开口销：

销　GB/T 91　5×50

公称直径 d		0.6	0.8	1	1.2	1.6	2	2.5	3.2	4	5	6.3	8	10	13
a	max	1.6				2.5			3.2		4			6.3	
c	max	1	1.4	1.8	2	2.8	3.6	4.6	5.8	7.4	9.2	11.8	15	19	24.8
	min	0.9	1.2	1.6	1.7	2.4	3.2	4	5.1	6.5	8	10.3	13.1	16.6	21.7
$b \approx$		2	2.4	3	3	3.2	4	5	6.4	8	10	12.6	16	20	26
l(公称)		4~12	5~16	6~20	8~25	8~32	10~40	12~50	14~63	18~80	22~100	32~125	40~160	45~200	71~250
l(公称)的系列		4，5，6~22(2进位)，25，28，32，36，40，45，50，56，63，71，80，90，100，112，125，140，160，180，200，224，250													

注：销孔的公称直径等于销的公称直径 d。

表 11-36　销轴（GB/T 882—2008 摘录）、无头销轴（GB/T 880—2008 摘录）

（单位：mm）

GB/T 882—2008

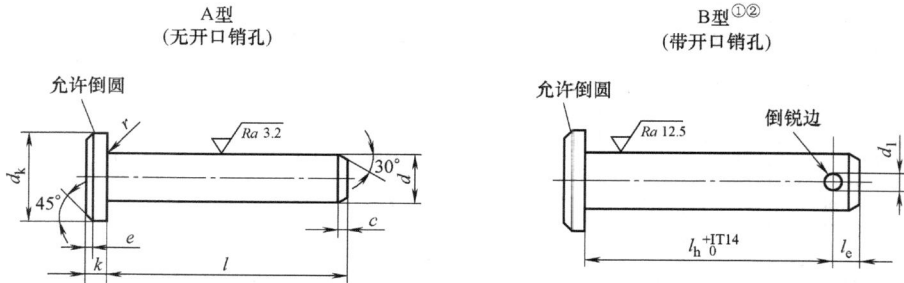

A型
（无开口销孔）

B型[①②]
（带开口销孔）

（续）

GB/T 880—2008

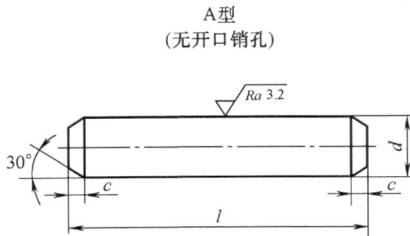

A型
（无开口销孔）

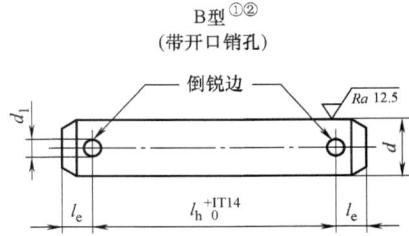

B型①②
（带开口销孔）

倒锐边　　　Ra 12.5

Ra 3.2　30°　c　l　c　d

d_1　l_e　$l_h^{+IT14}_{\ 0}$　l_e　d

注：用于铁路和开口销承受交变横向力的场合时，推荐采用表中规定的下一档较大的开口销及相应的孔径。

①其余尺寸、角度和表面粗糙度值见 A 型；

②某些情况下，不能按 $l-l_e$ 计算 l_h 尺寸，所需要的尺寸应在标记中注明，但不允许 l_h 尺寸小于表中规定的数值。

d	h11	3	4	5	6	8	10	12	14	16	18	20	22	24	27	30	33	36	40	45	50	55	60	70	80	90	100
d_1	h13	0.8	1	1.2	1.6	2	3.2	3.2	4	4	4	5	5	6.3	6.3	8	8	8	8	10	10	10	10	13	13	13	13
c	max	1	1	2	2	2	3	3	3	4	4	4	4	4	4	4	4	4	6	6	6	6	6	6	6	6	6
GB/T 882　d_k		5	6	8	10	14	18	20	22	25	28	30	33	36	40	44	47	50	55	60	66	72	78	90	100	110	120
k		1	1	1.6	2	3	4	4	4	4.5	4.5	5	5	5.5	6	6	8	8	8	9	11	12	13	13	13	13	13
r		0.6	0.6	0.6	0.6	0.6	0.6	0.6	0.6	0.6	0.6	1	1	1	1	1	1	1	1	1	1	1	1	1	1	1	1
e		0.5	0.5	1	1	1	1.6	1.6	1.6	2	2	2	2	2	2	2	2	2	3	3	3	3	3	3	3	3	3
l_e	min	1.6	2.2	2.9	3.2	3.5	4.5	5.5	6	6	7	8	8	9	9	10	10	10	12	12	14	14	16	16	16	16	16
l		6~30	8~40	10~50	12~60	16~80	20~100	24~120	28~140	32~160	35~180	40~200	45~200	50~200	55~200	60~200	65~200	70~200	80~200	90~200	100~200	120~200	120~200	140~200	160~200	180~200	200

注：长度 l 系列为 6~32（2 进位），35~100（5 进位），120~200（20 进位）。

第12章 滚 动 轴 承

12.1 常用滚动轴承（见表 12-1～表 12-6）

表 12-1 深沟球轴承（GB/T 276—2013 摘录）

外形尺寸　　安装尺寸　　特征画法　规定画法

标记示例：
滚动轴承　6210　GB/T 276—2013

F_a/C_{0r}	e	Y	径向当量动载荷	径向当量静载荷
0.014	0.19	2.30		
0.028	0.22	1.99	当 $\dfrac{F_a}{F_r} \le e$ 时，$P_r = F_r$	
0.056	0.26	1.71		
0.084	0.28	1.55		$P_{0r} = F_r$
0.11	0.30	1.45		$P_{0r} = 0.6F_r + 0.5F_a$
0.17	0.34	1.31		取上列两式计算结果的大值
0.28	0.38	1.15	当 $\dfrac{F_a}{F_r} > e$ 时，$P_r = 0.56F_r + YF_a$	
0.42	0.42	1.04		
0.56	0.44	1.00		

轴承代号	基本尺寸/mm				安装尺寸/mm			基本额定动载荷 C_r/kN	基本额定静载荷 C_{0r}/kN	极限转速/(r·min⁻¹)		原轴承代号
	d	D	B	r_s min	d_a min	D_a max	r_{as} max			脂润滑	油润滑	
(1) 0尺寸系列												
6000	10	26	8	0.3	12.4	23.6	0.3	4.58	1.98	20000	28000	100
6001	12	28	8	0.3	14.4	25.6	0.3	5.10	2.38	19000	26000	101
6002	15	32	9	0.3	17.4	29.6	0.3	5.58	2.85	18000	24000	102
6003	17	35	10	0.3	19.4	32.6	0.3	6.00	3.25	17000	22000	103
6004	20	42	12	0.6	25	37	0.6	9.38	5.02	15000	19000	104
6005	25	47	12	0.6	30	42	0.6	10.0	5.85	13000	17000	105
6006	30	55	13	1	36	49	1	13.2	8.30	10000	14000	106
6007	35	62	14	1	41	56	1	16.2	10.5	9000	12000	107
6008	40	68	15	1	46	62	1	17.0	11.8	8500	11000	108
6009	45	75	16	1	51	69	1	21.0	14.8	8000	10000	108
6010	50	80	16	1	56	74	1	22.0	16.2	7000	9000	110
6011	55	90	18	1.1	62	83	1	30.2	21.8	6300	8000	111
6012	60	95	18	1.1	67	88	1	31.5	24.2	6000	7500	112
6013	65	100	18	1.1	72	93	1	32.0	24.8	5600	7000	113
6014	70	110	20	1.1	77	103	1	38.5	30.5	5300	6700	114
6015	75	115	20	1.1	82	108	1	40.2	33.2	5000	6300	115
6016	80	125	22	1.1	87	118	1	47.5	39.8	4800	6000	116
6017	85	130	22	1.1	92	123	1	50.8	42.8	4500	5600	117
6018	90	140	24	1.5	99	131	1.5	58.0	49.8	4300	5300	118
6019	95	145	24	1.5	104	136	1.5	57.2	50.0	4000	5000	119
6020	100	150	24	1.5	109	141	1.5	64.5	56.2	3800	4800	120

（续）

轴承代号	基本尺寸/mm				安装尺寸/mm			基本额定动载荷 C_r/kN	基本额定静载荷 C_{0r}/kN	极限转速 /r·min^{-1}		原轴承代号
	d	D	B	r_s min	d_a min	D_a max	r_{as} max			脂润滑	油润滑	
（0）2 尺寸系列												
6200	10	30	9	0.6	15	25	0.6	5.10	2.38	19000	26000	200
6201	12	32	10	0.6	17	27	0.6	6.82	3.05	18000	24000	201
6202	15	35	11	0.6	20	30	0.6	7.65	3.72	17000	22000	202
6203	17	40	12	0.6	22	35	0.6	9.58	4.78	16000	20000	203
6204	20	47	14	1	26	41	1	12.8	6.65	14000	18000	204
6205	25	52	15	1	31	46	1	14.0	7.88	12000	16000	205
6206	30	62	16	1	36	56	1	19.5	11.5	9500	13000	206
6207	35	72	17	1.1	42	65	1	25.5	15.2	8500	11000	207
6208	40	80	18	1.1	47	73	1	29.5	18.0	8000	10000	208
6209	45	85	19	1.1	52	78	1	31.5	20.5	7000	9000	209
6210	50	90	20	1.1	57	83	1	35.0	23.2	6700	8500	210
6211	55	100	21	1.5	64	91	1.5	43.2	29.2	6000	7500	211
6212	60	110	22	1.5	69	101	1.5	47.8	32.8	5600	7000	212
6213	65	120	23	1.5	74	111	1.5	57.2	40.0	5000	6300	213
6214	70	125	24	1.5	79	116	1.5	60.8	45.0	4800	6000	214
6215	75	130	25	1.5	84	121	1.5	66.0	49.5	4500	5600	215
6216	80	140	26	2	90	130	2	71.5	54.2	4300	5300	216
6217	85	150	28	2	95	140	2	83.2	63.8	4000	5000	217
6218	90	160	30	2	100	150	2	95.8	71.5	3800	4800	218
6219	95	170	32	2.1	107	158	2.1	110	82.8	3600	4500	219
6220	100	180	34	2.1	112	168	2.1	122	92.8	3400	4300	220
（0）3 尺寸系列												
6300	10	35	11	0.6	15	30	0.6	7.65	3.48	18000	24000	300
6301	12	37	12	1	18	31	1	9.72	5.08	17000	22000	301
6302	15	42	13	1	21	36	1	11.5	5.42	16000	20000	302
6303	17	47	14	1	23	41	1	13.5	6.58	15000	19000	303
6304	20	52	15	1.1	27	45	1	15.8	7.88	13000	17000	304
6305	25	62	17	1.1	32	55	1	22.2	11.5	10000	14000	305
6306	30	72	19	1.1	37	65	1	27.0	15.2	9000	12000	306
6307	35	80	21	1.5	44	71	1.5	33.2	19.2	8000	10000	307
6308	40	90	23	1.5	49	81	1.5	40.8	24.0	7000	9000	308
6309	45	100	25	1.5	54	91	1.5	52.8	31.8	6300	8000	309
6310	50	110	27	2	60	100	2	61.8	38.0	6000	7500	310
6311	55	120	29	2	65	110	2	71.5	44.8	5300	6700	311
6312	60	130	31	2.1	72	118	2.1	81.8	51.8	5000	6300	312
6313	65	140	33	2.1	77	128	2.1	93.8	60.5	4500	5600	313
6314	70	150	35	2.1	82	138	2.1	105	68.0	4300	5300	314
6315	75	160	37	2.1	87	148	2.1	112	76.8	4000	5000	315
6316	80	170	39	2.1	92	158	2.1	122	86.5	3800	4800	316
6317	85	180	41	3	99	166	2.5	132	96.5	3600	4500	317
6318	90	190	43	3	104	176	2.5	145	108	3400	4300	318
6319	95	200	45	3	109	186	2.5	155	122	3200	4000	319
6320	100	215	47	3	114	201	2.5	172	140	2800	3600	320
（0）4 尺寸系列												
6403	17	62	17	1.1	24	55	1	22.5	10.8	11000	15000	403
6404	20	72	19	1.1	27	65	1	31.0	15.2	9500	13000	404
6405	25	80	21	1.5	34	71	1.5	38.2	19.2	8500	11000	405
6406	30	90	23	1.5	39	81	1.5	47.5	24.5	8000	10000	406
6407	35	100	25	1.5	44	91	1.5	56.8	29.5	6700	8500	407
6408	40	110	27	2	50	100	2	65.5	37.5	6300	8000	408
6409	45	120	29	2	55	110	2	77.5	45.5	5600	7000	409
6410	50	130	31	2.1	62	118	2.1	92.2	55.2	5300	6700	410
6411	55	140	33	2.1	67	128	2.1	100	62.5	4800	6000	411
6412	60	150	35	2.1	72	138	2.1	108	70.0	4500	5600	412
6413	65	160	37	2.1	77	148	2.1	118	78.5	4300	5300	413
6414	70	180	42	3	84	166	2.5	140	99.5	3800	4800	414
6415	75	190	45	3	89	176	2.5	155	115	3600	4500	415
6416	80	200	48	3	94	186	2.5	162	125	3400	4300	416
6417	85	210	52	4	103	192	3	175	138	3200	4000	417
6418	90	225	54	4	108	207	3	192	158	2800	3600	418
6420	100	250	58	4	118	232	3	222	195	2400	3200	420

注：1. 表中 C_r 值适用于轴承为真空脱气轴承钢材料。如为普通电炉钢，C_r 值降低；如为真空重熔或电渣重熔轴承钢，C_r 值提高。

2. 表中 r_{smin} 为 r 的单向最小倒角尺寸；r_{asmax} 为 r_a 的单向最大倒角尺寸。

表 12-2　调心球轴承（GB/T 281—2013 摘录）

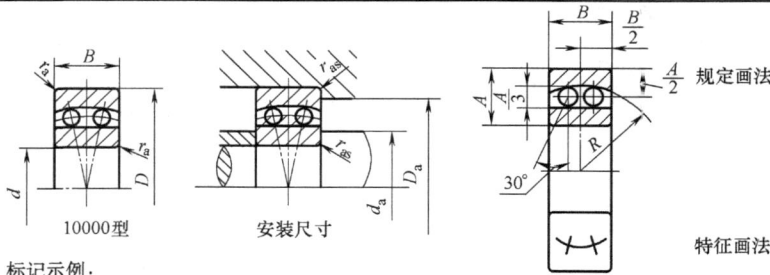

径向当量动载荷

当 $\dfrac{F_a}{F_r} \leqslant e$ 时，

$$P_r = F_r + Y_1 F_a$$

当 $\dfrac{F_a}{F_r} > e$ 时，

$$P_r = 0.65F_r + Y_2 F_a$$

径向当量静载荷

$$P_{0r} = F_r + Y_0 F_a$$

标记示例：
滚动轴承　1207 GB/T 281—2013

轴承代号	基本尺寸/mm				安装尺寸/mm			计算系数				基本额定动载荷 C_r/kN	基本额定静载荷 C_{0r}/kN	极限转速 /r·min⁻¹		原轴承代号
	d	D	B	r_s min	d_a max	D_a max	r_{as} max	e	Y_1	Y_2	Y_0			脂润滑	油润滑	
(0)2 尺寸系列																
1204	20	47	14	1	26	41	1	0.27	2.3	3.6	2.4	9.95	2.65	14000	17000	1204
1205	25	52	15	1	31	46	1	0.27	2.3	3.6	2.4	12.0	3.30	12000	14000	1205
1206	30	62	16	1	36	56	1	0.24	2.6	4.0	2.7	15.8	4.70	10000	12000	1206
1207	35	72	17	1.1	42	65	1	0.23	2.7	4.2	2.9	15.8	5.08	8500	10000	1207
1208	40	80	18	1.1	47	73	1	0.22	2.9	4.4	3.0	19.2	6.40	7500	9000	1208
1209	45	85	19	1.1	52	78	1	0.21	2.9	4.6	3.1	21.8	7.32	7100	8500	1209
1210	50	90	20	1.1	57	83	1	0.20	3.1	4.8	3.3	22.8	8.08	6300	8000	1210
1211	55	100	21	1.5	64	91	1.5	0.20	3.2	5.0	3.4	26.8	10.0	6000	7100	1211
1212	60	110	22	1.5	69	101	1.5	0.19	3.4	5.3	3.6	30.2	11.5	5300	6300	1212
1213	65	120	23	1.5	74	111	1.5	0.17	3.5	5.7	3.9	31.0	12.5	4800	6000	1213
1214	70	125	24	1.5	79	116	1.5	0.18	3.5	5.4	3.7	34.5	13.5	4800	5600	1214
1215	75	130	25	1.5	84	121	1.5	0.17	3.6	5.6	3.8	38.8	15.2	4300	5300	1215
1216	80	140	26	2	90	130	2	0.18	3.6	5.5	3.7	39.5	16.8	4000	5000	1216
(0)3 尺寸系列																
1304	20	52	15	1.1	27	45	1	0.29	2.2	3.4	2.3	12.5	3.38	12000	15000	1304
1305	25	62	17	1.1	32	55	1	0.27	2.3	3.5	2.4	17.8	5.05	10000	13000	1305
1306	30	72	19	1.1	37	65	1	0.26	2.4	3.8	2.6	21.5	6.28	8500	11000	1306
1307	35	80	21	1.5	44	71	1.5	0.25	2.6	4.0	2.7	25.0	7.95	7500	9500	1307
1308	40	90	23	1.5	49	81	1.5	0.24	2.6	4.0	2.7	29.5	9.50	6700	8500	1308
1309	45	100	25	1.5	54	91	1.5	0.25	2.5	3.9	2.6	38.0	12.8	6000	7500	1309
1310	50	110	27	2	60	100	2	0.24	2.7	4.1	2.8	43.2	14.2	5600	6700	1310
1311	55	120	29	2	65	110	2	0.23	2.7	4.2	2.8	51.5	18.2	5000	6300	1311
1312	60	130	31	2.1	72	118	2.1	0.23	2.8	4.3	2.9	57.2	20.8	4500	5600	1312
1313	65	140	33	2.1	77	128	2.1	0.23	2.8	4.3	2.9	61.8	22.8	4300	5300	1313
1314	70	150	35	2.1	82	138	2.1	0.22	2.8	4.4	2.9	74.5	27.5	4000	5000	1314
1315	75	160	37	2.1	87	148	2.1	0.22	2.8	4.4	3.0	79.0	29.8	3800	4500	1315
1316	80	170	39	2.1	92	158	2.1	0.22	2.9	4.5	3.1	88.5	32.8	3600	4300	1316
22 尺寸系列																
2204	20	47	18	1	26	41	1	0.48	1.3	2.0	1.4	12.5	3.28	14000	17000	1504
2205	25	52	18	1	31	46	1	0.41	1.5	2.3	1.5	12.5	3.40	12000	14000	1505
2206	30	62	20	1	36	56	1	0.39	1.6	2.4	1.7	15.2	4.60	10000	12000	1506
2207	35	72	23	1.1	42	65	1	0.38	1.7	2.6	1.8	21.8	6.65	8500	10000	1507
2208	40	80	23	1.1	47	73	1	0.24	1.9	2.9	2.0	22.5	7.38	7500	9000	1508
2209	45	85	23	1.1	52	78	1	0.31	2.1	3.2	2.2	23.2	8.00	7100	8500	1509
2210	50	90	23	1.1	57	83	1	0.29	2.2	3.4	2.3	23.2	8.45	6300	8000	1510
2211	55	100	25	1.5	64	91	1.5	0.28	2.3	3.5	2.4	26.8	9.95	6000	7100	1511
2212	60	110	28	1.5	69	101	1.5	0.28	2.3	3.5	2.4	34.0	12.5	5300	6300	1512
2213	65	120	31	1.5	74	111	1.5	0.28	2.3	3.5	2.4	43.5	16.2	4800	6000	1513
2213	70	125	31	1.5	79	116	1.5	0.27	2.4	3.7	2.5	44.0	17.0	4500	5600	1514

注：同表 12-1 中注。

表 12-3　圆柱滚子轴承（GB/T 283—2007 摘录）

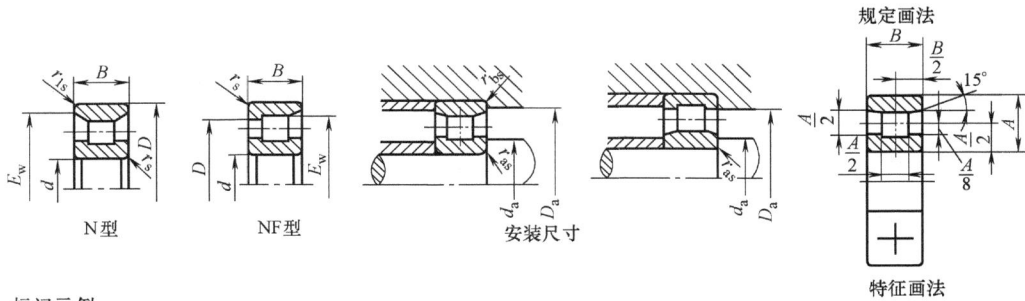

N型　　　NF型　　　安装尺寸　　　　　　　　　规定画法　特征画法

标记示例：
滚动轴承　N216E　GB/T 283—2007

	径 向 当 量 动 载 荷		径 向 当 量 静 载 荷
$P_r = F_r$	对轴向承载的轴承（NF 型 02，03 系列） 当 $0 \leqslant F_a/F_r \leqslant 0.12$ 时，　　　$P_r = F_r + 0.3F_a$ 当 $0.12 \leqslant F_a/F_r \leqslant 0.3$ 时，　　$P_r = 0.94F_r + 0.8F_a$		$P_{0r} = F_r$

轴承代号		尺寸/mm						安装尺寸/mm				基本额定动载荷 C_r/kN		基本额定静载荷 C_{0r}/kN		极限转速 /r·min⁻¹		原轴承代号	
		d	D	B	r_s	r_{1s}	E_w		d_a	D_a	r_{as}	r_{bs}	N 型	NF 型	N 型	NF 型	脂润滑	油润滑		
					min	min	N 型	NF 型	min		max									
(0)2 尺寸系列																			
N204E	NF204	20	47	14	1	0.6	41.5	40	25	42	1	0.6	25.8	12.5	24.0	11.0	12000	16000	2204E	12204
N205E	NF205	25	52	15	1	0.6	46.5	45	30	47	1	0.6	27.5	14.2	26.8	12.8	10000	14000	2205E	12205
N206E	NF206	30	62	16	1	0.6	55.5	53.5	36	56	1	0.6	36.0	19.5	35.5	18.2	8500	11000	2206E	12206
N207E	NF207	35	72	17	1.1	0.6	64	61.8	42	64	1	0.6	46.5	28.5	48.0	28.0	7500	9500	2207E	12207
N208E	NF208	40	80	18	1.1	1.1	71.5	70	47	72	1	1	51.5	37.5	53.0	38.2	7000	9000	2208E	12208
N209E	NF209	45	85	19	1.1	1.1	76.5	75	52	77	1	1	58.5	39.8	63.8	41.0	6300	8000	2209E	12209
N210E	NF210	50	90	20	1.1	1.1	81.5	80.4	57	83	1	1	61.2	43.2	69.2	48.5	6000	7500	2210E	12210
N211E	NF211	55	100	21	1.5	1.1	90	88.5	64	91	1.5	1	80.2	52.8	95.5	60.2	5300	6700	2211E	12211
N212E	NF212	60	110	22	1.5	1.5	100	97.5	69	100	1.5	1.5	89.8	62.8	102	73.5	5000	6300	2212E	12212
N213E	NF213	65	120	23	1.5	1.5	108.5	105.5	74	108	1.5	1.5	102	73.2	118	87.5	4500	5600	2213E	12213
N214E	NF214	70	125	24	1.5	1.5	113.5	110.5	79	114	1.5	1.5	112	73.2	135	87.5	4300	5300	2214E	12214
N215E	NF215	75	130	25	1.5	1.5	118.5	116.5	84	120	1.5	1.5	125	89.0	155	110	4000	5000	2215E	12215
N216E	NF216	80	140	26	2	2	127.3	125.3	90	128	2	2	132	102	165	125	3800	4800	2216E	12216
(0)3 尺寸系列																			
N304E	NF304	20	52	15	1.1	0.6	45.5	44.5	26.5	47	1	0.6	29.0	18.0	25.5	15.0	11000	15000	2304E	12304
N305E	NF305	25	62	17	1.1	1.1	54	53	31.5	55	1	1	38.5	25.2	35.8	22.5	9000	12000	2305E	12305
N306E	NF306	30	72	19	1.1	1.1	62.5	62	37	64	1	1	49.2	33.5	48.2	31.5	8000	10000	2306E	12306
N307E	NF307	35	80	21	1.5	1.1	70.2	68.2	44	71	1.5	1	62.0	41.0	63.2	39.2	7000	9000	2307E	12307
N308E	NF308	40	90	23	1.5	1.5	80	77.5	49	80	1.5	1.5	76.8	48.8	77.8	47.5	6300	8000	2308E	12308
N309E	NF309	45	100	25	1.5	1.5	88.5	86.5	54	89	1.5	1.5	93.0	66.8	98.0	66.8	5600	7000	2309E	12309
N310E	NF310	50	110	27	2	2	97	95	60	98	2	2	105	76.0	112	79.5	5300	6700	2310E	12310
N311E	NF311	55	120	29	2	2	106.5	104.5	65	107	2	2	128	97.8	138	105	4800	6000	2311E	12311
N312E	NF312	60	130	31	2.1	2.1	115	113	72	116	2.1	2.1	142	118	155	128	4500	5600	2312E	12312
N313E	NF313	65	140	33	2.1		124.5	121.5	77	125	2.1		170	125	188	135	4000	5000	2313E	12313
N314E	NF314	70	150	35	2.1		133	130	79	134	2.1		195	145	220	162	3800	4800	2314E	12314
N315E	NF315	75	160	37	2.1		143	139.5	87	143	2.1		228	165	260	188	3600	4500	2315E	12315
N316E	NF316	80	170	39	2.1		151	147	92	151	2.1		245	175	282	200	3400	4300	2316E	12316

注：1. 同表 12-1 中注 1。
　　2. 后缀带 E 为加强型圆柱滚子轴承，应优化选用。
　　3. r_{smin} 为 r 的单向最小倒角尺寸；r_{1smin} 为 r_1 的单向最小倒角尺寸。

表 12-4　角接触球轴承（GB/T 292—2007 摘录）

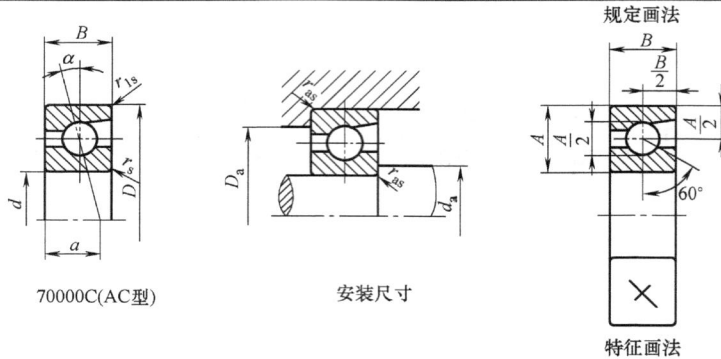

70000C(AC型)　　　　安装尺寸　　　　特征画法　规定画法

标记示例：
滚动轴承　7210C　GB/T 292—2007

iF_a/C_{0r}	e	Y	70000C 型	70000AC 型
0.015	0.38	1.47	径向当量动载荷	径向当量动载荷
0.029	0.40	1.40	当 $F_a/F_r \leqslant e$ 时，$P_r = F_r$	当 $F_a/F_r \leqslant 0.68$ 时，$P_r = F_r$
0.058	0.43	1.30	当 $F_a/F_r > e$ 时，$P_r = 0.44F_r + YF_a$	当 $F_a/F_r > 0.68$ 时，$P_r = 0.41F_r + 0.87F_a$
0.087	0.46	1.23		
0.12	0.47	1.19	径向当量静载荷	径向当量静载荷
0.17	0.50	1.12	$P_{0r} = 0.5F_r + 0.46F_a$	$P_{0r} = 0.5F_r + 0.38F_a$
0.29	0.55	1.02	$P_{0r} = F_r$	$P_{0r} = F_r$
0.44	0.56	1.00	取上列两式计算结果的大值	取上列两式计算结果的大值
0.58	0.56	1.00		

轴承代号		基本尺寸/mm			安装尺寸/mm				70000C ($\alpha = 15°$)			70000AC ($\alpha = 25°$)			极限转速 /r·min⁻¹		原轴承代号
		d	D	B	r_s min	r_{1s} min	d_a min	D_a max	r_{as}	a /mm	基本额定 动载荷 C_r/kN	基本额定 静载荷 C_{0r}/kN	a /mm	基本额定 动载荷 C_r/kN	基本额定 静载荷 C_{0r}/kN	脂润滑	油润滑	
(1) 0 尺寸系列																		
7000C	7000AC	10	26	8	0.3	0.1	12.4	23.6	0.3	6.4	4.92	2.25	8.2	4.75	2.12	19000	28000	36100　46100
7001C	7001AC	12	28	8	0.3	0.1	14.4	25.6	0.3	6.7	5.42	2.65	8.7	5.20	2.55	18000	26000	36101　46101
7002C	7002AC	15	32	9	0.3	0.1	17.4	29.6	0.3	7.6	6.25	3.42	10	5.95	3.25	17000	24000	36102　46102
7003C	7003AC	17	35	10	0.3	0.1	19.4	32.6	0.3	8.5	6.60	3.85	11.1	6.30	3.68	16000	22000	36103　46103
7004C	7004AC	20	42	12	0.6	0.3	25	37	0.6	10.2	10.5	6.08	13.2	10.0	5.78	14000	19000	36104　46104
7005C	7005AC	25	47	12	0.6	0.3	30	42	0.6	10.8	11.5	7.45	14.4	11.2	7.08	12000	17000	36105　46105
7006C	7006AC	30	55	13	1	0.3	36	49	1	12.2	15.2	10.2	16.4	14.5	9.85	9500	14000	36106　46106
7007C	7007AC	35	62	14	1	0.3	41	56	1	13.5	19.5	14.2	18.3	18.5	13.5	8500	12000	36107　46107
7008C	7008AC	40	68	15	1	0.3	46	62	1	14.7	20.0	15.2	20.1	19.0	14.5	8000	11000	36108　46108
7009C	7009AC	45	75	16	1	0.3	51	69	1	16	25.8	20.5	21.9	25.8	19.5	7500	10000	36109　46109
7010C	7010AC	50	80	16	1	0.3	56	74	1	16.7	26.5	22.0	23.2	25.2	21.0	6700	9000	36110　36110
7011C	7011AC	55	90	18	1.1	0.6	62	83	1	18.7	37.2	30.5	25.9	35.2	29.2	6000	8000	36111　46111
7012C	7012AC	60	95	18	1.1	0.6	67	88	1	19.4	38.2	32.8	27.1	36.2	31.5	5600	7500	36112　46112
7013C	7013AC	65	100	18	1.1	0.6	72	93	1	20.1	40.0	35.5	28.2	38.0	33.8	5300	7000	36113　46113
7014C	7014AC	70	110	20	1.1	0.6	77	103	1	22.1	48.2	43.5	30.9	45.8	41.5	5000	6700	36114　46114
7015C	7015AC	75	115	20	1.1	0.6	82	108	1	22.7	49.5	46.5	32.2	46.8	44.2	4800	6300	36115　46115
7016C	7016AC	80	125	22	1.1	0.6	89	116	1.5	24.7	58.5	55.8	34.9	55.5	53.2	4500	6000	36116　46116
7017C	7017AC	85	130	22	1.1	0.6	94	121	1.5	25.4	62.5	60.2	36.1	59.2	57.2	4300	5600	36117　46117
7018C	7018AC	90	140	24	1.5	0.6	99	131	1.5	27.4	71.5	69.8	38.8	67.5	66.5	4000	5300	36118　46118
7019C	7019AC	95	145	24	1.5	0.6	104	136	1.5	28.1	73.5	73.2	40	69.5	69.8	3800	5000	36119　46119
7020C	7020AC	100	150	24	1.5	0.6	109	141	1.5	28.7	79.2	78.5	41.2	75	74.8	3800	5000	36120　46120

（续）

轴承代号		基本尺寸/mm					安装尺寸/mm			70000A型 (α=15°)			70000AC型 (α=25°)			极限转速 /r·min⁻¹		原轴承代号
		d	D	B	r_s	r_{1s}	d_a	D_a	r_{as}	a /mm	基本额定 动载荷 C_r/kN	静载荷 C_{0r}/kN	a /mm	基本额定 动载荷 C_r/kN	静载荷 C_{0r}/kN	脂润滑	油润滑	
					min		min	max										
(0)2 尺寸系列																		
7200C	7200AC	10	30	9	0.6	0.3	15	25	0.6	7.2	5.82	2.95	9.2	5.58	2.82	18000	26000	36200	46200
7201C	7201AC	12	32	10	0.6	0.3	17	27	0.6	8	7.35	3.52	10.2	7.10	3.35	17000	24000	36201	46201
7202C	7202AC	15	35	11	0.6	0.3	20	30	0.6	8.9	8.68	4.62	11.4	8.35	4.40	16000	22000	36202	46202
7203C	7203AC	17	40	12	0.6	0.3	22	35	0.6	9.9	10.8	5.95	12.8	10.5	5.65	15000	20000	36203	46203
7204C	7204AC	20	47	14	1	0.3	26	41	1	11.5	14.5	8.22	14.9	14.0	7.82	13000	18000	36204	46204
7205C	7205AC	25	52	15	1	0.3	31	46	1	12.7	16.5	10.5	16.4	15.8	9.88	11000	16000	36205	46205
7206C	7206AC	30	62	16	1	0.3	36	56	1	14.2	23.0	15.0	18.7	22.0	14.2	9000	13000	36206	46206
7207C	7207AC	35	72	17	1.1	0.6	42	65	1	15.7	30.5	20.0	21	29.0	19.2	8000	11000	36207	46207
7208C	7208AC	40	80	18	1.1	0.6	47	73	1	17	36.8	25.8	23	35.2	24.5	7500	10000	36208	46208
7209C	7209AC	45	85	19	1.1	0.6	52	78	1	18.2	38.5	28.5	24.7	36.8	27.2	6700	9000	36209	46209
7210C	7210AC	50	90	20	1.1	0.6	57	83	1	19.4	42.8	32.0	26.3	40.8	30.5	6300	8500	36210	46210
7211C	7211AC	55	100	21	1.5	0.6	64	91	1.5	20.9	52.8	40.5	28.6	50.5	38.5	5600	7500	36211	46211
7212C	7212AC	60	110	22	1.5	0.6	69	101	1.5	22.4	61.0	48.5	30.8	58.2	46.2	5300	7000	36212	46212
7213C	7213AC	65	120	23	1.5	0.6	74	111	1.5	24.2	69.8	55.2	33.5	66.5	52.5	4800	6300	36213	46213
7214C	7214AC	70	125	24	1.5	0.6	79	116	1.5	25.3	70.2	60.0	35.1	69.2	57.5	4500	6000	36214	46214
7215C	7215AC	75	130	25	1.5	0.6	84	121	1.5	26.4	79.2	65.8	36.6	75.2	63.0	4300	5600	36215	46215
7216C	7216AC	80	140	26	2	1	90	130	2	27.7	89.5	78.2	38.9	85.0	74.5	4000	5300	36216	46216
7217C	7217AC	85	150	28	2	1	95	140	2	29.9	99.8	85.0	41.6	94.8	81.5	3800	5000	36217	46217
7218C	7218AC	90	160	30	2	1	100	150	2	31.7	122	105	44.2	118	100	3600	4800	36218	46218
7219C	7219AC	95	170	32	2.1	1.1	107	158	2.1	33.8	135	115	46.9	128	108	3400	4500	36219	46219
7220C	7220AC	100	180	34	2.1	1.1	112	168	2.1	35.8	148	128	49.7	142	122	3200	4300	36220	46220
(0)3 尺寸系列																		
7301C	7301AC	12	37	12	1	0.3	18	31	1	8.6	8.10	5.22	12	8.08	4.88	16000	22000	36301	46301
7302C	7302AC	15	42	13	1	0.3	21	36	1	9.6	9.38	5.95	13.5	9.08	5.58	15000	20000	36302	46302
7303C	7303AC	17	47	14	1	0.3	23	41	1	10.4	12.8	8.62	14.8	11.5	7.08	14000	19000	36303	46303
7304C	7304AC	20	52	15	1.1	0.6	27	45	1	11.3	14.2	9.68	16.3	13.8	9.10	12000	17000	36304	46304
7305C	7305AC	25	62	17	1.1	0.6	32	55	1	13.1	21.5	15.8	19.1	20.8	14.8	9500	14000	36305	46305
7306C	7306AC	30	72	19	1.1	0.6	37	65	1	15	26.5	19.8	22.2	25.2	18.5	8500	12000	36306	46306
7307C	7307AC	35	80	21	1.5	0.6	44	71	1.5	16.6	34.2	26.8	24.5	32.8	24.8	7500	10000	36307	46307
7308C	7308AC	40	90	23	1.5	0.6	49	81	1.5	18.5	40.2	32.3	27.5	38.5	30.5	6700	9000	36308	46308
7309C	7309AC	45	100	25	1.5	0.6	54	91	1.5	20.2	49.2	39.8	30.2	47.5	37.2	6000	8000	36309	46309
7310C	7310AC	50	110	27	2	1	60	100	2	22	53.5	47.2	33	55.5	44.5	5600	7500	36310	46310
7311C	7311AC	55	120	29	2	1	65	110	2	23.8	70.5	60.5	35.8	67.2	56.8	5000	6700	36311	46311
7312C	7312AC	60	130	31	2.1	1.1	72	118	2.1	25.6	80.5	70.2	38.7	77.8	65.8	4800	6300	36312	46312
7313C	7313AC	65	140	33	2.1	1.1	77	128	2.1	27.4	91.5	80.5	41.5	89.8	75.5	4300	5600	36313	46313
7314C	7314AC	70	150	35	2.1	1.1	82	138	2.1	29.2	102	91.5	44.3	98.5	86.0	4000	5300	36314	46314
7315C	7315AC	75	160	37	2.1	1.1	87	148	2.1	31	112	105	47.2	108	97.0	3800	5000	36315	46315
7316C	7316AC	80	170	39	2.1	1.1	92	158	2.1	32.8	122	118	50	118	108	3600	4800	36316	46316
7317C	7317AC	85	180	41	3	1.1	99	166	2.5	34.6	132	128	52.8	125	122	3400	4500	36317	46317
7318C	7318AC	90	190	43	3	1.1	104	176	2.5	36.4	142	142	55.6	135	135	3200	4300	36318	46318
7319C	7319AC	95	200	45	3	1.1	109	186	2.5	38.2	152	158	58.5	145	148	3000	4000	36319	46319
7320C	7320AC	100	215	47	3	1.1	114	201	2.5	40.2	162	175	61.9	165	178	2600	3600	36320	46320
(0)4 尺寸系列（GB/T 292—1994 摘录）																		
—	7406AC	30	90	23	1.5	0.6	39	81	1				26.1	42.5	32.2	7500	10000	—	46406
—	7407AC	35	100	25	1.5	0.6	44	91	1.5				29	53.8	42.5	6300	8500	—	46407
—	7408AC	40	110	27	2	1	50	100	2				31.8	62.0	49.5	6000	8000	—	46408
—	7409AC	45	120	29	2	1	55	110	2	—	—	—	34.6	66.8	52.8	5300	7000	—	46409
—	7410AC	50	130	31	2.1	1.1	62	118	2.1				37.4	76.5	64.2	5000	6700	—	46410
—	7412AC	60	150	35	2.1	1.1	72	138	2.1				43.1	102	90.8	4300	5600	—	46412
—	7414AC	70	180	42	3	1.1	84	166	2.5				51.5	125	125	3600	4800	—	46414
—	7416AC	80	200	48	3	1.1	94	186	2.5				58.1	152	162	3200	4300	—	46416

注：1. 表中 C_r 值，对(1)0，(0)2 系列为真空脱气轴承钢的载荷能力；对(0)3，(0)4 系列为电炉轴承钢的载荷能力。
　　2. r_{smin} 为 r 的单向最小倒角尺寸；r_{1smin} 为 r_1 的单向最小倒角尺寸。

表 12-5　圆锥滚子轴承（GB/T 297—2015 摘录）

标记示例：
滚动轴承　30310　GB/T 297—2015

径向当量动载荷

当 $\dfrac{F_a}{F_r} \le e$ 时，$P_r = F_r$

当 $\dfrac{F_a}{F_r} > e$ 时，$P_r = 0.4F_r + YF_a$

径向当量静载荷

$P_{0r} = F_r$

$P_{0r} = 0.5F_r + Y_0 F_a$

取上列两式计算结果的大值

轴承代号	尺寸/mm								安装尺寸/mm									计算系数			基本额定		极限转速 /r·min⁻¹		原轴承代号
	d	D	T	B	C	r_s min	r_{1s} min	a ≈	d_a min	d_b max	D_a min	D_a max	D_b min	a_1 min	a_2 min	r_{as} max	r_{bs} max	e	Y	Y_0	动载荷 C_r/kN	静载荷 C_{0r}/kN	脂润滑	油润滑	
												02 尺寸系列													
30203	17	40	13.25	12	11	1	1	9.9	23	23	34	34	37	2	2.5	1	1	0.35	1.7	1	20.8	21.8	9000	12000	7203E
30204	20	47	15.25	14	12	1	1	11.2	26	27	40	41	43	2	3.5	1	1	0.35	1.7	1	28.2	30.5	8000	10000	7204E
30205	25	52	16.25	15	13	1	1	12.5	31	31	44	46	48	2	3.5	1	1	0.37	1.6	0.9	32.2	37.0	7000	9000	7205E
30206	30	62	17.25	16	14	1	1	13.8	36	37	53	56	58	2	3.5	1	1	0.37	1.6	0.9	43.2	50.5	6000	7500	7206E
30207	35	72	18.25	17	15	1.5	1.5	15.3	42	44	62	65	67	3	3.5	1.5	1.5	0.37	1.6	0.9	54.2	63.5	5300	6700	7207E
30208	40	80	19.75	18	16	1.5	1.5	16.9	47	49	69	73	75	3	4	1.5	1.5	0.37	1.6	0.9	63.0	74.0	5000	6300	7208E
30209	45	85	20.75	19	16	1.5	1.5	18.6	52	53	74	78	80	3	5	1.5	1.5	0.4	1.5	0.8	67.8	83.5	4500	5600	7209E
30210	50	90	21.75	20	17	1.5	1.5	20	57	58	79	83	86	3	5	1.5	1.5	0.42	1.4	0.8	73.2	92.0	4300	5300	7210E
30211	55	100	22.75	21	18	2	1.5	21	64	64	88	91	95	4	5	2	1.5	0.4	1.5	0.8	90.8	115	3800	4800	7211E
30212	60	110	23.75	22	19	2	1.5	22.3	69	69	96	101	103	4	5	2	1.5	0.4	1.5	0.8	102	130	3600	4500	7212E
30213	65	120	24.75	23	20	2	1.5	23.8	74	77	106	111	114	4	5	2	1.5	0.4	1.5	0.8	120	152	3200	4000	7213E
30214	70	125	26.25	24	21	2	1.5	25.8	79	81	110	116	119	4	5.5	2	1.5	0.42	1.4	0.8	132	175	3000	3800	7214E

代号	d	D	T	B	C	r_s	r_{1s}	a	d_a	d_b	D_a	D_b	D_c	a_1	a_2	r_{as}	r_{bs}	e	Y	Y_0	C_r	C_{0r}	脂	油	代号
30215	75	130	27.25	25	22	2	1.5	27.4	84	85	115	121	125	4	5.5	2	1.5	0.44	1.4	0.8	138	185	2800	3600	7215E
30216	80	140	28.25	26	22	2.5	2	28.1	90	90	124	130	133	4	6	2.1	2	0.42	1.4	0.8	160	212	2600	3400	7216E
30217	85	150	30.5	28	24	2.5	2	30.3	95	96	132	140	142	5	6.5	2.1	2	0.42	1.4	0.8	178	238	2400	3200	7217E
30218	90	160	32.5	30	26	2.5	2	32.3	100	102	140	150	151	5	6.5	2.1	2	0.42	1.4	0.8	200	270	2200	3000	7218E
30219	95	170	34.5	32	27	3	2.5	34.2	107	108	149	158	160	5	7.5	2.5	2.1	0.42	1.4	0.8	228	308	2000	2800	7219E
30220	100	180	37	34	29	3	2.5	36.4	112	114	157	168	169	5	8	2.5	2.1	0.42	1.4	0.8	255	350	1900	2600	7220E
03 尺寸系列																								
30302	15	42	14.25	13	11	1	1	9.6	21	22	36	36	38	2	3.5	1	1	0.29	2.1	1.2	22.8	21.5	9000	12000	7302E
30303	17	47	15.25	14	12	1	1	10.4	23	25	40	41	43	3	3.5	1	1	0.29	2.1	1.2	28.2	27.2	8500	11000	7303E
30304	20	52	16.25	15	13	1.5	1.5	11.1	27	28	44	45	48	3	3.5	1.5	1.5	0.3	2	1.1	33.0	33.2	7500	9500	7304E
30305	25	62	18.25	17	15	1.5	1.5	13	32	34	54	55	58	3	3.5	1.5	1.5	0.3	2	1.1	46.8	48.0	6300	8000	7305E
30306	30	72	20.75	19	16	1.5	1.5	15.3	37	40	62	65	66	3	5	1.5	1.5	0.31	1.9	1.1	59.0	63.0	5600	7000	7306E
30307	35	80	22.75	21	18	2	1.5	16.8	44	45	70	71	74	3	5	2	1.5	0.31	1.9	1.1	75.2	82.5	5000	6300	7307E
30308	40	90	25.25	23	20	2	1.5	19.5	49	52	77	81	84	3	5.5	2	1.5	0.35	1.7	1	90.8	108	4500	5600	7308E
30309	45	100	27.25	25	22	2	1.5	21.3	54	59	86	91	94	3	5.5	2	1.5	0.35	1.7	1	108	130	4000	5000	7309E
30310	50	110	29.25	27	23	2.5	2	23	60	65	95	100	103	4	6.5	2.5	2	0.35	1.7	1	130	158	3800	4800	7310E
30311	55	120	31.5	29	25	2.5	2	24.9	65	70	104	110	112	4	6.5	2.5	2	0.35	1.7	1	152	188	3400	4300	7311E
30312	60	130	33.5	31	26	3	2.5	26.6	72	76	112	118	121	5	7.5	2.5	2.1	0.35	1.7	1	170	210	3200	4000	7312E
30313	65	140	36	33	28	3	2.5	28.7	77	83	122	128	131	5	8	2.5	2.1	0.35	1.7	1	195	242	2800	3600	7313E
30314	70	150	38	35	30	3	2.5	30.7	82	89	130	138	141	5	8	2.5	2.1	0.35	1.7	1	218	272	2600	3400	7314E
30315	75	160	40	37	31	3	2.5	32	87	95	139	148	150	5	9	2.5	2.1	0.35	1.7	1	252	318	2400	3200	7315E
30316	80	170	42.5	39	33	3	2.5	34.4	92	102	148	158	160	5	9.5	2.5	2.1	0.35	1.7	1	278	352	2200	3000	7316E
30317	85	180	44.5	41	34	4	3	35.9	99	107	156	166	168	6	10.5	3	2.5	0.35	1.7	1	305	388	2000	2800	7317E
30318	90	190	46.5	43	36	4	3	37.5	104	113	165	176	178	6	10.5	3	2.5	0.35	1.7	1	342	440	1900	2600	7318E
30319	95	200	49.5	45	38	4	3	40.1	109	118	172	186	185	6	11.5	3	2.5	0.35	1.7	1	370	478	1800	2400	7319E
30320	100	215	51.5	47	39	4	3	42.2	114	127	184	201	199	6	12.5	3	2.5	0.35	1.7	1	405	525	1600	2000	7320E
22 尺寸系列																								
32206	30	62	21.25	20	17	1	1	15.6	36	36	52	56	58	3	4.5	1	1	0.37	1.6	0.9	51.8	63.8	6000	7500	7506E
32207	35	72	24.25	23	19	1.5	1.5	17.9	42	42	61	65	68	3	5.5	1.5	1.5	0.37	1.6	0.9	70.5	89.5	5300	6700	7507E
32208	40	80	24.75	23	19	1.5	1.5	18.9	47	48	68	73	75	3	6	1.5	1.5	0.37	1.6	0.9	77.8	97.2	5000	6300	7508E
32209	45	85	24.75	23	19	1.5	1.5	20.1	52	53	73	78	81	3	6	1.5	1.5	0.4	1.5	0.8	80.8	105	4500	5600	7509E

（续）

轴承代号	尺寸/mm								安装尺寸/mm									计算系数			基本额定		极限转速/r·min⁻¹		原轴承代号
	d	D	T	B	C	r_s min	r_{1s} min	a ≈	d_a min	d_b max	D_a min	D_a max	D_b min	a_1 min	a_2 min	r_{as} max	r_{bs} max	e	Y	Y_0	动载荷 C_r/kN	静载荷 C_{0r}/kN	脂润滑	油润滑	
22 尺寸系列																									
32210	50	90	24.75	23	19	1.5	1.5	21	57	57	78	83	86	3	6	1.5	1.5	0.42	1.4	0.8	82.8	108	4300	5300	7510E
32211	55	100	26.75	25	21	2	1.5	22.8	64	62	87	91	96	4	6	2	1.5	0.4	1.5	0.8	108	142	3800	4800	7511E
32212	60	110	29.75	28	24	2	1.5	25	69	68	95	101	105	4	6	2	1.5	0.4	1.5	0.8	132	180	3600	4500	7512E
32213	65	120	32.75	31	27	2	1.5	27.3	74	75	104	111	115	4	6	2	1.5	0.4	1.5	0.8	160	222	3200	4000	7513E
32214	70	125	33.25	31	27	2	1.5	28.8	79	79	108	116	120	4	6.5	2	1.5	0.42	1.4	0.8	168	238	3000	3800	7514E
32215	75	130	33.25	31	27	2	1.5	30	84	84	115	121	126	4	6.5	2	1.5	0.44	1.4	0.8	170	242	2800	3600	7515E
32216	80	140	35.25	33	28	2.5	2	31.4	90	89	122	130	135	5	7.5	2.1	2	0.42	1.4	0.8	198	278	2600	3400	7516E
32217	85	150	38.5	36	30	2.5	2	33.9	95	95	130	140	143	5	8.5	2.1	2	0.42	1.4	0.8	228	325	2400	3200	7517E
32218	90	160	42.5	40	34	2.5	2	36.8	100	101	138	150	153	5	8.5	2.1	2	0.42	1.4	0.8	270	395	2200	3000	7518E
32219	95	170	45.5	43	37	3	2.5	39.2	107	106	145	158	163	5	8.5	2.5	2.1	0.42	1.4	0.8	302	448	2000	2800	7519E
32220	100	180	49	46	39	3	2.5	41.9	112	113	154	168	172	5	10	2.5	2.1	0.42	1.4	0.8	340	512	1900	2600	7520E
23 尺寸系列																									
32303	17	47	20.25	19	16	1	1	12.3	23	24	39	41	43	3	4.5	1	1	0.29	2.1	1.2	35.2	36.2	8500	11000	7603E
32304	20	52	22.25	21	18	1.5	1.5	13.6	27	26	43	45	48	3	4.5	1.5	1.5	0.3	2	1.1	42.8	46.2	7500	9500	7604E
32305	25	62	25.25	24	20	1.5	1.5	15.9	32	32	52	55	58	3	5.5	1.5	1.5	0.3	2	1.1	61.5	68.8	6300	8000	7605E
32306	30	72	28.75	27	23	1.5	1.5	18.9	37	38	59	65	66	4	6	1.5	1.5	0.31	1.9	1.1	81.5	96.5	5600	7000	7606E
32307	35	80	32.75	31	25	2	1.5	20.4	44	43	66	71	74	4	8.5	2	1.5	0.31	1.9	1.1	99.0	118	5000	6300	7607E
32308	40	90	35.25	33	27	2.5	2	23.3	49	49	73	81	83	4	8.5	2	1.5	0.35	1.7	1	115	148	4500	5600	7608E
32309	45	100	38.25	36	30	2.5	1.5	25.6	54	56	82	91	93	4	8.5	2	1.5	0.35	1.7	1	145	188	4000	5000	7609E
32310	50	110	42.25	40	33	2.5	2.5	28.2	60	61	90	100	102	5	9.5	2.5	2	0.35	1.7	1	178	235	3800	4800	7610E
32311	55	120	45.5	43	35	2.5	2	30.4	65	66	99	110	111	5	10	2.5	2	0.35	1.7	1	202	270	3400	4300	7611E
32312	60	130	48.5	46	37	3	2.5	32	72	72	107	118	122	6	11.5	2.5	2.1	0.35	1.7	1	228	302	3200	4000	7612E
32313	65	140	51	48	39	3	2.5	34.3	77	79	117	128	131	6	12	2.5	2.1	0.35	1.7	1	260	350	2800	3600	7613E
32314	70	150	54	51	42	3	2.5	36.5	82	84	125	138	141	6	12	2.5	2.1	0.35	1.7	1	298	408	2600	3400	7614E
32315	75	160	58	55	45	3	2.5	39.4	87	91	133	148	150	7	13	2.5	2.1	0.35	1.7	1	348	482	2400	3200	7615E
32316	80	170	61.5	58	48	3	3	42.1	92	97	142	158	160	7	13.5	2.5	2.1	0.35	1.7	1	388	542	2200	3000	7616E
32317	85	180	63.5	60	49	4	3	43.5	99	102	150	166	168	8	14.5	3	2.5	0.35	1.7	1	422	592	2000	2800	7617E
32318	90	190	67.5	64	53	4	3	46.2	104	107	157	176	178	8	14.5	3	2.5	0.35	1.7	1	478	682	1900	2600	7618E
32319	95	200	71.5	67	55	4	3	49	109	114	166	186	187	8	16.5	3	2.5	0.35	1.7	1	515	738	1800	2400	7619E
32320	100	215	77.5	73	60	4	3	52.9	114	122	177	201	201	8	17.5	3	2.5	0.35	1.7	1	600	872	1600	2000	7620E

注：1. 表中 C_r 值适用于轴承为真空脱气轴承钢材料。如为普通电炉钢，C_r 值降低；如为真空重熔或电渣重熔轴承钢，C_r 值提高。
2. 后缀带 E 为加强型圆柱型滚子轴承，优先选用。

表 12-6 推力球轴承（GB/T 301—2015 摘录）

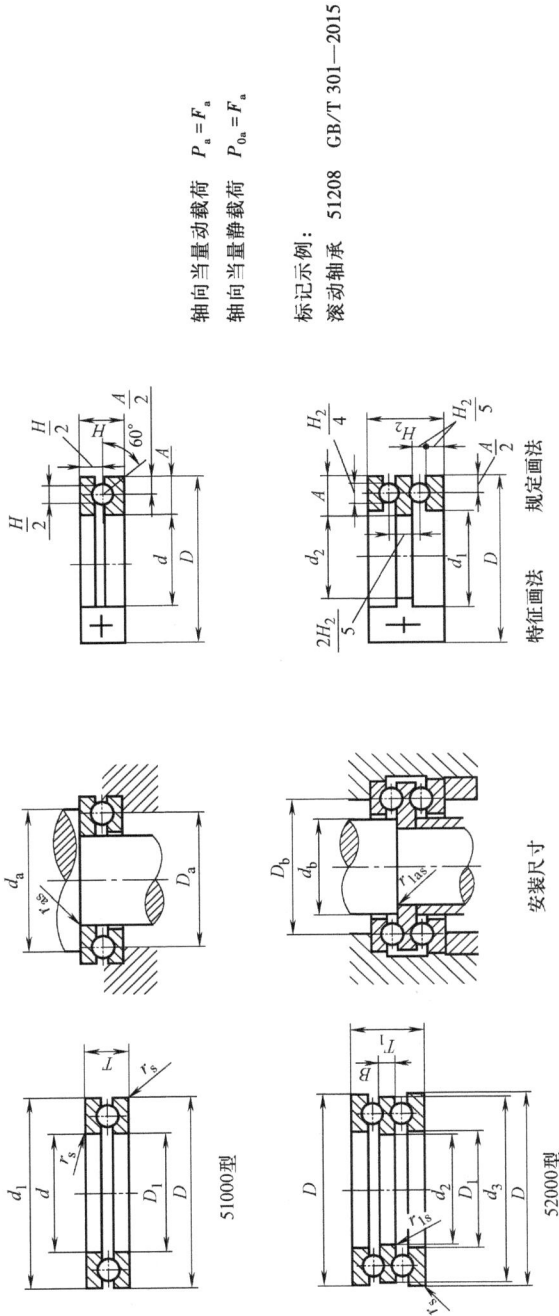

51000型

52000型

安装尺寸

特征画法　规定画法

轴向当量动载荷　$P_a = F_a$
轴向当量静载荷　$P_{0a} = F_a$

标记示例：
滚动轴承　51208　GB/T 301—2015

轴承代号		尺寸/mm									安装尺寸/mm							基本额定		极限转速 /r·min⁻¹		原轴承代号	
		d	d_2	D	T	T_1	D_1 min	d_1 max	d_3 max	B	r_s min	r_{1s} min	d_a min	D_a max	d_b max	r_{as} max	r_{1as} max	动载荷 C_a/kN	静载荷 C_{0a}/kN	脂润滑	油润滑		
		12(51000型),22(52000型)尺寸系列																					
51200	—	10	—	26	11	—	12	26	—	—	0.6	—	20	16	—	0.6	—	12.5	17.0	6000	8000	8200	—
51201	—	12	—	28	11	—	14	28	—	—	0.6	—	22	18	—	0.6	—	13.2	19.0	5300	7500	8201	—
51202	52202	15	10	32	12	22	17	32	32	5	0.6	0.3	25	22	15	0.6	0.3	16.5	24.8	4800	6700	8202	38202
51203	—	17	—	35	12	—	19	35	—	—	0.6	—	28	24	—	0.6	—	17.0	27.2	4500	6300	8203	—
51204	52204	20	15	40	14	26	22	40	40	6	0.6	0.3	32	28	20	0.6	0.3	22.2	37.5	3800	5300	8204	38204

（续）

轴承代号		尺寸/mm											安装尺寸/mm						基本额定		极限转速/(r·min⁻¹)		原轴承代号	
52000型	51000型	d	d_2	D	T	T_1	D_1 min	d_1 max	d_3 max	B	r_s min	r_{1s} min	d_a min	D_a max	D_b min	d_b max	r_{as} max	r_{1as} max	动载荷 C_a/kN	静载荷 C_{0a}/kN	脂润滑	油润滑		
12(51000型),22(52000型)尺寸系列																								
52205	51205	25	20	47	15	28	27	47		7	0.6	0.3	34	38	27	25	0.6	0.3	27.8	50.5	3400	4800	8205	38205
52206	51206	30	25	52	16	29	32	52		7	0.6	0.3	39	43	32	30	0.6	0.3	28.0	54.2	3200	4500	8206	38206
52207	51207	35	30	62	18	34	37	62		8	1	0.3	46	51	37	35	1	0.3	39.2	78.2	2800	4000	8207	38207
52208	51208	40	30	68	19	36	42	68		9	1	0.6	51	57	42	40	1	0.6	47.0	98.2	2400	3600	8208	38208
52209	51209	45	35	73	20	37	47	73		9	1	0.6	56	62	47	45	1	0.6	47.8	105	2200	3400	8209	38209
52210	51210	50	40	78	22	39	52	78		9	1	0.6	61	67	52	50	1	0.6	48.5	112	2000	3200	8210	38210
52211	51211	55	45	90	25	45	57	90		10	1	0.6	69	76	57	55	1	0.6	67.5	158	1900	3000	8211	38211
52212	51212	60	50	95	26	46	62	95		10	1	0.6	74	81	62	60	1	0.6	73.5	178	1800	2800	8212	38212
52213	51213	65	55	100	27	47	67	100		10	1	0.6	79	86	67	65	1	0.6	74.8	188	1700	2600	8213	38213
52214	51214	70	55	105	27	47	72	105		10	1	1	84	91	72	70	1	1	73.5	188	1600	2400	8214	38214
52215	51215	75	60	110	27	47	77	110		10	1	1	89	96	77	75	1	1	74.8	198	1500	2200	8215	38215
52216	51216	80	65	115	28	48	82	115		10	1	1	94	101	82	80	1	1	83.8	222	1400	2000	8216	38216
52217	51217	85	70	125	31	55	88	125		12	1	1	101	109	88	85	1	1	102	280	1300	1900	8217	38271
52218	51218	90	75	135	35	62	93	135		14	1	1	108	117	93	90	1	1	115	315	1200	1800	8218	38218
52220	51220	100	85	150	38	67	103	150		15	1	1	120	130	103	100	1	1	132	375	1100	1700	8220	38220
13(51000型),23(52000型)尺寸系列																								
—	51304	20	—	47	18	—	22	47	—	—	0.3	—	31	36	—	—	0.3	—	35.0	55.8	3600	4500	8304	—
52305	51305	25	20	52	18	34	27	52	52	8	0.3	0.3	36	41	27	25	0.3	0.3	35.5	61.5	3000	4300	8305	38305
52306	51306	30	25	60	21	38	32	60	60	9	0.3	0.3	42	48	32	30	0.3	0.3	42.8	78.5	2400	3600	8306	38306
52307	51307	35	30	68	24	44	37	68	68	10	0.3	0.3	48	55	37	35	0.3	0.3	55.2	105	2000	3200	8307	38307
52308	51308	40	30	78	26	49	42	78	78	12	0.6	0.6	55	63	42	40	0.6	0.6	69.2	135	1900	3000	8308	38308
52309	51309	45	35	85	28	52	47	85	85	12	0.6	0.6	61	69	47	45	0.6	0.6	75.8	150	1700	2600	8309	38309
52310	51310	50	40	95	31	58	52	95	95	14	0.6	0.6	68	77	52	50	0.6	0.6	96.5	202	1600	2400	8310	38310
52311	51311	55	45	105	35	64	57	105	105	15	0.6	0.6	75	85	57	55	0.6	0.6	115	242	1500	2200	8311	38311
52312	51312	60	50	110	35	64	62	110	110	15	0.6	0.6	80	90	62	60	0.6	0.6	118	262	1400	2000	8312	38312
52313	51313	65	55	115	36	65	67	115	115	15	0.6	0.6	85	95	67	65	0.6	0.6	115	262	1300	1900	8313	38313

51314	52314	70	55	125	40	72	72	125		16	1.1	1	103	92	92	70	1	1	148	340	1200	1800	8314	38314
51315	52315	75	60	135	44	79	77	135		18	1.5	1	111	99	99	75	1.5	1	162	380	1100	1700	8315	38315
51316	52316	80	65	140	44	79	82	140		18	1.5	1	116	104	104	80	1.5	1	160	380	1000	1600	8316	83816
51317	52317	85	70	150	49	87	88	150		19	1.5	1	124	111	114	85	1.5	1	208	495	950	1500	8317	38317
51318	52318	90	75	155	50	88	93	155		19	1.5	1	129	116	116	90	1.5	1	205	495	900	1400	8318	38318
51320	52320	100	85	170	55	97	103	170		21	1.5	1	142	128	128	100	1.5	1	235	595	800	1200	8320	38320
14(51000 型),24(52000 型)尺寸系列																								
51405	52405	25	15	60	24	45	27	60		11	1	0.6	46		39	25	1	0.6	55.5	89.2	2200	3400	8405	38405
51406	52406	30	20	70	28	52	32	70		12	1	0.6	54		46	30	1	0.6	72.5	125	1900	3000	8406	38406
51407	52407	35	25	80	32	59	37	80		14	1.1	0.6	62		53	35	1	0.6	86.8	155	1700	2600	8407	38407
51408	52408	40	30	90	36	65	42	90		15	1.1	0.6	70		60	40	1	0.6	112	205	1500	2200	8408	38408
51409	52409	45	35	100	39	72	47	100		17	1.1	0.6	78		67	45	1	0.6	140	262	1400	2000	8409	38409
51410	52410	50	40	110	43	78	52	110		18	1.5	0.6	86		74	50	1.5	0.6	160	302	1300	1900	8410	38410
51411	52411	55	45	120	48	87	57	120		20	1.5	0.6	94		81	55	1.5	0.6	182	355	1100	1700	8411	38411
51412	52412	60	50	130	51	93	62	130		21	1.5	0.6	102		88	60	1.5	0.6	200	395	1000	1600	8412	38412
51413	52413	65	50	140	56	101	68	140		23	2	1	110		95	65	2.0	1	215	448	900	1400	8413	38413
51414	52414	70	55	150	60	107	73	150		24	2	1	118		102	70	2.0	1	255	560	850	1300	8414	38414
51415	52415	75	60	160	65	115	78	160	160	26	2	1	125		110	75	2.0	1	268	615	800	1200	8415	38415
51416	—	80	—	170	68	—	83	170	—	—	2.1	—	133		117	—	2.1	—	292	692	750	1100	8416	—
51417	52417	85	65	180	72	128	88	177	179.5	29	2.1	1.1	141		124	85	2.1	1	318	782	700	1000	8417	38417
51418	52418	90	70	190	77	135	93	187	189.5	30	2.1	1.1	149		131	90	2.1	1	325	825	670	950	8418	38418
51420	52420	100	80	210	85	150	103	205	209.5	33	3	1.1	165		145	100	2.5	1	400	1080	600	850	8420	38420

注：1. 表中 C_r 值适用于轴承为真空脱气轴承钢材料。如为普通电炉钢，C_r 值降低；如为真空重熔或电渣重熔轴承钢，C_r 值提高。

2. r_{smin}、r_{1smin} 分别为 r、r_1 的单向最小倒角尺寸；r_{asmax}、r_{1asmax} 分别为 r_a、r_{1a} 的单向最大倒角尺寸。

12.2 滚动轴承的配合（GB/T 275—2015 摘录）（见表 12-7 ~ 表 12-12）

表 12-7 向心轴承和轴的配合——轴公差带

圆柱孔轴承					
载 荷 情 况		举 例	深沟球轴承、调心球轴承和角接触球轴承	圆柱滚子轴承和圆锥滚子轴承	调心滚子轴承	公 差 带
			轴承公称内径/mm			
内圈承受旋转载荷或方向不定载荷	轻载荷 $P_r/C_r \leq 0.06$	输送机、轻载齿轮箱	≤18 >18~100 >100~200 —	≤40 >40~140 >140~200	≤40 >40~100 >100~200	h5 j6① k6① m6①
	正常载荷 $P_r/C_r > 0.06~0.12$	一般通用机械、电动机、泵、内燃机、正齿轮传动装置	≤18 >18~100 >100~140 >140~200 >200~280	≤40 >40~100 >100~140 >140~200 >200~400 —	≤40 >40~65 >65~100 >100~140 >140~280 >280~500	j5、js5 k5② m5② m6 n6 p6 r6
	重载荷 $P_r/C_r > 0.12$	铁路机车车辆轴箱、牵引电动机、破碎机等	—	>50~140 >140~200 >200	>50~100 >100~140 >140~200 >200	n6③ p6③ r6③ r7③
内圈承受固定载荷	所有载荷	内圈需在轴向易移动	非旋转轴上的各种轮子	所有尺寸		f6 g6
		内圈不需在轴向易移动	张紧轮、绳轮			h6 j6
仅有轴向载荷			所有尺寸			j6、js6
圆锥孔轴承					
所有载荷		铁路机车车辆轴箱	装在退卸套上	所有尺寸		h8（IT6）④
		一般机械传动	装在紧定套上	所有尺寸		h9（IT7）④

① 凡精度要求较高的场合，应用 j5、k5、m5 代替 j6、k6、m6。
② 圆锥滚子轴承、角接触球轴承配合对游隙影响不大，可用 k6、m6 代替 k5、m5。
③ 重载荷下轴承游隙应选大于 N 组。
④ 凡精度要求较高或转速要求较高的场合，应用 h7(IT5) 代替 h8(IT6) 等，IT6、IT7 表示圆柱度公差数值。

表 12-8 向心轴承和轴承座孔的配合——孔公差带

载荷情况		举例	其他状况	公差带①	
				球轴承	滚子轴承
外圈承受固定载荷	轻、正常、重	一般机械、铁路机车车辆轴箱	轴向易移动，可采用剖分式轴承座	H7、G7②	
	冲击		轴向能移动，可采用整体或剖分式轴承座	J7、JS7	
方向不定载荷	轻、正常	电动机、泵、曲轴主轴承			
	正常、重			K7	
	重、冲击	牵引电动机		M7	
外圈承受旋转载荷	轻	带张紧轮	轴向不移动，采用整体式轴承座	J7	K7
	正常	轮毂轴承		M7	N7
	重			—	N7、P7

① 并列公差带随尺寸的增大从左至右选择。对旋转精度有较高要求时，可相应提高一个公差等级。
② 不适用于剖分式轴承座。

表 12-9　推力轴承和轴的配合——轴公差带

载荷情况		轴承类型	轴承公称内径/mm	公差带
仅有轴向载荷		推力球和推力圆柱滚子轴承	所有尺寸	j6、js6
径向和轴向联合载荷	轴圈承受固定载荷	推力调心滚子轴承、推力角接触球轴承、推力圆锥滚子轴承	≤250	j6
			>250	js6
	轴圈承受旋转载荷或方向不定载荷		≤200	k6
			>200~400	m6
			>400	n6

注：要求较小过盈时，可分别用 j6、k6、m6 代替 k6、m6、n6。

表 12-10　轴和轴承座孔的几何公差

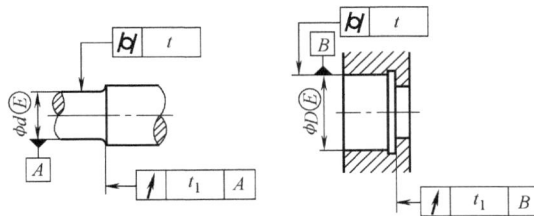

公称尺寸/mm		圆柱度 t/μm				轴向圆跳动 t_1/μm			
		轴颈		轴承座孔		轴肩		轴承座孔肩	
		轴承公差等级							
>	≤	0	6(6X)	0	6(6X)	0	6(6X)	0	6(6X)
—	6	2.5	1.5	4	2.5	5	3	8	5
6	10	2.5	1.5	4	2.5	6	4	10	6
10	18	3	2	5	3	8	5	12	8
18	30	4	2.5	6	4	10	6	15	10
30	50	4	2.5	7	4	12	8	20	12
50	80	5	3	8	5	15	10	25	15
80	120	6	4	10	6	15	10	25	15
120	180	8	5	12	8	20	12	30	20
180	250	10	7	14	10	20	12	30	20
250	315	12	8	16	12	25	15	40	25
315	400	13	9	18	13	25	15	40	25
400	500	15	10	20	15	25	15	40	25

表 12-11　配合表面及端面的表面粗糙度

轴或轴承座孔直径/mm		轴或轴承座孔配合表面直径公差等级					
		IT7		IT6		IT5	
		表面粗糙度 Ra 值/μm					
>	≤	磨	车	磨	车	磨	车
—	80	1.6	3.2	0.8	1.6	0.4	0.8
80	500	1.6	3.2	1.6	3.2	0.8	1.6
500	1250	3.2	6.3	1.6	3.2	1.6	3.2
端面		3.2	6.3	6.3	6.3	6.3	3.2

表 12-12   向心推力轴承和推力轴承的轴向游隙(参考)   (单位：μm)

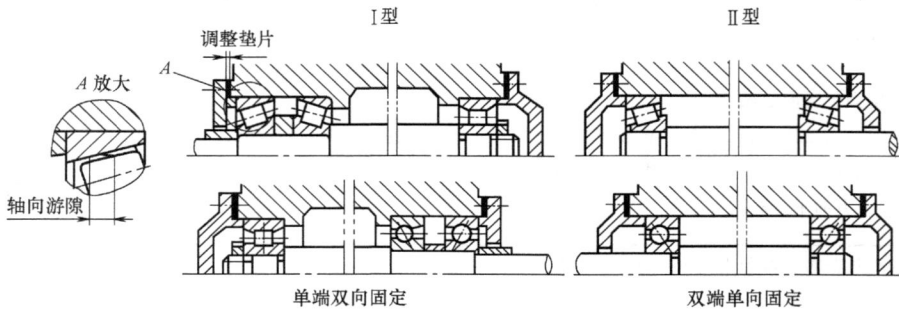

Ⅰ型   Ⅱ型

A 放大

调整垫片

轴向游隙

单端双向固定   双端单向固定

轴承内径 d/mm		角接触球轴承				圆锥滚子轴承				推力球轴承		
		Ⅰ型	Ⅱ型	Ⅰ型	Ⅱ型轴承允许间距(参考值)	Ⅰ型	Ⅱ型	Ⅰ型	Ⅱ型轴承允许间距(参考值)	轴承系列		
		接触角 α				接触角 α				51100	51200 51300	51400
超过	到	15°		25°，40°		10°~18°		27°~30°				
—	30	20~40	30~50	10~20	8d	20~40	40~70	—	14d	10~20	20~40	—
30	50	30~50	40~70	15~30	7d	40~70	50~100	20~40	12d			
50	80	40~70	50~100	20~40	6d	50~100	80~150	30~50	11d	20~40	40~60	60~80
80	120	50~100	60~150	30~50	5d	80~150	120~200	40~70	10d			

注：本表不属 GB/T 275，仅供参考。

第13章　润滑与密封

13.1　润滑剂（见表 13-1 和表 13-2）

表 13-1　常用润滑油的主要性质和用途

名称	代号	运动黏度/mm² · s⁻¹		倾点 /℃ 不高于	闪点 （开口） /℃ 不低于	主　要　用　途
		40℃	100℃			
全损耗系统 用油 （GB 443—1989）	L-AN10	9.00~11.0	—	-5	130	用于高速轻载机械轴承的润滑和冷却
	L-AN15	13.5~16.5			150	用于小型机床齿轮箱、传动装置轴承、中小型电机、风动工具等
	L-AN22	19.8~24.2				
	L-AN32	28.8~35.2				用于一般机床齿轮变速、中小型机床导轨及 100kW 以上电机轴承
	L-AN46	41.4~50.6			160	主要用在大型机床、大型刨床上
	L-AN68	61.2~74.8				
	L-AN100	90.0~110			180	主要用在低速重载的纺织机械及重型机床、锻压、铸造设备上
	L-AN150	135~165				
工业闭式 齿轮油 （GB 5903—2011）	L-CKC68	61.2~74.8	—	-8	180	适用于煤炭、水泥、冶金工业部门大型封闭式齿轮传动装置的润滑
	L-CKC100	90.0~110				
	L-CKC150	135~165			200	
	L-CKC220	198~242				
	L-CKC320	288~352				
	L-CKC460	414~506				
	L-CKC680	612~748		-5	220	
蜗轮蜗杆油 （SH/T 0094—1998）	L-CKE220	198~242	—	-6	200	用于蜗杆蜗轮传动的润滑
	L-CKE320	288~352				
	L-CKE460	414~506			220	
	L-CKE680	612~748				
	L-CKE1000	900~1100				

表 13-2 常用润滑脂的主要性质和用途

名　　称	代　号	滴点/℃ 不低于	工作锥入度 （25℃，150g） /0.1 mm	主要用途
钙基润滑脂 （GB/T 491—2008）	1 号	80	310~340	有耐水性能。用于工作温度低于 55~60℃ 的各种工农业、交通运输机械设备的轴承润滑，特别是有水或潮湿处
	2 号	85	265~295	
	3 号	90	220~250	
	4 号	95	175~205	
钠基润滑脂 （GB/T 492—1989）	2 号	160	265~295	不耐水（或潮湿）。用于工作温度在 -10~110℃ 的一般中负荷机械设备轴承润滑
	3 号		220~250	
通用锂基润滑脂 （GB/T 7324—2010）	1 号	170	310~340	有良好的耐水性和耐热性。适用于 -20~120℃ 宽温度范围内各种机械的滚动轴承、滑动轴承及其他摩擦部位的润滑
	2 号	175	265~295	
	3 号	180	220~250	
钙钠基润滑脂 （SH/T 0368—2003）	2 号	120	250~290	用于工作温度在 80~100℃、有水分或较潮湿环境中工作的机械润滑，多用于铁路机车、列车、小电动机、发电机滚动轴承（温度较高者）润滑。不适于低温工作
	3 号	135	200~240	
滚珠轴承脂 （SH/T 0386—1992）		120	250~290	用于机车、汽车、电机及其他机械的滚动轴承润滑
7407 号齿轮润滑脂 （SH/T 0469—1994）		160	75~90	适用于各种低速，中、重载荷齿轮、链和联轴器等的润滑，使用温度不高于 120℃，可承受冲击载荷不大于 25 000MPa

13.2　油杯、油标、油塞（见表 13-3 ~ 表 13-9）

表 13-3 直通式压注油杯（JB/T 7940.1—1995 摘录）　　　　（单位：mm）

d	H	h	h_1	S 基本尺寸	S 极限偏差	钢球直径 （按 GB/T 308）
M6	13	8	6	8	0 -0.22	3
M8×1	16	9	6.5	10		
M10×1	18	10	7	11		

标记示例：油杯 M10×1 JB/T 7940.1（连接螺纹 M10×1，直通式压注油杯）

表 13-4　压配式压注油杯（JB/T 7940.4—1995 摘录）　　　　　（单位：mm）

d		H	钢球直径（按 GB/T 308）
基本尺寸	极限偏差		
6	+0.040 +0.028	6	4
8	+0.049 +0.034	10	5
10	+0.058 +0.040	12	6
16	+0.063 +0.045	20	11
25	+0.085 +0.064	30	13

标记示例：油杯 6　JB/7940.4（d = 6 mm，压配式压注油杯）

表 13-5　旋盖式油杯（JB/T 7940.3—1995 摘录）　　　　　（单位：mm）

A 型

最小容量/cm³	d	l	H	h	h₁	d₁	D		L max	S	
							A 型	B 型		基本尺寸	极限偏差
1.5	M8×1	8	14	22	7	3	16	18	33	10	0 -0.22
3	M10×1		15	23	8	4	20	22	35	13	
6			17	26			26	28	40		
12	M14×1.5		20	30			32	34	47	18	0 -0.27
18			22	32			36	40	50		
25		12	24	34	10	5	41	44	55		
50	M16×1.5		30	44			51	54	70	21	0 -0.33
100			38	52			68	68	85		
200	M24×1.5	16	48	64	16	6	—	86	105	30	

标记示例：油杯 A25　JB/T 7940.3（最小容量为 25cm³，A 型旋盖式油杯）

注：B 型油杯除尺寸 D 和滚花部分尺寸稍有不同外，其余尺寸与 A 型相同。

表 13-6 压配式圆形油标（JB/T 7941.1—1995 摘录）　　　　　（单位：mm）

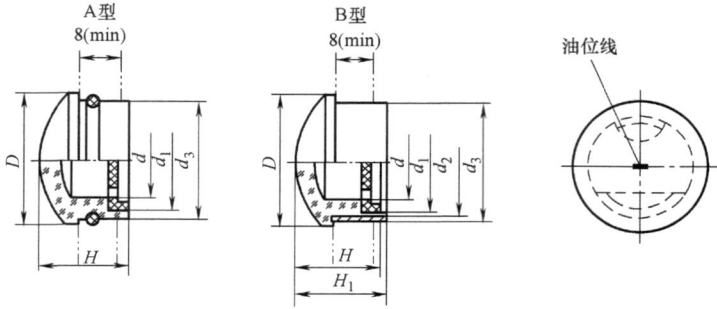

标记示例：

视孔 $d=32$，A 型压配式圆形油标：

油标　A32　JB/T 7941.1

d	D	d_1		d_2		d_3		H	H_1	O 型橡胶密封圈
		基本尺寸	极限偏差	基本尺寸	极限偏差	基本尺寸	极限偏差			（按 GB/T 3452.1）
12	22	12	−0.050 −0.160	17	−0.050 −0.160	20	−0.065 −0.195	14	16	15×2.65
16	27	18		22	−0.065 −0.185	25				20×2.65
20	34	22	−0.065 −0.195	28		32	−0.080 −0.240	16	18	25×3.55
25	40	28		34	−0.080 −0.240	38				31.5×3.55
32	48	35	−0.080 −0.240	41		45		18	20	38.7×3.55
40	58	45		51		55	−0.100 −0.290			48.7×3.55
50	70	55	−0.100 −0.290	61	−0.100 −0.290	65		22	24	—
63	85	70		76		80				

表 13-7 长形油标（JB/T 7941.3—1995 摘录）　　　　　（单位：mm）

H		H_1	L	n
基本尺寸	极限偏差			（条数）
80	±0.17	40	110	2
100		60	130	3
125	±0.20	80	155	4
160		120	190	6
O 形橡胶密封圈 （按 GB/T 3452.1）		六角薄螺母 （按 GB/T 6172）		弹性垫圈 （按 GB/T 861）
10×2.65		M10		10

标记示例：

$H=80$，A 型长形油标：

油标 A80　JB/T 7941.3

注：B 型长形油标见 JB/T 7941.3—1995。

表 13-8　管状油标（JB/T 7941.4—1995 摘录）　　　　　　（单位：mm）

	H	O 形橡胶密封圈 （按 GB/T 3452.1）	六角薄螺母 （按 GB/T 6172）	弹性垫圈 （按 GB/T 861）
	80，100，125， 160，200	11.8×2.65	M12	12

标记示例：

H = 200，A 型管状油标：

油标　A200　JB/T 7941.4

B 型管状油标尺寸见 JB/T 7941.4—1995

表 13-9　杆式油标　　　　　　　　　　　　　　（单位：mm）

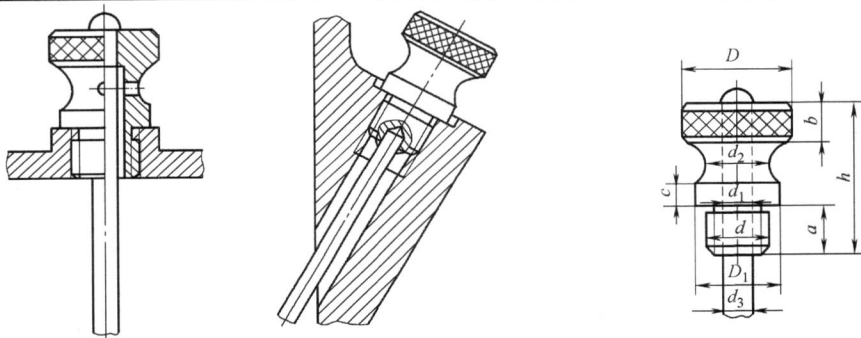

具有通气孔的杆式油标

d	d_1	d_2	d_3	h	a	b	c	D	D_1
M12	4	12	6	28	10	6	4	20	16
M16	4	16	6	35	12	8	5	26	22
M20	6	20	8	42	15	10	6	32	26

13.3　外六角螺塞、纸封油圈和皮封油圈（见表 13-10）

表 13-10　外六角螺塞、纸封油圈和皮封油圈　　　　　　（单位：mm）

外六角螺塞

封油圈

d	d_1	D	e	s	L	h	b	b_1	C	D_0	H 纸圈	H 皮圈
M10×1	8.5	18	12.7	11	20	10		2	0.7	18		
M12×1.25	10.2	22	15	13	24		3			22		
M14×1.5	11.8	23	20.8	18	25	12	3		1.0	22	2	2
M18×1.5	15.8	28	24.2	21	27			3		25		
M20×1.5	17.8	30			30	15				30		
M22×1.5	19.8	32	27.7	24						32		
M24×2	21	34	31.2	27	32	16	4	4	1.5	35	3	
M27×2	24	38	34.6	30	35	17				40		2.5
M30×2	27	42	39.3	34	38	18				45		

材料：螺塞—Q235；纸封油圈—石棉橡胶纸；皮封油圈—工业用革

13.4 密封件（见表 13-11～表 13-17）

表 13-11 毡圈油封及槽尺寸 （单位：mm）

毡圈

装毡圈的沟槽尺寸

材料：半粗羊毛毡

轴径	毡 圈			槽			B_{min}	
d	D	d_1	b_1	D_0	d_0	b	钢	铸铁
15	29	14	6	28	16	5	10	12
20	33	19		32	21			
25	39	24	7	38	26	6		
30	45	29		44	31			
35	49	34		48	36			
40	53	39		52	41			
45	61	44	8	60	46	7	12	15
50	69	49		68	51			
55	74	53		72	56			
60	80	58		78	61			
65	84	63		82	66			
70	90	68		88	71			
75	94	73		92	77			
80	102	78	9	100	82	8	15	18

表 13-12 液压气动用 O 形橡胶密封圈（GB/T 3452.1—2005 摘录） （单位：mm）

标记示例：
内径 $d_1 = 40$mm，截面直径 $d_2 = 3.55$mm 的 O 形橡胶密
封圈：O 形橡胶密封圈 40×3.55-G GB/T 3452.1—2005

沟槽尺寸（GB/T 3452.3—2005）				
d_2	$b^{+0.25}_0$	h	r_1	r_2
1.8	2.6	$1.28^{+0.05}_0$	0.2～0.4	0.1～0.3
2.65	3.8	$1.97^{+0.05}_0$		
3.55	5.0	$2.75^{+0.05}_0$	0.4～0.8	
5.3	7.3	$4.24^{+0.10}_0$		
7.0	9.7	$5.72^{+0.10}_0$	0.8～1.2	

内径	截面直径 d_2			内径	截面直径 d_2				内径	截面直径 d_2				内径	截面直径 d_2			
d_1	极限偏差(±)			d_1	极限偏差(±)				d_1	极限偏差(±)				d_1	极限偏差(±)			
	G系列	A系列			G系列	A系列				G系列	A系列				G系列	A系列		
	1.80±0.08	2.65±0.09	3.55±0.10		1.80±0.08	2.65±0.09	3.55±0.10	5.30±0.13		2.65±0.09	3.55±0.10	5.30±0.13			2.65±0.09	3.55±0.10	5.30±0.13	7.0±0.15
11.8	0.19	0.16	*	*	31.5	0.35	0.28	*	*	*	54.5	0.51	0.42	*	*	*	95.0	0.79	0.64	*	*	*
12.5	0.21	0.17	*	*	32.5	0.36	0.29	*	*	*	56.0	0.52	0.42	*	*	*	100	0.82	0.67	*	*	*
13.2	0.21	0.17	*	*	33.5	0.36	0.29	*	*	*	58.0	0.55	0.44	*	*	*	106	0.87	0.71	*	*	*
14.0	0.22	0.18	*	*	34.5	0.37	0.30	*	*	*	60.0	0.55	0.45	*	*	*	112	0.91	0.74	*	*	*
15.0	0.22	0.18	*	*	35.5	0.38	0.31	*	*	*	61.5	0.56	0.46	*	*	*	118	0.95	0.77	*	*	*
16.0	0.23	0.19	*	*	36.5	0.68	0.31	*	*	*	63.0	0.57	0.46	*	*	*	125	0.99	0.81	*	*	*
17.0	0.24	0.20	*	*	37.5	0.39	0.32	*	*	*	65.0	0.58	0.47	*	*	*	132	1.04	0.85	*	*	*
18.0	0.25	0.20	*	*	38.7	0.40	0.32	*	*	*	67.0	0.60	0.48	*	*	*	140	1.09	0.89	*	*	*
19.0	0.25	0.21	*	*	40.0	0.41	0.33	*	*	*	69.0	0.61	0.50	*	*	*	145	1.13	0.92	*	*	*
20.0	0.26	0.21	*	*	41.2	0.42	0.34	*	*	*	71.0	0.63	0.51	*	*	*	150	1.15	0.95	*	*	*
21.2	0.27	0.22	*	*	42.5	0.43	0.35	*	*	*	73.0	0.64	0.52	*	*	*						
22.4	0.28	0.23	*	*	43.7	0.44	0.35	*	*	*	75.0	0.65	0.53	*	*	*						
23.6	0.29	0.24	*	*	45.0	0.44	0.36	*	*	*	80.0	0.69	0.56	*	*	*						
25.0	0.30	0.24	*	*	47.5	0.46	0.37	*	*	*	85.0	0.72	0.59	*	*	*						
26.5	0.31	0.25	*	*	50.0	0.48	0.37	*	*	*	90.0	0.76	0.62	*	*	*						
30.0	0.34	0.27	*	*	51.5	0.49	0.40	*	*	*												
					53.0	0.50	0.41	*	*	*												

注：1. *表示有产品。

2. 工作压力超过 10MPa 时，需采用挡圈结构形式，见相关标准。

3. GB/T 3452.1 适用于一般用途（G 系列）和航空及类似的应用（A 系列）。

表 13-13　旋转轴唇形密封圈（GB/T 13871.1—2007 摘录）　　　　（单位：mm）

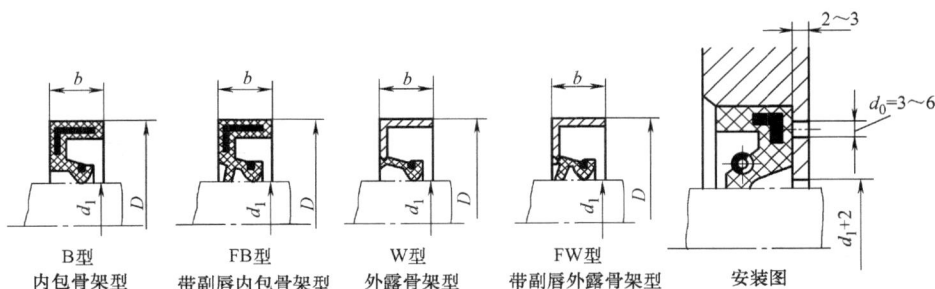

| B型
内包骨架型 | FB型
带副唇内包骨架型 | W型
外露骨架型 | FW型
带副唇外露骨架型 | 安装图 |

标记示例：

$d_1 = 25mm$，$D = 52mm$ 的带副唇内包骨架型旋转轴唇形密封圈：

$$FB \quad 025052 \quad GB/T\ 13871.1$$

d_1	D	b	d_1	D	b	d_1	D	b
6	16, 22		25	40, 47, 52		55	72, 75, 80	8±0.3
7	22		28	40, 47, 52	7±0.3	60	80, 85	
8	22, 24		30	42, 47, 50		65	85, 90	
9	22		30	52		70	90, 95	10±0.4
10	22, 25		32	45, 47, 52		75	95, 100	
12	24, 25, 30	7±0.3	35	50, 52, 55		80	100, 110	
15	26, 30, 35		38	52, 58, 62	8±0.3	85	110, 120	
16	30, 35		40	55, 60, 62		90	115, 120	12±0.4
18	30, 35		42	55, 62		95	120	
20	35, 40, 45		45	62, 65		100	125	
22	35, 40, 47		50	68, 70, 72		105	130	

旋转轴唇形密封圈的安装要求

轴导入倒角

d_1	d_1-d_2	d_1	d_1-d_2
$d_1 \leqslant 10$	1.5	$40<d_1 \leqslant 50$	3.5
$10<d_1 \leqslant 20$	2.0	$50<d_1 \leqslant 70$	4.0
$20<d_1 \leqslant 30$	2.5	$70<d_1 \leqslant 95$	4.5
$30<d_1 \leqslant 40$	3.0	$95<d_1 \leqslant 130$	5.5

腔体内孔尺寸

基本宽度 b	最小内 孔深	倒角 长度	最大圆 角半径
$\leqslant 10$	$b+0.9$	0.70~1.00	0.50
>10	$b+1.2$	1.20~1.50	0.75

注：1. 标准中考虑到国内实际情况，除全部采用国际标准的基本尺寸外，还补充了若干种国内常用的规格，并加括号以示区别。轴表面磨削至表面粗糙度 Ra 值为 $0.2～0.63\mu m$，直径公差 d_1 不超过 h11，D 不超过 H8。

2. 安装要求中若轴端采用倒圆倒入导角，则倒圆的圆角半径不小于表中的 d_1-d_2 之值。

表 13-14　油沟式密封槽
（单位：mm）

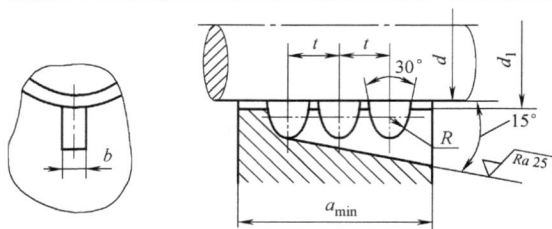

轴径 d	25~80	>80~120	>120~180	油沟数 n
R	1.5	2	2.5	2~4（使用 3 个较多）
t	4.5	6	7.5	
b	4	5	6	
d_1	$d+1$			
a_{min}	$nt+R$			

表 13-15　迷宫式密封槽
（单位：mm）

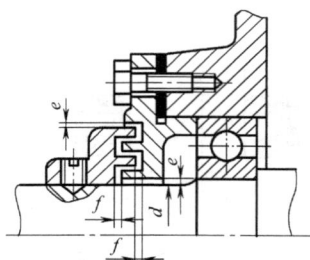

轴径 d	10~50	50~80	80~110	110~180
e	0.2	0.3	0.4	0.5
f	1	1.5	2	2.5

表 13-16　挡油环

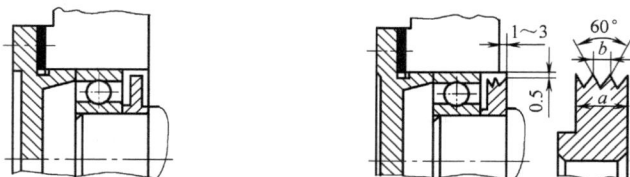

a)

a）用于油润滑和脂润滑

b)

b）用于脂润滑，密封效果较好　$a=6~9$ mm，$b=2~3$ mm

表 13-17　甩油环

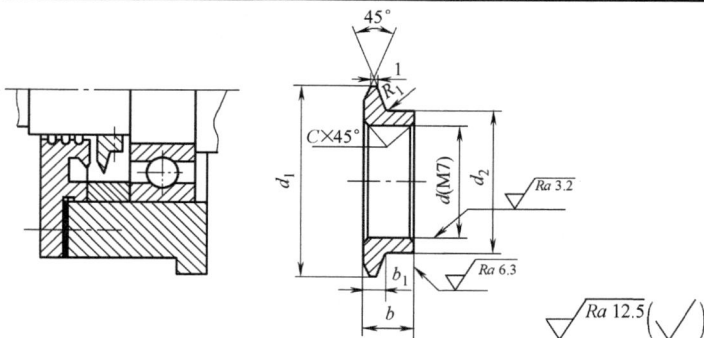

油径 d	d_1	d_2	b（参考）	b_1	C
30	48	36	12	4	0.5
35	65	42	12	4	0.5
40	75	50	12	4	0.5
50	90	60	12	5	0.5
55	100	65	12	5	0.5
65	115	80	15	5	1
80	140	95	30	7	1

13.5　通气器（见表 13-18）

表 13-18　通气器结构形式及其尺寸　　　　　　　　　　（单位：mm）

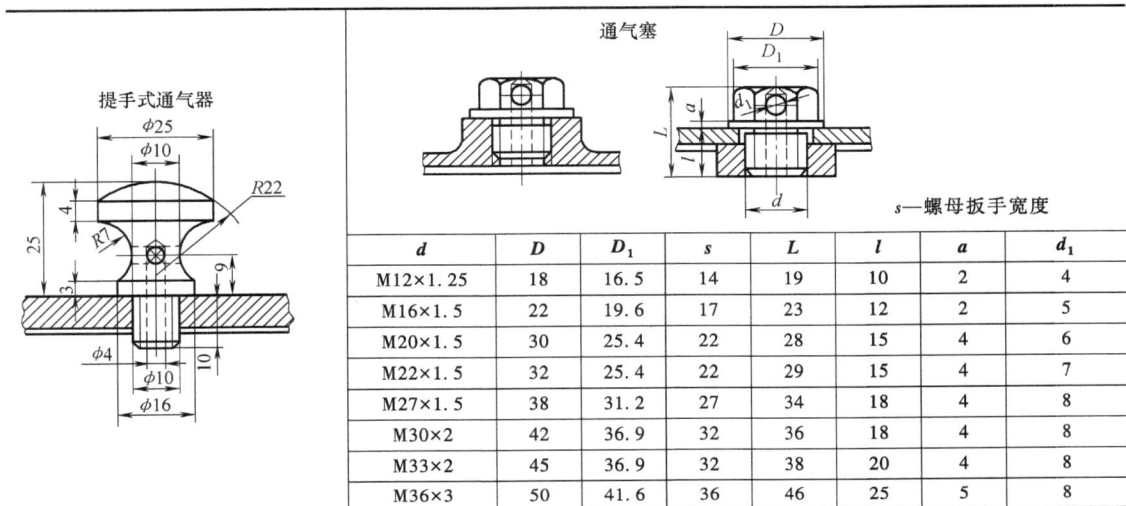

提手式通气器

通气塞

s—螺母扳手宽度

d	D	D_1	s	L	l	a	d_1
M12×1.25	18	16.5	14	19	10	2	4
M16×1.5	22	19.6	17	23	12	2	5
M20×1.5	30	25.4	22	28	15	4	6
M22×1.5	32	25.4	22	29	15	4	7
M27×1.5	38	31.2	27	34	18	4	8
M30×2	42	36.9	32	36	18	4	8
M33×2	45	36.9	32	38	20	4	8
M36×3	50	41.6	36	46	25	5	8

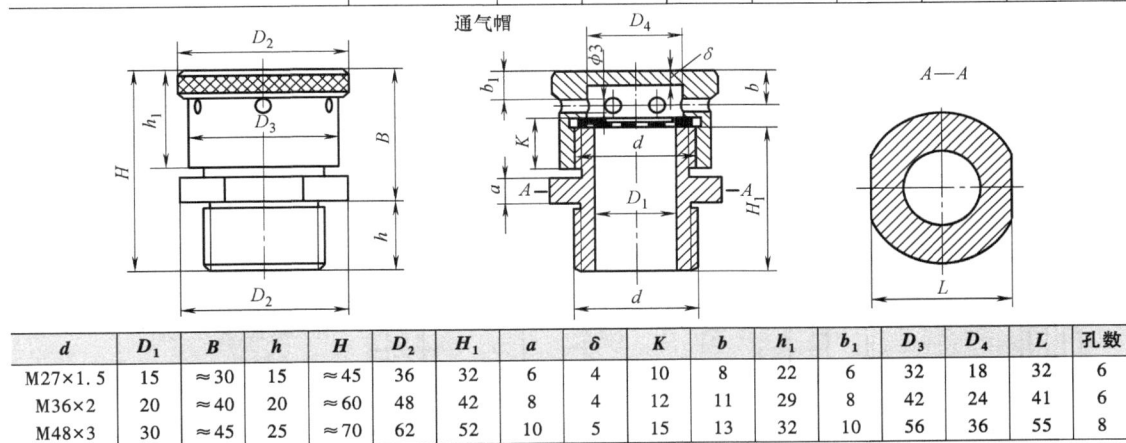

通气帽

d	D_1	B	h	H	D_2	H_1	a	δ	K	b	h_1	b_1	D_3	D_4	L	孔数
M27×1.5	15	≈30	15	≈45	36	32	6	4	10	8	22	6	32	18	32	6
M36×2	20	≈40	20	≈60	48	42	8	4	12	11	29	8	42	24	41	6
M48×3	30	≈45	25	≈70	62	52	10	5	15	13	32	10	56	36	55	8

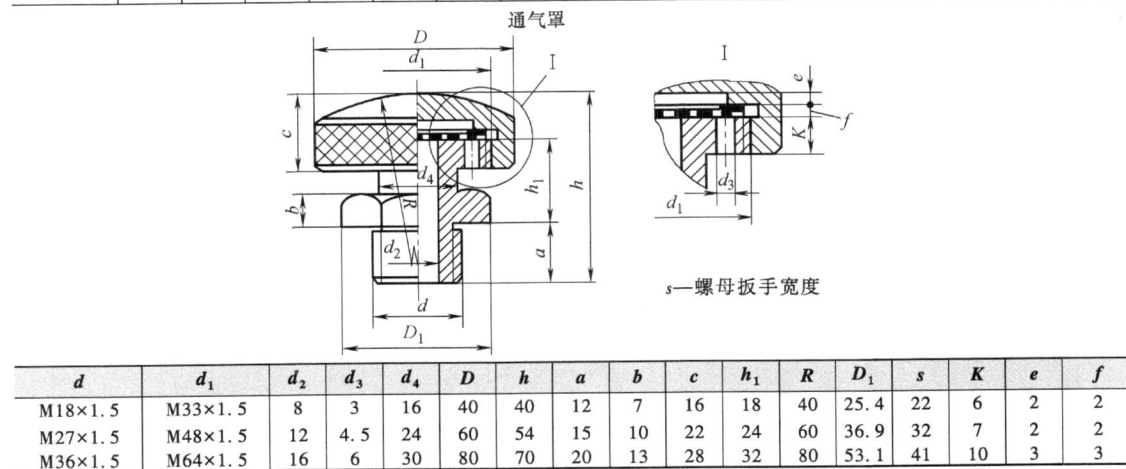

通气罩

s—螺母扳手宽度

d	d_1	d_2	d_3	d_4	D	h	a	b	c	h_1	R	D_1	s	K	e	f
M18×1.5	M33×1.5	8	3	16	40	40	12	7	16	18	40	25.4	22	6	2	2
M27×1.5	M48×1.5	12	4.5	24	60	54	15	10	22	24	60	36.9	32	7	2	2
M36×1.5	M64×1.5	16	6	30	80	70	20	13	28	32	80	53.1	41	10	3	3

13.6　轴承端盖、套杯（见表13-19～表13-21）

表 13-19　凸缘式轴承盖　　　　（单位：mm）

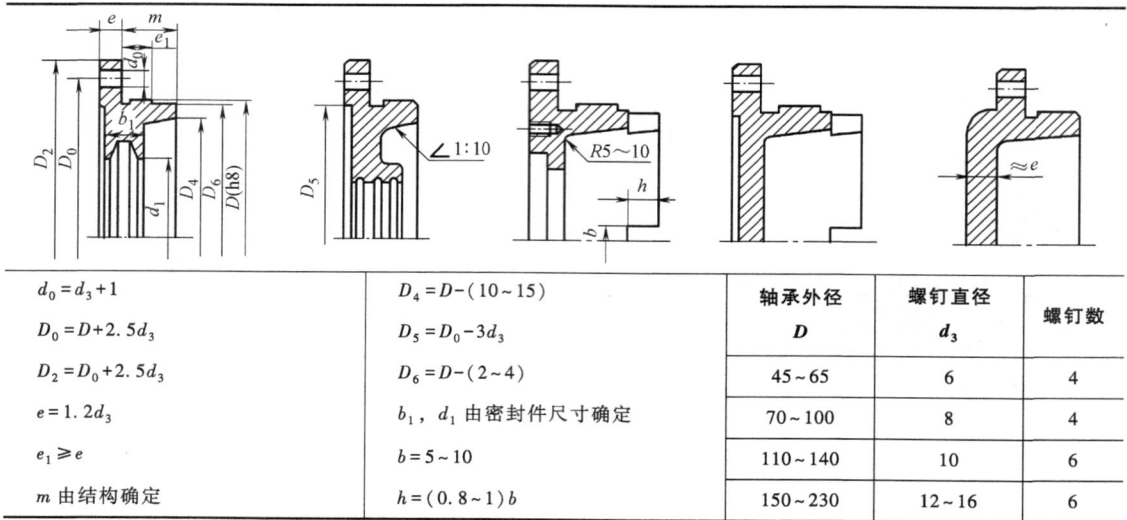

$d_0 = d_3 + 1$	$D_4 = D - (10 \sim 15)$
$D_0 = D + 2.5 d_3$	$D_5 = D_0 - 3 d_3$
$D_2 = D_0 + 2.5 d_3$	$D_6 = D - (2 \sim 4)$
$e = 1.2 d_3$	b_1，d_1 由密封件尺寸确定
$e_1 \geqslant e$	$b = 5 \sim 10$
m 由结构确定	$h = (0.8 \sim 1) b$

轴承外径 D	螺钉直径 d_3	螺钉数
45～65	6	4
70～100	8	4
110～140	10	6
150～230	12～16	6

注：材料为 HT150。

表 13-20　嵌入式轴承盖　　　　（单位：mm）

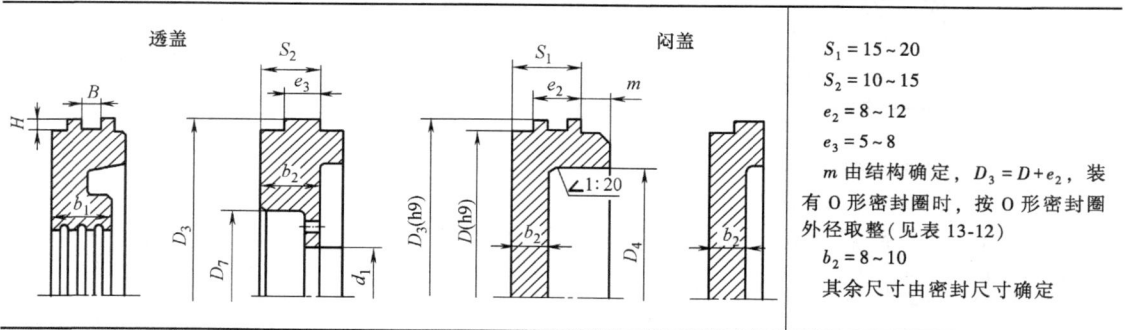

$S_1 = 15 \sim 20$

$S_2 = 10 \sim 15$

$e_2 = 8 \sim 12$

$e_3 = 5 \sim 8$

m 由结构确定，$D_3 = D + e_2$，装有 O 形密封圈时，按 O 形密封圈外径取整（见表13-12）

$b_2 = 8 \sim 10$

其余尺寸由密封尺寸确定

注：材料为 HT150。

表 13-21　套杯　　　　（单位：mm）

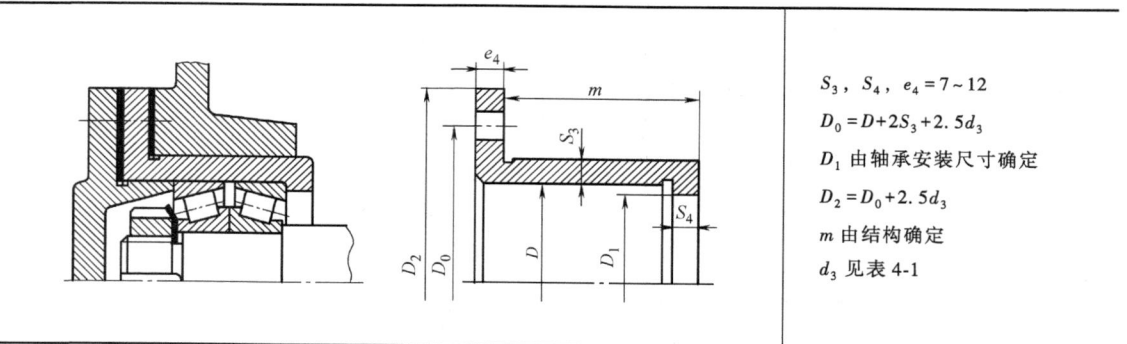

S_3，S_4，$e_4 = 7 \sim 12$

$D_0 = D + 2 S_3 + 2.5 d_3$

D_1 由轴承安装尺寸确定

$D_2 = D_0 + 2.5 d_3$

m 由结构确定

d_3 见表 4-1

注：材料为 HT150。

第14章　　　　联　轴　器

常用联轴器见表 14-1 ~ 表 14-7。

表 14-1　联轴器轴孔和键槽的形式、代号及系列尺寸（GB/T 3852—2017 摘录）　　　（单位：mm）

轴孔	长圆柱形轴孔（Y 型）	有沉孔的短圆柱形轴孔（J 型）	有沉孔的圆锥形轴孔（Z 型）
键槽	A 型　　B 型　　B₁ 型	120°	b、t尺寸参照键联接　　C 型

		轴孔和 C 型键槽尺寸													
直径	轴孔长度			沉孔		C 型键槽		直径	轴孔长度			沉孔		C 型键槽	
	L						t_2		L						t_2
d, d_2	Y 型	J、Z 型	L_1	d_1	R	b	公称尺寸	极限偏差	d, d_2	Y 型	J、Z 型	L_1	d_1	R	b	公称尺寸	极限偏差
16						3	8.7		55	112	84	112	95		14	29.2	
18	42	30	42				10.1		56							29.7	
19				38		4	10.6		60							31.7	
20							10.9		63				105		16	33.2	
22	52	38	52	1.5			11.9		65	142	107	142		2.5		34.2	
24							13.4	±0.1	70							36.8	
25	62	44	62	48		5	13.7		71				120		18	37.3	
28							15.2		75							39.3	
30							15.8		80				140		20	41.6	±0.2
32	82	60	82	55			17.3		85	172	132	172				44.1	
35						6	18.8		90				160		22	47.1	
38							20.3		95					3		49.6	
40				65	2	10	21.2		100				180		25	51.3	
42							22.2		110	212	167	212				56.3	
45	112	84	112	80			23.7	±0.2	120				210		28	62.3	
48						12	25.2		125					4		64.7	
50				95			26.2		130	252	202	252	235			66.4	

	轴孔与轴伸的配合、键槽宽度 b 的极限偏差		
d, d_2	圆柱形轴孔与轴伸的配合	圆锥形轴孔的直径偏差	键槽宽度 b 的极限偏差
6 ~ 30	H7/j6	JS10	P9
>30 ~ 50	H7/k6	（圆锥角度及圆锥形状	（或 JS9，D10）
>50	H7/m6	根据使用要求也可选用 H7/r6 或 H7/n6　公差应小于直径公差）	

注：1. 无沉孔的圆锥形轴孔（Z₁ 型）和 B₁ 型、D 型键槽尺寸，详见 GB/T 3852—2017。
　　2. Y 型限用于圆柱形轴伸的电动机端。

表 14-2　凸缘联轴器（GB/T 5843—2003 摘录）

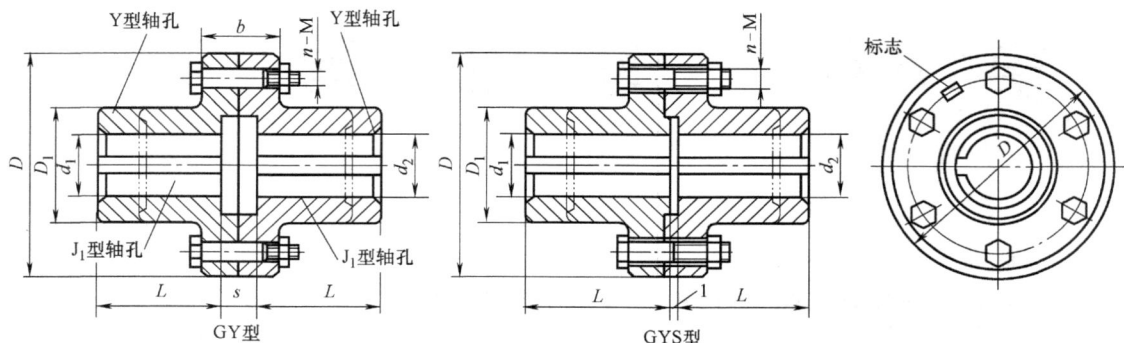

标记示例：

GY5 联轴器 $\dfrac{J_1 30\times 60}{J_1 B28\times 44}$　GB/T 5843—2003

主动端：J_1 型轴孔，A 型键槽，$d = 30$ mm，$L = 60$ mm
从动端：J_1 型轴孔，B 型键槽，$d = 28$ mm，$L = 44$ mm

型号	公称转矩 T_n/ N·m	许用转速 [n]/ r·min⁻¹	轴孔直径 d_1、d_2/ mm	轴孔长度 L/mm		D	D_1	b	s	转动惯量 I/ kg·m²	质量 m/ kg
				Y 型	J_1 型			mm			
GY1 GYS1	25	12000	12, 14	32	27	80	30	26		0.0008	1.16
			16, 18, 19	42	30						
GY2 GYS2	63	10000	16, 18, 19	42	30	90	40	28	6	0.0015	1.72
			20, 22, 24	52	38						
			25	62	44						
GY3 GYS3	112	9500	20, 22, 24	52	38	100	45	30		0.0025	2.38
			25, 28	62	44						
GY4 GYS4	224	9000	25, 28	62	44	105	55	32		0.003	3.15
			30, 32, 35	82	60						
GY5 GYS5	400	8000	30, 32, 35, 38	82	60	120	68	36		0.007	5.43
			40, 42	112	84						
GY6 GYS6	900	6800	38	82	60	140	80	40	8	0.015	7.59
			40, 42, 45, 48, 50	112	84						
GY7 GYS7	1600	6000	48, 50, 55, 56	112	84	160	100	40		0.031	13.1
			60, 63	142	107						
GY8 GYS8	3150	4800	60, 63, 65, 70, 71, 75	142	107	200	130	50		0.103	27.5
			80	172	132						
GY9 GYS9	6300	3600	75	142	107	260	160	66		0.319	47.8
			80, 85, 90, 95	172	132						
			100	212	167						
GY10 GYS10	10000	3200	90, 95	172	132	300	200	72	10	0.720	82.0
			100, 110, 120, 125	212	167						
GY11 GYS11	25000	2500	120, 125	212	167	380	260	80		2.278	162.2
			130, 140, 150	252	202						
			160	302	242						
GY12 GYS12	50000	2000	150	252	202	460	320	92	12	5.923	285.6
			160, 170, 180	302	242						
			190, 200	352	282						

注：1. 质量、转动惯量是按 GY 型联轴器 Y/J_1 轴孔组合形式和最小轴孔直径计算的。

　　2. 本联轴器不具备径向、轴向和角向的补偿性能，刚性好，传递转矩大，结构简单，工作可靠，维护简便，适用于两轴对中精度良好的一般轴系传动。

表 14-3　GICL 型鼓形齿式联轴器（JB/T 8854.3—2001 摘录）

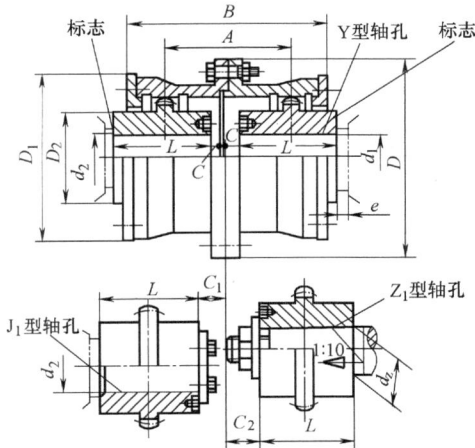

标记示例：

GICL4 联轴器 $\dfrac{50\times112}{J_1 B45\times84}$ ZB/T 8854.3—2001

主动端：Y 型轴孔，A 型键槽，$d_1=50$ mm，$L=112$ mm

从动端：J_1 型轴孔，B 型键槽，$d_2=45$ mm，$L=84$ mm

型号	公称转矩 T_n/N·m	许用转速 $[n]$/r·min⁻¹	轴孔直径 d_1, d_2, d_z	轴孔长度 L Y型	轴孔长度 L J_1、Z_1型	D	D_1	D_2	B	A	C	C_1	C_2	e	转动惯量 I/kg·m²	质量 m/kg
															mm	
G Ⅰ CL1	800	7100	16, 18, 19	42	—	125	95	60	115	75	20	—	—	30	0.009	5.9
			20, 22, 24	52	38						10	—	24			
			25, 28	62	44						2.5	—	19			
			30, 32, 35, 38	82	60							15	22			
G Ⅰ CL2	1400	6300	25, 28	62	44	144	120	75	135	88	10.5	—	29	30	0.02	9.7
			30, 32, 35, 38	82	60						2.5	12.5	30			
			40, 42, 45, 48	112	84							13.5	28			
G Ⅰ CL3	2800	5900	30, 32, 35, 38	82	60	174	140	95	155	106	24.5		25	30	0.047	17.2
			40, 42, 45, 48, 50, 55, 56	112	84						3	17	28			
			60	142	107								35			
G Ⅰ CL4	5000	5400	32, 35, 38	82	60	196	165	115	178	125	14	37	32	30	0.091	24.9
			40, 42, 45, 48, 50, 55, 56	112	84						3	17	28			
			60, 63, 65, 70	142	107								35			
G Ⅰ CL5	8000	5000	40, 42, 45, 48, 50, 55, 56	112	84	224	183	130	198	142	3	25	28	30	0.167	38
			60, 63, 65, 70, 71, 75	142	107							20	35			
			80	172	132							22	43			
G Ⅰ CL6	11200	4800	48, 50, 55, 56	112	84	241	200	145	218	160	6	35	35	30	0.267	48.2
			60, 63, 65, 70, 71, 75	142	107						4	20	35			
			80, 85, 90	172	132							22	43			
G Ⅰ CL7	15000	4500	60, 63, 65, 70, 71, 75	142	107	260	230	160	244	180	4	35	35	30	0.453	68.9
			80, 85, 90, 95	172	132							22	43			
			100	212	167								48			
G Ⅰ CL8	21200	4000	65, 70, 71, 75	142	107	282	245	175	264	193	5	35	35	30	0.646	83.3
			80, 85, 90, 95	172	132							22	43			
			100, 110	212	167								48			
G Ⅰ CL9	26500	3500	70, 71, 75	142	107	314	270	200	284	208	10	45	45	30	1.036	110
			80, 85, 90, 95	172	132						5	22	43			
			100, 110, 120, 125	212	167								49			

注：1. J_1 型轴孔根据需要也可以不使用轴端挡圈。

2. 本联轴器具有良好的补偿两轴综合位移的能力，外形尺寸小，承载能力高，能在高转速下可靠地工作，适用于重型机械及长轴的连接，但不宜用于立轴的连接。

表 14-4 弹性套柱销联轴器（GB/T 4323—2017 摘录）

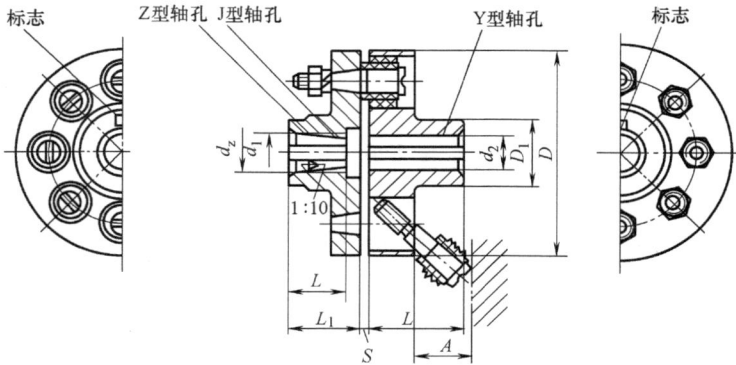

标记示例：

LT8 联轴器 $\dfrac{ZC50×84}{60×142}$ GB/T 4323—2017

主动端：Z 型轴孔，C 型键槽，

　　　　$d_z = 50\text{mm}$，$L = 84\text{mm}$

从动端：Y 型轴孔，A 型键槽，

　　　　$d_1 = 60\text{mm}$，$L = 142\text{mm}$

型号	公称转矩 /N·m	许用转速 /r·min⁻¹	轴孔直径 d_1、d_2、d_z	轴孔长度 Y 型 L	轴孔长度 J 型 L_1	轴孔长度 Z 型 L	D	D_1	S	A	转动惯量 /kg·m²	质量 /kg	许用补偿量（参考）径向 Δy/mm	许用补偿量（参考）角向 Δα
					mm									
LT1	16	8800	10，11	22	25	22	71	22	3	18	0.0004	0.7		
			12，14	27	32	27								
LT2	16	7600	12，14	27	32	27	80	30	3	18	0.001	1.0	0.2	1°30′
			16，18，19	30	42	30								
LT3	63	6300	16，18，19	30	42	30	95	35	4	35	0.002	2.2		
			20，22	38	52	38								
LT4	100	5700	20，22，24	38	52	38	106	42	4	35	0.004	3.2		
			25，28	44	62	44								
LT5	224	4600	25，28	44	62	44	130	56	5	45	0.011	5.5		
			30，32，35	60	82	60							0.3	
LT6	355	3800	32，35，38	60	82	60	160	71	5	45	0.026	9.6		
			40，42	84	112	84								
LT7	560	3600	40，42，45，48	84	112	84	190	80	5	45	0.06	15.7		
LT8	1120	3000	40，42，45，48，50，55	84	112	84	224	95	6	65	0.13	24.0		1°
			60，63，65	107	142	107								
LT9	1600	2850	50，55	84	112	84	250	110	6	65	0.20	31.0	0.4	
			60，63，65，70	107	142	107								
LT10	3150	2300	63，65，70，75	107	142	107	315	150	8	80	0.64	60.2		
			80，85，90，95	132	172	132								
LT11	6300	1800	80，85，90，95	132	172	132	400	190	10	100	2.06	114		
			100，110	167	212	167							0.5	
LT12	12500	1450	100，110，120，125	167	212	167	475	220	12	130	5.00	212		0°30′
			130	202	252	202								
LT13	22400	1150	120，125	167	212	167	600	280	14	180	16.0	416	0.6	
			130，140，150	202	252	202								
			160，170	242	302	242								

注：1. 质量、转动惯量按材料为铸钢、无孔计算近似值。

　　2. 本联轴器具有一定补偿两轴线相对偏移和减振缓冲的能力，适用于安装底座刚性好，冲击载荷不大的中、小功率轴系传动，可用于经常正反转、起动频繁的场合，工作温度为 −20~70℃。

表 14-5　弹性柱销联轴器（GB/T 5014—2017 摘录）

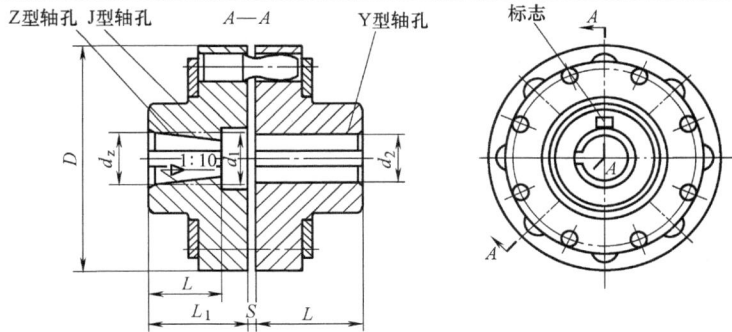

标记示例：

LX7 弹性柱销联轴器 $\dfrac{ZC75×107}{JB70×107}$ GB/T 5014—2017

主动端：Z 型轴孔，C 型键槽，$d_z = 75$ mm，$L = 107$ mm
从动端：J 型轴孔，B 型键槽，$d_1 = 70$ mm，$L = 107$ mm

型号	公称转矩 /N·m	许用转速 /r·min⁻¹	轴孔直径 d_1、d_2、d_z mm	轴孔长度 Y 型 L	轴孔长度 J、Z 型 L	轴孔长度 J、Z 型 L_1	D	S	转动惯量 /kg·m²	质量 /kg	许用补偿量(参考) 径向 Δy/mm	许用补偿量(参考) 轴向 Δy/mm	许用补偿量(参考) 角向 $\Delta\alpha$
LX1	250	8500	12、14	32	27	—	90	2.5	0.002	2		±0.5	
			16、18、19	42	30	42							
			20、22、24	52	38	52							
LX2	560	6300	20、22、24	52	38	52	120	2.5	0.009	5	0.15	±1	
			25、28	62	44	62							
			30、32、35	82	60	82							
LX3	1250	4750	30、32、35、38	82	60	82	160	2.5	0.026	8			
			40、42、45、48	112	84	112							
LX4	2500	3870	40、42、45、48、50、55、56	112	84	112	195	3	0.109	22		±5	
			60、63	142	107	142							
LX5	3150	3450	50、55、56	112	84	112	220	3	0.191	30			
			60、63、65、70、71、75	142	107	142							
LX6	6300	2720	60、63、65、70、71、75	142	107	142	280	4	0.543	53			≤0°30′
			80、85	172	132	172							
LX7	11200	2360	70、71、75	142	107	142	320	4	1.314	98	0.20	±2	
			80、85、90、95	172	132	172							
			100、110	212	167	212							
LX8	16000	2120	80、85、90、95	172	132	172	360	5	2.023	119			
			100、110、120、125	212	167	212							
LX9	22400	1850	100、110、120、125	212	167	212	410	5	4.385	197			
			130、140	252	202	252							
LX10	35500	1600	110、120、125	212	167	212	480	6	9.760	322			
			130、140、150	252	202	252							
			160、170、180	302	242	302							
LX11	50000	1400	130、140、150	252	202	252	540	6	20.05	520	0.25	±2.5	
			160、170、180	302	242	302							
			190、200、220	352	282	352							
LX12	80000	1220	160、170、180	302	242	302	630	7	37.71	714			
			190、200、220	352	282	352							
			240、250、260	410	330	—							

（续）

型号	公称转矩 /N·m	许用转速 /r·min⁻¹	轴孔直径 d_1、d_2、d_z			轴孔长度			D	S	转动惯量 /kg·m²	质量 /kg	许用补偿量（参考）		
						Y型	J、Z型						径向 Δy/mm	轴向 Δy/mm	角向 $\Delta \alpha$
						L	L	L_1							
			mm												
LX13	125000	1060	190、200、220			352	282	352	710	8	71.37	1057	0.25	±2.5	≤0°30′
			240、250、260			410	330	—							
			280、300			470	380	—							
LX14	180000	950	240、250、260			410	330	—	800	8	170.6	1956			
			280、300、320			470	380	—							
			340			550	450	—							

注：1. 质量、转动惯量按 J/Y 组合型最小轴孔直径计算。

2. 本联轴器结构简单、制造容易、装拆更换弹性元件方便，有微量补偿两轴线偏移和缓冲吸振的能力，主要用于载荷较平稳，起动频繁，对缓冲要求不高的中、低速轴系传动，工作温度为 -20~70℃。

表 14-6 梅花型弹性联轴器（GB/T 5272—2017 摘录）

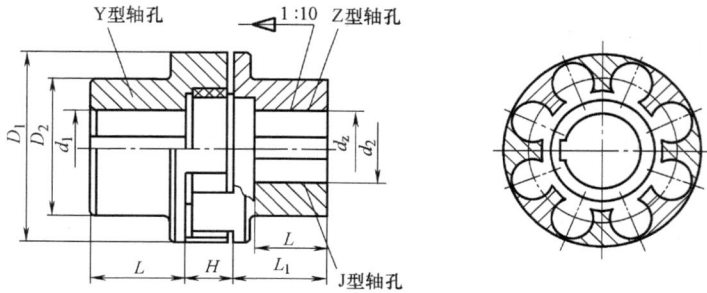

标记示例：

LM145 联轴器 45×112 GB/T 5272—2017

主动端：Y 型轴孔，A 型键槽，$d_1 = 45$mm，$L = 112$mm

从动端：Y 型轴孔，A 型键槽，$d_2 = 45$mm，$L = 112$mm

型号	公称转矩 /N·m	最大转矩 /N·m	许用转速 /r·min⁻¹	轴孔直径 d_1、d_2、d_z	轴孔长度			D_1	D_2	H	转动惯量 /kg·m²	质量 /kg
					Y型	J、Z型						
					L	L_1	L					
				mm								
LM50	28	50	15000	10、11	22	—	—	50	42	16	0.0002	1.00
				12、14	27	—	—					
				16、18、19	30	—	—					
				20、22、24	38	—	—					
LM70	112	200	11000	12、14	27	—	—	70	55	23	0.0011	2.50
				16、18、19	30	—	—					
				20、22、24	38	—	—					
				25、28	44	—	—					
				30、32、35、38	60	—	—					
LM85	160	288	9000	16、18、19	30	—	—	85	60	24	0.0022	3.42
				20、22、24	38	—	—					
				25、28	44	—	—					
				30、32、35、38	60	—	—					

（续）

型号	公称转矩/N·m	最大转矩/N·m	许用转速/r·min⁻¹	轴孔直径 d₁、d₂、dₓ	轴孔长度 Y型 L	J、Z型 L₁	J、Z型 L	D₁	D₂	H	转动惯量/kg·m²	质量/kg
					mm							
LM105	355	640	7250	18, 19	30	—	—	105	65	27	0.0051	5.15
				20, 22, 24	38	—	—					
				25, 28	44	—	—					
				30, 32, 35, 38	60	—	—					
				40, 42	84	—	—					
LM125	450	810	6000	20, 22, 24	38	52	38	125	85	33	0.014	10.1
				25, 28	44	62	44					
				30, 32, 35, 38	60	82	60					
				40, 42, 45, 48, 50, 55	84	—	—					
LM145	710	1280	5250	25, 28	44	62	44	145	95	39	0.025	13.1
				30, 32, 35, 38	60	82	60					
				40, 42, 45, 48, 50, 55	84	112	84					
				60, 63, 65	107	—	—					
LM170	1250	2250	4500	30, 32, 35, 38	60	82	60	170	120	41	0.055	21.2
				40, 42, 45, 48, 50, 55	84	112	84					
				60, 63, 65, 70, 75	107	—	—					
				80, 85	132	—	—					
LM200	2000	3600	3750	35, 38	60	82	60	200	135	48	0.119	33.0
				40, 42, 45, 48, 50, 55	84	112	84					
				60, 63, 65, 70, 75	107	142	107					
				80, 85, 90, 95	132	—	—					
LM230	3150	5670	3250	40, 42, 45, 48, 50, 55	84	112	84	230	150	50	0.217	45.5
				60, 63, 65, 70, 75	107	142	107					
				80, 85, 90, 95	132	—	—					
LM260	5000	9000	3000	45, 48, 50, 55	84	112	84	260	180	60	0.458	75.2
				60, 63, 65, 70, 75	107	142	107					
				80, 85, 90, 95	132	172	132					
				100, 110, 120, 125	167	—	—					
LM300	7100	12780	2500	60, 63, 65, 70, 75	107	142	107	300	200	67	0.804	99.2
				80, 85, 90, 90	132	172	132					
				100, 110, 120, 125	167	—	—					
				130, 140	202	—	—					
LM360	12500	22500	2150	60, 63, 65, 70, 75	107	142	107	360	225	73	1.73	148.1
				80, 85, 90, 95	132	172	132					
				100, 110, 120, 125	167	212	167					
				130, 140, 150	202	—	—					
LM400	14000	25200	1900	80, 85, 90, 95	132	172	132	400	250	73	2.84	197.5
				100, 110, 120, 125	167	212	167					
				130, 140, 150	202	—	—					
				160	242	—	—					

注：LMS 型（法兰型）联轴器和 LML 型（带制动轮型）联轴器的类型、基本尺寸和主要尺寸见 GB/T 5272—2017。

表 14-7　尼龙滑块联轴器（JB/ZQ 4384—2006 摘录）

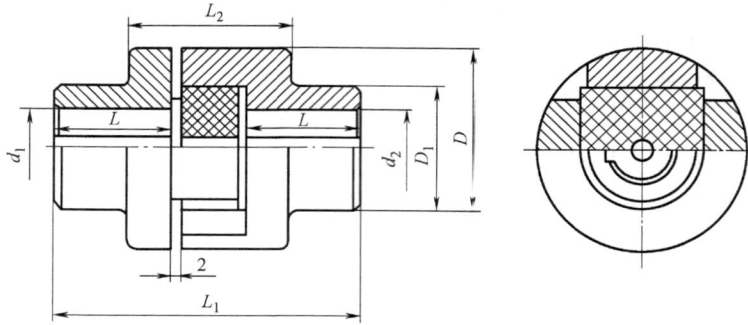

标记示例：

WH6 联轴器 $\dfrac{35\times82}{J_1 38\times60}$ JB/ZQ 4384—2006

主动端：Y 型轴孔，A 型键槽，$d_1 = 35$ mm，$L = 82$ mm

从动端：J_1 型轴孔，A 型键槽，$d_2 = 38$ mm，$L = 60$ mm

型号	公称转矩 /N·m	许用转速 /r·min⁻¹	轴孔直径 d_1、d_2/mm	轴孔长度 L/mm Y 型	J_1 型	D /mm	D_1 /mm	L_2 /mm	L_1 /mm	质量 /kg	转动惯量 /kg·m²
WH1	16	10000	10, 11	25	22	40	30	52	67	0.6	0.0007
			12, 14	32					81		
WH2	31.5	8200	12, 14		27	50	32	56	86	1.5	0.0038
			16, (17), 18	42	30				106		
WH3	73	7000	(17), 18, 19			70	40	60		1.8	0.0063
			20, 22	52	38				126		
WH4	160	5700	20, 22, 24			80	50	64		2.5	0.013
			25, 28	62	44				146		
WH5	280	4700	25, 28			100	70	75	151	5.8	0.045
			30, 32, 35	82	60				191		
WH6	500	3800	30, 32, 35, 38			120	80	90	201	9.5	0.12
			40, 42, 45						261		
WH7	900	3200	40, 42, 45, 48	112	84	150	100	120	266	25	0.43
			50, 55								
WH8	1800	2400	50, 55			190	120	150	276	55	1.98
			60, 63, 65, 70	142	107				336		
WH9	3550	1800	65, 70, 75			250	150	180	346	85	4.9
			80, 85	172	132				406		
WH10	5000	1500	80, 85, 90, 95			330	190	180	406	120	7.5
			100	212	167				486		

注：1. 装配时两轴的许用补偿量：轴向 $\Delta x = 1\sim2$mm；径向 $\Delta y \leqslant 0.2$mm；角向 $\Delta\alpha \leqslant 0°40'$。

　　2. 括号内的数值尽量不用。

　　3. 本联轴器具有一定补偿两轴相对偏移量、减振和缓冲性能，适用于中、小功率，转速较高，转矩较小的轴系传动，如控制器、油泵装置等，工作温度为 $-20\sim70$℃。

第15章 极限与配合、几何公差和表面粗糙度

15.1 极限与配合

孔（或轴）的公称尺寸、上极限尺寸和下极限尺寸的关系如图 15-1a 所示。在实际应用中，为简化起见，一般不画出孔（或轴），仅用公差带图来表示其公称尺寸、尺寸公差及偏差的关系，如图 15-1b 所示。

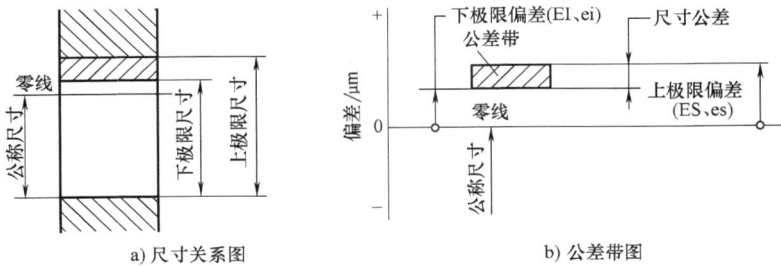

a) 尺寸关系图　　　　b) 公差带图

图 15-1　尺寸关系及其公差带

基本偏差是确定公差带相对零线的极限偏差，它可以是上极限偏差或下极限偏差，一般为靠近零线的偏差，如图 15-1b 所示的基本偏差为下极限偏差。基本偏差的代号用一个或两个拉丁字母表示，对孔用大写字母 A、…、ZC 表示；对轴用小写字母 a、…、zc 表示。图 15-2 所示为基本偏差系列及其代号，其中，基本偏差 H 代表基准孔，h 代表基准轴。极限偏差即上极限偏差和下极限偏差。上极限偏差的代号，对孔用大写字母"ES"表示，对轴用小写字母"es"表示。下极限偏差的代号，对孔用大写字母"EI"表示，对轴用小写字母"ei"表示。

标准公差等级代号用符号 IT 和数字组成，例如 IT7。当其与代表基本偏差的字母一起组成公差带时，省略 IT 字母，即公差带用基本偏差的字母和公差等级数字表示。例如，H7 表示孔公差带；h7 表示轴公差带。标准公差等级分为 20 个等级，用 IT01、IT0、IT1～IT18 表示。标注公差的尺寸用公称尺寸后跟所要求的公差带对应的偏差值表示。例如，$\phi32$ H7、$\phi100$ g6、$\phi100^{-0.012}_{-0.034}$、$\phi100$ g6($^{-0.012}_{-0.034}$)。公称尺寸至 800 mm 的各级的标准公差数值见表 15-1。

配合用相同的公称尺寸后跟孔、轴公差带表示。孔、轴公差带写成分数形式，分子为孔公差带，分母为轴公差带。例如，$\phi100\dfrac{H7}{g6}$。

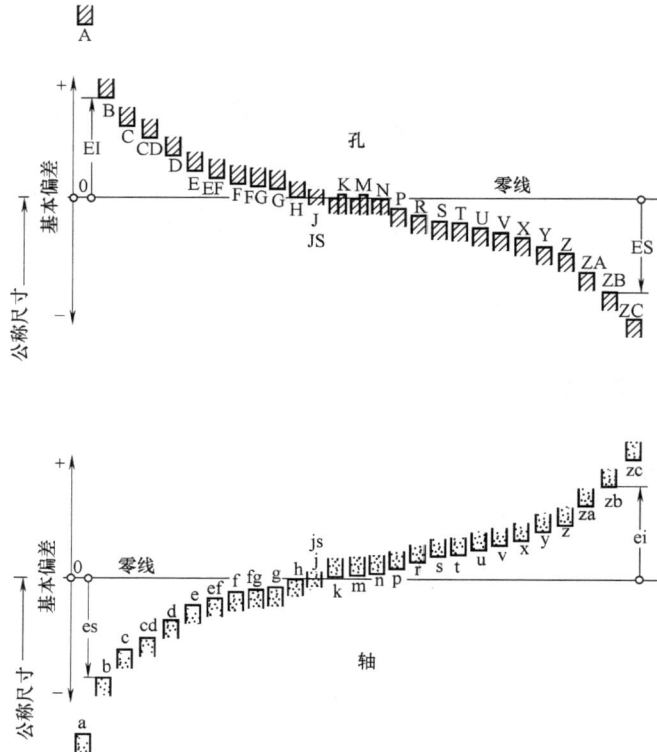

图 15-2　基本偏差系列示意图

表 15-1　公称尺寸至 800 mm 的标准公差数值（GB/T 1800.1—2009 摘录）

（单位：μm）

公称尺寸 /mm	标准公差等级																	
	IT1	IT2	IT3	IT4	IT5	IT6	IT7	IT8	IT9	IT10	IT11	IT12	IT13	IT14	IT15	IT16	IT17	IT18
≤3	0.8	1.2	2	3	4	6	10	14	25	40	60	100	140	250	400	600	1000	1400
>3~6	1	1.5	2.5	4	5	8	12	18	30	48	75	120	180	300	480	750	1200	1800
>6~10	1	1.5	2.5	4	6	9	15	22	36	58	90	150	220	360	580	900	1500	2200
>10~18	1.2	2	3	5	8	11	18	27	43	70	110	180	270	430	700	1100	1800	2700
>18~30	1.5	2.5	4	6	9	13	21	33	52	84	130	210	330	520	840	1300	2100	3300
>30~50	1.5	2.5	4	7	11	16	25	39	62	100	160	250	390	620	1000	1600	2500	3900
>50~80	2	3	5	8	13	19	30	46	74	120	190	300	460	740	1200	1900	3000	4600
>80~120	2.5	4	6	10	15	22	35	54	87	140	220	350	540	870	1400	2200	3500	5400
>120~180	3.5	5	8	12	18	25	40	63	100	160	250	400	630	1000	1600	2500	4000	6300
>180~250	4.5	7	10	14	20	29	46	72	115	185	290	460	720	1150	1850	2900	4600	7200
>250~315	6	8	12	16	23	32	52	81	130	210	320	520	810	1300	2100	3200	5200	8100
>315~400	7	9	13	18	25	36	57	89	140	230	360	570	890	1400	2300	3600	5700	8900
>400~500	8	10	15	20	27	40	63	97	155	250	400	630	970	1550	2500	4000	6300	9700
>500~630	9	11	16	22	32	44	70	110	175	280	440	700	1100	1750	2800	4400	7000	11000
>630~800	10	13	18	25	36	50	80	125	200	320	500	800	1250	2000	3200	5000	8000	12500

注：1. 公称尺寸大于 500 mm 的 IT1~IT5 的数值为试行的。

　　2. 公称尺寸小于或等于 1 mm 时，无 IT14~IT18。

配合分基孔制配合和基轴制配合。在一般情况下，优先选用基孔制配合。如有特殊需要，允许将孔、轴公差带组合成配合。配合有间隙配合、过渡配合和过盈配合三种。属于哪一种配合取决于孔、轴公差带的相互关系。基孔制（基轴制）配合中，基本偏差 a~h(A~H) 用于间隙配合；基本偏差 j~zc(J~ZC) 用于过渡配合和过盈配合。各种偏差的应用及具体数值见表 15-2~表 15-7。

表 15-2　轴的各种基本偏差的应用

配合种类	基本偏差	配 合 特 性 及 应 用
间隙配合	a、b	可得到特别大的间隙，很少应用
	c	可得到很大的间隙，一般适用于缓慢、较松的动配合。用于工作条件较差（如农业机械）、受力变形，或为了便于装配而必须保证有较大的间隙时。推荐配合为 H11/c11，其较高级的配合，如 H8/c7 适用于轴在高温工作的紧密动配合，例如内燃机排气阀和导管
	d	一般用于 IT7~IT11，适用于松的转动配合，如密封盖、滑轮、空转带轮等与轴的配合。也适用于大直径滑动轴承配合，如透平机、球磨机、轧滚成型和重型弯曲机及其他重型机械中的一些滑动支承
	e	多用于 IT7~IT9，通常适用于要求有明显间隙、易于转动的支承配合，如大跨距、多支点支承等。高等级的轴适用于大型、高速、重载支承配合，如涡轮发电机、大型电动机、内燃机、凸轮轴及摇臂支承等
	f	多用于 IT6~IT8 的一般转动配合。当温度影响不大时，广泛用于普通润滑油（或润滑脂）润滑的支承，如齿轮箱、小电动机、泵等的转轴与滑动支承的配合
	g	配合间隙很小，制造成本高，除很轻负荷的精密装置外，不推荐用于转动配合。多用于 IT5~IT7，最适合不回转的精密滑动配合，也用于插销等定位配合，如精密连杆轴承、活塞、滑阀及连杆销等
	h	多用于 IT4~IT11。广泛用于无相对转动的零件，作为一般的定位配合。若没有温度、变形的影响，也用于精密滑动配合
过渡配合	js	为完全对称偏差（±IT/2），平均为稍有间隙的配合，多用于 IT4~IT7，要求间隙比基本偏差为 h 的轴小，并允许略有过盈的定位配合，如联轴器，可用手或用木槌装配
	k	平均为没有间隙的配合，适用于 IT4~IT7。推荐用于稍有过盈的定位配合。例如为了消除振动用的定位配合，一般用木槌装配
	m	平均为具有小过盈的过渡配合，适用于 IT4~IT7，一般用木槌装配，但在最大过盈时，要求相当的压入力
	n	平均过盈比 m 轴稍大，很少得到间隙，适用于 IT4~IT7 级，用锤或压力机装配，通常推荐用于紧密的组件配合。H6/n5 配合时为过盈配合
过盈配合	p	与 H6 或 H7 配合时为过盈配合，与 H8 孔配合时则为过渡配合。对非铁类零件为较轻的压入配合，易于拆卸；对钢、铸铁或铜、钢组件为标准压入配合
	r	对铁类零件为中等打入配合；对非铁类零件为轻打入配合，可以拆卸。与 H8 孔配合，直径在 100 mm 以上时为过盈配合，直径小时为过渡配合
	s	用于钢和铁制零件的永久性和半永久性装配，可产生相当大的结合力。当用弹性材料，如轻合金时，配合性质与铁类零件基本偏差为 p 的轴相当。例如，用于套环压装在轴上、阀座与机体等配合。尺寸较大时，为了避免损伤配合表面，需用热胀或冷缩法装配
	t、u、v、x、y、z	过盈量依次增大，一般不推荐采用

表 15-3 公差等级与加工方法的关系

加工方法	公 差 等 级（IT）																	
	01	0	1	2	3	4	5	6	7	8	9	10	11	12	13	14	15	16
研　磨	━	━	━	━	━	━	━											
珩					━	━	━	━	━									
圆磨、平磨							━	━	━	━								
金刚石车、金刚石镗							━	━	━									
拉　削							━	━	━	━								
铰　孔								━	━	━	━							
车、镗									━	━	━	━	━					
铣										━	━	━	━					
刨、插												━	━					
钻　孔												━	━	━				
滚压、挤压												━	━					
冲　压												━	━	━	━	━		
压　铸													━	━	━	━		
粉末冶金成形								━	━	━								
粉末冶金烧结									━	━	━							
砂型铸造、气割																━	━	━
锻　造																	━	━

表 15-4 优先配合特性及应用举例

基孔制	基轴制	优先配合特性及应用举例
$\dfrac{H11}{c11}$	$\dfrac{C11}{h11}$	间隙非常大，用于很松的、转动很慢的动配合，或要求大公差与大间隙的外露组件，或要求装配方便的、很松的配合
$\dfrac{H9}{d9}$	$\dfrac{D9}{h9}$	间隙很大的自由转动配合，用于精度为非主要要求，或有大的温度变动、高转速或大的轴颈压力时
$\dfrac{H8}{f7}$	$\dfrac{F8}{h7}$	间隙不大的转动配合，用于中等转速与中等轴颈压力的精确转动，也用于较易装配的中等定位配合
$\dfrac{H7}{g6}$	$\dfrac{G7}{h6}$	间隙很小的滑动配合，用于不希望自由转动，但可自由移动和滑动并精密定位时，也可用于要求明确的定位配合
$\dfrac{H7}{h6}$、$\dfrac{H8}{h7}$ $\dfrac{H9}{h9}$、$\dfrac{H11}{h11}$	$\dfrac{H7}{h6}$、$\dfrac{H8}{h7}$ $\dfrac{H9}{h9}$、$\dfrac{H11}{h11}$	均为间隙定位配合，零件可自由装拆，而工作时一般相对静止不动。在最大实体条件下的间隙为零，在最小实体条件下的间隙由公差等级决定
$\dfrac{H7}{k6}$	$\dfrac{K7}{h6}$	过渡配合，用于精密定位
$\dfrac{H7}{n6}$	$\dfrac{N7}{h6}$	过渡配合，允许有较大过盈的更精密定位
$\dfrac{H7}{p6}$ *	$\dfrac{P7}{h6}$	过盈定位配合，即小过盈配合，用于定位精度特别重要时，能以最好的定位精度达到部件的刚性及对中性要求，而对内孔承受的压力无特殊要求，不依靠配合的紧固性传递摩擦负荷
$\dfrac{H7}{s6}$	$\dfrac{S7}{h6}$	中等压入配合，适用于一般钢件，或用于薄壁件的冷缩配合，用于铸铁件可得到最紧的配合
$\dfrac{H7}{u6}$	$\dfrac{U7}{h6}$	压入配合，适用于可以承受大压入力的零件或不宜承受大压入力的冷缩配合

注：＊公称尺寸小于或等于 3 mm 为过渡配合。

表 15-5　轴的极限偏差（GB/T 1800.2—2020 摘录）　　　　　　（单位：μm）

公称尺寸/mm 大于	至	a 10	a 11*	b 10	b 11*	b 12*	c 8	c 9*	c 10*	c ▲11	c 12	d 7	d 8*	d ▲9	d 10*	d 11*
—	3	−270 −310	−270 −330	−140 −180	−140 −200	−140 −240	−60 −74	−60 −85	−60 −100	−60 −120	−60 −160	−20 −30	−20 −34	−20 −45	−20 −60	−20 −80
3	6	−270 −318	−270 −345	−140 −188	−140 −215	−140 −260	−70 −88	−70 −100	−70 −118	−70 −145	−70 −190	−30 −42	−30 −48	−30 −60	−30 −78	−30 −105
6	10	−280 −338	−280 −370	−150 −208	−150 −240	−150 −300	−80 −102	−80 −116	−80 −138	−80 −170	−80 −230	−40 −55	−40 −62	−40 −76	−40 −98	−40 −130
10	14	−290 −360	−290 −340	−150 −220	−150 −260	−150 −330	−95 −122	−95 −138	−95 −165	−95 −205	−95 −275	−50 −68	−50 −77	−50 −93	−50 −120	−50 −160
14	18															
18	24	−300 −384	−300 −430	−160 −244	−160 −290	−160 −370	−110 −143	−110 −162	−110 −194	−110 −240	−110 −320	−65 −86	−65 −98	−65 −117	−65 −149	−65 −195
24	30															
30	40	−310 −410	−310 −470	−170 −270	−170 −330	−170 −420	−120 −159	−120 −182	−120 −220	−120 −280	−120 −370	−80 −105	−80 −119	−80 −142	−80 −180	−80 −240
40	50	−320 −420	−320 −480	−180 −280	−180 −340	−180 −430	−130 −169	−130 −192	−130 −230	−130 −290	−130 −380					
50	65	−340 −460	−340 −530	−190 −310	−190 −380	−190 −490	−140 −186	−140 −214	−140 −260	−140 −330	−140 −440	−100 −130	−100 −146	−100 −174	−100 −220	−100 −290
65	80	−360 −480	−360 −550	−200 −320	−200 −390	−200 −500	−150 −196	−150 −224	−150 −270	−150 −340	−150 −450					
80	100	−380 −520	−380 −600	−220 −360	−220 −440	−220 −570	−170 −224	−170 −257	−170 −310	−170 −390	−170 −520	−120 −155	−120 −174	−120 −207	−120 −260	−120 −340
100	120	−410 −550	−410 −630	−240 −380	−240 −460	−240 −590	−180 −234	−180 −267	−180 −320	−180 −400	−180 −530					
120	140	−460 −620	−460 −710	−260 −420	−260 −510	−260 −660	−200 −263	−200 −300	−200 −360	−200 −450	−200 −600	−145 −185	−145 −208	−145 −245	−145 −305	−145 −395
140	160	−520 −680	−520 −770	−280 −440	−280 −530	−280 −680	−210 −273	−210 −310	−210 370	−210 −460	−210 −610					
160	180	−580 −740	−580 −830	−310 −470	−310 −560	−310 −710	−230 −293	−230 −330	−230 −390	−230 −480	−230 −630					
180	200	−660 −845	−660 −950	−340 −525	−340 −630	−340 −800	−240 −312	−240 −355	−240 −425	−240 −530	−240 −700	−170 −216	−170 −242	−170 −285	−170 −355	−170 −460
200	225	−740 −925	−740 −1030	−380 −565	−380 −670	−380 −840	−260 −332	−260 −375	−260 −445	−260 −550	−260 −720					
225	250	−820 −1005	−820 −1110	−420 −605	−420 −710	−420 −880	−280 −352	−280 −395	−280 −465	−280 −570	−280 −740					
250	280	−920 −1130	−920 −1240	−480 −690	−480 −800	−480 −1000	−300 −381	−300 −430	−300 −510	−300 −620	−300 −820	−190 −242	−190 −271	−190 −320	−190 −400	−190 −510
280	315	−1050 −1260	−1050 −1370	−540 −750	−540 −860	−540 −1060	−330 −411	−330 −460	−330 −540	−330 −650	−330 −850					
315	355	−1200 −1430	−1200 −1560	−600 −830	−600 −960	−600 −1170	−360 −449	−360 −500	−360 −590	−360 −720	−360 −930	−210 −267	−210 −299	−210 −350	−210 −440	−210 −570
355	400	−1350 −1580	−1350 −1710	−680 −910	−680 −1040	−680 −1250	−400 −489	−400 −540	−400 −630	−400 −760	−400 −970					
400	450	−1500 −1750	−1500 −1900	−760 −1010	−760 −1160	−760 −1390	−440 −537	−440 −595	−440 −690	−440 −840	−440 −1070	−230 −293	−230 −327	−230 −385	−230 −480	−230 −630
450	500	−1650 −1900	−1650 −2050	−840 −1090	−840 −1240	−840 −1470	−480 −577	−480 −635	−480 −730	−480 −880	−480 −1110					

（续）

公称尺寸/mm 大于	至	公差带 e 6	e 7*	e 8*	e 9*	f 5*	f 6*	f ▲7	f 8*	f 9*	g 5*	g ▲6	g 7*	h 4	h 5*	h ▲6
—	3	-14 / -20	-14 / -24	-14 / -28	-14 / -39	-6 / -10	-6 / -12	-6 / -16	-6 / -20	-6 / -31	-2 / -6	-2 / -8	-2 / -12	0 / -3	0 / -4	0 / -6
3	6	-20 / -28	-20 / -32	-20 / -38	-20 / -50	-10 / -15	-10 / -18	-10 / -22	-10 / -28	-10 / -40	-4 / -9	-4 / -12	-4 / -16	0 / -4	0 / -5	0 / -8
6	10	-25 / -34	-25 / -40	-25 / -47	-25 / -61	-13 / -19	-13 / -22	-13 / -28	-13 / -35	-13 / -49	-5 / -11	-5 / -14	-5 / -20	0 / -4	0 / -6	0 / -9
10	14	-32 / -43	-32 / -50	-32 / -59	-32 / -75	-16 / -24	-16 / -27	-16 / -34	-16 / -43	-16 / -59	-6 / -14	-6 / -17	-6 / -24	0 / -5	0 / -8	0 / -11
14	18	-32 / -43	-32 / -50	-32 / -59	-32 / -75	-16 / -24	-16 / -27	-16 / -34	-16 / -43	-16 / -59	-6 / -14	-6 / -17	-6 / -24	0 / -5	0 / -8	0 / -11
18	24	-40 / -53	-40 / -61	-40 / -73	-40 / -92	-20 / -29	-20 / -33	-20 / -41	-20 / -53	-20 / -72	-7 / -16	-7 / -20	-7 / -28	0 / -6	0 / -9	0 / -13
24	30	-40 / -53	-40 / -61	-40 / -73	-40 / -92	-20 / -29	-20 / -33	-20 / -41	-20 / -53	-20 / -72	-7 / -16	-7 / -20	-7 / -28	0 / -6	0 / -9	0 / -13
30	40	-50 / -66	-50 / -75	-50 / -89	-50 / -112	-25 / -36	-25 / -41	-25 / -50	-25 / -64	-25 / -87	-9 / -20	-9 / -25	-9 / -34	0 / -7	0 / -11	0 / -16
40	50	-50 / -66	-50 / -75	-50 / -89	-50 / -112	-25 / -36	-25 / -41	-25 / -50	-25 / -64	-25 / -87	-9 / -20	-9 / -25	-9 / -34	0 / -7	0 / -11	0 / -16
50	65	-60 / -79	-60 / -90	-60 / -106	-60 / -134	-30 / -43	-30 / -49	-30 / -60	-30 / -76	-30 / -104	-10 / -23	-10 / -29	-10 / -40	0 / -8	0 / -13	0 / -19
65	80	-60 / -79	-60 / -90	-60 / -106	-60 / -134	-30 / -43	-30 / -49	-30 / -60	-30 / -76	-30 / -104	-10 / -23	-10 / -29	-10 / -40	0 / -8	0 / -13	0 / -19
80	100	-72 / -94	-72 / -107	-72 / -126	-72 / -159	-36 / -51	-36 / -58	-36 / -71	-36 / -90	-36 / -123	-12 / -27	-12 / -34	-12 / -47	0 / -10	0 / -15	0 / -22
100	120	-72 / -94	-72 / -107	-72 / -126	-72 / -159	-36 / -51	-36 / -58	-36 / -71	-36 / -90	-36 / -123	-12 / -27	-12 / -34	-12 / -47	0 / -10	0 / -15	0 / -22
120	140	-85 / -110	-85 / -125	-85 / -148	-85 / -185	-43 / -61	-43 / -68	-43 / -83	-43 / -106	-43 / -143	-14 / -32	-14 / -39	-14 / -54	0 / -12	0 / -18	0 / -25
140	160	-85 / -110	-85 / -125	-85 / -148	-85 / -185	-43 / -61	-43 / -68	-43 / -83	-43 / -106	-43 / -143	-14 / -32	-14 / -39	-14 / -54	0 / -12	0 / -18	0 / -25
160	180	-85 / -110	-85 / -125	-85 / -148	-85 / -185	-43 / -61	-43 / -68	-43 / -83	-43 / -106	-43 / -143	-14 / -32	-14 / -39	-14 / -54	0 / -12	0 / -18	0 / -25
180	200	-100 / -129	-100 / -146	-100 / -172	-100 / -215	-50 / -70	-50 / -79	-50 / -96	-50 / -122	-50 / -165	-15 / -35	-15 / -44	-15 / -61	0 / -14	0 / -20	0 / -29
200	225	-100 / -129	-100 / -146	-100 / -172	-100 / -215	-50 / -70	-50 / -79	-50 / -96	-50 / -122	-50 / -165	-15 / -35	-15 / -44	-15 / -61	0 / -14	0 / -20	0 / -29
225	250	-100 / -129	-100 / -146	-100 / -172	-100 / -215	-50 / -70	-50 / -79	-50 / -96	-50 / -122	-50 / -165	-15 / -35	-15 / -44	-15 / -61	0 / -14	0 / -20	0 / -29
250	280	-110 / -142	-110 / -162	-110 / -191	-110 / -240	-56 / -79	-56 / -88	-56 / -108	-56 / -137	-56 / -185	-17 / -40	-17 / -49	-17 / -69	0 / -16	0 / -23	0 / -32
280	315	-110 / -142	-110 / -162	-110 / -191	-110 / -240	-56 / -79	-56 / -88	-56 / -108	-56 / -137	-56 / -185	-17 / -40	-17 / -49	-17 / -69	0 / -16	0 / -23	0 / -32
315	355	-125 / -161	-125 / -182	-125 / -214	-125 / -265	-62 / -87	-62 / -98	-62 / -119	-62 / -151	-62 / -202	-18 / -43	-18 / -54	-18 / -75	0 / -18	0 / -25	0 / -36
355	400	-125 / -161	-125 / -182	-125 / -214	-125 / -265	-62 / -87	-62 / -98	-62 / -119	-62 / -151	-62 / -202	-18 / -43	-18 / -54	-18 / -75	0 / -18	0 / -25	0 / -36
400	450	-135 / -175	-135 / -198	-135 / -232	-135 / -290	-68 / -95	-68 / -108	-68 / -131	-68 / -165	-68 / -223	-20 / -47	-20 / -60	-20 / -83	0 / -20	0 / -27	0 / -40
450	500	-135 / -175	-135 / -198	-135 / -232	-135 / -290	-68 / -95	-68 / -108	-68 / -131	-68 / -165	-68 / -223	-20 / -47	-20 / -60	-20 / -83	0 / -20	0 / -27	0 / -40

（续）

公称尺寸/mm		h							j			js				
大于	至	▲7	8*	▲9	10*	▲11	12*	13	5	6	7	5*	6*	7*	8	9
—	3	0/−10	0/−14	0/−25	0/−40	0/−60	0/−100	0/−140	±2	+4/−2	+6/−4	±2	±3	±5	±7	±12
3	6	0/−12	0/−18	0/−30	0/−48	0/−75	0/−120	0/−180	+3/−2	+6/−2	+8/−4	±2.5	±4	±6	±9	±15
6	10	0/−15	0/−22	0/−36	0/−58	0/−90	0/−150	0/−220	+4/−2	+7/−2	+10/−5	±3	±4.5	±7	±11	±18
10	14	0/−18	0/−27	0/−43	0/−70	0/−110	0/−180	0/−270	+5/−3	+8/−3	+12/−6	±4	±5.5	±9	±13	±21
14	18	0/−18	0/−27	0/−43	0/−70	0/−110	0/−180	0/−270	+5/−3	+8/−3	+12/−6	±4	±5.5	±9	±13	±21
18	24	0/−21	0/−33	0/−52	0/−84	0/−130	0/−210	0/−330	+5/−4	+9/−4	+13/−8	±4.5	±6.5	±10	±16	±26
24	30	0/−21	0/−33	0/−52	0/−84	0/−130	0/−210	0/−330	+5/−4	+9/−4	+13/−8	±4.5	±6.5	±10	±16	±26
30	40	0/−25	0/−39	0/−62	0/−100	0/−160	0/−250	0/−390	+6/−5	+11/−5	+15/−10	±5.5	±8	±12	±19	±31
40	50	0/−25	0/−39	0/−62	0/−100	0/−160	0/−250	0/−390	+6/−5	+11/−5	+15/−10	±5.5	±8	±12	±19	±31
50	65	0/−30	0/−46	0/−74	0/−120	0/−190	0/−300	0/−460	+6/−7	+12/−7	+18/−12	±6.5	±9.5	±15	±23	±37
65	80	0/−30	0/−46	0/−74	0/−120	0/−190	0/−300	0/−460	+6/−7	+12/−7	+18/−12	±6.5	±9.5	±15	±23	±37
80	100	0/−35	0/−54	0/−87	0/−140	0/−220	0/−350	0/−540	+6/−9	+13/−9	+20/−15	±7.5	±11	±17	±27	±43
100	120	0/−35	0/−54	0/−87	0/−140	0/−220	0/−350	0/−540	+6/−9	+13/−9	+20/−15	±7.5	±11	±17	±27	±43
120	140	0/−40	0/−63	0/−100	0/−160	0/−250	0/−400	0/−630	+7/−11	+14/−11	+22/−18	±9	±12.5	±20	±31	±50
140	160	0/−40	0/−63	0/−100	0/−160	0/−250	0/−400	0/−630	+7/−11	+14/−11	+22/−18	±9	±12.5	±20	±31	±50
160	180	0/−40	0/−63	0/−100	0/−160	0/−250	0/−400	0/−630	+7/−11	+14/−11	+22/−18	±9	±12.5	±20	±31	±50
180	200	0/−46	0/−72	0/−115	0/−185	0/−290	0/−460	0/−720	+7/−13	+16/−13	+25/−21	±10	±14.5	±23	±36	±57
200	225	0/−46	0/−72	0/−115	0/−185	0/−290	0/−460	0/−720	+7/−13	+16/−13	+25/−21	±10	±14.5	±23	±36	±57
225	250	0/−46	0/−72	0/−115	0/−185	0/−290	0/−460	0/−720	+7/−13	+16/−13	+25/−21	±10	±14.5	±23	±36	±57
250	280	0/−52	0/−81	0/−130	0/−210	0/−320	0/−520	0/−810	+7/−16	±16	±26	±11.5	±16	±26	±40	±65
280	315	0/−52	0/−81	0/−130	0/−210	0/−320	0/−520	0/−810	+7/−16	±16	±26	±11.5	±16	±26	±40	±65
315	355	0/−57	0/−89	0/−140	0/−230	0/−360	0/−570	0/−890	+7/−18	±18	+29/−28	±12.5	±18	±28	±44	±70
355	400	0/−57	0/−89	0/−140	0/−230	0/−360	0/−570	0/−890	+7/−18	±18	+29/−28	±12.5	±18	±28	±44	±70
400	450	0/−63	0/−97	0/−155	0/−250	0/−400	0/−630	0/−970	+7/−20	±20	+31/−32	±13.5	±20	±31	±48	±77
450	500	0/−63	0/−97	0/−155	0/−250	0/−400	0/−630	0/−970	+7/−20	±20	+31/−32	±13.5	±20	±31	±48	±77

（续）

公称尺寸/mm		公差带														
		js	k			m			n			p			r	
大于	至	10	5*	▲6	7*	5*	6*	7*	5*	▲6	7*	5*	▲6	7*	5*	6*
—	3	±20	+4 / 0	+6 / 0	+10 / 0	+6 / +2	+8 / +2	+12 / +2	+8 / +4	+10 / +4	+14 / +4	+10 / +6	+12 / +6	+16 / +6	+14 / +10	+16 / +10
3	6	±24	+6 / +1	+9 / +1	+13 / +1	+9 / +4	+12 / +4	+16 / +4	+13 / +8	+16 / +8	+20 / +8	+17 / +12	+20 / +12	+24 / +12	+20 / +15	+23 / +15
6	10	±29	+7 / +1	+10 / +1	+16 / +1	+12 / +6	+15 / +6	+21 / +6	+16 / +10	+19 / +10	+25 / +10	+21 / +15	+24 / +15	+30 / +15	+25 / +19	+28 / +19
10	14	±35	+9 / +1	+12 / +1	+19 / +1	+15 / +7	+18 / +7	+25 / +7	+20 / +12	+23 / +12	+30 / +12	+26 / +18	+29 / +18	+36 / +18	+31 / +23	+34 / +23
14	18															
18	24	±42	+11 / +2	+15 / +2	+23 / +2	+17 / +8	+21 / +8	+29 / +8	+24 / +15	+28 / +15	+36 / +15	+31 / +22	+35 / +22	+43 / +22	+37 / +28	+41 / +28
24	30															
30	40	±50	+13 / +2	+18 / +2	+27 / +2	+20 / +9	+25 / +9	+34 / +9	+28 / +17	+33 / +17	+42 / +17	+37 / +26	+42 / +26	+51 / +26	+45 / +34	+50 / +34
40	50															
50	65	±60	+15 / +2	+21 / +2	+32 / +2	+24 / +11	+30 / +11	+41 / +11	+33 / +20	+39 / +20	+50 / +20	+45 / +32	+51 / +32	+62 / +32	+54 / +41	+60 / +41
65	80														+56 / +43	+62 / +43
80	100	±70	+18 / +3	+25 / +3	+38 / +3	+28 / +13	+35 / +13	+48 / +13	+38 / +23	+45 / +23	+58 / +23	+52 / +37	+59 / +37	+72 / +37	+66 / +51	+73 / +51
100	120														+69 / +54	+76 / +54
120	140	±80	+21 / +3	+28 / +3	+43 / +3	+33 / +15	+40 / +15	+55 / +15	+45 / +27	+52 / +27	+67 / +27	+61 / +43	+68 / +43	+83 / +43	+81 / +63	+88 / +63
140	160														+83 / +65	+90 / +65
160	180														+86 / +68	+93 / +68
180	200	±92	+24 / +4	+33 / +4	+50 / +4	+37 / +17	+46 / +17	+63 / +17	+51 / +31	+60 / +31	+77 / +31	+70 / +50	79 / 50	+96 / +50	+97 / +77	+106 / +77
200	225														+100 / +80	+109 / +80
225	250														+104 / +84	+113 / +84
250	280	±105	+27 / +4	+36 / +4	+56 / +4	+43 / +20	+52 / +20	+72 / +20	+57 / +34	+66 / +34	+86 / +34	+79 / +56	+88 / +56	+108 / +56	+117 / +94	+126 / +94
280	315														+121 / +98	+130 / +98
315	355	±115	+29 / +4	+40 / +4	+61 / +4	+46 / +21	+57 / +21	+78 / +21	+62 / +37	+73 / +37	+94 / +37	+87 / +62	+98 / +62	+119 / +62	+133 / +108	+144 / +108
355	400														+139 / +114	+150 / +114
400	450	±125	+32 / +5	+45 / +5	+68 / +5	+50 / +23	+63 / +23	+86 / +23	+67 / +40	+80 / +40	+103 / +40	+95 / +68	+108 / +68	+131 / +68	+153 / +126	+166 / +126
450	500														+159 / +132	+172 / +132

（续）

公称尺寸/mm		公差带														
		r	s			t			u				v	x	y	z
大于	至	7*	5*	▲6	7*	5*	6*	7*	5	▲6	7*	8	6*	6*	6*	6*
—	3	+20 +10	+18 +14	+20 +14	+24 +14	—	—	—	+22 +18	+24 +18	+28 +18	+32 +18	—	+26 +20		+32 +26
3	6	+27 +15	+24 +19	+27 +19	+31 +19	—	—	—	+28 +23	+31 +23	+35 +23	+41 +23	—	+36 +28	—	+43 +35
6	10	+34 +19	+29 +23	+32 +23	+38 +23	—	—	—	+34 +28	+37 +28	+43 +28	+50 +28	—	+43 +34	—	+51 +42
10	14	+41 +23	+36 +28	+39 +28	+46 +28	—	—	—	+41 +33	+44 +33	+51 +33	+60 +33	—	+51 +40	—	+61 +50
14	18	+41 +23	+36 +28	+39 +28	+46 +28	—	—	—	+41 +33	+44 +33	+51 +33	+60 +33	+50 +39	+56 +45	—	+71 +60
18	24	+49 +28	+44 +35	+48 +35	+56 +35	—	—	—	+50 +41	+54 +41	+62 +41	+74 +41	+60 +47	+67 +54	+76 +63	+86 +73
24	30	+49 +28	+44 +35	+48 +35	+56 +35	+50 +41	+54 +41	+62 +41	+57 +48	+61 +48	+69 +48	+81 +48	+68 +55	+77 +64	+88 +75	+101 +88
30	40	+59 +34	+54 +43	+59 +43	+68 +43	+59 +48	+64 +48	+73 +48	+71 +60	+76 +60	+85 +60	+99 +60	+84 +68	+96 +80	+110 +94	+128 +112
40	50	+59 +34	+54 +43	+59 +43	+68 +43	+65 +54	+70 +54	+79 +54	+81 +70	+86 +70	+95 +70	+109 +70	+97 +81	+113 +97	+130 +114	+152 +136
50	65	+71 +41	+66 +53	+72 +53	+83 +53	+79 +66	+85 +66	+96 +66	+100 +87	+106 +87	+117 +87	+133 +87	+121 +102	+141 +122	+163 +144	+191 +172
65	80	+72 +43	+72 +59	+78 +59	+89 +59	+88 +75	+94 +75	+105 +75	+115 +102	+121 +102	+132 +102	+148 +102	+139 +120	+165 +146	+193 +174	+229 +210
80	100	+86 +51	+86 +71	+93 +71	+106 +71	+106 +91	+113 +91	+126 +91	+139 +124	+146 +124	+159 +124	+178 +124	+168 +146	+200 +178	+236 +214	+280 +258
100	120	+89 +54	+94 +79	+101 +79	+114 +79	+119 +104	+126 +104	+139 +104	+159 +144	+166 +144	+179 +144	+198 +144	+194 +172	+232 +210	+276 +254	+332 +310
120	140	+103 +63	+110 +92	+117 +92	+132 +92	+140 +122	+147 +122	+162 +122	+188 +170	+195 +170	+210 +170	+233 +170	+227 +202	+273 +248	+325 +300	+390 +365
140	160	+105 +65	+118 +100	+125 +100	+140 +100	+152 +134	+159 +134	+174 +134	+208 +190	+215 +190	+230 +190	+253 +190	+253 +228	+305 +280	+365 +340	+440 +415
160	180	+108 +68	+126 +108	+133 +108	+148 +108	+164 +146	+171 +146	+186 +146	+228 +210	+235 +210	+250 +210	+273 +210	+277 +252	+335 +310	+405 +380	+490 +465
180	200	+123 +77	+142 +122	+151 +122	+168 +122	+186 +166	+195 +166	+212 +166	+256 +236	+265 +236	+282 +236	+308 +236	+313 +284	+379 +350	+454 +425	+549 +520
200	225	+126 +80	+150 +130	+159 +130	+176 +130	+200 +180	+209 +180	+226 +180	+278 +258	+287 +258	+304 +258	+330 +258	+339 +310	+414 +385	+499 +470	+604 +575
225	250	+130 +84	+160 +140	+169 +140	+186 +140	+216 +196	+225 +196	+242 +196	+304 +284	+313 +284	+330 +284	+356 +284	+369 +340	+454 +425	+549 +520	+669 +640
250	280	+146 +94	+181 +158	+190 +158	+210 +158	+241 +218	+250 +218	+270 +218	+338 +315	+347 +315	+367 +315	+396 +315	+417 +385	+507 +475	+612 +580	+742 +710
280	315	+150 +98	+193 +170	+202 +170	+222 +170	+263 +240	+272 +240	+292 +240	+373 +350	+382 +350	+402 +350	+431 +350	+457 +425	+557 +525	+682 +650	+822 +790
315	355	+165 +108	+215 +190	+226 +190	+247 +190	+293 +268	+304 +268	+325 +268	+415 +390	+426 +390	+447 +390	+479 +390	+511 +475	+626 +590	+766 +730	+936 +900
355	400	+171 +114	+233 +208	+244 +208	+265 +208	+319 +294	+330 +294	+351 +294	+460 +435	+471 +435	+492 +435	+524 +435	+566 +530	+696 +660	+856 +820	+1036 +1000
400	450	+189 +126	+259 +232	+272 +232	+295 +232	+357 +330	+370 +330	+393 +330	+517 +490	+530 +490	+553 +490	+587 +490	+635 +595	+780 +740	+960 +920	+1140 +1100
450	500	+195 +132	+279 +252	+292 +252	+315 +252	+387 +360	+400 +360	+423 +360	+567 +540	+580 +540	+603 +540	+637 +540	+700 +660	+860 +820	+1040 +1000	+1290 +1250

注：1. 公称尺寸小于 1 mm 时，各级的 a 和 b 均不采用。

　　2. ▲为优先公差带，＊为常用公差带，其余为一般用途公差带。

表 15-6 孔的极限偏差（GB/T 1800.2—2020 摘录）　　　　　（单位：μm）

公称尺寸/mm 大于	至	A 11*	B 11*	B 12*	C 10	C ▲11	C 12	D 7	D 8*	D ▲9	D 10*	D 11*	E 8*	E 9*	E 10	F 6*
—	3	+330 +270	+200 +140	+240 +140	+100 +60	+120 +60	+160 +60	+30 +20	+34 +20	+45 +20	+60 +20	+80 +20	+28 +14	+39 +14	+54 +14	+12 +6
3	6	+345 +270	+215 +140	+260 +140	+118 +70	+145 +70	+190 +70	+42 +30	+48 +30	+60 +30	+78 +30	+105 +30	+38 +20	+50 +20	+68 +20	+18 +10
6	10	+370 +280	+240 +150	+300 +150	+138 +80	+170 +80	+230 +80	+55 +40	+62 +40	+76 +40	+98 +40	+130 +40	+47 +25	+61 +25	+83 +25	+22 +13
10	14	+400 +290	+260 +150	+330 +150	+165 +95	+205 +95	+275 +95	+68 +50	+77 +50	+93 +50	+120 +50	+160 +50	+59 +32	+75 +32	+102 +32	+27 +16
14	18	+400 +290	+260 +150	+330 +150	+165 +95	+205 +95	+275 +95	+68 +50	+77 +50	+93 +50	+120 +50	+160 +50	+59 +32	+75 +32	+102 +32	+27 +16
18	24	+430 +300	+290 +160	+370 +160	+194 +110	+240 +110	+320 +110	+86 +65	+98 +65	+117 +65	+149 +65	+195 +65	+73 +40	+92 +40	+124 +40	+33 +20
24	30	+430 +300	+290 +160	+370 +160	+194 +110	+240 +110	+320 +110	+86 +65	+98 +65	+117 +65	+149 +65	+195 +65	+73 +40	+92 +40	+124 +40	+33 +20
30	40	+470 +310	+330 +170	+420 +170	+220 +120	+280 +120	+370 +120	+105 +80	+119 +80	+142 +80	+180 +80	+240 +80	+89 +50	+112 +50	+150 +50	+41 +25
40	50	+480 +320	+340 +180	+430 +180	+230 +130	+290 +130	+380 +130	+105 +80	+119 +80	+142 +80	+180 +80	+240 +80	+89 +50	+112 +50	+150 +50	+41 +25
50	65	+530 +340	+380 +190	+490 +190	+260 +140	+330 +140	+440 +140	+130 +100	+146 +100	+174 +100	+220 +100	+290 +100	+106 +60	+134 +60	+180 +60	+49 +30
65	80	+550 +360	+390 +200	+500 +200	+270 +150	+340 +150	+450 +150	+130 +100	+146 +100	+174 +100	+220 +100	+290 +100	+106 +60	+134 +60	+180 +60	+49 +30
80	100	+600 +380	+440 +220	+570 +220	+310 +170	+390 +170	+520 +170	+155 +120	+174 +120	+207 +120	+260 +120	+340 +120	+126 +72	+159 +72	+212 +72	+58 +36
100	120	+630 +410	+460 +240	+590 +240	+320 +180	+400 +180	+530 +180	+155 +120	+174 +120	+207 +120	+260 +120	+340 +120	+126 +72	+159 +72	+212 +72	+58 +36
120	140	+710 +460	+510 +260	+660 +260	+360 +200	+450 +200	+600 +200	+185 +145	+208 +145	+245 +145	+305 +145	+395 +145	+148 +85	+185 +85	+245 +85	+68 +43
140	160	+770 +520	+530 +280	+680 +280	+370 +210	+460 +210	+610 +210	+185 +145	+208 +145	+245 +145	+305 +145	+395 +145	+148 +85	+185 +85	+245 +85	+68 +43
160	180	+830 +580	+560 +310	+710 +310	+390 +230	+480 +230	+630 +230	+185 +145	+208 +145	+245 +145	+305 +145	+395 +145	+148 +85	+185 +85	+245 +85	+68 +43
180	200	+950 +660	+630 +340	+800 +340	+425 +240	+530 +240	+700 +240	+216 +170	+242 +170	+285 +170	+355 +170	+460 +170	+172 +100	+215 +100	+285 +100	+79 +50
200	225	+1030 +740	+670 +380	+840 +380	+445 +260	+550 +260	+720 +260	+216 +170	+242 +170	+285 +170	+355 +170	+460 +170	+172 +100	+215 +100	+285 +100	+79 +50
225	250	+1110 +820	+710 +420	+880 +420	+465 +280	+570 +280	+740 +280	+216 +170	+242 +170	+285 +170	+355 +170	+460 +170	+172 +100	+215 +100	+285 +100	+79 +50
250	280	+1240 +920	+800 +480	+1000 +480	+510 +300	+620 +300	+820 +300	+242 +190	+271 +190	+320 +190	+400 +190	+510 +190	+191 +110	+240 +110	+320 +110	+88 +56
280	315	+1370 +1050	+860 +540	+1060 +540	+540 +330	+650 +330	+850 +330	+242 +190	+271 +190	+320 +190	+400 +190	+510 +190	+191 +110	+240 +110	+320 +110	+88 +56
315	355	+1560 +1200	+960 +600	+1170 +600	+590 +360	+720 +360	+930 +360	+267 +210	+299 +210	+350 +210	+440 +210	+570 +210	+214 +125	+265 +125	+355 +125	+98 +62
355	400	+1710 +1350	+1040 +680	+1250 +680	+630 +400	+760 +400	+970 +400	+267 +210	+299 +210	+350 +210	+440 +210	+570 +210	+214 +125	+265 +125	+355 +125	+98 +62
400	450	+1900 +1500	+1160 +760	+1390 +760	+690 +440	+840 +440	+1070 +440	+293 +230	+327 +230	+385 +230	+480 +230	+630 +230	+232 +135	+290 +135	+385 +135	+108 +68
450	500	+2050 +1650	+1240 +840	+1470 +840	+730 +480	+880 +480	+1110 +480	+293 +230	+327 +230	+385 +230	+480 +230	+630 +230	+232 +135	+290 +135	+385 +135	+108 +68

（续）

公称尺寸/mm 大于	至	F 7*	▲8	9*	G 5	6*	▲7	H 5	6*	▲7	▲8	▲9	10*	▲11	12*	13
—	3	+16 +6	+20 +6	+31 +6	+6 +2	+8 +2	+12 +2	+4 0	+6 0	+10 0	+14 0	+25 0	+40 0	+60 0	+100 0	+140 0
3	6	+22 +10	+28 +10	+40 +10	+9 +4	+12 +4	+16 +4	+5 0	+8 0	+12 0	+18 0	+30 0	+48 0	+75 0	+120 0	+180 0
6	10	+28 +13	+35 +13	+49 +13	+11 +5	+14 +5	+20 +5	+6 0	+9 0	+15 0	+22 0	+36 0	+58 0	+90 0	+150 0	+220 0
10	14	+34 +16	+43 +16	+59 +16	+14 +6	+17 +6	+24 +6	+8 0	+11 0	+18 0	+27 0	+43 0	+70 0	+110 0	+180 0	+270 0
14	18	+34 +16	+43 +16	+59 +16	+14 +6	+17 +6	+24 +6	+8 0	+11 0	+18 0	+27 0	+43 0	+70 0	+110 0	+180 0	+270 0
18	24	+41 +20	+53 +20	+72 +20	+16 +7	+20 +7	+28 +7	+9 0	+13 0	+21 0	+33 0	+52 0	+84 0	+130 0	+210 0	+330 0
24	30	+41 +20	+53 +20	+72 +20	+16 +7	+20 +7	+28 +7	+9 0	+13 0	+21 0	+33 0	+52 0	+84 0	+130 0	+210 0	+330 0
30	40	+50 +25	+64 +25	+87 +25	+20 +9	+25 +9	+34 +9	+11 0	+16 0	+25 0	+39 0	+62 0	+100 0	+160 0	+250 0	+390 0
40	50	+50 +25	+64 +25	+87 +25	+20 +9	+25 +9	+34 +9	+11 0	+16 0	+25 0	+39 0	+62 0	+100 0	+160 0	+250 0	+390 0
50	65	+60 +30	+76 +30	+104 +30	+23 +10	+29 +10	+40 +10	+13 0	+19 0	+30 0	+46 0	+74 0	+120 0	+190 0	+300 0	+460 0
65	80	+60 +30	+76 +30	+104 +30	+23 +10	+29 +10	+40 +10	+13 0	+19 0	+30 0	+46 0	+74 0	+120 0	+190 0	+300 0	+460 0
80	100	+71 +36	+90 +36	+123 +36	+27 +12	+34 +12	+47 +12	+15 0	+22 0	+35 0	+54 0	+87 0	+140 0	+220 0	+350 0	+540 0
100	120	+71 +36	+90 +36	+123 +36	+27 +12	+34 +12	+47 +12	+15 0	+22 0	+35 0	+54 0	+87 0	+140 0	+220 0	+350 0	+540 0
120	140	+83 +43	+106 +43	+143 +43	+32 +14	+39 +14	+54 +14	+18 0	+25 0	+40 0	+63 0	+100 0	+160 0	+250 0	+400 0	+630 0
140	160	+83 +43	+106 +43	+143 +43	+32 +14	+39 +14	+54 +14	+18 0	+25 0	+40 0	+63 0	+100 0	+160 0	+250 0	+400 0	+630 0
160	180	+83 +43	+106 +43	+143 +43	+32 +14	+39 +14	+54 +14	+18 0	+25 0	+40 0	+63 0	+100 0	+160 0	+250 0	+400 0	+630 0
180	200	+96 +50	+122 +50	+165 +50	+35 +15	+44 +15	+61 +15	+20 0	+29 0	+46 0	+72 0	+115 0	+185 0	+290 0	+460 0	+720 0
200	225	+96 +50	+122 +50	+165 +50	+35 +15	+44 +15	+61 +15	+20 0	+29 0	+46 0	+72 0	+115 0	+185 0	+290 0	+460 0	+720 0
225	250	+96 +50	+122 +50	+165 +50	+35 +15	+44 +15	+61 +15	+20 0	+29 0	+46 0	+72 0	+115 0	+185 0	+290 0	+460 0	+720 0
250	280	+108 +56	+137 +56	+186 +56	+40 +17	+49 +17	+69 +17	+23 0	+32 0	+52 0	+81 0	+130 0	+210 0	+320 0	+520 0	+810 0
280	315	+108 +56	+137 +56	+186 +56	+40 +17	+49 +17	+69 +17	+23 0	+32 0	+52 0	+81 0	+130 0	+210 0	+320 0	+520 0	+810 0
315	355	+119 +62	+151 +62	+202 +62	+43 +18	+54 +18	+75 +18	+25 0	+36 0	+57 0	+89 0	+140 0	+230 0	+360 0	+570 0	+890 0
355	400	+119 +62	+151 +62	+202 +62	+43 +18	+54 +18	+75 +18	+25 0	+36 0	+57 0	+89 0	+140 0	+230 0	+360 0	+570 0	+890 0
400	450	+131 +68	+165 +68	+223 +68	+47 +20	+60 +20	+83 +20	+27 0	+40 0	+63 0	+97 0	+155 0	+250 0	+400 0	+630 0	+970 0
450	500	+131 +68	+165 +68	+223 +68	+47 +20	+60 +20	+83 +20	+27 0	+40 0	+63 0	+97 0	+155 0	+250 0	+400 0	+630 0	+970 0

（续）

公称尺寸/mm		J			JS						K			M		
大于	至	6	7	8	5	6*	7*	8*	9	10	6*	▲7	8*	6*	7*	8*
—	3	+2 -4	+4 -6	+6 -8	±2	±3	±5	±7	±12	±20	0 -6	0 -10	0 -14	-2 -8	-2 -12	-2 -16
3	6	+5 -3	±6	+10 -8	±2.5	±4	±6	±9	±15	±24	+2 -6	+3 -9	+5 -13	-1 -9	0 -12	+2 -16
6	10	+5 -4	+8 -7	+12 -10	±3	±4.5	±7	±11	±18	±29	+2 -7	+5 -10	+6 -16	-3 -12	0 -15	+1 -21
10	14	+6 -5	+10 -8	+15 -12	±4	±5.5	±9	±13	±21	±36	+2 -9	+6 -12	+8 -19	-4 -15	0 -18	+2 -25
14	18															
18	24	+8 -5	+12 -9	+20 -13	±4.5	±6.5	±10	±16	±26	±42	+2 -11	+6 -15	+10 -23	-4 -17	0 -21	+4 -29
24	30															
30	40	+10 -6	+14 -11	+24 -15	±5.5	±8	±12	±19	±31	±50	+3 -13	+7 -18	+12 -27	-4 -20	0 -25	+5 -34
40	50															
50	65	+13 -6	+18 -12	+28 -18	±6.5	+9.5	±15	±23	±37	±60	+4 -15	+9 -21	+14 -32	-5 -24	0 -30	+5 -41
65	80															
80	100	+16 -6	+22 -13	+34 -20	±7.5	±11	±17	±27	±43	±70	+4 -18	+10 -25	+16 -38	-6 -28	0 -35	+6 -48
100	120															
120	140	+18 -7	+26 -14	+41 -22	±9	±12.5	±20	±31	±50	±80	+4 -21	+12 -28	+20 -43	-8 -33	0 -40	+8 -55
140	160															
160	180															
180	200	+22 -7	+30 -16	+47 -25	±10	±14.5	±23	±36	±57	±92	+5 -24	+13 -33	+22 -50	-8 -37	0 -46	+9 -63
200	225															
225	250															
250	280	+25 -7	+36 -16	+55 -26	±11.5	±16	±26	±40	±65	±105	+5 -27	+16 -36	+25 -56	-9 -41	0 -52	+9 -72
280	315															
315	355	+29 -7	+39 -18	+60 -29	±12.5	±18	±28	±44	±70	±115	+7 -29	+17 -40	+28 -61	-10 -46	0 -57	+11 -78
355	400															
400	450	+33 -7	+43 -20	+66 -31	±13.5	±20	±31	±48	±77	±125	+8 -32	+18 -45	+29 -68	-10 -50	0 -63	+11 -86
450	500															

（续）

公称尺寸/mm		公差带														
		N			P				R			S		T		U
大于	至	6*	▲7	8*	6*	▲7	8	9	6*	7*	8	6*	▲7	6*	7*	▲7
—	3	-4/-10	-4/-14	-4/-18	-6/-12	-6/-16	-6/-20	-10/-31	-10/-16	-10/-20	-10/-24	-14/-20	-14/-24	—	—	-18/-28
3	6	-5/-13	-4/-16	-2/-20	-9/-17	-8/-20	-12/-30	-12/-42	-12/-20	-11/-23	-15/-33	-16/-24	-15/-27	—	—	-19/-31
6	10	-7/-16	-4/-19	-3/-25	-12/-21	-9/-24	-15/-37	-15/-51	-16/-25	-13/-28	-19/-41	-20/-29	-17/-32	—	—	-22/-37
10	14	-9/-20	-5/-23	-3/-30	-15/-26	-11/-29	-18/-45	-18/-61	-20/-31	-16/-34	-23/-50	-25/-36	-21/-39	—	—	-26/-44
14	18															
18	24	-11/-24	-7/-28	-3/-36	-18/-31	-14/-35	-22/-55	-22/-74	-24/-37	-20/-41	-28/-61	-31/-44	-27/-48	—	—	-33/-54
24	30													-37/-50	-33/-54	-40/-61
30	40	-12/-28	-8/-33	-3/-42	-21/-37	-17/-42	-26/-65	-26/-88	-29/-45	-25/-50	-34/-73	-38/-54	-34/-59	-43/-59	-39/-64	-51/-76
40	50													-49/-65	-45/-70	-61/-86
50	65	-14/-33	-9/-39	-4/-50	-26/-45	-21/-51	-32/-78	-32/-106	-35/-54	-30/-60	-41/-87	-47/-66	-42/-72	-60/-79	-55/-85	-76/-106
65	80								-37/-56	-32/-62	-43/-89	-53/-72	-48/-78	-69/-88	-64/-94	-91/-121
80	100	-16/-38	-10/-45	-4/-58	-30/-52	-24/-59	-37/-91	-37/-124	-44/-66	-38/-73	-51/-105	-64/-86	-58/-93	-84/-106	-78/-113	-111/-146
100	120								-47/-69	-41/-76	-54/-108	-72/-94	-66/-101	-97/-119	-91/-126	-131/-166
120	140	-20/-45	-12/-52	-4/-67	-36/-61	-28/-68	-43/-106	-43/-143	-56/-81	-48/-88	-63/-126	-85/-110	-77/-117	-115/-140	-107/-147	-155/-195
140	160								-58/-83	-50/-90	-65/-128	-93/-118	-85/-125	-127/-152	-119/-159	-175/-215
160	180								-61/-86	-53/-93	-68/-131	-101/-126	-93/-133	-139/-164	-131/-171	-195/-235
180	200	-20/-51	-14/-60	-5/-77	-41/-70	-33/-79	-50/-122	-50/-165	-68/-97	-60/-106	-77/-149	-113/-142	-105/-151	-157/-186	-149/-195	-219/-265
200	225								-71/-100	-63/-109	-80/-152	-121/-150	-113/-159	-171/-200	-163/-209	-241/-287
225	250								-75/-104	-67/-113	-84/-156	-131/-160	-123/-169	-187/-216	-179/-225	-267/-313
250	280	-25/-57	-14/-66	-5/-86	-47/-79	-36/-88	-56/-137	-56/-186	-85/-117	-74/-126	-94/-175	-149/-181	-138/-190	-209/-241	-198/-250	-295/-347
280	315								-89/-121	-78/-130	-98/-179	-161/-193	-150/-200	-231/-263	-220/-272	-330/-382
315	355	-26/-62	-16/-73	-5/-94	-51/-87	-41/-98	-62/-151	-62/-202	-97/-133	-87/-144	-108/-197	-179/-215	-169/-226	-257/-293	-247/-304	-369/-426
355	400								-103/-139	-93/-150	-114/-203	-197/-233	-187/-244	-283/-319	-273/-330	-414/-471
400	450	-27/-67	-17/-80	-6/-103	-55/-95	-45/-108	-68/-165	-68/-223	-113/-153	-103/-166	-126/-223	-219/-259	-209/-272	-317/-357	-307/-370	-467/-530
450	500								-119/-159	-109/-172	-132/-229	-239/-279	-229/-292	-347/-387	-337/-400	-517/-580

注：1. 公式尺寸小于1mm时，各级的 A 和 B 均不采用。
　　2. ▲为优先公差带，*为常用公差带，其余为一般用途公差带。

表 15-7　线性尺寸的未注公差（GB/T 1804—2000 摘录）　　　　（单位：mm）

公差等级	线性尺寸的极限偏差数值								倒圆半径与倒角高度尺寸的极限偏差数值			
	尺寸分段								尺寸分段			
	0.5~3	>3~6	>6~30	>30~120	>120~400	>400~1000	>1000~2000	>2000~4000	0.5~3	>3~6	>6~30	>30
精密级 f	±0.05	±0.05	±0.1	±0.15	±0.2	±0.3	±0.5	—	±0.2	±0.5	±1	±2
中等级 m	±0.1	±0.1	±0.2	±0.3	±0.5	±0.8	±1.2	±2	±0.2	±0.5	±1	±2
粗糙级 c	±0.2	±0.3	±0.5	±0.8	±1.2	±2	±3	±4	±0.4	±1	±2	±4
最粗级 v	—	±0.5	±1	±1.5	±2.5	±4	±6	±8	±0.4	±1	±2	±4

在图样上、技术文件或标准中的表示方法示例：CB/T 1804-m（表示选用中等级）

15.2　几何公差（见表 15-8～表 15-12）

表 15-8　几何特征符号、附加符号及其标注（GB/T 1182—2018 摘录）

几何特征项目的符号						被测要素、基准要素的标注要求及其他附加符号			
公差类别	特征符号	符号	公差	特征项目	符号	说明	符号	说明	符号
形状公差	直线度	──	方向公差	平行度	//	被测要素的标注		延伸公差带	Ⓟ
	平面度	▱		垂直度	⊥	基准要素的标注	Ⓐ Ⓐ	自由状态（非刚性零件）条件	Ⓕ
	圆度	○		倾斜度	∠	基准目标的标注	φ2/A1	全周（轮廓）	⟲
	圆柱度	⌭	位置公差	同轴（同心）度	◎	理论正确尺寸	50	包容要求	Ⓔ
				对称度	═				
形状、方向或位置公差	线轮廓度	⌒		位置度	⊕	最大实体要求	Ⓜ	公共公差带	CZ
	面轮廓度	⌓	跳动公差	圆跳动	↗	最小实体要求	Ⓛ	任意横截面	ACS
				全跳动	⟗				

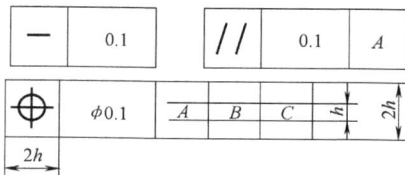

公差要求在矩形方框中给出，该方框由两格或多格组成。框格中的内容从左到右按以下次序填写：
──公差特征的符号；
──公差值；
──如需要，用一个或多个字母表示基准要素或基准体系。
（h 为图样中采用字母的高度）

注：公差框格的宽度及高度，采用字母的高度，均非本标准规定，仅供读者参考。

表 15-9　直线度、平面度公差（GB/T 1184—2008 摘录）　　　　（单位：μm）

主参数 L 图例：

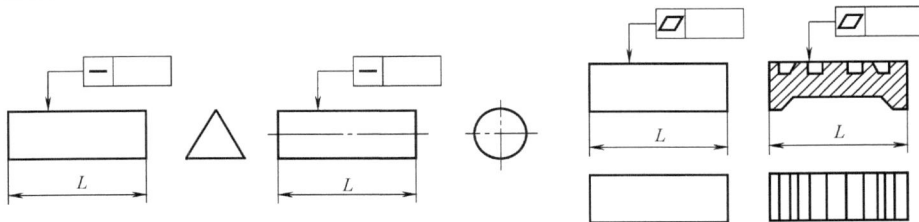

公差等级	主 参 数 L/mm													应用举例
	≤10	>10 ~16	>16 ~25	>25 ~40	>40 ~63	>63 ~100	>100 ~160	>160 ~250	>250 ~400	>400 ~630	>630 ~1000	>1000 ~1600	>1600 ~2500	
5	2	2.5	3	4	5	6	8	10	12	15	20	25	30	普通精度机床导轨，柴油机进、排气门导杆
6	3	4	5	6	8	10	12	15	20	25	30	40	50	
7	5	6	8	10	12	15	20	25	30	40	50	60	80	轴承体的支承面，压力机导轨及滑块，减速器箱体、油泵、轴系支承轴承的接合面
8	8	10	12	15	20	25	30	40	50	60	80	100	120	
9	12	15	20	25	30	40	50	60	80	100	120	150	200	辅助机构及手动机械的支承面，液压管件和法兰的连接面
10	20	25	30	40	50	60	80	100	120	150	200	250	300	
11	30	40	50	60	80	100	120	150	200	250	300	400	500	离合器的摩擦片，汽车发动机缸盖结合面
12	60	80	100	120	150	200	250	300	400	500	600	800	1000	

标注示例	说　明	标注示例	说　明
	圆柱表面上任一素线必须位于轴向平面内，距离为公差值 0.02 mm 的两平行平面之间		φd 圆柱体的轴线必须位于直径为公差值 0.04 mm 的圆柱面内
	棱线必须位于箭头所示方向，距离为公差值 0.02 mm 的两平行平面内		上表面必须位于距离为公差值 0.1 mm 的两平行平面内

注：表中"应用举例"非 GB/T 1184—2008 内容，仅供参考。

表 15-10　圆度、圆柱度公差（GB/T 1184—2008 摘录）　　　　　（单位：μm）

主参数 $d(D)$ 图例：

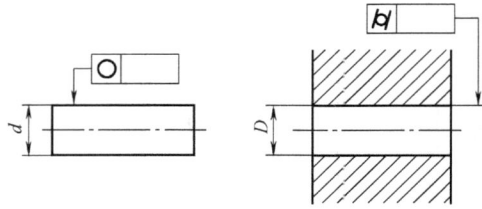

公差等级	主参数 $d(D)$/mm												应　用　举　例
	>3 ~6	>6 ~10	>10 ~18	>18 ~30	>30 ~50	>50 ~80	>80 ~120	>120 ~180	>180 ~250	>250 ~315	>315 ~400	>400 ~500	
5	1.5	1.5	2	2.5	2.5	3	4	5	7	8	9	10	安装 P6、P0 级滚动轴承的配合面，中等压力下的液压装置工作面（包括泵、压缩机的活塞和气缸），风动绞车曲轴，通用减速器轴颈，一般机床主轴
6	2.5	2.5	3	4	4	5	6	8	10	12	13	15	
7	4	4	5	6	7	8	10	12	14	16	18	20	发动机的胀圈、活塞销及连杆中装衬套的孔等，千斤顶或压力油缸活塞，水泵及减速器轴颈，液压传动系统的分配机构，拖拉机气缸体与气缸套配合面，炼胶机冷铸轧辊
8	5	6	8	9	11	13	15	18	20	23	25	27	
9	8	9	11	13	16	19	22	25	29	32	36	40	起重机、卷扬机用的滑动轴承，带软密封的低压泵的活塞和气缸，通用机械杠杆与拉杆、拖拉机的活塞环与套筒孔
10	12	15	18	21	25	30	35	40	46	52	57	63	
11	18	22	27	33	39	46	54	63	72	81	89	97	
12	30	36	43	52	62	74	87	100	115	130	140	155	

标　注　示　例	说　明
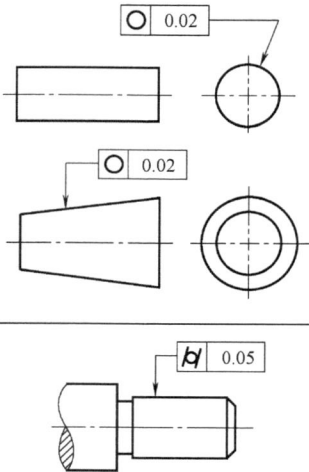	被测圆柱（或圆锥）面任一正截面的圆周必须位于半径差为公差值 0.02 mm 的两同心圆之间
	被测圆柱面必须位于半径差为公差值 0.05mm 的两同轴圆柱面之间

注：同表 15-9。

表 15-11　平行度、垂直度、倾斜度公差（GB/T 1184—2008 摘录）　（单位：μm）

主参数 L、$d(D)$ 图例：

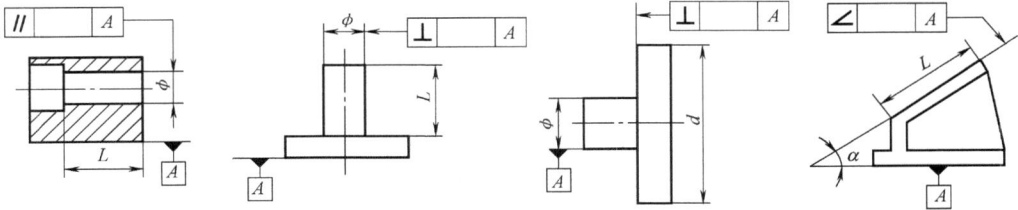

公差等级	主参数 L、$d(D)$/mm													应用举例	
	≤10	>10~16	>16~25	>25~40	>40~63	>63~100	>100~160	>160~250	>250~400	>400~630	>630~1000	>1000~1600	>1600~2500	平行度	垂直度
5	5	6	8	10	12	15	20	25	30	40	50	60	80	机床主轴孔对基准面的要求，重要轴承孔对基准面的要求，床头箱重要孔间的要求，一般减速器箱体孔等	机床重要支承面，发动机轴和离合器的凸缘，气缸的支承端面，装 P4、P5 级轴承的箱体的凸肩
6	8	10	12	15	20	25	30	40	50	60	80	100	120	一般机床零件的工作面或基准面，压力机和锻锤的工作面，中等精度钻模的工作面	低精度机床主要基准面和工作面、回转工作台端面跳动，一般导轨，主轴箱体孔，刀架、砂轮架及工作台回转中心，机床轴肩、气缸配合面对其轴线，活塞销孔对活塞中心线以及装 P6、P0 级轴承箱体孔的轴线等
7	12	15	20	25	30	40	50	60	80	100	120	150	200	机床轴承孔对基准面的要求，床头箱孔间要求，气缸轴线，变速器箱孔，主轴花键对定心直径，重型机械轴承盖的端面，卷扬机、手动传动装置中的传动轴	
8	20	25	30	40	50	60	80	100	120	150	200	250	300		
9	30	40	50	60	80	100	120	150	200	250	300	400	500	低精度零件，重型机械滚动轴承端盖柴油机和煤气发动机的曲轴孔、轴颈等	花键轴轴肩端面、带式输送机法兰盘等端面对轴心线，手动卷扬机及传动装置中轴承端面、减速器箱体平面等
10	50	60	80	100	120	150	200	250	300	400	500	600	800		
11	80	100	120	150	200	250	300	400	500	600	800	1000	1200	零件的非工作面，卷扬机，输送机上用的减速器箱体平面	农业机械齿轮端面等
12	120	150	200	250	300	400	500	600	800	1000	1200	1500	2000		

标注示例	说　明	标注示例	说　明
	上表面必须位于距离为公差值 0.05 mm，且平行于基准表面 A 的两平行平面之间		ϕd 的轴线必须位于距离为公差值 0.1 mm，且垂直于基准平面的两平行平面之间 （若框格内数字标注为 $\phi 0.1$ mm，则说明 ϕd 的轴线必须位于直径为公差值 0.1 mm，且垂直于基准平面 A 的圆柱面内）
	孔的轴线必须位于距离为公差值 0.03 mm，且平行于基准表面 A 的两平行平面之间		左侧端面必须位于距离为公差值 0.05 mm，且垂直于基准轴线的两平行平面之间

注：同表 15-9。

表 15-12　同轴度、对称度、圆跳动和全跳动公差(GB/T 1184—2008 摘录)

(单位：μm)

主参数 d(D)，B、L图例：

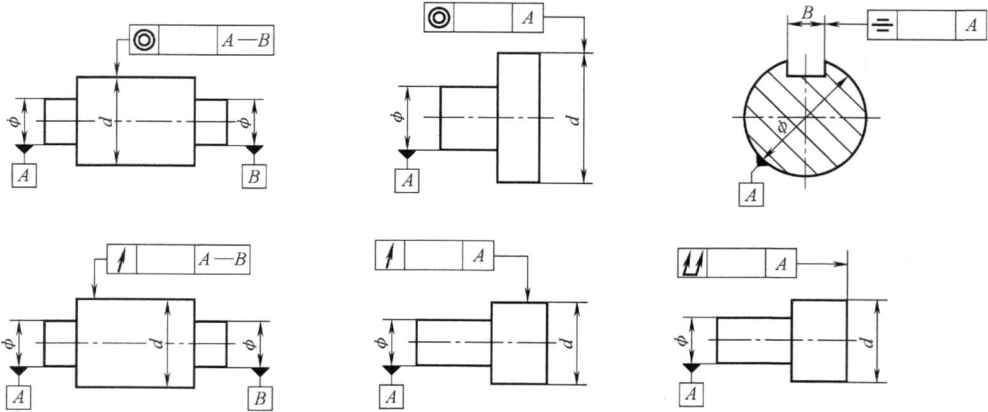

公差等级	主 参 数 d(D)、L、B/mm											应 用 举 例
	>3 ~6	>6 ~10	>10 ~18	>18 ~30	>30 ~50	>50 ~120	>120 ~250	>250 ~500	>500 ~800	>800 ~1250	>1250 ~2000	
5 6	3 5	4 6	5 8	6 10	8 12	10 15	12 20	15 25	20 30	25 40	30 50	6 级和 7 级精度齿轮轴的配合面，较高精度的快速轴，汽车发动机曲轴和分配轴的支承轴颈，较高精度机床的轴套
7 8	8 12	10 15	12 20	15 25	20 30	25 40	30 50	40 60	50 80	60 100	80 120	8 级和 9 级精度齿轮轴的配合面，拖拉机发动机分配轴轴颈，普通精度高速轴(1000 r/min 以下)，长度在 1 m 以下的主传动轴，起重运输机的鼓轮配合孔和导轮的滚动面
9 10	25 50	30 60	40 80	50 100	60 120	80 150	100 200	120 250	150 300	200 400	250 500	10 级和 11 级精度齿轮轴的配合面，发动机汽缸套配合面，水泵叶轮，离心泵泵件，摩托车活塞，自行车中轴
11 12	80 150	100 200	120 250	150 300	200 400	250 500	300 600	400 800	500 1000	600 1200	800 1500	用于无特殊要求，一般按尺寸公差等级 IT12 制造的零件

标注示例	说　明	标注示例	说　明
	φd 的轴线必须位于直径为公差值 0.1 mm，且与公共基准轴线 A—B 同轴的圆柱面内		φd 圆柱面绕公共基准轴线作无轴向移动旋转一周时，在任一测量平面内的径向跳动量均不得大于公差值 0.05 mm
	键槽的中心面必须位于距离为公差值 0.1 mm，且相对于基准中心平面 A 对称配置的两平行平面之间		当零件绕基准轴线作无轴向移动旋转一周时，在右端面上任一测量圆柱面内轴向的跳动量均不得大于公差值 0.05 mm

注：同表 15-9。

15.3　表面粗糙度（见表 15-13～表 15-18）

表 15-13　表面粗糙度主要评定参数 *Ra*、*Rz* 的数值系列（GB/T 1031—2009 摘录）

（单位：μm）

Ra	0.012	0.2	3.2	50	*Rz*	0.025	0.4	6.3	100	1600
	0.025	0.4	6.3	100		0.05	0.8	12.5	200	—
	0.05	0.8	12.5	—		0.1	1.6	25	400	—
	0.1	1.6	25	—		0.2	3.2	50	800	—

注：1. 在表面粗糙度参数常用的参数范围内（*Ra* 为 0.025～6.3 μm，*Rz* 为 0.1～25 μm），推荐优先选用 *Ra*。

2. 根据表面功能和生产的经济合理性，当选用的数值系列不能满足要求时，可选取表 15-14 中的补充系列值。

表 15-14　表面粗糙度主要评定参数 *Ra*、*Rz* 的补充系列值（GB/T 1031—2009 摘录）

（单位：μm）

Ra	0.008	0.125	2.0	32	*Rz*	0.032	0.50	8.0	125
	0.010	0.160	2.5	40		0.040	0.63	10.0	160
	0.016	0.25	4.0	63		0.063	1.00	16.0	250
	0.020	0.32	5.0	80		0.080	1.25	20	320
	0.032	0.50	8.0	—		0.125	2.0	32	500
	0.040	0.63	10.0	—		0.160	2.5	40	630
	0.063	1.00	16.0	—		0.25	4.0	63	1000
	0.080	1.25	20	—		0.32	5.0	80	1250

表 15-15　加工方法与表面粗糙度 *Ra* 值的关系（参考）　　（单位：μm）

加工方法		*Ra*	加工方法		*Ra*	加工方法		*Ra*
砂模铸造		80～20*	铰孔	粗　铰	40～20	齿轮加工	插　齿	5～1.25*
模型锻造		80～10		半精铰，精铰	2.5～0.32*		滚　齿	2.5～1.25*
车外圆	粗　车	20～10	拉削	半精拉	2.5～0.63		剃　齿	1.25～0.32*
	半精车	10～2.5		精　拉	0.32～0.16	切螺纹	板　牙	10～2.5
	精　车	1.25～0.32	刨削	粗　刨	20～10		铣	5～1.25*
镗孔	粗　镗	40～10		精　刨	1.25～0.63		磨　削	2.5～0.32*
	半精镗	2.5～0.63*	钳工加工	粗　锉	40～10	镗　磨		0.32～0.04
	精　镗	0.63～0.32		细　锉	10～2.5	研　磨		0.63～0.16
圆柱铣和端铣	粗　铣	20～5*		刮　削	2.5～0.63	精研磨		0.08～0.02
	精　铣	1.25～0.63*		研　磨	1.25～0.08	抛光	一般抛	1.25～0.16
钻孔，扩孔		20～5	插　削		40～2.5		精　抛	0.08～0.04
锪孔，锪端面		5～1.25	磨　削		5～0.01*			

注：1. 表中数据系指钢材加工而言。

2. *为该加工方法可达到的 *Ra* 极限值。

表 15-16   表面粗糙度符号代号及其注法（GB/T 131—2006 摘录）

表面粗糙度符号及意义		表面粗糙度数值及其有关规定在符号中注写的位置
符　号	意义及说明	
✓	基本符号，表示表面可用任何方法获得，当不加注粗糙度参数值或有关说明（例如表面处理、局部热处理状况等）时，仅适用于简化代号标注	
✓	基本符号上加一短横，表示表面是用去除材料方法获得的。例如车、铣、钻、磨、剪切、抛光、腐蚀、电火花加工、气割等	 a—表面结构的单一要求，表面结构参数代号、极限值和传输带或取样长度； b—如果需要，在位置 b 注写第二个表面结构要求； c—注写加工方法； d—注写表面纹理和方向； e—加工余量，mm
✓	基本符号上加一小圆，表示表面是用不去除材料的方法获得的。例如铸、锻、冲玉变形、热轧、冷轧、粉末冶金等。或者是用于保持原供应状况的表面（包括保持上道工序的状况）	
✓ ✓ ✓	在上述三个符号的长边上均可加一横线，用于标注有关参数和说明	
✓ ✓ ✓	在上述三个符号上均可加一小圆，表示所有表面具有相同的表面粗糙度要求	

表 15-17   表面粗糙度代号的含义示例

代号 （GB/T 131—2006）	含　义
✓ Ra 1.6	表示去除材料，单向上限值，R 轮廓，粗糙度算术平均偏差为 1.6 μm
✓ Ra 3.2	表示不允许去除材料，单向上限值，R 轮廓，粗糙度算术平均偏差为 3.2 μm
✓ Rz 0.4	表示去除材料，单向上限值，R 轮廓，粗糙度最大高度为 0.4 μm

表 15-18　表面结构要求在图样中的标注（GB/T 131—2006 摘录）

	图　例	意　义　及　说　明
表面结构符号、代号的标注位置与方向	总原则	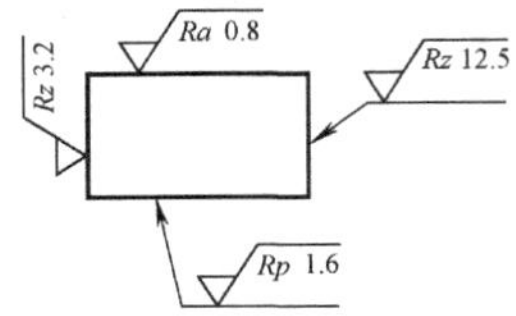 总原则是根据 GB/T 4458.4—2003《机械制图　尺寸注法》的规定，使表面结构的注写和读取方向与尺寸的注写和读取方向一致
	标注在轮廓线上或指引线上	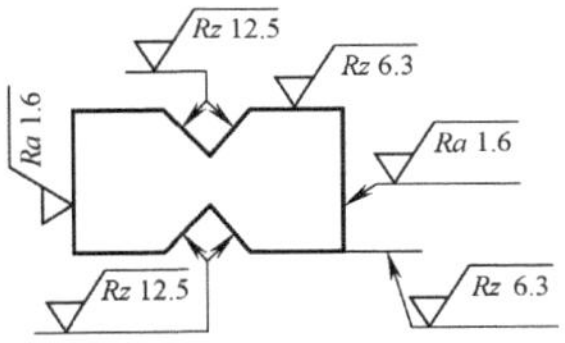 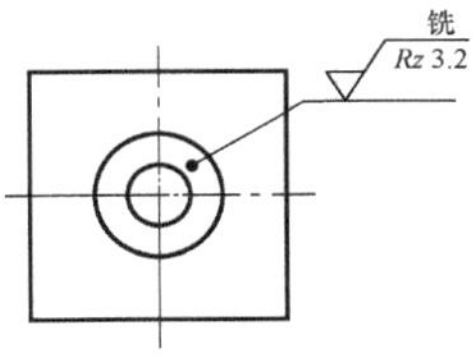 表面结构要求可标注在轮廓线上，其符号应从材料外指向并接触表面。必要时，表面结构符号也可用带箭头或黑点的指引线引出标注
	标注在延长线上	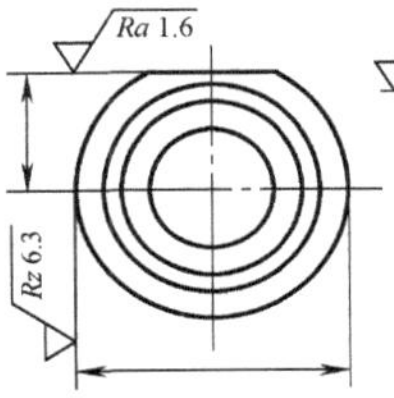 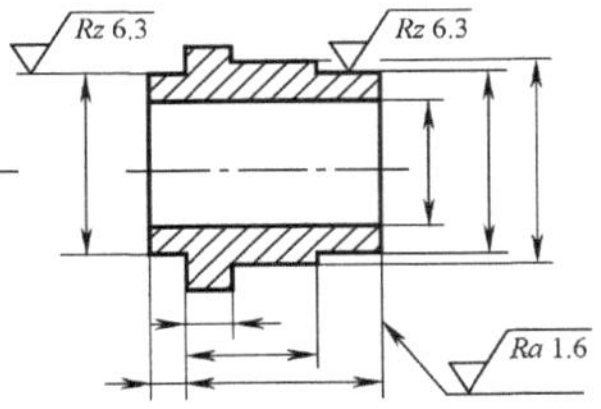 表面结构要求可以直接标注在延长线上，或用带箭头的指引线引出标注
	标注在特征尺寸的尺寸线上或形位公差的框格上	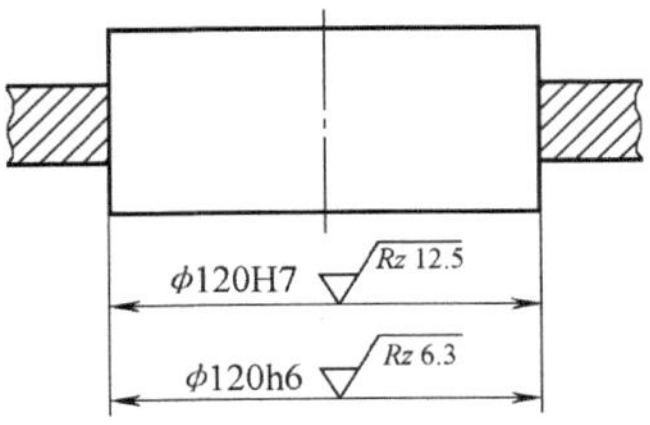 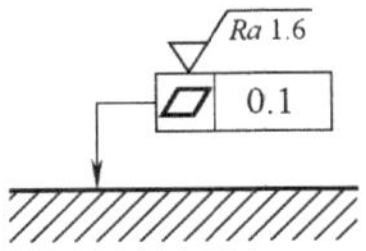 在不致引起误解时，表面结构要求可以标注在给定的尺寸线上，见如图 a 所示；表面结构要求可标注在几何公差框格的上方，如图 b 所示
	两种或多种工艺获得的同一表面的注法	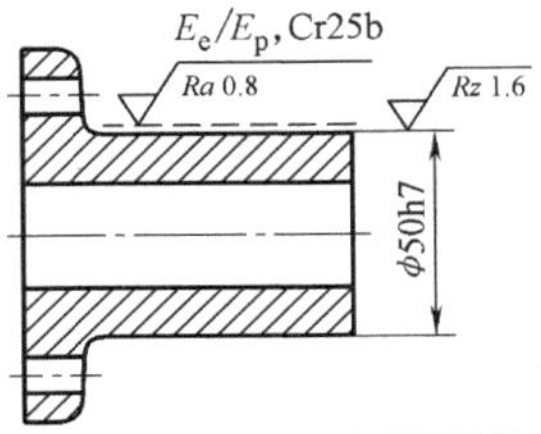 由几种不同的工艺方法获得的同一表面，当需要明确每种工艺方法的表面结构要求时，可按左图进行标注（E_e/E_p，Cr25b：钢材、表面电镀铬，组合镀覆层特征为光亮，总厚度 25 μm 以上）

a) 标注在特征尺寸的尺寸线上　　b) 标注在形位公差的框格上

表面结构要求对每一表面一般只标注一次，并尽可能标注在相应的尺寸及其公差的同一视图上。除非另有说明，所标注的表面结构要求是对完工零件表面的要求

第16章 渐开线圆柱齿轮精度、锥齿轮精度和圆柱蜗杆蜗轮精度

16.1 渐开线圆柱齿轮精度

16.1.1 定义与代号

在 GB/T 10095.1—2008 中规定了单个渐开线圆柱齿轮轮齿同侧齿面的精度，见表 16-1。

表 16-1 轮齿同侧齿面偏差的定义与代号（GB/T 10095.1–2008 摘录）

名称	代号	定义	名称	代号	定义
单个齿距偏差 （见图 16-1）	f_{pt}	在端平面上，在接近齿高中部的一个与齿轮轴线同心的圆上，实际齿距与理论齿距的代数差	螺旋线总偏差 （见图 16-3）	F_β	在计值范围 L_β 内，包含实际螺旋线迹线的两条设计螺旋线迹线间的距离
齿距累积偏差 （见图 16-1）	F_{pk}	任意 k 个齿距的实际弧长与理论弧长的代数差	螺旋线形状偏差 （见图 16-3）	$f_{f\beta}$	在计值范围 L_β 内，包含实际螺旋线迹线的两条与平均螺旋线迹线完全相同的曲线间的距离，且两条曲线与平均螺旋线迹线的距离为常数
齿距累积总偏差 （见图 16-1）	F_p	齿轮同侧齿面任意弧段（$k=1$ 至 $k=z$）内在最大齿距累积偏差			
齿廓总偏差 （见图 16-2）	F_α	在计值范围 L_α 内，包含实际齿廓迹线的两条设计齿廓迹线间的距离	螺旋线倾斜偏差 （见图 16-3）	$f_{H\beta}$	在计值范围 L_β 的两端与平均螺旋线迹线相交的两条设计螺旋线迹线间的距离
齿廓形状偏差 （见图 16-2）	$f_{f\alpha}$	在计值范围 L_α 内，包含实际齿廓迹线的两条与平均齿廓迹线完全相同的曲线间的距离，且两条曲线与平均齿廓迹线的距离为常数	切向综合总偏差 （见图 16-4）	F_i'	被测齿轮与测量齿轮单面啮合检验时，被测齿轮一转内，齿轮分度圆上实际圆周位移与理论圆周位移的最大差值
齿廓倾斜偏差 （见图 16-2）	$f_{H\alpha}$	在计值范围 L_α 内，两端与平均齿廓迹线相交的两条设计齿廓迹线间的距离	一齿切向综合偏差 （见图 16-4）	f_i'	在一个齿距内的切向综合偏差值

在 GB/T 10095.2—2008 中规定了渐开线圆柱齿轮轮齿径向综合偏差与径向跳动精度，见表 16-2。

———— 理论齿廓　　—— 实际齿廓

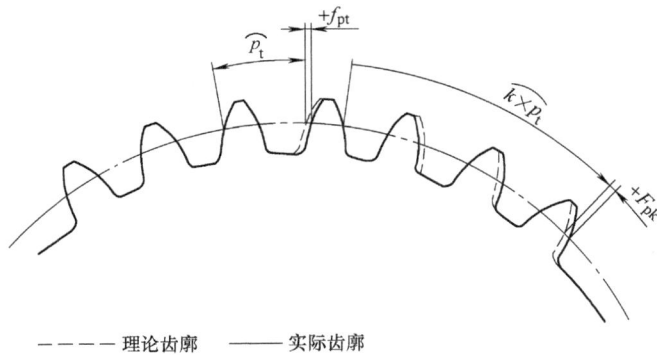

图 16-1　齿距偏差与齿距累积偏差

———— 设计齿廓　　〰〰 实际齿廓　　------ 平均齿廓

ⅰ) 设计齿廓：未修形的渐开线　　　　实际齿廓：在减薄区内偏向体内
ⅱ) 设计齿廓：修形的渐开线(举例)　　实际齿廓：在减薄区内偏向体内
ⅲ) 设计齿廓：修形的渐开线(举例)　　实际齿廓：在减薄区内偏向体外

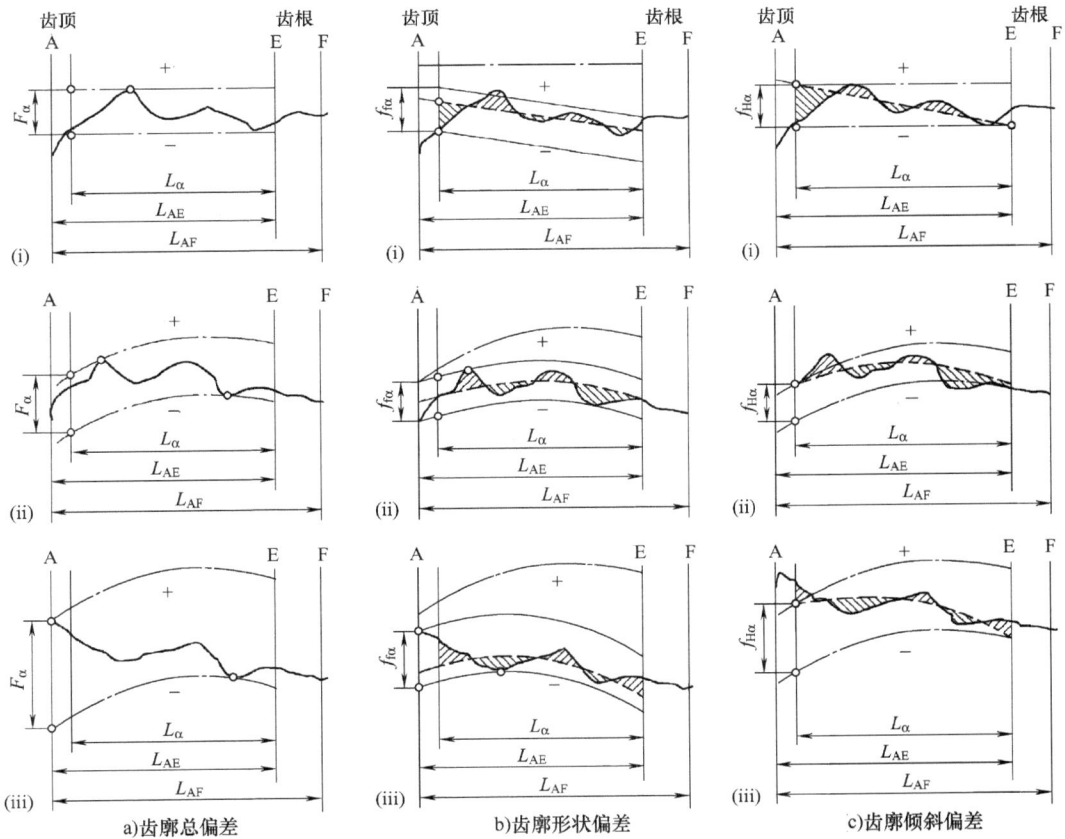

a)齿廓总偏差　　　　　　b)齿廓形状偏差　　　　　　c)齿廓倾斜偏差

图 16-2　齿廓偏差

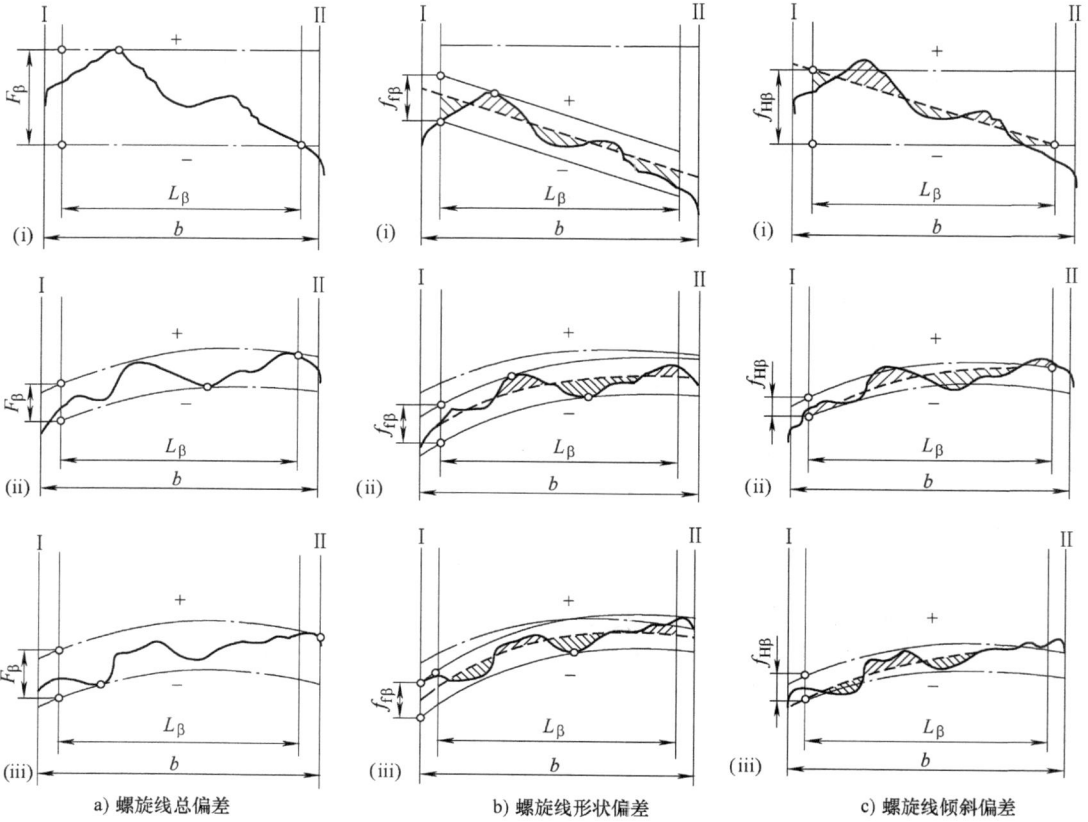

—— 设计螺旋线　 〰〰 实际螺旋线　 ----- 平均螺旋线

ⅰ) 设计螺旋线：未修形的螺旋线　　　实际螺旋线：在减薄区内偏向体内
ⅱ) 设计螺旋线：修形的螺旋线（举例）　实际螺旋线：在减薄区内偏向体内
ⅲ) 设计螺旋线：修形的螺旋线（举例）　实际螺旋线：在减薄区内偏向体外

a) 螺旋线总偏差　　　　b) 螺旋线形状偏差　　　　c) 螺旋线倾斜偏差

图 16-3　螺旋线偏差

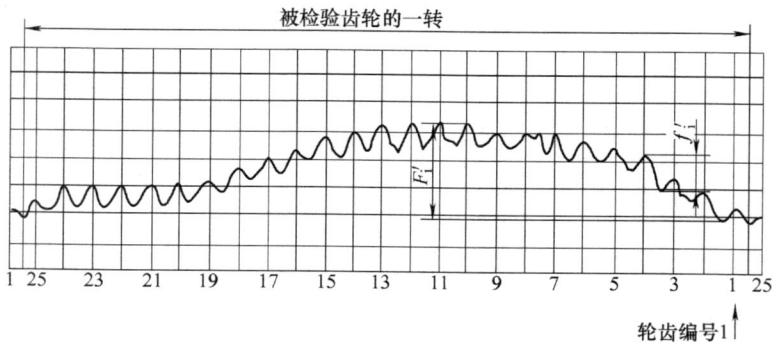

图 16-4　切向综合偏差

表 16-2　轮齿径向综合偏差与径向跳动的定义与代号（GB/T 10095.1—2008 摘录）

名称	代号	定义	名称	代号	定义
径向综合总偏差 （见图 16-5）	F_i''	在径向（双面）综合检验时，产品齿轮的左、右齿面同时与测量齿轮接触，并转过一圈时出现的中心距最大值和最小值之差	径向跳动偏差 （见图 16-6）	F_r	当测头（球形、圆柱形、砧形）相继置于每个齿槽内时，它到齿轮轴线的最大和最小径向距离之差。检查中，测头在近似齿高中部与左、右齿面接触
一齿径向综合偏差 （见图 16-5）	f_i''	当产品齿轮啮合一整圈时，对应一个齿距（360°/z）的径向综合偏差值			

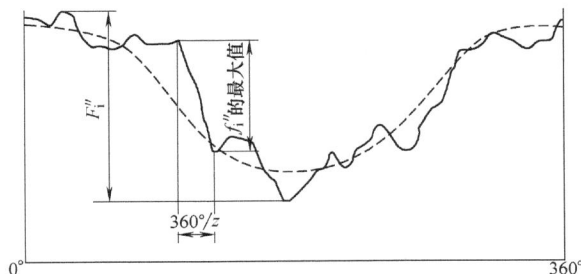

图 16-5　径向综合偏差

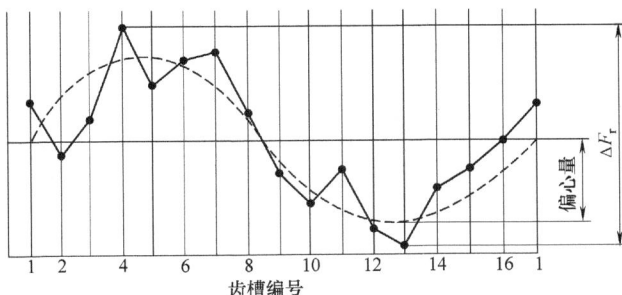

图 16-6　一个齿轮（16 齿）的径向跳动

16.1.2　齿轮精度

1. 精度等级及其选择

GB/T 10095.1 规定了从 0 级到 12 级共 13 个精度等级，其中 0 级是最高的精度等级，12 级是最低的精度等级。GB/T 10095.2 规定了从 4 级到 12 级共 9 个精度等级。

在技术文件中，如果所要求的齿轮精度等级为 GB/T 10095.1 的某级精度而无其他说明时，则齿距偏差（f_{pt}、F_{pk}、F_p）、齿廓总偏差（F_α）、螺旋线总偏差（F_β）的允许值均按该精度等级。GB/T 10095.1 规定，可按供需双方协议对工作齿面和非工作齿面规定不同的精度等级，或对不同的偏差项目规定不同的精度等级。

径向综合偏差精度等级不一定与 GB/T 10095.1 中的要素偏差规定相同的精度等级，当技术文件需叙述齿轮精度要求时，应注明 GB/T 10095.1 或 GB/T 10095.2。

根据齿轮精度对齿轮传动性能的影响，可以将评定齿轮精度的偏差项目分为

1) 影响运动传递准确性的项目；

2) 影响传动平稳性的项目；

3) 影响载荷分布均匀性的项目。

表 16-3 所列为各种精度等级齿轮的适用范围。

表 16-3　各种精度等级齿轮的适用范围

精度等级	工作条件与适用范围	圆周速度/m·s⁻¹		齿面的最后加工
		直齿	斜齿	
5	用于高速平稳且低噪声的高速传动中的齿轮；精密机构中的齿轮；透平机中的齿轮；检测 8、9 级的测量齿轮；重要的航空、船用齿轮箱齿轮	>20	>40	特精密的磨齿和珩磨用精密滚刀滚齿
6	用于高速下平稳工作，需要高效率及低噪声的齿轮；航空、汽车用齿轮，读数装置中的精密齿轮；机床传动齿轮	≥15	≥30	精密磨齿或剃齿
7	在高速和适度功率或大功率和适当速度下工作的齿轮；机床变速箱进给齿轮；起重机齿轮；汽车以及读数装置中的齿轮	≥10	≥15	用精确刀具加工；对于淬硬齿轮必须精整加工（磨齿、研齿、珩齿）
8	一般机器中无特殊精度要求的齿轮；机床变速齿轮；汽车制造业中的不重要齿轮；冶金、起重、农业机械中的重要齿轮	≥6	≥10	滚、插齿均可，不用磨齿，必要时剃齿或研齿
9	用于不提精度要求的粗糙工作的齿轮；因结构上考虑，受载低于计算载荷的传动用齿轮；重载、低速不重要工作机械的传动齿轮；农机齿轮	≥2	≥4	不需要特殊的精加工工序

2. 齿轮检验项目和数值（见表 16-4）

表 16-4　齿轮检验项目

f_{pt}	单个齿距偏差	见表 16-5	F_{pk}	齿距累积偏差	$F_{pk} = f_{pt} + 1.6\sqrt{(k-1)m}$
F_p	齿距累积总偏差	见表 16-5	F_r	径向跳动公差	见表 16-5
F_α	齿廓总偏差	见表 16-5	F_β	螺旋线总偏差	见表 16-7
F_i'	切向综合总偏差	$F_i' = F_\alpha + f_i'$	f_i'	一齿切向综合偏差	见表 16-5
F_i''	径向综合总偏差	见表 16-6	f_i''	一齿径向综合偏差	见表 16-6

表 16-5　齿廓总偏差 F_α、单个齿距偏差 f_{pt}、齿距累积总偏差 F_p、一齿切向综合偏差 f'_i、径向跳动公差 F_r

分度圆直径 d/mm	模数 m /mm	精度 等级																		
		F_α/μm				$\pm f_{pt}$/μm				F_p/μm				(f'_i/K)/μm				F_r/μm			
		6	7	8	9	6	7	8	9	6	7	8	9	6	7	8	9	6	7	8	9
5≤d ≤20	0.5≤m_n≤2	6.5	9	13	18	6.5	9.5	13	19	16	23	32	45	19	27	38	54	13	18	25	36
	2<m_n≤3.5	9.5	13	19	26	7.5	10	15	21	17	23	33	47	23	32	45	64	13	19	27	38
20<d ≤50	0.5≤m_n≤2	7.5	10	15	21	7	10	14	20	20	29	41	57	20	29	41	58	16	23	32	46
	2<m_n≤3.5	10	14	20	29	7.5	11	15	22	21	30	42	59	24	34	48	68	17	24	34	47
	3.5<m_n≤6	12	18	25	35	8.5	12	17	24	22	31	44	62	27	38	54	77	17	25	35	49
	6<m_n≤10	15	22	31	43	10	14	20	28	23	33	46	65	31	44	63	89	19	26	37	52
50<d ≤125	0.5≤m_n≤2	8.5	12	17	23	7.5	11	15	21	26	37	52	74	22	31	44	62	21	29	42	59
	2<m_n≤3.5	11	16	22	31	8.5	12	17	23	27	38	53	76	25	36	51	72	21	30	43	61
	3.5<m_n≤6	13	19	27	38	9	13	18	26	28	39	55	78	29	40	57	81	22	31	44	62
	6<m_n≤10	16	23	33	46	10	15	21	30	29	41	58	82	33	47	66	93	23	33	46	65
125<d ≤280	0.5≤m_n≤2	10	14	20	28	8.5	12	17	24	35	49	69	98	24	34	49	69	28	39	55	78
	2≤m_n≤3.5	13	18	25	36	9	13	18	26	35	50	70	100	28	39	56	79	28	40	56	80
	3.5≤m_n≤6	15	21	30	42	10	14	20	28	36	51	72	102	31	44	62	88	29	41	58	82
	6≤m_n≤10	18	25	36	50	11	16	23	32	37	53	75	106	35	50	70	100	30	42	60	85
280<d ≤560	0.5≤m_n≤2	12	17	23	33	9.5	13	19	27	46	64	91	129	27	39	54	77	36	51	73	103
	2<m_n≤3.5	15	21	29	41	10	14	20	28	46	65	92	131	31	44	62	87	37	52	74	105
	3.5<m_n≤6	17	24	34	48	11	16	22	31	47	66	94	133	34	48	68	96	38	53	75	105
	6<m_n≤10	20	28	40	56	12	17	25	35	48	68	97	137	38	54	76	108	39	55	77	109

注：f'_i 值由表中值乘以 K 得到。当 $\varepsilon_\gamma < 4$ 时，$K = 0.2\left(\dfrac{\varepsilon_\gamma + 1}{\varepsilon_\gamma}\right)$；当 $\varepsilon_\gamma \geqslant 4$ 时，$K = 0.4$。其中，ε_γ 为总重合度。

表 16-6 一齿径向综合偏差 f''_i、径向综合总偏差 F''_i

分度圆直径 d/mm	法向模数 m_n/mm	精度等级				精度等级			
		6	7	8	9	6	7	8	9
		f''_i/μm				F''_i/μm			
5≤d≤20	0.2≤m_n≤0.5	2.5	3.5	5.0	7.0	15	21	30	42
	0.5≤m_n≤0.8	4.0	5.5	7.5	11	16	23	33	46
	0.8≤m_n≤1.0	5.0	7.0	10	14	18	25	35	50
	1.0≤m_n≤1.5	6.5	9.0	13	18	19	27	38	54
	1.5≤m_n≤2.5	9.5	13	19	26	22	32	45	63
	2.5≤m_n≤4.0	14	20	29	41	28	39	56	79
20<d≤50	0.2≤m_n≤0.5	2.5	3.5	5.0	7.0	19	26	37	52
	0.5≤m_n≤0.8	4.0	5.5	7.5	11	20	28	40	56
	0.8≤m_n≤1.0	5.0	7.0	10	14	21	30	42	60
	1.0≤m_n≤1.5	6.5	9.0	13	18	23	32	45	64
	1.5≤m_n≤2.5	9.5	13	19	26	26	37	52	73
	2.5≤m_n≤4.0	14	20	29	41	31	44	63	89
	4.0≤m_n≤6.0	22	31	43	61	39	56	79	111
	6.0≤m_n≤10	34	48	67	95	52	74	104	147
50<d≤125	0.2≤m_n≤0.5	2.5	3.5	5.0	7.5	23	33	46	66
	0.5≤m_n≤0.8	4.0	5.5	8.0	11	25	35	49	70
	0.8≤m_n≤1.0	5.0	7.0	10	14	26	36	52	73
	1.0≤m_n≤1.5	6.5	9.0	13	18	27	39	55	77
	1.5≤m_n≤2.5	9.5	13	19	26	31	43	61	86
	2.5≤m_n≤4.0	14	20	29	41	36	51	72	102
	4.0≤m_n≤6.0	22	31	44	62	44	62	88	124
	6.0≤m_n≤10	34	48	67	95	57	80	114	161
125<d≤280	0.2≤m_n≤0.5	2.5	3.5	5.5	7.5	30	42	60	85
	0.5≤m_n≤0.8	4.0	5.5	8.0	11	31	44	63	89
	0.8≤m_n≤1.0	5.0	7.0	10	14	33	46	65	92
	1.0≤m_n≤1.5	6.5	9.0	13	18	34	48	68	97
	1.5≤m_n≤2.5	9.5	13	19	27	37	53	75	106
	2.5≤m_n≤4.0	16	21	29	41	43	61	86	121
	4.0≤m_n≤6.0	22	31	44	62	51	72	102	144
	6.0≤m_n≤10	34	48	67	95	64	90	127	180

（续）

分度圆直径 d/mm	法向模数 mn/mm	精度等级				精度等级			
		6	7	8	9	6	7	8	9
		f''_i/μm				f''_i/μm			
280<d≤560	0.2≤m_n≤0.5	2.5	4.0	5.5	7.5	39	55	78	110
	0.5≤m_n≤0.8	4.0	5.5	8.0	11	40	57	81	114
	0.8≤m_n≤1.0	5.0	7.5	10	15	42	59	83	117
	1.0≤m_n≤1.5	6.5	9.0	13	18	43	61	86	122
	1.5≤m_n≤2.5	9.5	13	19	27	46	65	92	131
	2.5≤m_n≤4.0	15	21	29	41	52	73	104	146
	4.0≤m_n≤6.0	22	31	44	62	60	84	119	169
	6.0≤m_n≤10	34	48	68	96	73	103	145	205

表 16-7　螺旋线总偏差 F_β　　　　（单位：μm）

分度圆直径 d /mm	齿宽 b /mm	精度等级				分度圆直径 d /mm	齿宽 b /mm	精度等级			
		6	7	8	9			6	7	8	9
5≤d≤20	4≤b≤10	8.5	12.0	17.0	24.0	125<d≤280	4≤b≤10	10.0	14.0	20.0	29.0
	10<b≤20	9.5	14.0	19.0	28.0		10<b≤20	11.0	16.0	22.0	32.0
	20<b≤40	11.0	16.0	22.0	31.0		20<b≤40	13.0	18.0	25.0	36.0
	40<b≤80	13.0	19.0	26.0	37.0		40<b≤80	15.0	21.0	29.0	41.0
20<d≤50	4≤b≤10	9.0	13.0	18.0	25.0		80<b≤160	17.0	25.0	35.0	49.0
	10<b≤20	10.0	14.0	20.0	29.0		160<b≤250	25.0	29.0	41.0	58.0
	20<b≤40	11.0	16.0	23.0	32.0	280<d≤560	10≤b≤20	12.0	17.0	24.0	34.0
	40<b≤80	13.0	19.0	27.0	38.0		20<b≤40	13.0	19.0	27.0	38.0
	80<b≤160	16.0	23.0	32.0	46.0		40<b≤80	15.0	22.0	31.0	44.0
50<d≤125	4≤b≤10	9.5	13.0	19.0	27.0		80<b≤160	18.0	26.0	36.0	52.0
	10<b≤20	11.0	15.0	21.0	30.0		160<b≤250	21.0	30.0	43.0	60.0
	20<b≤40	12.0	17.0	24.0	34.0		250<b≤400	25.0	35.0	49.0	70.0
	40<b≤80	14.0	20.0	28.0	39.0						
	80<b≤160	17.0	24.0	33.0	47.0						
	160<b≤250	20.0	28.0	40.0	56.0						

表 16-8 建议的齿轮检验组及检验项目，可按齿轮工作性能及有关要求选择一个检验组来评定齿轮质量。

表 16-8　建议的齿轮检验组及项目

检验形式	检验组及项目	检验形式	检验组及项目
单项检验	①f_{pt}、F_p、F_α、F_β、F_r ②f_{pt}、F_p、F_α、F_β、F_r、F_{pk} ③f_{pt}、F_r(仅用于 10～12 级)	综合检验	④F_i''、f_i'' ⑤F_i'、f_i'(协议有要求时)

16.1.3　侧隙和齿厚偏差

1. 侧隙

侧隙是在装配好的齿轮副中，相啮合的轮齿之间的间隙。当两个齿轮的工作齿面相互接触时，其非工作齿面之间的最短距离为法向间隙 j_{bn}；周向间隙 j_{wt} 是指将相互啮合的齿轮中的一个固定，另一个齿轮能够转过的节圆弧长的最大值。

GB/Z 18620.2—2008 定义了侧隙、侧隙检验方法(见图 16-7)及最小侧隙的推荐数据(见表 16-9)。

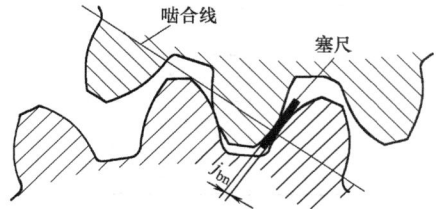

图 16-7　用塞尺测量侧隙(法向平面)

表 16-9　对中、大模数齿轮推荐的最小侧隙 j_{bnmin} 数据　　　(单位：mm)

法向模数 m_n /mm	最小中心距 a_i					
	50	100	200	400	800	1600
1.5	0.09	0.11	—	—	—	—
2	0.10	0.12	0.15	—	—	—
3	0.12	0.4	0.17	0.24	—	—
5	—	0.8	0.21	0.28	—	—
8	—	0.24	0.27	0.34	0.47	—
12	—	—	0.35	0.42	0.55	—
18	—	—	—	0.54	0.67	0.94

2. 齿厚偏差

侧隙是通过减薄齿厚的方法实现的，齿厚偏差(见图 16-8)是指分度圆上实际齿厚与理论齿厚之差(对斜齿轮指法向齿厚)。分度圆上弦齿厚及弦齿高见表 16-11。

(1)齿厚上极限偏差　确定齿厚的上极限偏差 E_{sns} 除应考虑最小侧隙外，还要考虑齿轮和齿轮副的加工和安装误差，关系式为

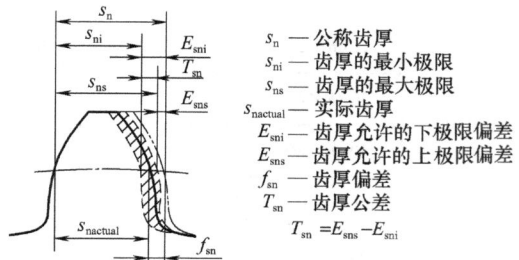

s_n — 公称齿厚
s_{ni} — 齿厚的最小极限
s_{ns} — 齿厚的最大极限
$s_{nactual}$ — 实际齿厚
E_{sni} — 齿厚允许的下极限偏差
E_{sns} — 齿厚允许的上极限偏差
f_{sn} — 齿厚偏差
T_{sn} — 齿厚公差
　　$T_{sn} = E_{sns} - E_{sni}$

图 16-8　齿厚偏差

$$E_{sns1} + E_{sns2} = -2f_a \tan\alpha_n - \frac{j_{bnmin} + J_n}{\cos\alpha_n}$$

式中　E_{sns1}、E_{sns2}——小齿轮和大齿轮的齿厚上极限偏差（μm）；

　　　　f_a——中心距偏差（μm）；

　　　　J_n——齿轮和齿轮副的加工、安装误差对侧隙减小的补偿量（μm）。

$$J_n = \sqrt{f_{pb1}^2 + f_{pb2}^2 + 2(F_\beta \cos\alpha_n)^2 + (F_{\Sigma\delta}\sin\alpha_n)^2 + (F_{\Sigma\beta}\cos\alpha_n)^2}$$

式中　f_{pb1}、f_{pb2}——小齿轮和大齿轮的基节偏差（μm）；

　　　　F_β——小齿轮和大齿轮的螺旋线总偏差（μm）；

　　　　α_n——法向压力角（°）；

　　$F_{\Sigma\delta}$、$F_{\Sigma\beta}$——齿轮副轴线平行度偏差（μm），其中，$F_{\Sigma\beta} = 0.5\left(\dfrac{L}{b}\right)F_\beta$，两轮分别计

　　　　　　　算，取小值（其中，L 为轴承跨距，mm；b 为齿宽，mm）；$F_{\Sigma\delta} = 2F_{\Sigma\beta}$。

　　求得两齿轮的齿厚上极限偏差之和后，可以按等值分配方法分配给大齿轮和小齿轮，也可以使小齿轮的齿厚减薄量小于大齿轮的齿厚减薄量，以使大、小齿轮的齿根弯曲强度匹配。

　　（2）齿厚公差　齿厚公差的选择基本上与轮齿精度无关，除了十分必要的场合，不应采用较小的齿厚公差，以利于在不影响齿轮性能和承载能力的前提下获得较经济的制造成本。

　　齿厚公差 T_{sn} 的确定：

$$T_{sn} = \sqrt{F_r^2 + b_r^2} \times 2\tan\alpha_n$$

式中　F_r——径向跳动公差（μm）；

　　　　b_r——切齿径向进刀公差（μm），可按表 16-10 选用。

表 16-10　切齿径向进刀公差

齿轮精度等级	5	6	7	8	9
b_r	IT8	1.26IT8	IT9	1.26IT9	IT10

　　（3）齿厚下极限偏差　齿厚下极限偏差 E_{sni} 按下式求得

$$E_{sni} = E_{sns} - T_{sn}$$

　　（4）按使用经验选定齿厚公差　在实际的齿轮设计中，常常按实际使用经验来选定齿轮齿厚的上、下极限偏差 E_{sns}、E_{sni}，齿厚极限偏差 E_{sn} 的参考值见表 16-12。这种选定方法不适用于对最小侧隙有严格要求的齿轮。

　　3. 公法线长度偏差

　　齿厚改变时，齿轮的公法线长度也随之改变。因此，可以通过测量公法线长度控制齿厚。公法线长度不以齿顶圆为测量基准，其测量方法简单，测量精度较高，在生产中应用广泛。齿轮公法线长度计算查表 16-13。

　　公法线长度偏差是指公法线的实际长度与公称长度之差，公法线长度偏差与齿厚偏差的关系如下：

　　公法线长度上极限偏差　　$E_{bns} = E_{sns}\cos\alpha_n$

　　公法线长度下极限偏差　　$E_{bni} = E_{sni}\cos\alpha_n$

表 16-11　非变位直齿圆柱齿轮分度圆上弦齿厚及弦齿高($\alpha = 20°$, $h_a^* = 1$)

弦齿厚 $s_x = K_1 m$						弦齿高 $h_x = K_2 m$					
齿数 z	K_1	K_2	齿数 z	K_1	K_2	齿数 z	K_1	K_2	齿数 z	K_1	K_2
10	1.5643	1.0616	41	1.5704	1.0150	73	1.5707	1.0085	106	1.5707	1.0058
11	1.5655	1.0560	42		1.0147	74		1.0084	107		1.0058
12	1.5663	1.0514	43		1.0143	75		1.0083	108		1.0057
13	1.5670	1.0474	44	1.5705	1.0140	76	1.5707	1.0081	109		1.0057
14	1.5675	1.0440	45		1.0137	77		1.0080	110		1.0056
15	1.5679	1.0411	46		1.0134	78		1.0079	111	1.5707	1.0056
16	1.5683	1.0385	47		1.0131	79		1.0078	112		1.0055
17	1.5686	1.0362	48		1.0128	80		1.0077	113		1.0055
18	1.5688	1.0342	49		1.0126	81	1.5707	1.0076	114		1.0054
19	1.5690	1.0324	50		1.0123	82		1.0075	115		1.0054
20	1.5692	1.0308	51		1.0121	83		1.0074	116	1.5707	1.0053
21	1.5694	1.0294	52	1.5705	1.0119	84		1.0074	117		1.0053
22	1.5695	1.0281	53		1.0116	85		0.0073	118		1.0053
23	1.5696	1.0268	54		1.0114	86	1.5707	1.0072	119		1.0052
24	1.5697	1.0257	55		1.0112	87		1.0071	120		1.0052
25	1.5698	1.0247	56	1.5706	1.0110	88		0.0070	121	1.5707	1.0051
26		1.0237	57		1.0108	89		0.0069	122		1.0051
27	1.5699	1.0228	58		1.0106	90		1.0068	123		1.0050
28		1.0220	59		1.0105	91	1.5707	1.0068	124		1.0050
29	1.5700	1.0213	60		1.0102	92		1.0067	125		1.0049
30	1.5701	1.0206	61	1.5706	1.0101	93		1.0067	126	1.5707	1.0049
31		1.0199	62		1.0100	94		1.0066	127		1.0049
32	1.5702	1.0193	63		1.0098	95		1.0065	128		1.0048
33		1.0187	64		1.0097	96	1.5707	1.0064	129		1.0048
34		1.0181	65		1.0095	97		1.0064	130		1.0047
35		1.0176	66	1.5706	1.0094	98		1.0063	131	1.5708	1.0047
36	1.5703	1.0171	67		1.0092	99		1.0062	132		1.0047
37		1.0167	68		1.0091	100		1.0061	133		1.0047
38	1.5704	1.0162	69	1.5707	1.0090	101	1.5707	1.0061	134		1.0046
39		1.0158	70		1.0088	102		1.0060	135		1.0046
40		1.0154	71	1.5707	1.0087	103		1.0060	140	1.5708	1.0044
			72		1.0086	104		1.0059	145		1.0042
						105		1.0059	150		1.0041
									齿条		1.0000

注：1. 对于斜齿圆柱齿轮和锥齿轮，使用本表时，应以当量齿数 z_v 代替 z(斜齿轮：$z_v = \dfrac{z}{\cos^3 \beta}$；锥齿轮：$z_v = \dfrac{z}{\cos \delta}$)。

2. z_v 为非整数时，可用插值法求出。

表 16-12　齿厚极限偏差 E_{sn} 参考值（非标准内容）　　　　　（单位：μm）

精度等级	法向模数 m_n/mm	偏差名称	分度圆直径/mm									
			≤80	>80~125	>125~180	>180~250	>250~315	>315~400	>400~500	>500~630	>630~800	>800~1000
5	>1~3.5	E_{sns} E_{sni}	−96 −120	−96 −120	−112 −140	−140 −175	−140 −175	−175 −224	−200 −256	−200 −256	−200 −256	−225 −288
	>3.5~6.3		−80 −96	−96 −128	−108 −144	−144 −180	−144 −180	−144 −180	−180 −255	−180 −225	−180 −225	−250 −320
	>6.3~10		−90 −108	−90 −108	−120 −160	−120 −160	−160 −200	−160 −200	−176 −220	−176 −220	−176 −220	−220 −275
	>10~16				−110 −132	−132 −176	−132 −176	−176 −220	−208 −260	−208 −260	−208 −260	−260 −325
	>16~25				−112 −140	−112 −168	−140 −168	−168 −224	−192 −256	−192 −256	−256 −320	−256 −320
6	>1~3.5	E_{sns} E_{sni}	−80 −120	−100 −160	−110 −132	−132 −176	−132 −176	−176 −220	−208 −260	−208 −260	−208 −325	−224 −350
	>3.5~6.3		−78 −104	−104 −130	−112 −168	−140 −224	−140 −224	−168 −224	−168 −224	−224 −280	−224 −280	−256 −320
	>6.3~10		−84 −112	−112 −140	−128 −192	−128 −192	−128 −192	−168 −256	−180 −288	−180 −288	−216 −288	−288 −360
	>10~16				−108 −180	−144 −216	−144 −216	−144 −216	−160 −240	−200 −320	−240 −320	−240 −320
	>16~25				−132 −176	−132 −176	−176 −220	−176 −220	−200 −250	−200 −300	−200 −300	−250 −400
7	>1~3.5	E_{sns} E_{sni}	−112 −168	−112 −168	−128 −192	−128 −192	−160 −256	−192 −256	−180 −288	−216 −360	−216 −360	−320 −400
	>3.5~6.3		−108 −180	−108 −180	−120 −200	−160 −240	−160 −240	−160 −240	−200 −320	−200 −320	−240 −320	−264 −352
	>6.3~10		−120 −160	−120 −160	−132 −220	−132 −220	−176 −264	−176 −264	−200 −300	−200 −300	−250 −400	−300 −400
	>10~16				−150 −250	−150 −250	−150 −250	−200 −300	−224 −336	−224 −336	−224 −336	−280 −448
	>16~25				−128 −192	−128 −256	−192 −256	−192 −256	−216 −360	−216 −360	−288 −432	−288 −432
8	>1~3.5	E_{sns} E_{sni}	−120 −200	−120 −200	−132 −220	−176 −264	−176 −264	−176 −264	−200 −300	−200 −300	−250 −400	−280 −448
	>3.5~6.3		−100 −150	−150 −200	−168 −280	−168 −280	−168 −280	−168 −280	−224 −336	−224 −336	−224 −384	−256 −384
	>6.3~10		−112 −168	−112 −168	−128 −256	−192 −256	−192 −256	192 −256	−216 −288	−216 −360	−288 −432	−288 −432
	>10~16				−144 −216	−144 −288	−216 −288	−216 −288	−240 −320	−240 −320	−240 −400	−320 −480
	>16~25				−180 −270	−180 −270	−180 −270	−180 −270	−200 −300	−300 −400	−300 −400	−300 −500
9	>1~3.5	E_{sns} E_{sni}	−112 −224	−168 −280	−192 −320	−192 −320	−192 −320	−256 −384	−288 −432	−288 −432	−288 −432	−320 −480
	>3.5~6.3		−144 −216	−144 −216	−160 −320	−160 −320	−240 −400	−240 −400	−240 −400	−240 −400	−320 −480	−360 −540
	>6.3~10		−160 −240	−160 −240	−180 −270	−180 −270	−180 −270	−270 −360	−300 −400	−300 −400	−300 −400	−300 −500
	>10~16				−200 −300	−200 −300	−200 −300	−200 −300	−224 −336	−336 −448	−336 −448	−336 −560
	>16~25				−252 −378	−252 −378	−252 −378	−252 −378	−284 −426	−284 −426	−284 −426	−426 −568

表 16-13　公法线长度 W'（$m=1\text{mm}$，$\alpha_0=20°$）　　　　　　（单位：mm）

齿轮齿数 z	跨测齿数 k	公法线长度 W'	齿轮齿数 z	跨测齿数 k	公法线长度 W'	齿轮齿数 z	跨测齿数 k	公法线长度 W'	齿轮齿数 z	跨测齿数 k	公法线长度 W'	齿轮齿数 z	跨测齿数 k	公法线长度 W'
			41	5	13.8588	81	10	29.1797	121	14	41.5484	161	18	53.9171
			42	5	13.8728	82	10	29.1937	122	14	41.5624	162	19	56.8833
			43	5	13.8868	83	10	29.2077	123	14	41.5764	163	19	56.8972
4	2	4.4842	44	5	13.9008	84	10	29.2217	124	14	41.5904	164	19	56.9113
5	2	4.4982	45	6	16.8670	85	10	29.2357	125	14	41.6044	165	19	56.9253
6	2	4.5122	46	6	16.8810	86	10	29.2497	126	15	44.5706	166	19	56.9393
7	2	4.5262	47	6	16.8950	87	10	29.2637	127	15	44.5846	167	19	56.9533
8	2	4.5402	48	6	16.9090	88	10	29.2777	128	15	44.5986	168	19	56.9673
9	2	4.5542	49	6	16.9230	89	10	29.2917	129	15	44.6126	169	19	56.9813
10	2	4.5683	50	6	16.9370	90	11	32.2579	130	15	44.6266	170	19	56.9953
11	2	4.5823	51	6	16.9510	91	11	32.2718	131	15	44.6406	171	20	59.9615
12	2	4.5963	52	6	16.9660	92	11	32.2858	132	15	44.6546	172	20	59.9754
13	2	4.6103	53	6	16.9790	93	11	32.2998	133	15	44.6686	173	20	59.9894
14	2	4.6243	54	7	19.9452	94	11	32.3138	134	15	44.6826	174	20	60.0034
15	2	4.6383	55	7	19.9591	95	11	32.3279	135	16	47.6490	175	20	60.0174
16	2	4.6523	56	7	19.9731	96	11	32.3419	136	16	47.6627	176	20	60.0314
17	2	4.6663	57	7	19.9871	97	11	32.3559	137	16	47.6767	177	20	60.0455
18	3	7.6324	58	7	20.0011	98	11	32.3699	138	16	47.6907	178	20	60.0595
19	3	7.6464	59	7	20.0152	99	12	35.3361	139	16	47.7047	179	20	60.0735
20	3	7.6604	60	7	20.0292	100	12	35.3500	140	16	47.7187	180	21	63.0397
21	3	7.6744	61	7	20.0432	101	12	35.3640	141	16	47.7327	181	21	63.0536
22	3	7.6884	62	7	20.0572	102	12	35.3780	142	16	47.7468	182	21	63.0676
23	3	7.7024	63	8	23.0233	103	12	35.3920	143	16	74.7608	183	21	63.0816
24	3	7.7165	64	8	23.0373	104	12	35.4060	144	17	50.7270	184	21	63.0956
25	3	7.7305	65	8	23.0513	105	12	35.4200	145	17	50.7409	185	21	63.1096
26	3	7.7445	66	8	23.0653	106	12	35.4340	146	17	50.7549	186	21	63.1236
27	4	10.7106	67	8	23.0793	107	12	35.4481	147	17	50.7689	187	21	63.1376
28	4	10.7246	68	8	23.0933	108	13	38.4142	148	17	50.7829	188	21	63.1516
29	4	10.7386	69	8	23.1073	109	13	38.4282	149	17	60.7969	189	22	66.1179
30	4	10.7526	70	8	20.1213	110	13	38.4422	150	17	50.5109	190	22	66.1318
31	4	10.7666	71	8	23.1353	111	13	38.4562	151	17	50.8249	191	22	66.1458
32	4	10.7806	72	9	26.1015	112	13	38.4702	152	17	50.8389	192	22	66.1598
33	4	10.7946	73	9	26.1155	113	13	38.4842	153	18	53.8051	193	22	66.1738
34	4	10.8086	74	9	26.1295	114	13	38.4982	154	18	53.8191	194	22	66.1878
35	4	10.8226	75	9	26.1435	115	13	38.5122	155	18	53.8331	195	22	66.2018
36	5	13.7888	76	9	26.1575	116	13	38.5262	156	18	53.8471	196	22	66.2158
37	5	13.8028	77	9	26.1715	117	14	41.4924	157	18	53.8611	197	22	66.2298
38	5	13.8168	78	9	26.1855	118	14	41.5064	158	18	53.8751	198	23	66.1961
39	5	13.8308	79	9	26.1995	119	14	41.5204	159	18	53.8891	199	23	69.2101
40	5	13.8448	80	9	26.2135	120	14	41.5344	160	18	53.9031	200	23	69.2241

注：1. 对标准直齿圆柱齿轮，公法线长度 $W=W'm$；W' 为 $m=1\text{mm}$、$\alpha_0=20°$ 时的公法线长度。

2. 对变位直齿圆柱齿轮，当变位系数较小，$|x|<0.3$ 时，跨测齿数 k 不变，按照上表查出，而公法线长度 $W=(W'+0.684x)m$，其中 x 为变位系数；当变位系数 x 较大，$|x|>0.3$ 时，跨测齿数为 k'，可按下式计算：

$$k' = z\frac{\alpha_x}{180°} + 0.5，\text{式中 } \alpha_x = \arccos\frac{2d\cos a_0}{d_a+d_f}$$

而公法线长度为

$$W = [2.9521(k'-0.5) + 0.014z + 0.684x]m$$

3. 斜齿轮的公法线长度 W_n 在法面内测量，其值也可按上表确定，但必须根据假想齿数 z' 查表。z' 可按下式计算：$z'=K_\beta z'$，式中 K_β 为与分度圆柱上齿的螺旋角 β 有关的假想齿数系数，见表 16-14。假想齿数常为非整数，其小数部分 $\Delta z'$ 所对应的公法线长度 $\Delta W'$ 可查表 16-15。故总的公法线长度：$W_n=(W'+\Delta W')m_n$，式中 m_n 为法面模数，W' 为与假想齿数 z' 整数部分相对应的公法线长度，查表 16-13。

表 16-14　假想齿数系数 K_β（$\alpha_n = 20°$）

β	K_β	差　值	β	K_β	差　值	β	K_β	差　值	β	K_β	差　值
1°	1.000	0.002	16°	1.119	0.017	31°	1.548	0.047	46°	2.773	0.143
2°	1.002	0.002	17°	1.136	0.018	32°	1.595	0.051	47°	2.916	0.155
3°	1.004	0.003	18°	1.154	0.019	33°	1.646	0.054	48°	3.071	0.168
4°	1.007	0.004	19°	1.173	0.021	34°	1.700	0.058	49°	3.239	0.184
5°	1.011	0.005	20°	1.194	0.022	35°	1.758	0.062	50°	3.423	0.200
6°	1.016	0.006	21°	1.216	0.024	36°	1.820	0.067	51°	3.623	0.220
7°	1.022	0.006	22°	1.240	0.026	37°	1.887	0.072	52°	3.843	0.240
8°	1.028	0.008	23°	1.266	0.027	38°	1.959	0.077	53°	4.083	0.264
9°	1.036	0.009	24°	1.293	0.030	39°	2.036	0.083	54°	4.347	0.291
10°	1.045	0.009	25°	1.323	0.031	40°	2.119	0.088	55°	4.638	0.320
11°	1.054	0.011	26°	1.354	0.034	41°	2.207	0.096	56°	4.958	0.354
12°	1.065	0.012	27°	1.388	0.036	42°	2.303	0.105	57°	5.312	0.391
13°	1.077	0.013	28°	1.424	0.038	43°	2.408	0.112	58°	5.703	0.435
14°	1.090	0.014	29°	1.462	0.042	44°	2.520	0.121	59°	6.138	0.485
15°	1.114	0.015	30°	1.504	0.044	45°	2.641	0.132			

注：当分度圆螺旋角 β 为非整数时，K_β 可按差值用内插法求出。

表 16-15　假想齿数小数部分 $\Delta z'$ 的公法线长度 $\Delta W'$（$m_n = 1mm$，$\alpha_n = 20°$）

（单位：mm）

$\Delta z'$	0.00	0.01	0.02	0.03	0.04	0.05	0.06	0.07	0.08	0.09
0.0	0.0000	0.0001	0.0003	0.0004	0.0006	0.0007	0.0008	0.0010	0.0011	0.0013
0.1	0.0014	0.0015	0.0017	0.0018	0.0020	0.0021	0.0022	0.0024	0.0025	0.0027
0.2	0.0028	0.0029	0.0031	0.0032	0.0034	0.0035	0.0036	0.0038	0.0039	0.0041
0.3	0.0042	0.0043	0.0045	0.0046	0.0048	0.0049	0.0051	0.0052	0.0053	0.0055
0.4	0.0056	0.0057	0.0059	0.0060	0.0061	0.0063	0.0064	0.0066	0.0067	0.0069
0.5	0.0070	0.0071	0.0073	0.0074	0.0076	0.0077	0.0079	0.0080	0.0081	0.0083
0.6	0.0084	0.0085	0.0087	0.0088	0.0089	0.0091	0.0092	0.0094	0.0095	0.0097
0.7	0.0098	0.0099	0.0101	0.0102	0.0104	0.0105	0.0106	0.0108	0.109	0.0111
0.8	0.0112	0.0114	0.0115	0.0116	0.0118	0.0119	0.0120	0.0122	0.0123	0.0124
0.9	0.0126	0.0127	0.0129	0.0130	0.0132	0.0133	0.0135	0.0136	0.0137	0.0139

注：查取示例，当 $\Delta z' = 0.65$ 时，由上表查得 $\Delta W' = 0.0091$。

16.1.4　齿轮坯、轴中心距和轴线平行度

1. 齿轮坯的精度

GB/T 18620.3—2008 规定了齿轮坯上确定基准轴线的基准面的形状公差（见表 16-16）。当

基准轴线与工作轴线不重合时，工作安装面相对于基准轴线的跳动公差不应大于表 16-17 规定的数值。

齿轮的齿顶圆、齿轮孔以及安装齿轮的轴线尺寸公差与形状公差推荐按表 16-18 选用。

表 16-16　齿轮基准面与安装面的形状公差

确定轴线的基准面	公差项目		
	圆度	圆柱度	平面度
两个"短的"圆柱或圆锥形基准面	$0.04(L/b)F_\beta$ 或 $0.1F_p$，取两者中之小值		
一个"长的"圆柱或圆锥形基准面		$0.04(L/b)F_\beta$ 或 $0.1F_p$，取两者中之小值	
一个"短的"圆柱面和一个端面	$0.06F_p$		$0.06(D_d/b)F_\beta$

注：1. 齿轮坯的公差应减至能经济地制造的最小值。

　　2. L—较大的轴承跨距（当有关轴跨距不同时）；D_d—基准圆直径；b—齿宽；F_β—螺旋线总偏差；F_p—齿距累积总偏差。

表 16-17　齿轮安装面的跳动公差

确定轴线的基准面	跳动量（总的指示幅度）	
	径　向	轴　向
仅指圆柱或圆锥形基准面	$0.15(L/b)F_\beta$ 或 $0.3F_p$，取两者中之大值	
一个圆柱基准面和一个端面基准面	$0.3F_p$	$0.2(D_d/b)F_\beta$

注：1. 齿轮坯的公差应减至能经济地制造的最小值。

　　2. 表中各参数含义参见表 16-16 注 2。

表 16-18　齿坯的尺寸和形状公差

齿轮精度等级		6	7	8	9	10
孔	尺寸公差 形状公差	IT6	IT7		IT8	
轴	尺寸公差 形状公差	IT5	IT6		IT7	
齿顶圆直径	作为测量基准	IT8			IT9	
	不作为测量基准	公差按 IT11 给定，但不大于 $0.1m_n$				

2. 轴中心距公差

中心距公差是设计者规定的允许偏差，确定中心距公差时应综合考虑轴、轴承和箱体的制造及安装误差，轴承跳动及温度变化等影响因素，并考虑中心距变动对重合度和侧隙的影响。

GB/Z 18620.3—2008 没有推荐中心距公差数值，GB/T 10095.1—2008 对中心距极限偏差也未作规定，为了方便初学者设计时参考，表 16-19 列出了 GB/T 10095—1988 规定的中心距极限偏差。

表 16-19　中心距极限偏差 $\pm f_a$（GB/T 10095—1988 摘录）　（单位：μm）

第Ⅱ公差组精度等级	f_a	齿轮副的中心距/mm												
		大于 6	10	18	30	50	80	120	180	250	315	400	500	630	800
		到 10	18	30	50	80	120	180	250	315	400	500	630	800	1000
5~6	$\frac{1}{2}$IT7	7.5	9	10.5	12.5	15	17.5	20	23	26	28.5	31.5	35	40	45
7~8	$\frac{1}{2}$IT8	11	13.5	16.5	19.5	23	27	31.5	36	40.5	44.5	48.5	55	62	77
9~10	$\frac{1}{2}$IT9	18	21.5	26	31	37	43.5	50	57.5	65	70	77.5	87	100	115

3. 轴线平行度偏差

由于轴线平行度偏差的影响与其向量的方向有关，对轴线平面内的轴线平行度偏差 $f_{\Sigma\delta}$ 和垂直平面内的轴线平行度偏差 $f_{\Sigma\beta}$ 做了不同的规定（见图 16-9）。轴线偏差的推荐最大值计算公式为

$$f_{\Sigma\beta} = 0.5(L/b)F_\beta$$

$$f_{\Sigma\delta} = 2f_{\Sigma\beta} = (L/b)F_\beta$$

式中　　L——较大的轴承跨距（mm）；

b——齿宽（mm）；

F_β——螺旋线总偏差（μm）。

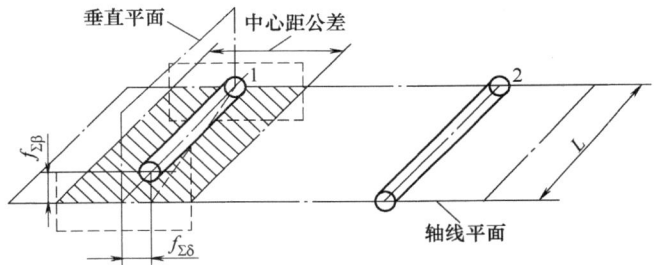

图 16-9　轴向平行度偏差

16.1.5　齿面粗糙度

齿面粗糙度影响齿轮的传动精度和工作能力。齿面粗糙度规定值应优先从表 16-20 和表 16-21 中选用。Ra 和 Rz 均可作为齿面粗糙度指标，但两者不应在同一部分使用。齿轮精度等级和齿面粗糙度等级之间没有直接关系。

表 16-20　算术平均偏差 Ra 的推荐极限值　（单位：μm）

精度等级	模　数/mm		
	$m<6$	$6<m<25$	$m>25$
5	0.5	0.63	0.80
6	0.8	1.00	1.25
7	1.25	1.6	2.0
8	2.0	2.5	3.2
9	3.2	4.0	5.0
10	5.0	6.3	8.0

表 16-21　轮廓的最大高度 Rz 推荐极限值　（单位：μm）

精度等级	模　数/mm		
	$m<6$	$6<m<25$	$m>25$
5	3.2	4.0	5.0
6	5.0	6.3	8.0
7	8.0	10.0	12.5
8	12.5	16	20
9	20	25	32
10	32	40	50

16.1.6　轮齿接触斑点

检测产品齿轮副在其箱体内所产生的接触斑点，可对轮齿间载荷分布进行评估。产品齿轮与测量齿轮的接触斑点，可用于装配后的齿轮的螺旋线和齿轮精度的评估。

图 16-10 和表 16-22 及表 16-23 给出了齿轮装配后(空载)检测时齿轮精度等级和接触斑点分布之间关系的一般指示，但不适于齿廓和螺旋线修形的齿轮齿面。

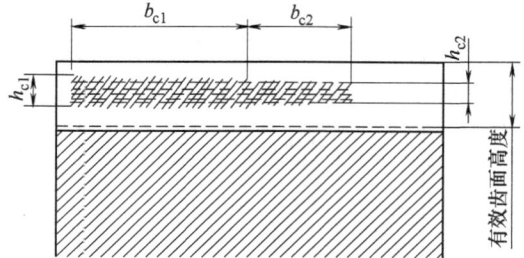

图 16-10　接触斑点分布的示意图

表 16-22　直齿轮装配后的接触斑点

精度等级	齿长方向 $b_{c1}(\%)$	齿高方向 $h_{c1}(\%)$	齿长方向 $b_{c2}(\%)$	齿高方向 $h_{c2}(\%)$
5 和 6	45	50	35	30
7 和 8	35	50	35	30
9~12	25	50	25	30

表 16-23　斜齿轮装配后的接触斑点

精度等级	齿长方向 $b_{c1}(\%)$	齿高方向 $h_{c1}(\%)$	齿长方向 $b_{c2}(\%)$	齿高方向 $h_{c2}(\%)$
5 和 6	45	40	35	20
7 和 8	35	40	35	20
9~12	25	40	25	20

16.1.7　精度等级的标注

标准中对于齿轮精度等级的标注未作规定，它仅规定了在技术文件中需要叙述齿轮精度等级时应注明 GB/T 10095.1 或 GB/T 10095.2。关于齿轮精度等级的标注建议如下：

1) 若齿轮的各检验项目为同一精度等级，可标注精度等级和标准号。例如齿轮各检验项目同为 7 级精度，则标注为：

7 GB/T 10095.1—2008　　或　　7 GB/T 10095.2—2008

2) 若齿轮各检验项目的精度等级不同，例如齿廓总偏差 F_α 为 6 级精度，单个齿距偏差 f_{pt}、齿距累积总偏差 F_p、螺旋线总偏差 F_β 均为 7 级精度，则标注为：

6(F_α)、7(f_{pt}、F_p、F_β)　　GB/T 10095.1—2008

齿轮零件图中的精度标注方法可参见第 18 章(参考图例)。

16.2　锥齿轮精度(GB/T 11365—1989 摘录)

16.2.1　精度等级与检验要求

为方便使用，本书仍采用 GB/T 11365—1989。

本标准对锥齿轮及齿轮副规定有 12 个精度等级，1 级精度最高，12 级精度最低。锥齿轮副中两锥齿轮一般取相同精度等级，也允许取不同精度等级。

按照公差的特性对传动性能的影响，将锥齿轮与齿轮副的公差项目分成三个公差组(见表 16-24)。根据使用要求的不同，允许各公差组以不同精度等级组合，但对齿轮副中两齿轮的同一公差组，应规定同一精度等级。

　　锥齿轮精度应根据传动用途、使用条件、传递功率、圆周速度以及其他技术要求确定。锥齿轮第 II 公差组的精度主要根据圆周速度确定(见表 16-25)。

　　锥齿轮及齿轮副的检验项目应根据工作要求和生产规模确定；对于 7、8、9 级精度的一般齿轮传动，推荐的检验项目见表 16-26。

表 16-24　锥齿轮各项公差的分组

公差组	公差与极限偏差项目	误差特性	对传动性能的主要影响
I	F'_i, F_r, F_p, F_{pk}, $F''_{i\Sigma}$	以齿轮一转为周期的误差	传递运动的准确性
II	f'_i, $f''_{i\Sigma}$, $f_{\Sigma K}$, $\pm f_{pt}$, f_c	在齿轮一周内，多次周期性地重复出现的误差	传动的平稳性
III	接触斑点	齿向线的误差	载荷分布的均匀性

　　注：F'_i—切向综合公差；F_r—齿圈跳动公差；F_p—齿距累积公差；F_{pk}—k 个齿距累积公差；$F''_{i\Sigma}$—轴交角综合公差；f'_i—齿切向综合公差；$f''_{i\Sigma}$——齿轴交角综合公差；$f_{\Sigma K}$—周期误差的公差；$\pm f_{pt}$—齿距极限偏差；f_c—齿形相对误差的公差。

表 16-25　锥齿轮第 II 公差组精度等级的选择

第 II 公差组精度等级	直　齿		非　直　齿	
	≤350HBW	>350HBW	≤350HBW	>350HBW
	圆周速度/m·s⁻¹　(≤)			
7	7	6	16	13
8	4	3	9	7
9	3	2.5	6	5

　　注：1. 表中的圆周速度按锥齿轮平均直径计算。

　　　　2. 此表不属于国家标准内容，仅供参考。

表 16-26　推荐的锥齿轮和齿轮副检验项目

项　　目		精　度　等　级		
		7	8	9
公差组	I	F_p 或 F_r		F_r
	II	$\pm f_{pt}$		
	III	接触斑点		
齿轮副	对锥齿轮	$E_{\bar{s}s}$, $E_{\bar{s}i}$		
	对箱体	$\pm f_a$		
	对传动	$\pm f_{AM}$, $\pm f_a$, $\pm E_\Sigma$, j_{nmin}		
齿轮毛坯公差		齿坯顶锥母线跳动公差 基准端面跳动公差 外径尺寸极限偏差 齿坯轮冠距和顶锥角极限偏差		

　　注：本表推荐项目的名称、代号和定义见表 16-27。

表 16-27   推荐的锥齿轮和锥齿轮副检验项目的名称、代号和定义

名　称	代号	定　义	名　称	代号	定　义
齿距累积误差 齿距累积公差	ΔF_p　　　　F_p	在中点分度圆① 上，任意两个同侧齿面间的实际弧长与公称弧长之差的最大绝对值	齿厚偏差 齿厚极限偏差：上极限偏差 下极限偏差 公差	$\Delta E_{\bar{s}}$ $E_{\bar{s}s}$ $E_{\bar{s}i}$ $T_{\bar{s}}$	齿宽中点法向弦齿厚的实际值与公称值之差
齿圈跳动 齿圈跳动公差	ΔF_r　　　　F_r	齿轮一转范围内，测头在齿槽内与齿面中部双面接触时，沿分锥法向相对齿轮轴线的最大变动量	齿圈轴向位移 齿圈轴向位移极限偏差： 上极限偏差 下极限偏差	Δf_{AM} $+f_{AM}$ $-f_{AM}$	齿轮装配后，齿圈相对于滚动检查机上确定的最佳啮合位置的轴向位移量
齿距偏差 齿距极限偏差：上极限偏差 下极限偏差	Δf_{pt} $+f_{pt}$ $-f_{pt}$	在中点分度圆① 上，实际齿距与公称齿距之差	齿轮副侧隙		
接触斑点		安装好的齿轮副（或被测齿轮与测量齿轮）在轻微力的制动下转动后，在齿轮工作齿面上得到的接触痕迹 接触斑点包括形状、位置、大小三方面的要求	圆周侧隙	j_t	齿轮副按规定的位置安装后，其中一个齿轮固定时，另一个齿轮从工作齿面接触到非工作齿面接触所绕过的齿宽中点分度圆弧长
齿轮副轴间距偏差 齿轮副轴间距极限偏差： 上极限偏差 下极限偏差	Δf_a $+f_a$ $-f_a$	齿轮副实际轴间距与公称轴间距之差	法向侧隙	j_n j_{tmin} j_{tmax} j_{nmin} j_{nmax}	齿轮副按规定的位置安装后，工作齿面接触时，非工作齿面间的最小距离，以齿宽中点处计 $j_n = j_t\cos\beta\cos\alpha$
齿轮副轴交角偏差 齿轮副轴交角极限偏差： 上极限偏差 下极限偏差	ΔE_Σ $+E_\Sigma$ $-E_\Sigma$	齿轮副实际轴交角与公称轴交角之差，以齿宽中点处线值计			

① 允许在齿面中部测量。

16.2.2　锥齿轮副的侧隙规定

标准规定锥齿轮副的最小法向侧隙种类为 6 种：a，b，c，d，e 和 h。最小法向侧隙值 a 为最大，依次递减，h 为零（见图 16-11）。最小法向侧隙种类与精度等级无关，其值见表 16-28。最小法向侧隙种类确定后，可按表 16-30 查取齿厚上极限偏差 $E_{\overline{ss}}$。

最大法向侧隙 j_{nmax} 按下式计算：

$$j_{nmax} = (\mid E_{\overline{s}s1} + E_{\overline{s}s2} \mid + T_{\overline{s}1} + T_{\overline{s}2} + E_{\overline{s}\Delta1} + E_{\overline{s}\Delta2})\cos\alpha_n$$

其中，$E_{\overline{s}\Delta}$ 为制造误差的补偿部分，由表 16-30 查取。齿厚公差 $T_{\overline{s}}$ 按表 16-29 查取。

本标准规定锥齿轮副的法向侧隙公差种类为 5 种：A，B，C，D 与 H。在一般情况下，推荐法向侧隙公差种类与最小法向侧隙种类的对应关系如图 16-11 所示。

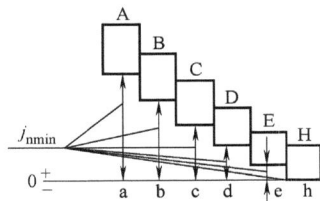

图 16-11　法向侧隙公差种类与最小法向侧隙种类对应关系

表 16-28　最小法向侧隙 j_{nmin} 值　　　　　　　　（单位：μm）

中点锥距/mm		小轮分锥角/(°)		最小法向侧隙 j_{nmin} 值		
				最小法向侧隙种类		
大于	到	大于	到	d	c	b
—	50	—	15	22	36	58
		15	25	33	52	84
		25	—	39	62	100
50	100	—	15	33	52	84
		15	25	39	62	100
		25	—	46	74	120
100	200	—	15	39	62	100
		15	25	54	87	140
		25	—	63	100	160
200	400	—	15	46	74	120
		15	25	72	115	185
		25	—	81	130	210

注：1. 表中数值用 α＝20° 的正交齿轮副。

　　2. 对正交齿轮副按中点锥距 R_m 值查取 j_{nmin} 值。

表 16-29　齿厚公差 $T_{\overline{s}}$ 值　　　　　　　　（单位：μm）

齿圈跳动公差		法向侧隙公差种类		
大　于	到	D	C	B
32	40	55	70	85
40	50	65	80	100
50	60	75	95	120
60	80	90	110	130
80	100	110	140	170
100	125	130	170	200

表 16-30　锥齿轮的 $E_{\bar{s}s}$ 与 $E_{\bar{s}\Delta}$ 值

（单位：μm）

基本值 — 齿厚上极限偏差 $E_{\bar{s}s}$ 值

中点法向模数/mm	中点分度圆直径/mm ≤125			>125~400			>400~800		
分锥角/(°)	≤20	>20~45	>45	≤20	>20~45	>45	≤20	>20~45	>45
>1~3.5	−20	−20	−22	−28	−32	−30	−36	−50	−45
>3.5~6.3	−22	−22	−25	−32	−32	−30	−38	−55	−45
>6.3~10	−25	−25	−28	−36	−36	−34	−40	−55	−50

基本值 — 最大法向侧隙 j_{nmax} 的制造误差补偿部分 $E_{\bar{s}\Delta}$ 值（第Ⅱ公差组精度等级 7）

中点法向模数/mm	中点分度圆直径/mm ≤125			>125~400			>400~800		
分锥角/(°)	≤20	>20~45	>45	≤20	>20~45	>45	≤20	>20~45	>45
>1~3.5	20	20	22	28	32	30	36	50	45
>3.5~6.3	22	22	25	32	32	30	38	55	45
>6.3~10	25	25	28	36	36	34	40	55	50

基本值 — $E_{\bar{s}\Delta}$ 值（第Ⅱ公差组精度等级 8）

中点法向模数/mm	中点分度圆直径/mm ≤125			>125~400			>400~800		
分锥角/(°)	≤20	>20~45	>45	≤20	>20~45	>45	≤20	>20~45	>45
>1~3.5	22	22	24	30	36	32	40	55	50
>3.5~6.3	24	24	28	36	36	32	42	60	50
>6.3~10	28	28	30	40	40	38	45	60	55

基本值 — $E_{\bar{s}\Delta}$ 值（第Ⅱ公差组精度等级 9）

中点法向模数/mm	中点分度圆直径/mm ≤125			>125~400			>400~800		
分锥角/(°)	≤20	>20~45	>45	≤20	>20~45	>45	≤20	>20~45	>45
>1~3.5	24	24	25	32	38	46	45	65	55
>3.5~6.3	25	25	30	38	38	36	45	65	55
>6.3~10	30	30	32	45	45	40	48	65	60

系数

最小法向侧隙种类	第Ⅱ公差组精度等级 7	8	9
d	2	2.2	—
c	2.7	3.0	3.2
b	3.8	4.2	4.6

注：各最小法向侧隙种类的各种精度等级齿轮的 $E_{\bar{s}s}$ 值，由本表查出基本值乘以系数得出。

16.2.3　图样标注

在锥齿轮零件图上应标注锥齿轮的精度等级和最小法向侧隙种类及法向侧隙公差种类的数字(字母)代号。标注示例：

1) 锥齿轮的第 Ⅰ 公差组精度为 8 级，第 Ⅱ 、Ⅲ 公差组精度为 7 级，最小法向侧隙种类为 c，法向侧隙公差种类为 B：

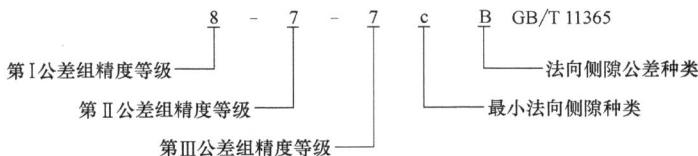

2) 锥齿轮的三个公差组精度同为 7 级，最小法向侧隙种类为 b，法向侧隙公差种类为 B：

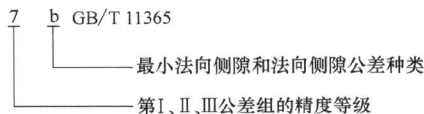

3) 锥齿轮的三个公差组精度同为 7 级，最小法向侧隙为 160μm，法向侧隙公差种类为 B：

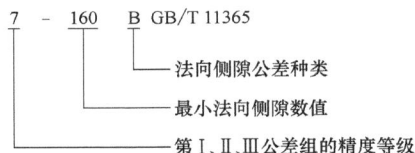

16.2.4　锥齿轮精度数值表（见表 16-31～表 16-34）

表 16-31　锥齿轮的 F_r，$\pm f_{pt}$ 值　　　　　　　　　（单位：μm）

中点分度圆直径 /mm		中点法向模数 /mm	齿圈径向圆跳动公差 F_r			齿距极限偏差 $\pm f_{pt}$		
			第 Ⅰ 公差组精度等级			第 Ⅱ 公差组精度等级		
			7	8	9	7	8	9
—	125	≥1～3.5	36	45	56	14	20	28
		>3.5～6.3	40	50	63	18	25	36
		>6.3～10	45	56	71	20	28	40
125	400	≥1～3.5	50	63	80	16	22	32
		>3.5～6.3	56	71	90	20	28	40
		>6.3～10	63	80	100	22	32	45
400	800	≥1～3.5	63	80	100	18	25	36
		>3.5～6.3	71	90	112	20	28	40
		>6.3～10	80	100	125	25	36	50

表 16-32　锥齿轮齿距累积公差 F_p 值　　　　　　　（单位：μm）

中点分度圆弧长 L/mm		第 I 公差组精度等级		
大于	到	7	8	9
32	50	32	45	63
50	80	36	50	71
80	160	45	63	90
160	315	63	90	125
315	630	90	125	180
630	100 0	112	160	224

注：F_p 按中点分度圆弧长 L(mm) 查表。L 的计算式为

$$L = \frac{\pi d_m}{2} = \frac{\pi m_{nm} z}{2\cos\beta}$$

式中　β——锥齿轮螺旋角；m_{nm}——中点法向模数；d_m——齿宽中点分度圆直径；z——齿数。

表 16-33　接触斑点

第 III 公差组精度等级	7	8，9
沿齿长方向	50%～70%	35%～65%
沿齿高方向	55%～75%	40%～70%

注：1. 表中数值范围用于齿面修形的齿轮；对齿面不做修形的齿轮，其接触斑点大小不小于其平均值。
　　2. 接触斑点的大小按百分比确定：
　　　沿齿长方向，接触斑点长度 b'' 与工作长度 b' 之比，即 $b''/b' \times 100\%$；
　　　沿齿高方向，接触斑点高度 h'' 与接触痕迹中部的工作齿高 h' 之比，即 $h''/h' \times 100\%$。

表 16-34　锥齿轮副检验安装误差项目 $\pm f_a$，$\pm f_{AM}$ 与 $\pm E_\Sigma$ 值　　（单位：μm）

中点锥距 /mm		轴间距极限偏差 $\pm f_a$ 第 II 公差组精度等级			齿圈轴向位移极限偏差 $\pm f_{AM}$ 分锥角 /(°)		第 II 公差组精度等级 7 中点法向模数/mm			8			9			轴交角极限偏差 $\pm E_\Sigma$ 小轮分锥角 /(°)		最小法向侧隙种类		
大于	到	7	8	9	大于	到	≥1~3.5	>3.5~6.3	>6.3~10	≥1~3.5	>3.5~6.3	>6.3~10	≥1~3.5	>3.5~6.3	>6.3~10	大于	到	d	c	b
—	50	18	28	36	—	20	20	11	—	28	16	—	40	22	—	—	15	11	18	30
					20	45	17	9.5	—	24	13	—	34	19	—	15	25	16	26	42
					45	—	71	4	—	10	5.6	—	14	8	—	25	—	19	30	50
50	100	20	30	45	—	20	67	38	24	95	53	34	140	75	50	—	15	16	26	42
					20	45	56	32	21	80	45	30	120	63	42	15	25	19	30	50
					45	—	24	13	8.5	34	17	12	48	26	17	25	—	22	32	60
100	200	25	36	55	—	20	150	80	53	200	120	75	300	160	105	—	15	19	30	50
					20	45	130	81	45	180	100	63	260	140	90	15	25	26	45	71
					45	—	53	30	19	75	40	26	105	90	38	25	—	32	50	80
200	400	30	45	75	—	20	340	180	120	480	250	170	670	360	240	—	15	22	32	60
					20	45	280	150	100	400	210	140	560	300	200	15	25	36	56	90
					45	—	120	63	40	170	90	60	240	130	85	25	—	40	63	100

注：1. 表中 $\pm f_a$ 值用于无纵向修形的齿轮副。

2. 表中 $\pm f_{AM}$ 值用于 $\alpha = 20°$ 的非修形齿轮。

3. 表中 $\pm E_\Sigma$ 值的公差带位置相对于零线，可以不对称或取在一侧。

4. 表中 $\pm E_\Sigma$ 值用于 $\alpha = 20°$ 的正交齿轮副。

16.2.5　锥齿轮齿坯公差（见表 16-35～表 16-38）

表 16-35　齿坯轮冠距与顶锥角极限偏差

中点法向模数/mm	轮冠距极限偏差/μm	顶锥角极限偏差/(′)
>1.2~10	0 −75	+8 0

表 16-36　齿坯尺寸公差

精　度　等　级	7, 8	9
轴径尺寸公差	IT6	IT7
孔径尺寸公差	IT7	IT8
外径尺寸极限偏差	0 −IT8	0 −IT9

注：当 3 个公差组精度等级不同时，按最高的精度等级确定公差值。

表 16-37　齿坯顶锥母线跳动和基准轴向圆跳动公差

项　目		尺寸范围		精度等级	
		大于	到	7, 8	9
顶锥母线跳动公差 /μm	外径/mm	30 50	50 120	30 40	60 80
		120 250	250 500	50 60	100 120
		500 800	800 1250	80 100	150 200
基准端面圆跳动公差 /μm	基准端面直径 /mm	30 50	50 120	12 15	20 25
		120 250	250 500	20 25	30 40
		500 800	800 1250	30 40	50 60

注：同表 16-36 注。

表 16-38　锥齿轮表面粗糙度 Ra 推荐值　　　　　　　　　（单位：μm）

精度等级	表面粗糙度 Ra				
	齿侧面	基准孔(轴)	端面	顶锥面	背锥面
7	0.8	—	—	—	—
8		1.6			3.2
9	3.2		3.2		6.3
10	6.3				6.3

注：1. 齿侧面按第Ⅱ公差组，其他按第Ⅰ公差组精度等级查表。

　　2. 此表不属于国家标准内容，仅供参考。

16.3 圆柱蜗杆、 蜗轮精度(GB/T 10089—2018 摘录)

16.3.1 精度等级与检验要求

标准规定圆柱蜗杆、蜗轮和蜗杆传动有 12 个精度等级,1 级精度最高,12 级精度最低。对于动力传动的蜗杆、蜗轮,一般采用 7~9 级。

蜗杆和配对蜗轮的精度等级一般取成相同,也允许取成不相同。对于有特殊要求的蜗杆传动,除 F_r,F''_i、f'_i,f_r 项目外,其蜗杆、蜗轮左右齿面的精度等级也可取成不相同。

按照公差特性对传动性能的主要保证作用,将公差(或极限偏差)分成 3 个公差组,见表 16-39。根据使用要求不同,允许各公差组选用不同的精度等级组合,但在同一公差组中,各项公差与极限偏差应保持相同的精度等级。

表 16-39 蜗杆、蜗轮和蜗杆传动各项公差的分组

公差组	检验对象	公差与极限偏差项目	误差特性	对传动性能的主要影响
I	蜗杆	—	一转为周期的误差	传递运动的准确性
	蜗轮	F'_i, F''_i, F_p, F_{pk}, F_r		
	传动	F'_{ic}		
II	蜗杆	f_h, f_{hL}, $\pm f_{px}$, f_{pxL}, f_r	一周内多次周期性地重复出现的误差	传动的平稳性、噪声、振动
	蜗轮	f'_i, f''_i, $\pm f_{pt}$		
	传动	f'_{ic}		
III	蜗杆	f_{f1}	齿向线的误差	载荷分布的均匀性
	蜗轮	f_{f2}		
	传动	接触斑点, $\pm f_a$, $\pm f_\Sigma$, $\pm f_x$		

注：F'_i—蜗轮切向综合公差；F''_i—蜗轮径向综合公差；F_p—蜗轮齿距累积公差；F_{pk}—蜗轮 k 个齿距累积公差；F_r—蜗轮齿圈径向圆跳动公差；F'_{ic}—蜗杆副的切向综合公差；f_h—蜗杆一转螺旋线公差；f_{hL}—蜗杆螺旋线公差；$\pm f_{px}$—蜗杆轴向齿距极限偏差；f_{pxL}—蜗杆轴向齿距累积公差；f_r—蜗杆齿槽径向圆跳动公差；f'_i—蜗轮一齿切向综合公差；f''_i—蜗轮一齿径向综合公差；$\pm f_{pt}$—蜗轮齿距极限偏差；f'_{ic}—蜗杆副的一齿切向综合公差；f_{f1}—蜗杆齿形公差；f_{f2}—蜗轮齿形公差；$\pm f_a$—蜗杆副的中心距极限偏差；$\pm f_\Sigma$—蜗杆副的轴交角极限偏差；$\pm f_x$—蜗杆副的中间平面极限偏差。

蜗杆、蜗轮精度应根据传动用途、使用条件、传递功率、圆周速度以及其他技术要求确定。其第 II 公差组主要由蜗轮圆周速度决定,见表 16-40。

表 16-40 第 II 公差组精度等级与蜗轮圆周速度关系

项 目	第 II 公差组精度等级		
	7	8	9
蜗轮圆周速度/m·s^{-1}	≤7.5	≤3	≤1.5

注：此表不属于国家标准内容,仅供参考。

蜗杆、蜗轮和蜗杆传动的检验项目应根据工作要求、生产规模和生产条件确定。对于动力传动的一般圆柱蜗杆传动,推荐的检测项目见表 16-41。

表 16-41　推荐的圆柱蜗杆、蜗轮和蜗杆传动的检验项目

项　　目			精　度　等　级		
			7	8	9
公差组	I	蜗杆	—		
		蜗轮	F_p		F_r
	II	蜗杆	$\pm f_{px}$, f_{pxL}		
		蜗轮	$\pm f_{pt}$		
	III	蜗杆	f_{f1}		
		蜗轮	f_{f2}		
蜗杆副	对蜗杆		E_{ss1}, E_{si1}		
	对蜗轮		E_{ss2}, E_{si2}		
	对箱体		$\pm f_a$, $\pm f_x$, $\pm f_\Sigma$		
	对传动		接触斑点, $\pm f_a$, j_{nmin}		
毛坯公差			蜗杆、蜗轮齿坯尺寸公差，形状公差，基准面径向和轴向圆跳动公差		

注：1. 当蜗杆副的接触斑点有要求时，蜗轮的齿形误差 f_{f2} 可不检验。

2. 本表推荐项目的名称、代号和定义见表 16-42。

表 16-42　推荐的圆柱蜗杆、蜗轮和蜗杆传动检验项目的名称、代号和定义

名　　称	代号	定　义	名　　称	代号	定　义
蜗轮齿距累积误差 蜗轮齿距累积公差	ΔF_p F_p	在蜗轮分度圆上，任意两个同侧齿面间的实际弧长与公称弧长之差的最大绝对值	蜗杆轴向齿距累积误差 蜗杆轴向齿距累积公差	Δf_{pxL} f_{pxL}	在蜗杆轴向截面上的工作齿宽范围（两端不完整齿部分应除外）内，任意两个同侧齿面间实际轴向距离与公称轴向距离之差的最大绝对值
蜗轮齿圈径向圆跳动偏差 蜗轮齿圈径向圆跳动公差	ΔF_r F_r	在蜗轮一转范围内，测头在靠近中间平面的齿槽内与齿高中部的齿面双面接触，测头相对于蜗轮轴线径向距离的最大变动量	蜗轮齿距偏差 蜗轮齿距极限偏差： 上极限偏差 下极限偏差	Δf_{pt} $+f_{pt}$ $-f_{pt}$	在蜗轮分度圆上，实际齿距与公称齿距之差 　用相对法测量时，公称齿距是指所有实际齿距的平均值
蜗杆轴向齿距偏差 蜗杆轴向齿距极限偏差： 上极限偏差 下极限偏差	Δf_{px} $+f_{px}$ $-f_{px}$	在蜗杆轴向截面上实际齿距与公称齿距之差	蜗杆齿形误差 设计齿形 蜗杆齿形公差	Δf_{f1} f_{f1}	在蜗杆轮齿给定截面上的齿形工作部分，包含实际齿形且距离为最小的两条设计齿形间的法向距离 　当两条设计齿形线为非等距离的曲线时，应在靠近齿体内设计齿形线的法线上确定其两者间的法向距离

（续）

名　称	代号	定　义	名　称	代号	定　义
蜗轮齿形误差 实际齿形 Δf_{t2}　蜗杆的齿形工作部分 设计齿形 蜗轮齿形公差	Δf_{t2} f_{t2}	在蜗轮轮齿给定截面上的齿形工作部分，包含实际齿形且距离为最小的两条设计齿形间的法向距离 　当两条设计齿形线为非等距离曲线时，应在靠近齿体内的设计齿形线的法线上确定其两者间的法向距离	蜗杆副的中间平面偏移 Δf_x 蜗杆副的中间平面极限偏差： 上极限偏差 下极限偏差	Δf_x $+f_x$ $-f_x$	在安装好的蜗杆副中，蜗轮中间平面与传动中间平面之间的距离
蜗杆齿厚偏差 公称齿厚 E_{ssl} E_{sil} T_{s1} 蜗杆齿厚极限偏差： 上极限偏差 下极限偏差 蜗杆齿厚公差	ΔE_{s1} E_{ss1} E_{si1} T_{s1}	在蜗杆分度圆柱上，法向齿厚的实际值与公称值之差	蜗杆副的轴交角偏差 实际轴交角 公称轴交角 Δf_Σ 蜗杆副的轴交角极限偏差： 上极限偏差 下极限偏差	Δf_Σ $+f_\Sigma$ $-f_\Sigma$	在安装好的蜗杆副中，实际轴交角与公称轴交角之差 　偏差值按蜗轮齿宽确定，以其线性值计
蜗轮齿厚偏差 公称齿厚 E_{si2} T_{s2} 蜗轮齿厚极限偏差： 上极限偏差 下极限偏差 蜗轮齿厚公差	ΔE_{s2} E_{ss2} E_{si2} T_{s2}	在蜗轮中间平面上，分度圆齿厚的实际值与公称值之差	蜗杆副的侧隙 圆周侧隙　j_t j_t 法向侧隙 N　　N N—N j_n 最小圆周侧隙 最大圆周侧隙 最小法向侧隙 最大法向侧隙	j_t j_n j_{tmin} j_{tmax} j_{nmin} j_{nmax}	在安装好的蜗杆副中，蜗杆固定不动时，蜗轮从工作齿面接触到非工作齿面接触所转过的分度圆弧长 在安装好的蜗杆副中，蜗杆和蜗轮的工作齿面接触时，两非工作齿面间的最小距离
蜗杆副的中心距偏差 公称中心距 实际中心距　Δf_a 蜗杆副的中心距极限偏差： 上极限偏差 下极限偏差	Δf_a $+f_a$ $-f_a$	在安装好的蜗杆副中间平面内，实际中心距与公称为中心距之差			

16.3.2　蜗杆传动的侧隙规定

本标准按蜗杆传动的最小法向侧隙 j_{nmin} 的大小，将侧隙种类分为 8 种：a，b，c，d，e，f，g，h。a 的最小法向侧隙值最大，其他依次减小，h 的最小法向侧隙值为零，如图 16-12 所示。侧隙种类与精度等级无关。

蜗杆传动的侧隙种类，应根据工作条件和使用要求选定，用代号(字母)表示。传动一般采用的最小法向侧隙种类及其值，按表 16-43 的规定选择。

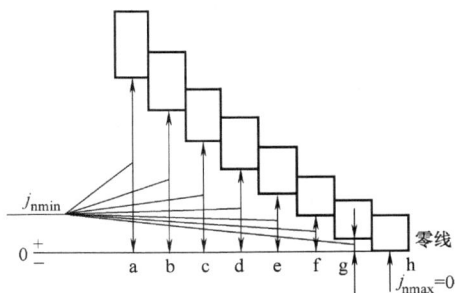

图 16-12　侧隙种类和最小法向侧隙

表 16-43　最小法向侧隙 j_{nmin} 值　　（单位：μm）

传动中心距 a/mm	侧　隙　种　类		
	b	c	d
≤30	84	52	33
>30~50	100	62	39
>50~80	120	74	46
>80~120	140	87	54
>120~180	160	100	63
>180~250	185	115	72
>250~315	210	130	81
>315~400	230	140	89

注：传动的最小圆周侧隙 $f_{tmin} \approx f_{nmin}/\cos\gamma'\cos\alpha_n$。式中，$\gamma'$ 为蜗杆节圆柱导程角；α_n 为蜗杆法向齿形角。

传动的最小法向侧隙由蜗杆齿厚的减薄量来保证，即取蜗杆齿厚上偏差 $E_{ss1} = -(j_{nmin}/\cos\alpha_n + E_{s\Delta})$（其中 $E_{s\Delta}$ 为制造误差的补偿部分），齿厚下偏差 $E_{si1} = E_{ss1} - T_{s1}$。最大法向侧隙由蜗杆、蜗轮齿厚公差 T_{s1}、T_{s2} 确定。蜗轮齿厚上偏差 $E_{ss2} = 0$，下偏差 $E_{si2} = -T_{s2}$。对精度等级为 7、8、9 的 $E_{s\Delta}$、T_{s1} 和 T_{s2} 的值，按表 16-44、表 16-45 和表 16-46 中的规定选择。

表 16-44　蜗杆齿厚上偏差（E_{ss1}）中的制造误差补偿部分 E_{sΔ} 值　　（单位：μm）

传动中心距 a/mm	精　度　等　级														
	7					8					9				
	模数 m/mm														
	≥1~3.5	>3.5~6.3	>6.3~10	>10~16	>16~25	≥1~3.5	>3.5~6.3	>6.3~10	>10~16	>16~25	≥1~3.5	>3.5~6.3	>6.3~10	>10~16	>16~25
≤30	45	50	60	—	—	50	68	80	—	—	75	90	110	—	—
>30~50	48	56	63	—	—	56	71	85	—	—	80	85	115	—	—
>50~80	50	58	65	—	—	58	75	90	—	—	90	100	120	—	—
>80~120	56	63	71	80	—	63	78	90	110	—	95	105	125	160	—
>120~180	60	68	75	85	115	68	80	95	115	150	100	110	130	165	210
>180~250	71	75	80	90	120	75	85	100	115	155	110	120	140	170	220
>250~315	75	80	85	95	120	80	90	100	120	155	120	130	145	180	225
>315~400	80	85	90	100	125	85	95	105	125	160	130	140	155	185	230

注：精度等级按蜗杆的第Ⅱ公差组确定。

表 16-45　蜗杆齿厚公差 T_{s1} 值　　　　　　　　　（单位：μm）

模数 m/mm	精　度　等　级		
	7	8	9
≥1~3.5	45	53	67
>3.5~6.3	56	71	90
>6.3~10	71	90	110
>10~16	95	120	150
>16~25	130	160	200

注：1. T_{s1} 按蜗杆第 II 公差组精度等级确定。

2. 当传动最大法向侧隙 j_{nmax} 无要求时，允许 T_{s1} 增大，最大不超过表中值的 2 倍。

表 16-46　蜗轮齿厚公差 T_{s2} 值　　　　　　　　　（单位：μm）

模数 m/mm	蜗轮分度圆直径 d_2/mm								
	≤125			>125~400			>400~800		
	精　度　等　级								
	7	8	9	7	8	9	7	8	9
≥1~3.5	90	110	130	100	120	140	110	130	160
>3.5~6.3	110	130	160	120	140	170	120	140	170
>6.3~10	120	140	170	130	160	190	130	160	190
>10~16	—	—	—	140	170	210	160	190	230
>16~25	—	—	—	170	210	260	190	230	290

注：1. T_{s2} 按蜗轮第 II 公差组精度等级确定。

2. 在最小侧隙能保证的条件下，T_{s2} 公差带允许采用对称分布。

16.3.3　图样标注

1）在蜗杆、蜗轮工作图上，应分别标注其精度等级、齿厚极限偏差或相应的侧隙种类代号和国标代号。标注示例如下：

① 蜗杆的 II、III 公差组的精度等级是 8 级，齿厚极限偏差为标准值，相配的侧隙种类是 c，标注为：

　　　　蜗杆　8　c　GB/T 10089—2018

　　　　　　　　　　　　　　　　　标准代号

　　　　　　　　　　　　　　侧隙种类代号

　　　　　　　　第 II、III 公差组的精度等级

② 蜗轮的第 I 公差组为 7 级精度，第 II 和第 III 公差组同为 8 级精度，齿厚极限偏差为标准值，相配侧隙种类为 b，则标注为：

$$7 \text{ -- } 8 \text{ -- } 8 \quad b \quad \text{GB/T } 10089\text{—}2018$$

标准代号

侧隙种类代号

第 Ⅲ 公差组的精度等级

第 Ⅱ 公差组的精度等级

第 Ⅰ 公差组的精度等级

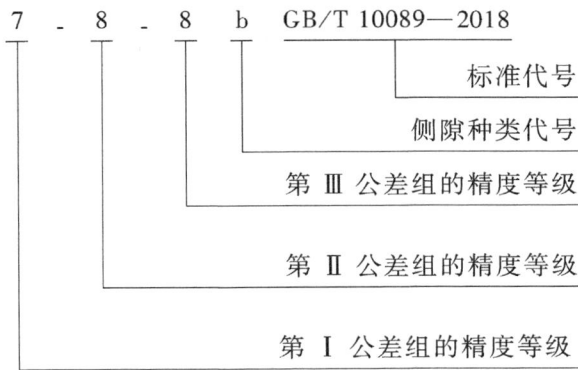

2）对传动，应标注出相应的精度等级、侧隙种类代号和国标代号。标注示例如下：

① 传动的三个公差组的精度同为 8 级，侧隙种类为 d，则标注为：

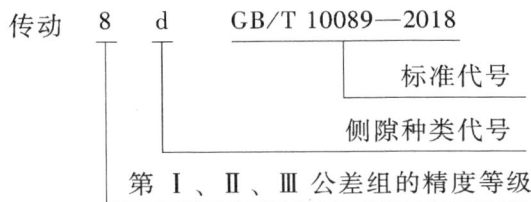

$$\text{传动} \quad 8 \quad d \quad \text{GB/T } 10089\text{—}2018$$

标准代号

侧隙种类代号

第 Ⅰ、Ⅱ、Ⅲ 公差组的精度等级

② 传动的第Ⅰ公差组的精度为 7 级，第 Ⅱ、Ⅲ公差组的精度为 8 级，侧隙种类为 c，则标注为：

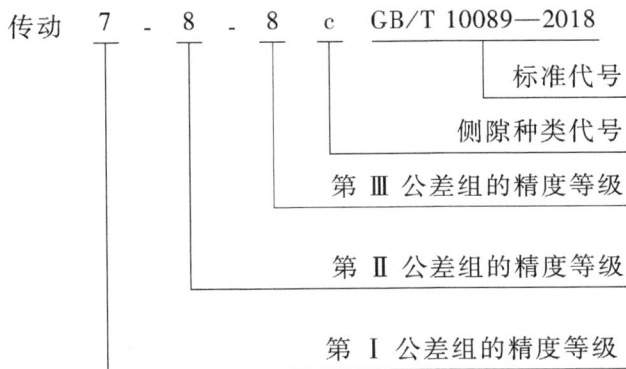

$$\text{传动} \quad 7 \text{ -- } 8 \text{ -- } 8 \quad c \quad \text{GB/T } 10089\text{—}2018$$

标准代号

侧隙种类代号

第 Ⅲ 公差组的精度等级

第 Ⅱ 公差组的精度等级

第 Ⅰ 公差组的精度等级

16.3.4 蜗杆、蜗轮和蜗杆传动精度数值表（见表 16-47～表 16-51）

表 16-47　蜗杆的公差和极限偏差 $\pm f_{px}$，f_{pxL} 和 f_{f1} 值　　　　（单位：μm）

模数 m /mm	蜗杆轴向齿距偏差 $\pm f_{px}$			蜗杆轴向齿距累积公差 f_{pxL}			蜗杆齿形公差 f_{f1}		
	精 度 等 级								
	7	8	9	7	8	9	7	8	9
≥1～3.5	11	14	20	18	25	36	16	22	32
>3.5～6.3	14	20	25	24	34	48	22	32	45
>6.3～10	17	25	32	32	45	63	28	40	53
>10～16	22	32	46	40	56	80	36	53	75
>16～25	32	45	63	53	75	100	53	75	100

表 16-48 蜗轮齿距累积公差 F_p 值 （单位：μm）

精度等级	分 度 圆 弧 长 L/mm									
	≤11.2	>11.2~20	>20~32	>32~50	>50~80	>80~160	>160~315	>315~630	>630~1000	>1000~1600
7	16	22	28	32	36	45	63	90	112	140
8	22	32	40	45	50	63	90	125	160	200
9	32	45	56	63	71	90	125	180	224	280

注：F_p 按分度圆弧长 $L = \frac{1}{2}\pi d_2 = \frac{1}{2}\pi m z_2$ 查表。

表 16-49 蜗轮的公差和极限偏差 F_r，$\pm f_{pt}$ 和 f_{f2} 值 （单位：μm）

分度圆直径 d_2 /mm	模数 m /mm	蜗轮齿圈径向圆跳动公差 F_r			蜗轮齿距极限偏差 $\pm f_{pt}$			蜗轮齿形公差 f_{f2}		
		精 度 等 级								
		7	8	9	7	8	9	7	8	9
≤125	≥1~3.5	40	50	63	14	20	28	11	14	22
	>3.5~6.3	50	63	80	18	25	36	14	20	32
	>6.3~10	56	71	90	20	28	40	17	22	36
>125~400	≥1~3.5	45	56	71	16	22	32	13	18	28
	>3.5~6.3	56	71	90	20	28	40	16	22	36
	>6.3~10	63	80	100	22	32	45	19	28	45
	>10~16	71	90	112	25	36	50	22	32	50
>400~800	≥1~3.5	63	80	100	18	25	36	17	25	40
	>3.5~6.3	71	90	112	20	28	40	20	28	45
	>6.3~10	80	100	125	25	36	50	24	36	56
	>10~16	100	125	160	28	40	56	26	40	63
	>16~25	125	160	200	36	50	71	36	56	90

表 16-50 传动有关极限偏差 $\pm f_a$，$\pm f_x$ 及 $\pm f_\Sigma$ 值 （单位：μm）

传动中心距 a /mm	蜗杆副的中心距极限偏差 $\pm f_a$		蜗杆副的中间平面极限偏差 $\pm f_x$		蜗轮宽度 b_2 /mm	蜗杆副的轴交角极限偏差 $\pm f_\Sigma$		
	精 度 等 级					精 度 等 级		
	7	8	9	7	8	9		7	8	9

传动中心距 a /mm	蜗杆副的中心距极限偏差 $\pm f_a$ 7	8 9	蜗杆副的中间平面极限偏差 $\pm f_x$ 7	8 9	蜗轮宽度 b_2 /mm	蜗杆副的轴交角极限偏差 $\pm f_\Sigma$ 7	8	9
≤30	26	42	21	34	≤30	12	17	24
>30~50	31	50	25	40	>30~50	14	19	28
>50~80	37	60	30	48				
>80~120	44	70	36	56	>50~80	16	22	32
>120~180	50	80	40	64	>80~120	19	24	36
>180~250	58	92	47	74				
>250~315	65	105	52	85	>120~180	22	28	42
>315~400	70	115	56	92	>180~250	25	32	48

表 16-51　接触斑点

精度等级	接触面积的百分比（%）		接　触　位　置
	沿齿高不小于	沿齿长不小于	
7，8	55	50	接触斑点痕迹应偏于啮出端，但不允许在齿顶和啮入、啮出端的棱边接触
9	45	40	

注：采用修形齿面的蜗杆传动，接触斑点的要求可不受本标准规定的限制。

16.3.5　蜗杆、蜗轮的齿坯公差（见表 16-52 ~ 表 16-54）

表 16-52　蜗杆、蜗轮齿坯尺寸和形状公差

精　度　等　级		7	8	9
孔	尺寸公差	IT7		IT8
	形状公差	IT6		IT7
轴	尺寸公差	IT6		IT7
	形状公差	IT5		IT6
齿顶圆直径公差		IT8		IT9

注：1. 当三个公差组的精度等级不同时，按最高精度等级确定公差。

　　2. 当齿顶圆不作测量齿厚基准时，尺寸公差按 IT11 确定，但不得大于 0.1 mm。

表 16-53　蜗杆、蜗轮齿坯基准面径向圆跳动和轴向圆跳动公差　　　（单位：μm）

基准面直径 d /mm	精　度　等　级	
	7，8	9
≤31.5	7	10
>31.5 ~ 63	10	16
>63 ~ 125	14	22
>125 ~ 400	18	28
>400 ~ 800	22	36

注：1. 当三个公差组的精度等级不同时，按最高精度等级确定公差。

　　2. 当以齿顶圆作为测量基准时，也即为蜗杆、蜗轮的齿坯基准面。

表 16-54　蜗杆、蜗轮表面粗糙度 Ra 推荐值　　　（单位：μm）

精度等级	齿　面		顶　圆	
	蜗　杆	蜗　轮	蜗　杆	蜗　轮
7	0.8		1.6	3.2
8	1.6			
9	3.2		3.2	6.3

注：此表不属于国家标准内容，仅供参考。

第17章 电 动 机

Y 系列三相异步电动机是按照国际电工委员会(IEC)标准设计的，具有国际互换性的特点。其中，YE3 系列(IP55)三相异步电动机(机座号 63~355)(以下简称电动机)的相关技术数据由 GB/T 28575—2020 对其型式、基本参数与尺寸、技术要求、实验方法、检验规则、标志、包装及保用期的要求等做出了规定，电动机外壳防护等级为 IP55(按 GB/T 4942.1—2006)。

电动机的额定频率为 50Hz，额定电压为 380V。额定功率在 3kW 及以下者为 Y 接法，其他额定功率均为 △ 接法。

电动机型号由产品代号和规格代号两部分依次排列组成，应按 GB/T 4831—2016 的规定。

示例：Y E3-132S1-2

规格代号：表示轴中心高 132mm(或机座号为 132)，机座长为 S，铁心长度为 1 号，极数为 2 极

产品代号：E3 表示 IE3 效率等级

产品代号：Y 表示三相异步电动机

17.1 电动机技术性能

电动机的结构尺寸由机座号确定，机座号与转速及额定功率的对应关系见表 17-1。

表 17-1 电动机的机座号与转速及额定功率的对应关系(GB/T 28575—2020 摘录)

机座号	同步转速/r·min^{-1}				
	3000	1500	1000	750	600
	功 率/kW				
63M1	0.18	0.12	—	—	—
63M2	0.25	0.18			
71M1	0.37	0.25	0.18		
71M2	0.55	0.37	0.25		—
80M1	0.75	0.55	0.37	0.18	
80M2	1.1	0.75	0.55	0.25	
90S	1.5	1.1	0.75	0.37	

（续）

机座号	同　步　转　速/r·min⁻¹				
	3000	**1500**	**1000**	**750**	**600**
	功　率/kW				
90L	2.2	1.5	1.1	0.55	
100L1	3	2.2	1.5	0.75	
100L2		3		1.1	
112M	4	4	2.2	1.5	
132S1	5.5	5.5	3	2.2	
132S2	7.5				
132M1	—	7.5	4	3	
132M2			5.5		
160M1	11	11	7.5	4	
160M2	15			5.5	
160L	18.5	15	11	7.5	
180M	22	18.5	—	—	
180L	—	22	15	11	—
200L1	30	30	18.5	15	
200L2	37		22		
225S	—	37	—	18.5	
225M	45	45	30	22	
250M	55	55	37	30	
280S	75	75	45	37	
280M	90	90	55	45	
315S	110	110	75	55	45
315M	132	132	90	75	55
315L1	160	160	110	90	75
315L2	200	200	132	110	90
355M1	250	250	160	132	110
355M2			200	160	132
355L	315	315	250	200	160

注：S、M、L 后面的数字 1、2 分别代表同一机座号和转速下不同的功率。

17.2　电动机的机座型式和结构尺寸

电动机的机座有多种形式，不同安装方式的基座结构尺寸见表 17-2～表 17-7，电动机各安装面公差要求见 GB/T 28575—2020。

表 17-2　机座带底脚，端盖上无凸缘的电动机机座结构尺寸（GB/T 28575—2020 摘录）

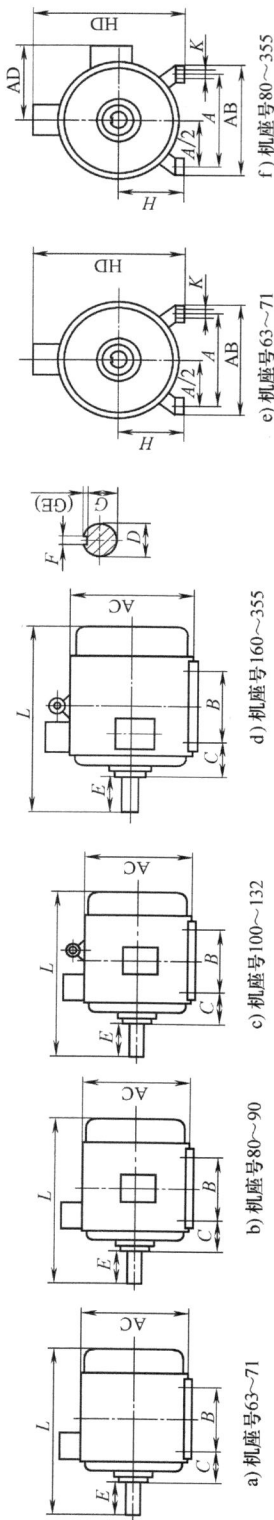

a) 机座号63~71
b) 机座号80~90
c) 机座号100~132
d) 机座号160~355
e) 机座号63~71
f) 机座号80~355

机座号	极数	安装尺寸及公差/mm A 基本尺寸	A/2 基本尺寸	B 基本尺寸	C 基本尺寸	C 极限偏差	D 基本尺寸	D 极限偏差	E 基本尺寸	E 极限偏差	F 基本尺寸	F 极限偏差	G① 基本尺寸	G① 极限偏差	H 基本尺寸	H 极限偏差	K② 基本尺寸	K② 极限偏差	K② 位置度公差	外形尺寸/mm AB	AC	AD	HD	L
63M	2,4	100	50	80	40	±1.5	11	+0.008 / −0.003	23	±0.26	4	0 / −0.030	8.5	0 / −0.10	63	0 / −0.5	7	+0.36 / 0	φ0.5(M)	135	130	—	180	230
71M	2,4,6	112	56	90	45	±1.5	14	+0.008 / −0.003	30	±0.26	5	0 / −0.030	11	0 / −0.10	71	0 / −0.5	7	+0.36 / 0	φ0.5(M)	150	145	—	195	255
80M	2,4,6	125	62.5	100	50	±1.5	19	+0.009 / −0.004	40	±0.31	6	0 / −0.030	15.5	0 / −0.10	80	0 / −0.5	10	+0.36 / 0	φ0.5(M)	165	175	145	220	305
90S	2,4,6	140	70	100	56	±1.5	24	+0.009 / −0.004	50	±0.31	8	0 / −0.036	20	0 / −0.10	90	0 / −0.5	10	+0.36 / 0	φ0.5(M)	180	205	170	265	360
90L	2,4,6	140	70	125	56	±1.5	24	+0.009 / −0.004	50	±0.31	8	0 / −0.036	20	0 / −0.10	90	0 / −0.5	10	+0.36 / 0	φ0.5(M)	180	205	170	265	390
100L	2,4,6,8	160	80	140	63	±2.0	28	+0.009 / −0.004	60	±0.37	8	0 / −0.036	24	0 / −0.20	100	0 / −0.5	12	+0.43 / 0	φ1.0(M)	205	215	180	270	435
112M	2,4,6,8	190	95	140	70	±2.0	28	+0.009 / −0.004	60	±0.37	8	0 / −0.036	24	0 / −0.20	112	0 / −0.5	12	+0.43 / 0	φ1.0(M)	230	255	200	310	440
132S	2,4,6,8	216	108	140	89	±2.0	38	+0.009 / −0.004	80	±0.37	10	0 / −0.036	33	0 / −0.20	132	0 / −0.5	12	+0.43 / 0	φ1.0(M)	270	310	230	365	510
132M	2,4,6,8	216	108	178	89	±2.0	38	+0.009 / −0.004	80	±0.37	10	0 / −0.036	33	0 / −0.20	132	0 / −0.5	12	+0.43 / 0	φ1.0(M)	270	310	230	365	550

160M	2,4,6,8	254	127	210	108	±3.0	42	$^{+0.018}_{+0.002}$	110	±0.43	12	$^{0}_{-0.043}$	37	$^{0}_{-0.20}$	160	$^{0}_{-0.5}$	14.5	$^{+0.43}_{0}$	ϕ1.2Ⓜ	320	340	26	425	730
160L	2,4,6,8	254	127	254	108	±3.0	42	$^{+0.018}_{+0.002}$	110	±0.43	12	$^{0}_{-0.043}$	37	$^{0}_{-0.20}$	160	$^{0}_{-0.5}$	14.5	$^{+0.43}_{0}$	ϕ1.2Ⓜ	320	340	26	425	760
180M	2,4,6,8	279	139.5	241	121	±3.0	48	$^{+0.018}_{+0.002}$	110	±0.43	14	$^{0}_{-0.043}$	42.5	$^{0}_{-0.20}$	180	$^{0}_{-0.5}$	14.5	$^{+0.43}_{0}$	ϕ1.2Ⓜ	355	390	285	460	770
180L	2,4,6,8	279	139.5	279	121	±3.0	48	$^{+0.018}_{+0.002}$	110	±0.43	14	$^{0}_{-0.043}$	42.5	$^{0}_{-0.20}$	180	$^{0}_{-0.5}$	14.5	$^{+0.43}_{0}$	ϕ1.2Ⓜ	355	390	285	460	800
200L	2,4,6,8	318	159	305	133	±3.0	55	$^{+0.030}_{+0.011}$	110	±0.43	16	$^{0}_{-0.043}$	49	$^{0}_{-0.20}$	200	$^{0}_{-0.5}$	18.5	$^{+0.52}_{0}$	ϕ1.2Ⓜ	395	445	320	520	860
225S	4,8	356	178	286	149	±4.0	60	$^{+0.030}_{+0.011}$	140	±0.50	18	$^{0}_{-0.043}$	53	$^{0}_{-0.20}$	225	$^{0}_{-0.5}$	18.5	$^{+0.52}_{0}$	ϕ1.2Ⓜ	435	495	350	575	830
225M	2	356	178	311	149	±4.0	55	$^{+0.030}_{+0.011}$	110	±0.43	16	$^{0}_{-0.043}$	49	$^{0}_{-0.20}$	225	$^{0}_{-0.5}$	24	$^{+0.52}_{0}$	ϕ1.2Ⓜ	435	495	350	575	830
225M	4,6,8	356	178	311	149	±4.0	60	$^{+0.030}_{+0.011}$	140	±0.50	18	$^{0}_{-0.043}$	53	$^{0}_{-0.20}$	225	$^{0}_{-0.5}$	24	$^{+0.52}_{0}$	ϕ1.2Ⓜ	435	495	350	575	860
250M	2	406	203	349	168	±4.0	60	$^{+0.030}_{+0.011}$	140	±0.50	18	$^{0}_{-0.043}$	53	$^{0}_{-0.20}$	250	$^{0}_{-0.5}$	24	$^{+0.52}_{0}$	ϕ2.0Ⓜ	490	550	390	635	990
250M	4,6,8	406	203	349	168	±4.0	65	$^{+0.030}_{+0.011}$	140	±0.50	18	$^{0}_{-0.043}$	58	$^{0}_{-0.20}$	250	$^{0}_{-0.5}$	24	$^{+0.52}_{0}$	ϕ2.0Ⓜ	490	550	390	635	990
280S	2	457	228.5	368	190	±4.0	65	$^{+0.030}_{+0.011}$	140	±0.50	18	$^{0}_{-0.043}$	58	$^{0}_{-0.20}$	280	$^{0}_{-1.0}$	24	$^{+0.52}_{0}$	ϕ2.0Ⓜ	550	630	435	705	990
280S	4,6,8	457	228.5	368	190	±4.0	75	$^{+0.030}_{+0.011}$	140	±0.50	20	$^{0}_{-0.052}$	67.5	$^{0}_{-0.20}$	280	$^{0}_{-1.0}$	24	$^{+0.52}_{0}$	ϕ2.0Ⓜ	550	630	435	705	990
280M	2	457	228.5	419	190	±4.0	65	$^{+0.030}_{+0.011}$	140	±0.50	18	$^{0}_{-0.043}$	58	$^{0}_{-0.20}$	280	$^{0}_{-1.0}$	24	$^{+0.52}_{0}$	ϕ2.0Ⓜ	550	630	435	705	1040
280M	4,6,8	457	228.5	419	190	±4.0	75	$^{+0.030}_{+0.011}$	140	±0.50	20	$^{0}_{-0.052}$	67.5	$^{0}_{-0.20}$	280	$^{0}_{-1.0}$	24	$^{+0.52}_{0}$	ϕ2.0Ⓜ	550	630	435	705	1040

注：出线盒的位置在电动机顶部，根据用户要求，也可以放在侧面。

① $G=D-GE$，GE 的极限偏差对机座号 80 及以下为（$^{+0.10}_{0}$），其余为（$^{+0.20}_{0}$）。

② K 孔的位置度公差以轴伸的轴线为基准。

表 17-3 机座带底脚，端盖上有凸缘（带通孔）的电动机机座结构尺寸（GB/T 28575—2020 摘录）

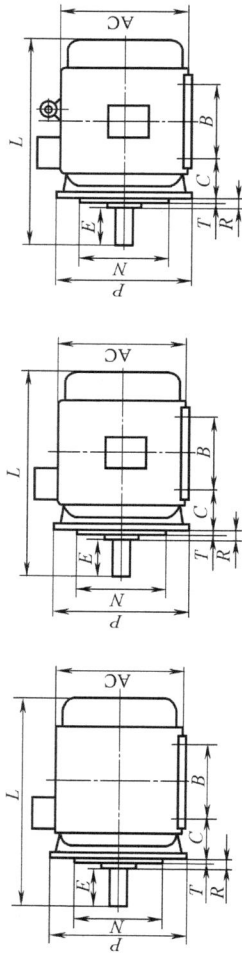

a) 机座号63~71

b) 机座号80~90

c) 机座号100~132

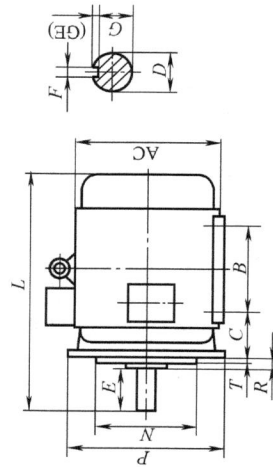

d) 机座号160~355

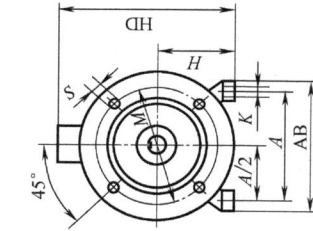

e) 机座号63~71

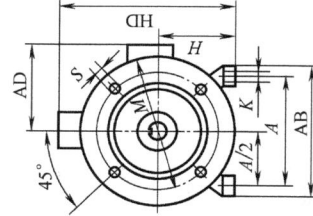

f) 机座号80~200

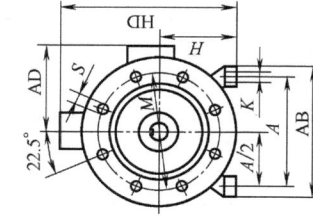

g) 机座号225~355

下表为电动机安装尺寸及公差、外形尺寸（单位：mm）

机座号	凸缘号	极数	A	A/2	B	C	D	E	F	G	H	K	M	N	P	R	S	T	凸缘孔数	AB	AC	AD	HD	L
63M	FF115	2,4	100	50	80	40	11	23	4	8.5	63	7	115	95	140	0	10	3	4	135	130	—	180	230
71M	FF130	2,4,6	112	56	90	45	14	30	5	11	71	7	130	110	160	0	10	3	4	150	145	—	195	255
80M	FF165	2,4,6	125	62.5	100	50	19	40	6	15.5	80	10	165	130	200	0	12	3.5	4	165	175	145	220	305
90S	FF165	2,4,6	140	70	100	56	24	50	8	20	90	10	165	130	200	0	12	3.5	4	180	205	170	265	395
90L	FF165	2,4,6	140	70	125	56	24	50	8	20	90	10	165	130	200	0	12	3.5	4	180	205	170	265	425
100L	FF215	2,4,6,8	160	80	140	63	28	60	8	24	100	12	215	180	250	0	14.5	4	4	205	215	180	270	435
112M	FF215	2,4,6,8	190	95	140	70	28	60	8	24	112	12	215	180	250	0	14.5	4	4	230	255	200	310	475
132S	FF265	2,4,6,8	216	108	140	89	38	80	10	33	132	12	265	230	300	0	14.5	4	4	270	310	230	365	535
132M	FF265	2,4,6,8	216	108	178	89	38	80	10	33	132	12	265	230	300	0	14.5	4	4	270	310	230	365	550
160M	FF300	2,4,6,8	254	127	210	108	42	110	12	37	160	14.5	300	250	350	0	18.5	5	4	320	340	260	425	730
160L	FF300	2,4,6,8	254	127	254	108	42	110	12	37	160	14.5	300	250	350	0	18.5	5	4	320	340	260	425	760
180M	FF300	2,4,6,8	279	139.5	241	121	48	110	14	42.5	180	14.5	350	300	400	0	18.5	5	4	355	390	285	460	805
180L	FF300	2,4,6,8	279	139.5	279	121	48	110	14	42.5	180	14.5	350	300	400	0	18.5	5	4	355	390	285	460	835
200L	FF350	2,4,6,8	318	159	305	133	55	110	16	49	200	18.5	350	300	400	0	18.5	5	4	395	445	320	520	890
225S	FF400	4,8	356	178	286	149	60	140	18	53	225	18.5	400	350	450	0	18.5	5	8	435	495	350	575	865
225M	FF400	2	356	178	311	149	55	110	16	49	225	18.5	400	350	450	0	18.5	5	8	435	495	350	575	865
225M	FF400	4,6,8	356	178	311	149	60	140	18	53	225	18.5	400	350	450	0	18.5	5	8	435	495	350	575	895
250M	FF500	2	406	203	349	168	65	140	18	58	250	24	500	450	550	0	24	5	8	490	550	390	635	995
250M	FF500	4,6,8	406	203	349	168	60	140	18	53	250	24	500	450	550	0	24	5	8	490	550	390	635	995
280S	FF500	2	457	228.5	368	190	75	140	20	67.5	280	24	500	450	550	0	24	5	8	550	630	435	705	1030
280S	FF500	4,6,8	457	228.5	368	190	65	140	18	58	280	24	500	450	550	0	24	5	8	550	630	435	705	1030
280M	FF500	2	457	228.5	419	190	75	140	20	67.5	280	24	500	450	550	0	24	5	8	550	630	435	705	1080
280M	FF500	4,6,8	457	228.5	419	190	65	140	18	58	280	24	500	450	550	0	24	5	8	550	630	435	705	1080

主要极限偏差（基本尺寸对应的极限偏差）：
- C：±1.5（机座号 80 及以下），±2.0，±3.0，±4.0
- D：$^{+0.008}_{-0.003}$（11、14），$^{+0.009}_{-0.004}$（19、24、28），$^{+0.018}_{+0.002}$（38、42、48、55、60），$^{+0.030}_{+0.011}$（65、75）
- E：±0.26，±0.31，±0.37，±0.43，±0.50
- F：$^{0}_{-0.030}$，$^{0}_{-0.036}$，$^{0}_{-0.043}$，$^{0}_{-0.052}$
- G：$^{0}_{-0.10}$（机座号 80 及以下），$^{0}_{-0.20}$（其余）
- H：$^{0}_{-0.5}$（机座号 250 及以下），$^{0}_{-1.0}$（280）
- K 极限偏差：$^{+0.36}_{0}$（7、10），$^{+0.43}_{0}$（12、14.5），$^{+0.52}_{0}$（18.5、24）
- K 位置度公差：$\phi 0.5$ Ⓜ，$\phi 1.0$ Ⓜ，$\phi 1.2$ Ⓜ，$\phi 2.0$ Ⓜ
- N 极限偏差：$^{+0.013}_{-0.009}$（95、110），$^{+0.014}_{-0.011}$（130、180），$^{+0.016}_{-0.013}$（230、250、300），±0.016（350、300），±0.018（400），±0.020（450、550）
- R 极限偏差：±1.5，±2.0，±3.0，±4.0
- S 极限偏差：$^{+0.36}_{0}$（10），$^{+0.43}_{0}$（12、14.5），$^{+0.52}_{0}$（18.5、24）
- S 位置度公差：$\phi 1.0$ Ⓜ，$\phi 1.2$ Ⓜ，$\phi 2.0$ Ⓜ
- T 极限偏差：$^{0}_{-0.10}$，$^{0}_{-0.12}$

注：出线盒的位置在电动机顶部，根据用户要求，也可以放在侧面。

① $G=D-GE$，GE 极限偏差对机座号 80 及以下为（$^{+0.10}_{0}$），其余为（$^{+0.20}_{0}$）。
② K、S 孔的位置度公差以轴的轴线为基准。
③ P 尺寸为上极限偏差值。
④ R 为凸缘配合面至轴伸肩的距离。

表 17-4 机座不带底脚，端盖上有凸缘（带通孔）的电动机机座结构尺寸（GB/T 28575—2020 摘录）

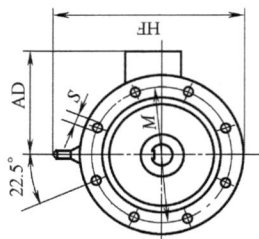

g) 机座号225~280

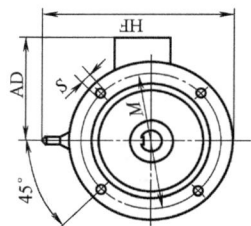

f) 机座号100~200

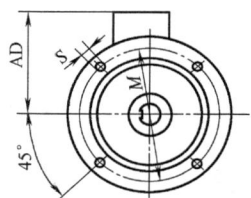

e) 机座号63~90

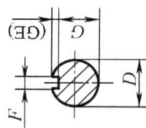

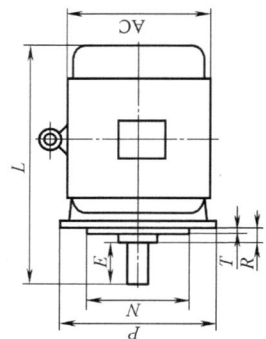

c) 机座号100~132

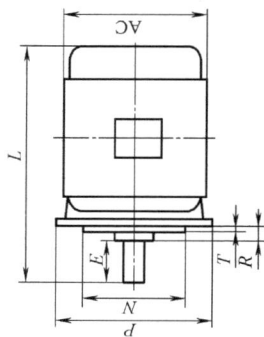

b) 机座号80~90

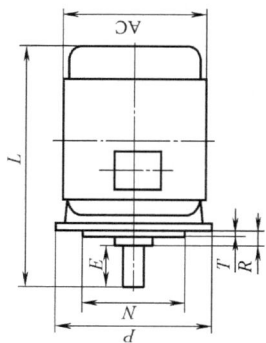

a) 机座号63~71

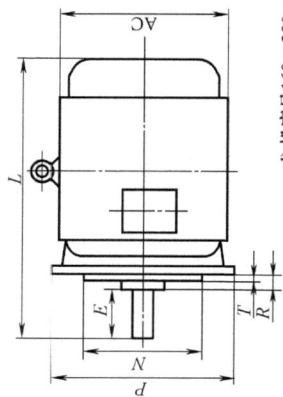

d) 机座号160~280

机座号	凸缘号	极数	D 基本尺寸	D 极限偏差	E 基本尺寸	E 极限偏差	F 基本尺寸	F 极限偏差	G① 基本尺寸	G 极限偏差	M	N 基本尺寸	N 极限偏差	P③	R④ 基本尺寸	R 极限偏差	S② 基本尺寸	S 极限偏差	S 位置度公差	T 基本尺寸	T 极限偏差	凸缘孔数	AC	AD	HF	L
63M	FF115	2,4	11	+0.008 / −0.003	23	±0.26	4	0 / −0.030	8.5	0 / −0.10	115	95	+0.013 / −0.009	140	0	±1.5	10	+0.36 / 0	φ1.0 Ⓜ	3	0 / −0.10	4	130	120	—	230
71M	FF130	2,4,6	14	+0.008 / −0.003	30	±0.26	5	0 / −0.030	11	0 / −0.10	130	110	+0.013 / −0.009	160	0	±1.5	10	+0.36 / 0	φ1.0 Ⓜ	3	0 / −0.10	4	145	125	—	255
80M	FF165		19	+0.009 / −0.004	40	±0.31	6	0 / −0.030	15.5	0 / −0.10	165	130	+0.014 / −0.011	200	0	±1.5	12	+0.43 / 0	φ1.0 Ⓜ	3.5	0 / −0.10	4	175	145	—	305
90S	FF165		24	+0.009 / −0.004	50	±0.31	8	0 / −0.036	20	0 / −0.10	165	130	+0.014 / −0.011	200	0	±1.5	12	+0.43 / 0	φ1.0 Ⓜ	3.5	0 / −0.10	4	205	170	—	395
90L	FF165		24	+0.009 / −0.004	50	±0.31	8	0 / −0.036	20	0 / −0.10	165	130	+0.014 / −0.011	200	0	±1.5	12	+0.43 / 0	φ1.0 Ⓜ	3.5	0 / −0.10	4	205	170	—	425
100L	FF215	2,4,6,8	28	+0.009 / −0.004	60	±0.37	8	0 / −0.036	24	0 / −0.10	215	180	+0.014 / −0.011	250	0	±2.0	14.5	+0.43 / 0	φ1.0 Ⓜ	4	0 / −0.10	4	215	180	240	435
112M	FF215	2,4,6,8	28	+0.009 / −0.004	60	±0.37	10	0 / −0.036	24	0 / −0.10	215	180	+0.014 / −0.011	250	0	±2.0	14.5	+0.43 / 0	φ1.0 Ⓜ	4	0 / −0.10	4	255	200	275	475
132S	FF265	2,4	38	+0.018 / +0.002	80	±0.37	12	0 / −0.043	33	0 / −0.10	265	230	+0.016 / −0.013	300	0	±2.0	14.5	+0.43 / 0	φ1.0 Ⓜ	4	0 / −0.10	4	310	230	335	535
132M	FF265	6,8	38	+0.018 / +0.002	80	±0.37	12	0 / −0.043	33	0 / −0.10	265	230	+0.016 / −0.013	300	0	±2.0	14.5	+0.43 / 0	φ1.0 Ⓜ	4	0 / −0.10	4	310	230	335	550
160M	FF300		42	+0.018 / +0.002	110	±0.43	14	0 / −0.043	37	0 / −0.20	300	250	+0.016 / −0.013	350	0	±3.0	18.5	+0.52 / 0	φ1.2 Ⓜ	5	0 / −0.12	8	340	260	390	730
160L	FF300		42	+0.018 / +0.002	110	±0.43	14	0 / −0.043	37	0 / −0.20	300	250	+0.016 / −0.013	350	0	±3.0	18.5	+0.52 / 0	φ1.2 Ⓜ	5	0 / −0.12	8	390	285	435	760
180M	FF300		48	+0.018 / +0.002	110	±0.43	16	0 / −0.043	42.5	0 / −0.20	300	250	+0.016 / −0.013	350	0	±3.0	18.5	+0.52 / 0	φ1.2 Ⓜ	5	0 / −0.12	8	390	285	435	805
180L	FF300		48	+0.018 / +0.002	110	±0.43	16	0 / −0.043	42.5	0 / −0.20	300	250	+0.016 / −0.013	350	0	±3.0	18.5	+0.52 / 0	φ1.2 Ⓜ	5	0 / −0.12	8	390	285	435	835
200L	FF350		55	+0.030 / +0.011	140	±0.50	16	0 / −0.052	49	0 / −0.20	350	300	±0.016	400	0	±4.0	18.5	+0.52 / 0	φ1.2 Ⓜ	5	0 / −0.12	8	445	320	495	890
225S	FF400	4,8	60	+0.030 / +0.011	140	±0.50	18	0 / −0.052	53	0 / −0.20	400	350	±0.018	450	0	±4.0	18.5	+0.52 / 0	φ1.2 Ⓜ	5	0 / −0.12	8	495	350	550	865
225M	FF400	2	55	+0.030 / +0.011	110	±0.43	16	0 / −0.052	49	0 / −0.20	400	350	±0.018	450	0	±4.0	18.5	+0.52 / 0	φ1.2 Ⓜ	5	0 / −0.12	8	495	350	550	865
225M	FF400	4,6,8	60	+0.030 / +0.011	140	±0.50	18	0 / −0.052	53	0 / −0.20	400	350	±0.018	450	0	±4.0	18.5	+0.52 / 0	φ1.2 Ⓜ	5	0 / −0.12	8	495	350	550	895
250M	FF500	2 / 4,6,8	60	+0.030 / +0.011	140	±0.50	18	0 / −0.052	58	0 / −0.20	500	450	±0.020	550	0	±4.0	18.5	+0.52 / 0	φ1.2 Ⓜ	5	0 / −0.12	8	550	390	615	995
280S	FF500	2	65	+0.030 / +0.011	140	±0.50	18	0 / −0.052	58	0 / −0.20	500	450	±0.020	550	0	±4.0	18.5	+0.52 / 0	φ1.2 Ⓜ	5	0 / −0.12	8	630	435	675	1030
280S	FF500	4,6,8	75	+0.030 / +0.011	140	±0.50	20	0 / −0.052	67.5	0 / −0.20	500	450	±0.020	550	0	±4.0	18.5	+0.52 / 0	φ1.2 Ⓜ	5	0 / −0.12	8	630	435	675	1030
280M	FF500	2	65	+0.030 / +0.011	140	±0.50	18	0 / −0.052	58	0 / −0.20	500	450	±0.020	550	0	±4.0	18.5	+0.52 / 0	φ1.2 Ⓜ	5	0 / −0.12	8	630	435	675	1080
280M	FF500	4,6,8	75	+0.030 / +0.011	140	±0.50	20	0 / −0.052	67.5	0 / −0.20	500	450	±0.020	550	0	±4.0	18.5	+0.52 / 0	φ1.2 Ⓜ	5	0 / −0.12	8	630	435	675	1080

① $G=D-GE$，GE 极限偏差对机座号 80 及以下为（$^{+0.10}_{0}$），其余为（$^{+0.20}_{0}$）。

② S 孔的位置度公差以轴伸的轴线为基准。

③ P 尺寸为上极限值。

④ R 为凸缘配合面至轴伸肩的距离。

表17-5 机座带底脚、端盖上有凸缘（带螺孔）的电动机机座结构尺寸（GB/T 28575—2020摘录）

a) 机座号63~71　　b) 机座号80~90　　c) 机座号100~112　　d) 机座号63~71　　e) 机座号80~112

机座号	凸缘号	极数	安装尺寸及公差/mm																										外形尺寸/mm				
			A	A/2	B	C	D 基本尺寸	D 极限偏差	E 基本尺寸	E 极限偏差	F 基本尺寸	F 极限偏差	G① 基本尺寸	G 极限偏差	H 基本尺寸	H 极限偏差	K② 基本尺寸	K 极限偏差	K 位置度公差	M 基本尺寸	M 极限偏差	P③ 基本尺寸	R④ 基本尺寸	R 极限偏差	S② 基本尺寸	S 位置度公差	T 基本尺寸	T 极限偏差	凸缘孔数	AB	AC	AD	HD	L
63M	FT75	2,4	110	50	80	40	11	+0.008 −0.003	23	±0.26	4	−0.030	8.5	−0.10 0	63	0 −0.5	7	+0.36 0	φ0.5 (M)	75	φ0.5(M)	90	0	±1.0	M5	φ0.4(M)	2.5	0 −0.10	4	135	130	—	180	230
71M	FT85	2,4,6	112	56	90	45	14	+0.008 −0.003	30	±0.26	5	−0.030	11	−0.10 0	71	0 −0.5	7	+0.36 0	φ0.5 (M)	85	φ0.5(M)	105	0	±1.0	M6	φ0.5(M)	2.5	0 −0.10	4	150	145	—	195	255
80M	FT100	2,4,6	125	62.5	100	50	19	+0.009 −0.004	40	±0.31	6	−0.030	15.5	−0.10 0	80	0 −0.5	10	+0.36 0	φ1.0 (M)	100	φ1.0(M)	120	0	±1.5	M8	φ1.0(M)	3.0	0 −0.10	4	165	175	145	220	305
90S	FT115	2,4,6,8	140	70	100	50	24	+0.009 −0.004	50	±0.31	8	−0.036	20	−0.20 0	90	0 −0.5	10	+0.36 0	φ1.0 (M)	115	φ1.0(M)	140	0	±1.5	M8	φ1.0(M)	3.0	0 −0.10	4	180	205	170	265	360
90L	FT115	2,4,6,8	140	70	125	56	24	+0.009 −0.004	50	±0.31	8	−0.036	20	−0.20 0	90	0 −0.5	10	+0.36 0	φ1.0 (M)	115	φ1.0(M)	140	0	±1.5	M8	φ1.0(M)	3.0	0 −0.10	4	180	205	170	265	390
100L	FT130	2,4,6,8	160	80	140	63	28	+0.009 −0.004	60	±0.37	8	−0.036	24	−0.20 0	100	0 −0.5	12	+0.43 0	φ1.0 (M)	130	φ1.0(M)	160	0	±1.5	M8	φ1.0(M)	3.5	0 −0.12	4	205	215	180	270	435
112M	FT130	2,4,6,8	190	95	140	70	28	+0.009 −0.004	60	±0.37	8	−0.036	24	−0.20 0	112	0 −0.5	12	+0.43 0	φ1.0 (M)	130	φ1.0(M)	160	0	±1.5	M8	φ1.0(M)	3.5	0 −0.12	4	230	255	200	310	440

注：出线盒的位置在电动机顶部，根据用户要求，也可以放在侧面。
① G=D−GE，GE极限偏差以轴伸的轴线为基准。K、S孔的位置度公差以轴伸的轴线为基准。其余为 $\binom{+0.20}{0}$。
② K、S孔的位置度公差以轴伸的轴线为基准。
③ P尺寸为上极限限值。
④ R为凸缘配合面至轴肩的距离。

表 17-6　机座不带底脚，端盖上有凸缘（带螺孔）的电动机机座结构尺寸（GB/T 28575—2020 摘录）

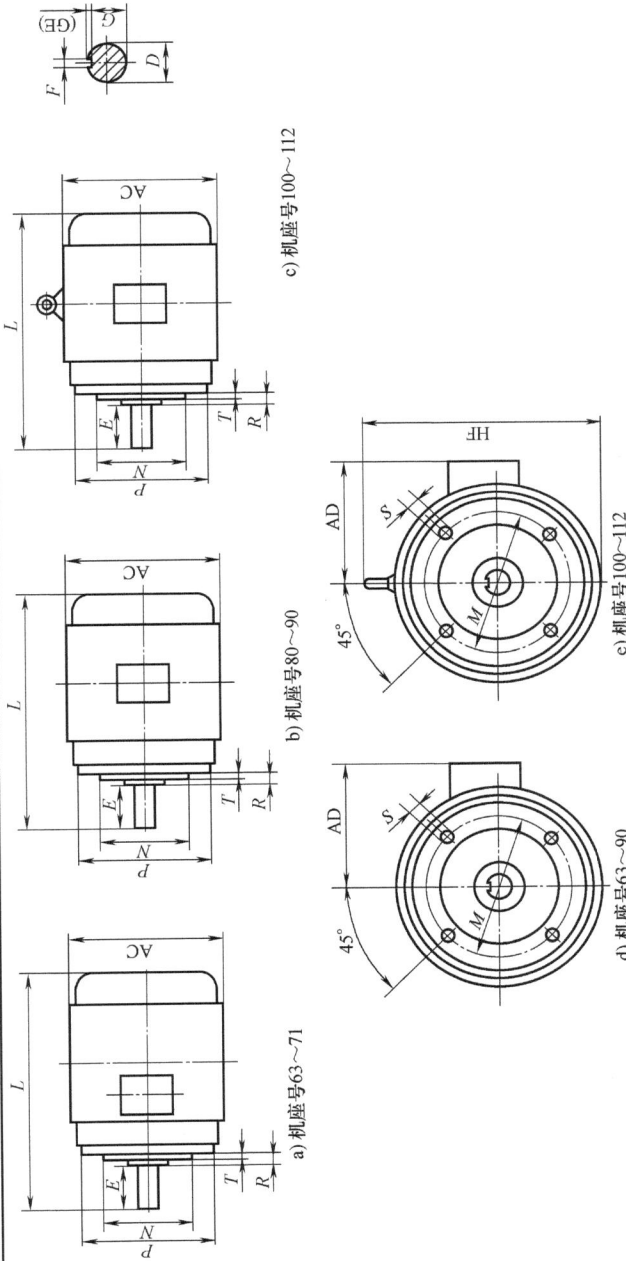

a) 机座号 63～71

b) 机座号 80～90

c) 机座号 100～112

d) 机座号 63～90

e) 机座号 100～112

代替号	凸缘号	极数	安装尺寸及公差/mm																			外形尺寸/mm			
			D 基本尺寸	D 极限偏差	E 基本尺寸	E 极限偏差	F 基本尺寸	F 极限偏差	G① 基本尺寸	G① 极限偏差	M	N 基本尺寸	N 极限偏差	P③	R④ 基本尺寸	R④ 极限偏差	S② 基本尺寸	S② 位置度公差	T 基本尺寸	T 极限偏差	凸缘孔数	AC	AD	HF	L
63M	FT75	2、4	11	+0.008 -0.003	23	±0.26	4	0 -0.030	8.5	0 -0.10	75	60	+0.012 +0.007	90	0	±1.0	M5	φ0.4Ⓜ	2.5	0 -0.10	4	130	120	—	230
71M	FT85	2、4、6	14	+0.008 -0.003	30	±0.26	5	0 -0.030	11	0 -0.10	85	70	+0.012 +0.007	105	0	±1.0	M5	φ0.4Ⓜ	2.5	0 -0.10	4	145	125	—	255
80M	FT100		19	+0.009 -0.004	40	±0.31	6	0 -0.030	15.5	0 -0.10	100	80	+0.012 +0.007	120	0	±1.0	M6	φ0.5Ⓜ	2.5	0 -0.10	4	175	145	—	305
90S	FT115	2、4、	24	+0.009 -0.004	50	±0.31	8	0 -0.036	20	0 -0.20	115	95	+0.013 +0.009	140	0	±1.5	M8	φ1.0Ⓜ	3.0	0 -0.10	4	205	170	—	360
90L	FT115		24	+0.009 -0.004	50	±0.31	8	0 -0.036	20	0 -0.20	115	95	+0.013 +0.009	140	0	±1.5	M8	φ1.0Ⓜ	3.0	0 -0.10	4	205	170	—	390
100L	FT130	6、8	28	+0.009 -0.004	60	±0.37	8	0 -0.036	24	0 -0.20	130	110	+0.013 +0.009	160	0	±1.5	M8	φ1.0Ⓜ	3.0	0 -0.10	4	215	180	245	435
112M	FT130		28	+0.009 -0.004	60	±0.37	8	0 -0.036	24	0 -0.20	130	110	+0.013 +0.009	160	0	±1.5	M8	φ1.0Ⓜ	3.5	0 -0.12	4	255	200	275	440

① $G = D - GE$，GE 极限偏差对代替号 80 及以下为（$^{+0.10}_{0}$），其余为（$^{+0.20}_{0}$）。

② S 孔的位置度公差以轴伸的轴线为基准。

③ P 尺寸为上极限尺寸。

④ R 为凸缘配合面至轴伸肩的距离。

表 17-7　立式安装，机座不带底脚，端盖上有凸缘（带螺孔），轴伸向下的电动机机座结构尺寸（GB/T 28575—2020 摘录）

a) 机座号 180～200　　b) 机座号 225～355

机座号	凸缘号	极数	D 基本尺寸	D 极限偏差	E 基本尺寸	E 极限偏差	F 基本尺寸	F 极限偏差	G① 基本尺寸	G① 极限偏差	M	N 基本尺寸	N 极限偏差	P③ 基本尺寸	R④ 基本尺寸	R④ 极限偏差	S② 基本尺寸	S② 位置度公差	S② 极限偏差	T 基本尺寸	T 极限偏差	凸缘孔数	AC	AD	HF	L
180M	FF300	2,4,6,8	48	+0.018 +0.002	110	±0.43	14	0 -0.043	42.5	0 -0.20	300	250	+0.016 -0.013	350	0	±3.0	18.5	φ1.2 Ⓜ	+0.52 0	5	0 -0.12	4	390	285	505	825
180L	FF300	2,4,6,8	48	+0.018 +0.002	110	±0.43	14	0 -0.043	42.5	0 -0.20	300	250	+0.016 -0.013	350	0	±3.0	18.5	φ1.2 Ⓜ	+0.52 0	5	0 -0.12	4	390	285	505	845
200L	FF350	4,8	55	+0.018 +0.002	110	±0.43	16	0 -0.043	49	0 -0.20	350	300	±0.016	400	0	±3.0	18.5	φ1.2 Ⓜ	+0.52 0	5	0 -0.12	4	445	320	565	940
225S	FF400	4,8	60	+0.018 +0.002	140	±0.50	18	0 -0.043	53	0 -0.20	400	350	±0.018	450	0	±3.0	18.5	φ1.2 Ⓜ	+0.52 0	5	0 -0.12	4	495	350	625	945
225M	FF400	2	55	+0.018 +0.002	110	±0.43	16	0 -0.043	49	0 -0.20	400	350	±0.018	450	0	±3.0	18.5	φ1.2 Ⓜ	+0.52 0	5	0 -0.12	4	495	350	625	945
225M	FF400	4,6,8	60	+0.018 +0.002	140	±0.50	18	0 -0.043	53	0 -0.20	400	350	±0.018	450	0	±3.0	18.5	φ1.2 Ⓜ	+0.52 0	5	0 -0.12	4	495	350	625	975
250M	FF500	4,6,8	65	+0.018 +0.002	140	±0.50	18	0 -0.043	58	0 -0.20	500	450	±0.020	550	0	±4.0	24	φ2.0 Ⓜ	+0.52 0	6	0 -0.15	8	550	390	670	1095
250M	FF500	2	60	+0.018 +0.002	140	±0.50	18	0 -0.043	58	0 -0.20	500	450	±0.020	550	0	±4.0	24	φ2.0 Ⓜ	+0.52 0	6	0 -0.15	8	550	390	670	
280S	FF500	4,6,8	75	+0.030 +0.011	140	±0.50	20	0 -0.052	67.5	0 -0.20	500	450	±0.020	550	0	±4.0	24	φ2.0 Ⓜ	+0.52 0	6	0 -0.15	8	630	435	745	1155
280S	FF500	2	65	+0.018 +0.002	140	±0.50	18	0 -0.043	58	0 -0.20	500	450	±0.020	550	0	±4.0	24	φ2.0 Ⓜ	+0.52 0	6	0 -0.15	8	630	435	745	
280M	FF500	4,6,8	75	+0.030 +0.011	140	±0.50	20	0 -0.052	67.5	0 -0.20	500	450	±0.020	550	0	±4.0	24	φ2.0 Ⓜ	+0.52 0	6	0 -0.15	8	630	435	745	1195
280M	FF500	2	65	+0.018 +0.002	140	±0.50	18	0 -0.043	58	0 -0.20	500	450	±0.020	550	0	±4.0	24	φ2.0 Ⓜ	+0.52 0	6	0 -0.15	8	630	435	745	
315S	FF600	4,6,8,10	80	+0.030 +0.011	170	±0.50	22	0 -0.052	71	0 -0.20	600	550	±0.022	660	0	±4.0	24	φ2.0 Ⓜ	+0.52 0	6	0 -0.15	8	645	530	900	1280
315S	FF600	2	65	+0.018 +0.002	140	±0.50	18	0 -0.043	58	0 -0.20	600	550	±0.022	660	0	±4.0	24	φ2.0 Ⓜ	+0.52 0	6	0 -0.15	8	645	530	900	1400
315M	FF600	4,6,8,10	80	+0.030 +0.011	170	±0.50	22	0 -0.052	71	0 -0.20	600	550	±0.022	660	0	±4.0	24	φ2.0 Ⓜ	+0.52 0	6	0 -0.15	8	645	530	900	1310
315M	FF600	2	65	+0.018 +0.002	140	±0.50	18	0 -0.043	58	0 -0.20	600	550	±0.022	660	0	±4.0	24	φ2.0 Ⓜ	+0.52 0	6	0 -0.15	8	645	530	900	1430
315L	FF600	4,6,8,10	80	+0.030 +0.011	170	±0.50	22	0 -0.052	71	0 -0.20	600	550	±0.022	660	0	±4.0	24	φ2.0 Ⓜ	+0.52 0	6	0 -0.15	8	645	530	900	1310
315L	FF600	2	65	+0.018 +0.002	140	±0.50	18	0 -0.043	58	0 -0.20	600	550	±0.022	660	0	±4.0	24	φ2.0 Ⓜ	+0.52 0	6	0 -0.15	8	645	530	900	1430

安装尺寸及公差/mm　　外形尺寸/mm

① $G=D-GE$，GE 极限偏差为（+0.20/0）。
② S 孔的位置度公差以轴伸的轴线为基准。
③ P 尺寸为上极限值。
④ R 为凸缘配合面至轴伸肩的距离。

17.3　YE3 系列（IP55）超高效率三相异步电动机的其他技术要求

电动机的技术要求见表 17-8（为便于实际生产中选用，此处仍采用 GB/T 28575—2012 的数据），电动机运行的工作环境要求：海拔高度不超过 1000m，环境温度 −15～40℃。

表 17-8　电动机技术要求（GB/T 28575—2012 摘录）

功率	效率保证值(%)			功率因数			堵转转矩/额定转矩			最小转矩/额定转矩			最大转矩/额定转矩		
电动机转速/r·min⁻¹	3000	1500	1000	3000	1500	1000	3000	1500	1000	3000	1500	1000	3000	1500	1000
0.75	80.7	82.5	78.9	0.82	0.75	0.71	2.3					1.5	1.5		
1.1	82.7	84.1	81.0	0.83	0.76	0.73		2.3		1.5	1.6				
1.5	84.2	85.3	82.5	0.84	0.77	0.73									
2.2	85.9	86.7	84.3	0.85	0.81	0.74	2.2								
3	87.1	87.7	85.6	0.87	0.82	0.74				1.4	1.5		1.3		1.3
4	88.1	88.6	86.8	0.88	0.82	0.74		2.2							
5.5	89.2	89.6	88.0	0.88	0.83	0.75		2.0							2.1
7.5	90.1	90.4	89.1	0.88	0.84	0.79				1.2	1.4				
11	91.2	91.4	90.3	0.89	0.85	0.80		2.2						2.3	
15	91.9	92.1	91.2	0.89	0.86	0.81	2.0						2.3		
18.5	92.4	92.6	91.7	0.89	0.86	0.81			20	1.1	1.2	2.3			
22	92.7	93.0	92.2	0.89	0.86	0.81		2.0							
30	93.3	93.6	92.9	0.89	0.86	0.83									
37	93.7	93.9	93.3	0.89	0.86	0.84									
45	94.0	94.2	93.7	0.90	0.86	0.85				1.0	1.1	1.1			
55	94.3	94.6	94.1	0.90	0.86	0.86		2.2							
75	94.7	95.0	94.6	0.90	0.88	0.84	1.8								
90	95.0	95.2	94.9	0.90	0.88	0.84									
110	95.2	95.4	95.1	0.90	0.89	0.85				0.9	1.0	1.0			2.0
132	95.4	95.6	95.4	0.90	0.89	0.86		2.0							
160	95.6	95.8	95.6	0.91	0.89	0.86									
200	95.8	96.0	95.8	0.91	0.90	0.87		1.8			0.8	0.9		2.2	
250	95.8	96.0	95.8	0.91	0.90	0.87				0.8		0.9			
315	95.8	96.0	95.8	0.91	0.90	0.86	1.6					0.8	2.2		
355	95.8	96.0	—	0.91	0.88	—		1.7	—	0.7	0.8	—	—	—	—
375	95.8	96.0	—	0.91	0.88	—			—			—	—	—	—

第3部分

参考图例及
设计题目

第18章　参　考　图　例

18.1　减速器装配图

本章所示减速器装配图有：

18.2　减速器零件图

本章所示减速器零件图有：

箱座，见第 258 页；

箱盖，见第 259 页；

齿轮轴，见第 260 页；

大齿轮，见第 261 页；

轴，见第 262 页；

小锥齿轮轴，见第 263 页；

大锥齿轮，见第 264 页；

蜗杆，见第 265 页；

蜗轮，见第 266 页；

轮芯和轮缘，见第 267 页。

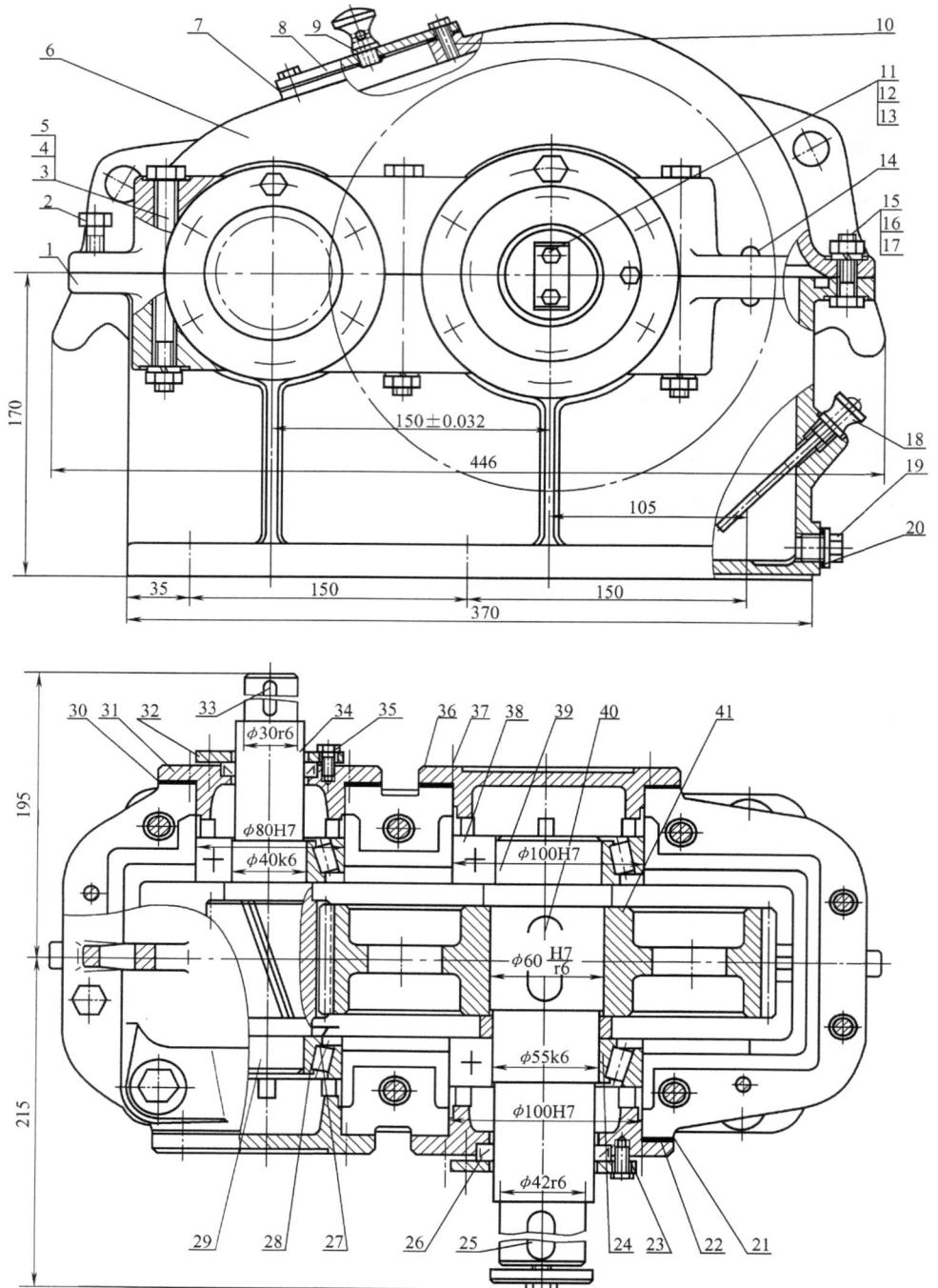

图 18-1　一级圆柱齿轮

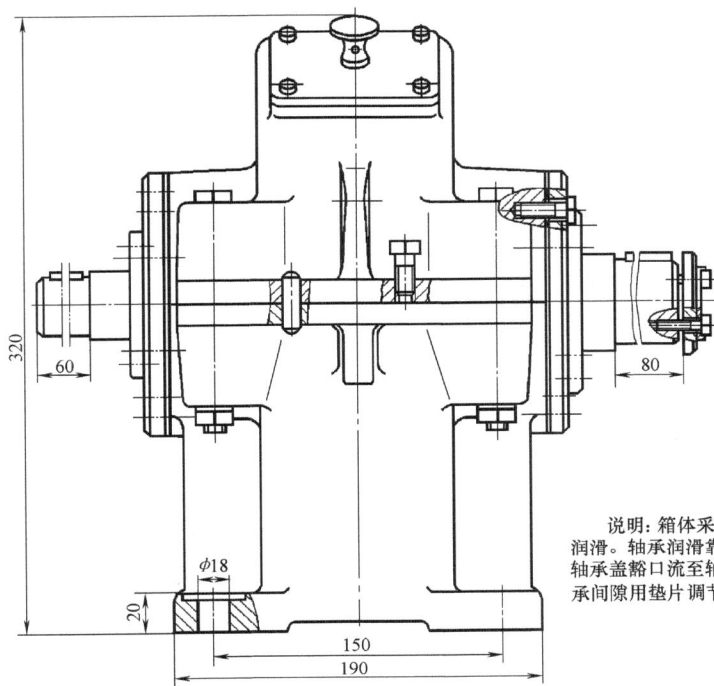

说明：箱体采用铸造剖分式结构。齿轮用油池润滑。轴承润滑靠飞溅到箱盖上的油，经箱座油沟、轴承盖豁口流至轴承处。轴用唇形密封圈密封。轴承间隙用垫片调节。

技 术 特 性

输入功率 /kW	高速轴转速 /r·min⁻¹	传动比
4.5	480	4.16

技 术 要 求

1. 装配前，全部零件用煤油清洗，箱体内不允许有杂物存在。在内壁涂两次不被机油侵蚀的涂料。
2. 用涂色法检验斑点。齿高接触斑点不小于40%；齿长接触斑点不小于70%。必要时可以研磨啮合齿面，以便改善接触情况。
3. 调整轴承时所留轴向间隙如下：$\phi40$ 为0.05～0.1mm；$\phi55$ 为0.08～0.15mm。
4. 装配时，剖分面不允许使用任何填料，可涂以密封胶或水玻璃。试运转时，应检查剖分面，各接触面及密封处，均不准漏油。
5. 箱体内注入L–AN68号润滑油至规定高度。
6. 箱体外表面涂深灰色油漆。

‥‥	‥‥‥‥‥				
18	油标	1	Q235A		
17	垫圈10	2	65Mn	GB 93—1987	
16	螺母M10	2	5	GB/T 6170—2015	
15	螺栓M10×35	2	5.6	GB/T 5782—2016	
14	销A8×30	2	35	GB/T 117—2000	
13	垫圈6	1	65Mn	GB 93—1987	
12	轴端挡圈	1	Q235A	GB/T 892—1986	
11	螺栓M6×25	2	5.6	GB/T 5782—2016	
10	螺栓M6×20	4	5.6	GB/T 5782—2016	
9	通气器	1	Q235A		
8	视孔盖	1	Q215A		
7	垫片	1	石棉橡胶纸		
6	箱盖	1	HT200		
5	垫圈12	6	65Mn	GB 93—1987	
4	螺母M12	6	5	GB/T 6170—2015	
3	螺栓M12×100	6	5.6	GB/T 5782—2016	
2	起盖螺钉M10×30	1	5.6	GB/T 5782—2016	
1	箱座	1	HT200		
序号	名　称	数量	材料	标　准	备注

一级圆柱齿轮减速器			比例		图号
			数量		材料
设计		（日期）			（校名）
绘图			（课程名称）		（班号）
审核					

减速器（一）

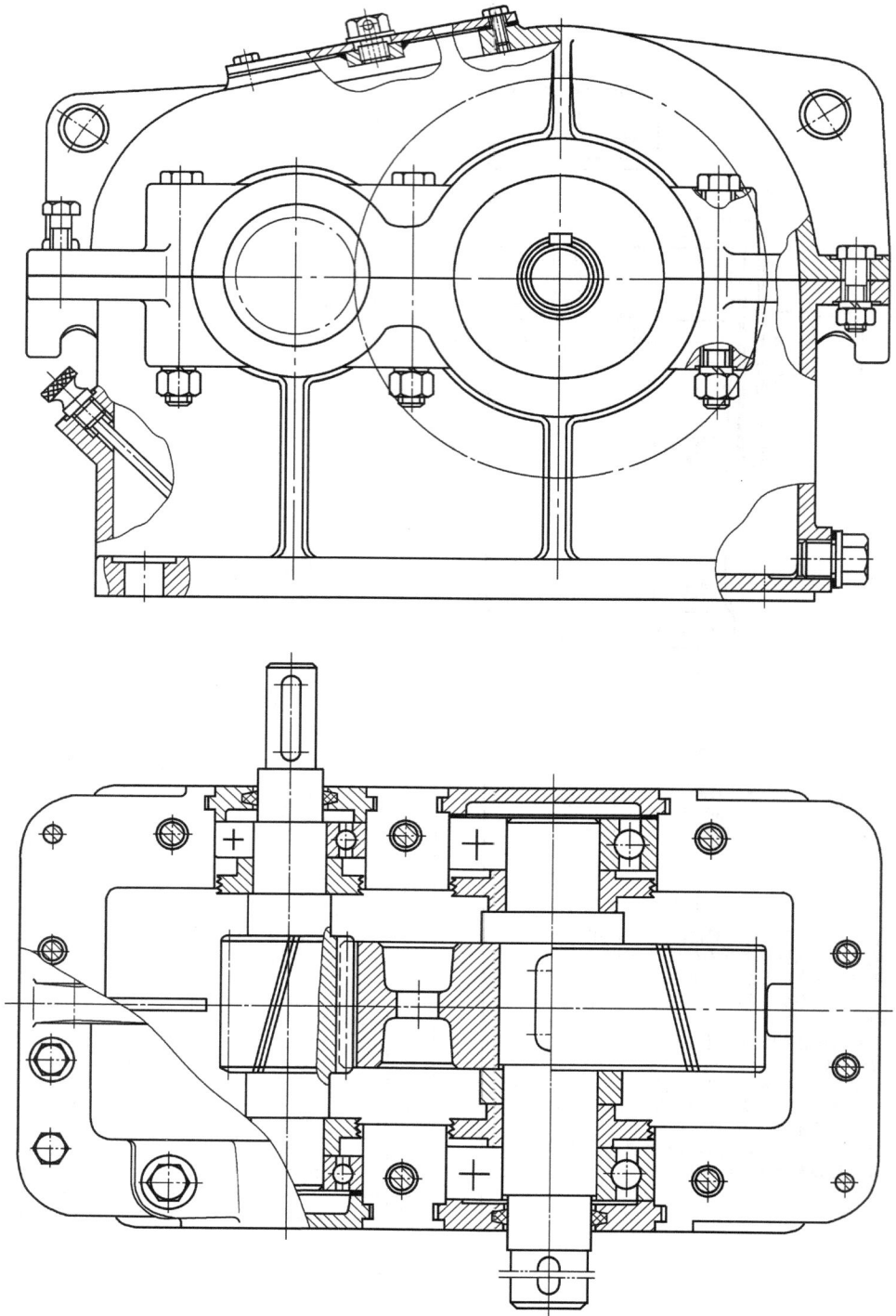

图 18-2 一级圆柱齿轮

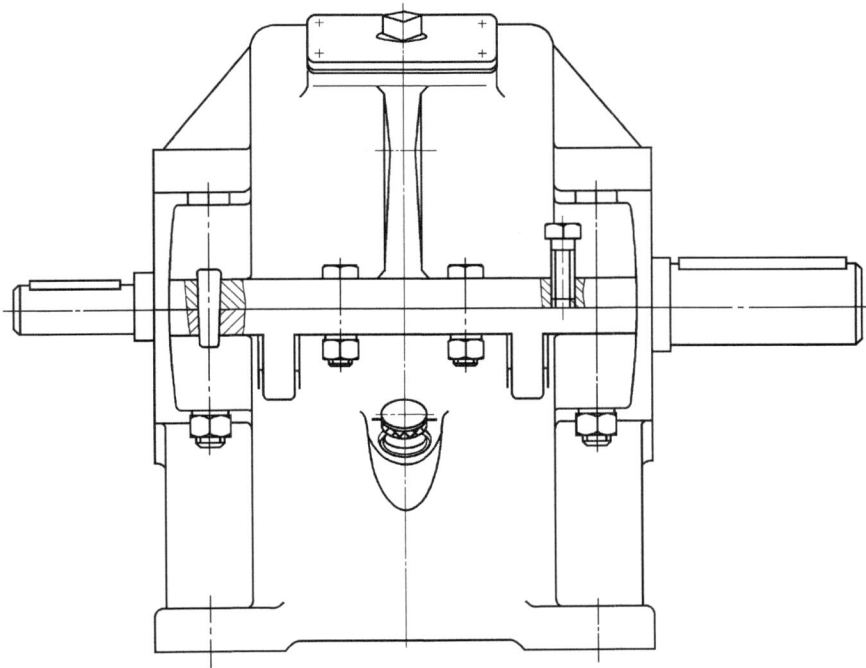

轴承部件结构方案

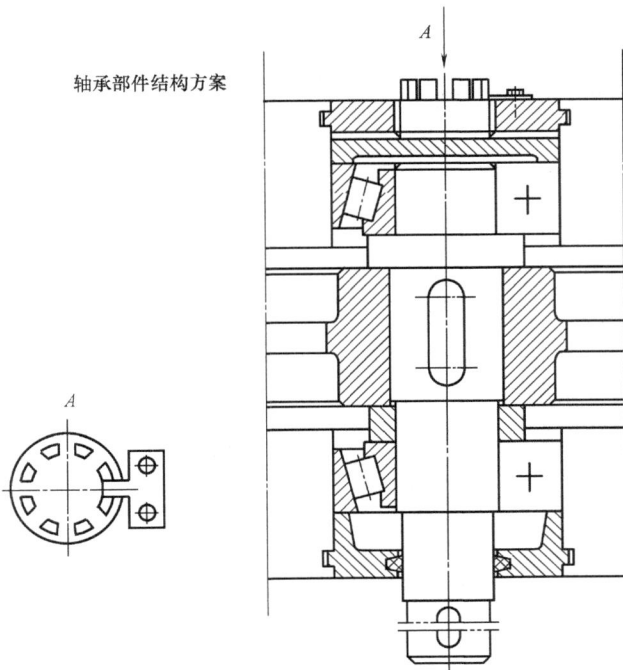

A

说明：采用嵌入式端盖，只宜用于不可调轴承。若可调轴承采用这种端盖，则必须附加调整结构，
如上图所示轴承部件结构方案。

减速器（二）

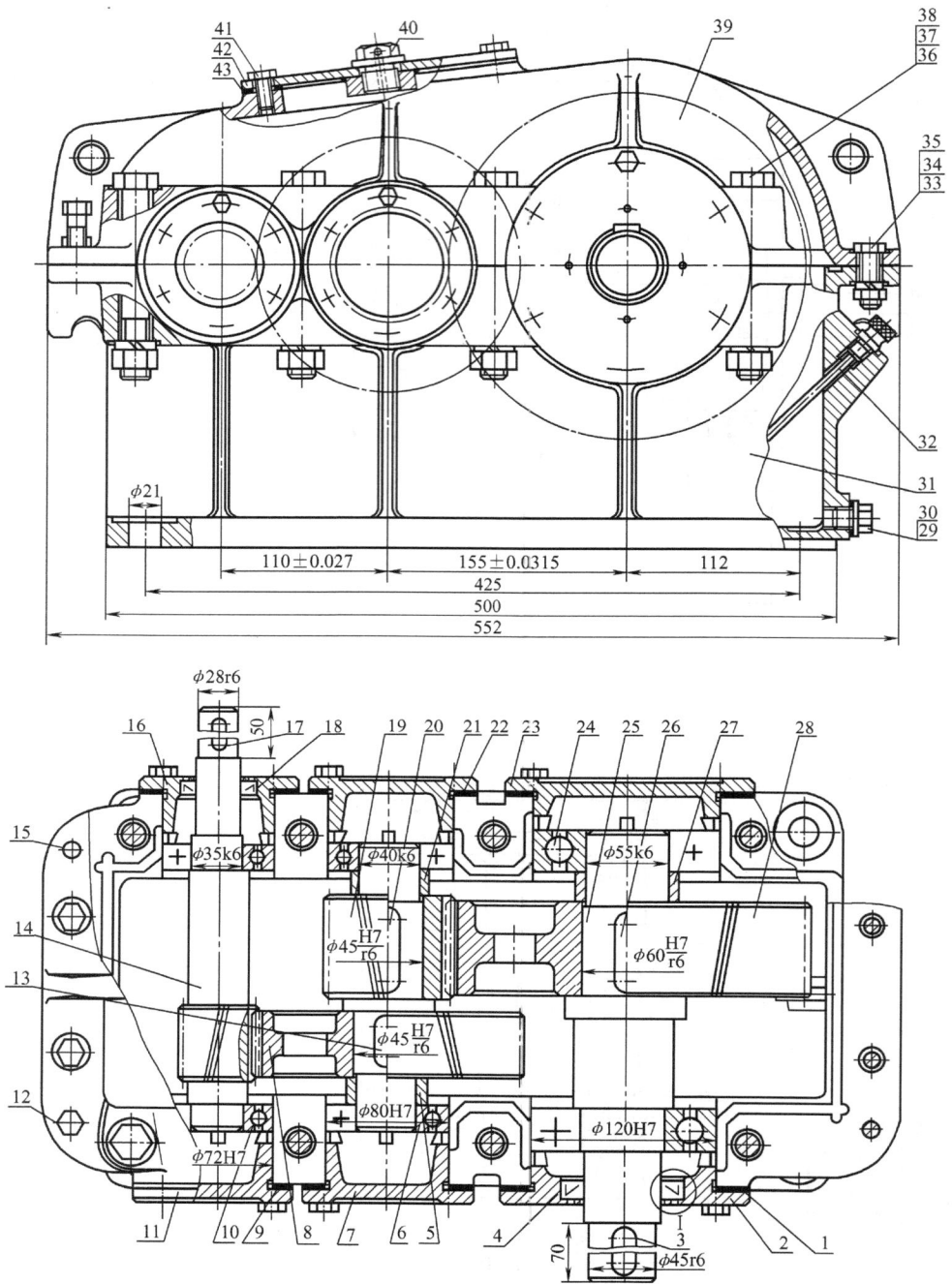

$\phi21$

110 ± 0.027 155 ± 0.0315 112

425

500

552

$\phi28r6$

50

$\phi35k6$

$\phi40k6$

$\phi45\dfrac{H7}{r6}$

$\phi55k6$

$\phi60\dfrac{H7}{r6}$

$\phi45\dfrac{H7}{r6}$

$\phi80H7$

$\phi120H7$

$\phi72H7$

70 $\phi45r6$

图 18-3 二级圆柱齿轮

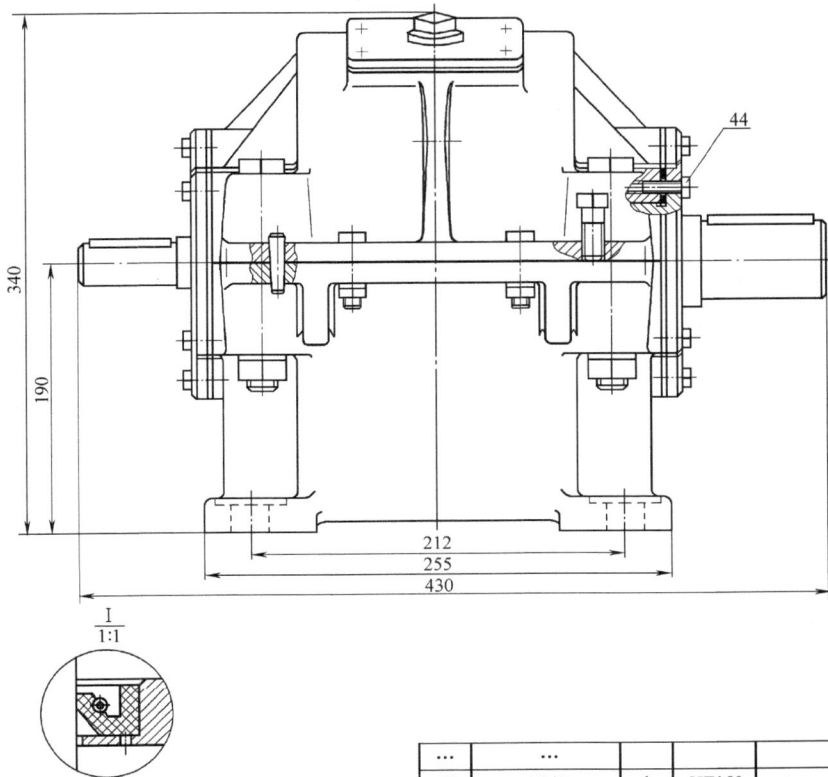

$\dfrac{\mathrm{I}}{1:1}$

技术特性

输入功率	输入转速	效率 η	总传动比 i	级别	m_n	z_1	z_2	β
5.58 kW	1450 r/min	0.87	11.11	高速	1.5	30	114	$10°56'33''$
				低速	3.0	26	76	$9°12'51''$

技术要求

1. 在装配前，所有零件用煤油清洗，滚动轴承用汽油清洗，箱体内不允许有任何杂物存在。
2. 调整固定轴承时应留轴向间隙，$\Delta=0.25\sim0.4$mm。
3. 箱体内装L-CKC68工业齿轮油至规定高度。
4. 减速器剖分面、各接触面及密封处均不允许漏油，剖分面允许涂以密封胶或水玻璃，不允许使用垫片。
5. 接触斑点沿齿高不小于40%，沿齿长不小于70%。
6. 减速器外表面涂灰色油漆。

...	...			
16	透盖	1	HT150	
15	销8×30	2	35	GB/T 117—2000
14	高速齿轮轴	1	45	$m_n=1.5$ $z=30$
13	键14×36	1	45	GB/T 1096—2003
12	启盖螺钉	1	5.6	
11	端盖	1	HT150	
10	滚动轴承6207	2		GB/T 276—2013
9	调整垫片	2	08F	成组使用
8	齿轮	1	45	$m_n=1.5$ $z=114$
7	端盖	2	HT150	
6	滚动轴承6208	2		GB/T 276—2013
5	套筒	1	Q235A	
4	密封圈B050068	1	耐油橡胶	GB/T 13871.1—2007
3	键14×63	1	45	GB/T 1096—2003
2	透盖	1	HT150	
1	调整垫片	2	08F	成组使用
序号	名 称	数量	材料	标 准	备注

二级圆柱齿轮减速器	比例		图号	
	数量		材料	
设计		（日期）		（校名）
绘图			（课程名称）	
审核				（班号）

减速器（一）

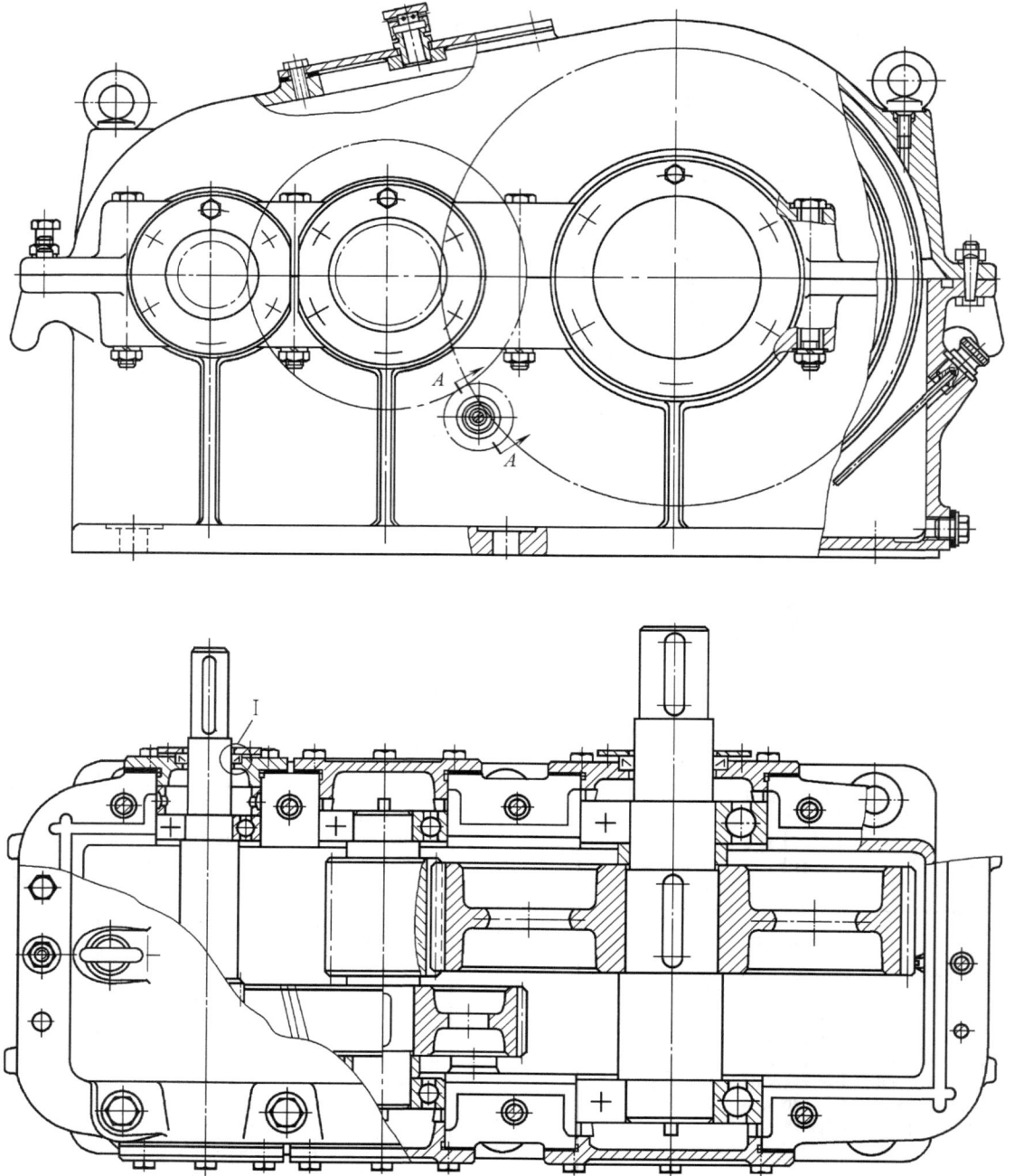

图 18-4 二级圆柱齿轮

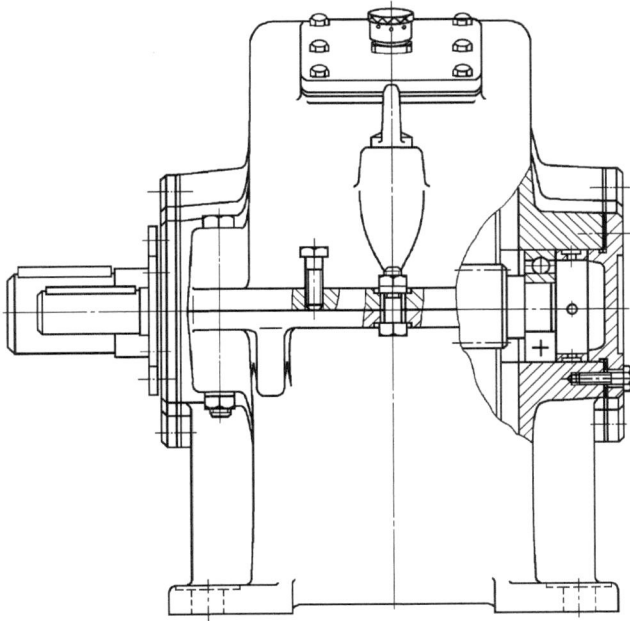

轴承端盖结构

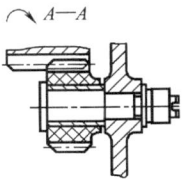

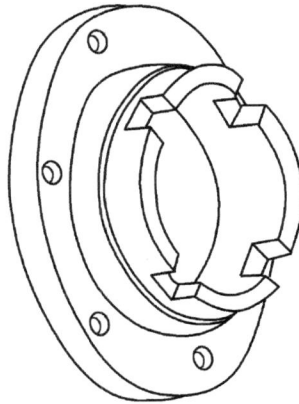

说明：二级圆柱齿轮减速器能实现较大的传动比，应用较广。两级传动比的不同分配方案，将影响减速器的重量、尺寸及润滑状况。图示减速器采用了深沟球轴承，用稀油润滑，即飞溅至箱壁上的油流至油沟，经端盖上的缺口或套筒上的孔流入轴承，实现润滑。为防止端盖缺口或套筒上的孔与油沟错位，堵住油的通路，应将其相应外圆部分直径设计得较小一些(见轴承端盖结构)。由于高速级大齿轮较小，浸入油池中有困难，所以设置了油轮(A — A旋转)，即带油润滑高速级齿轮。

减速器（二）

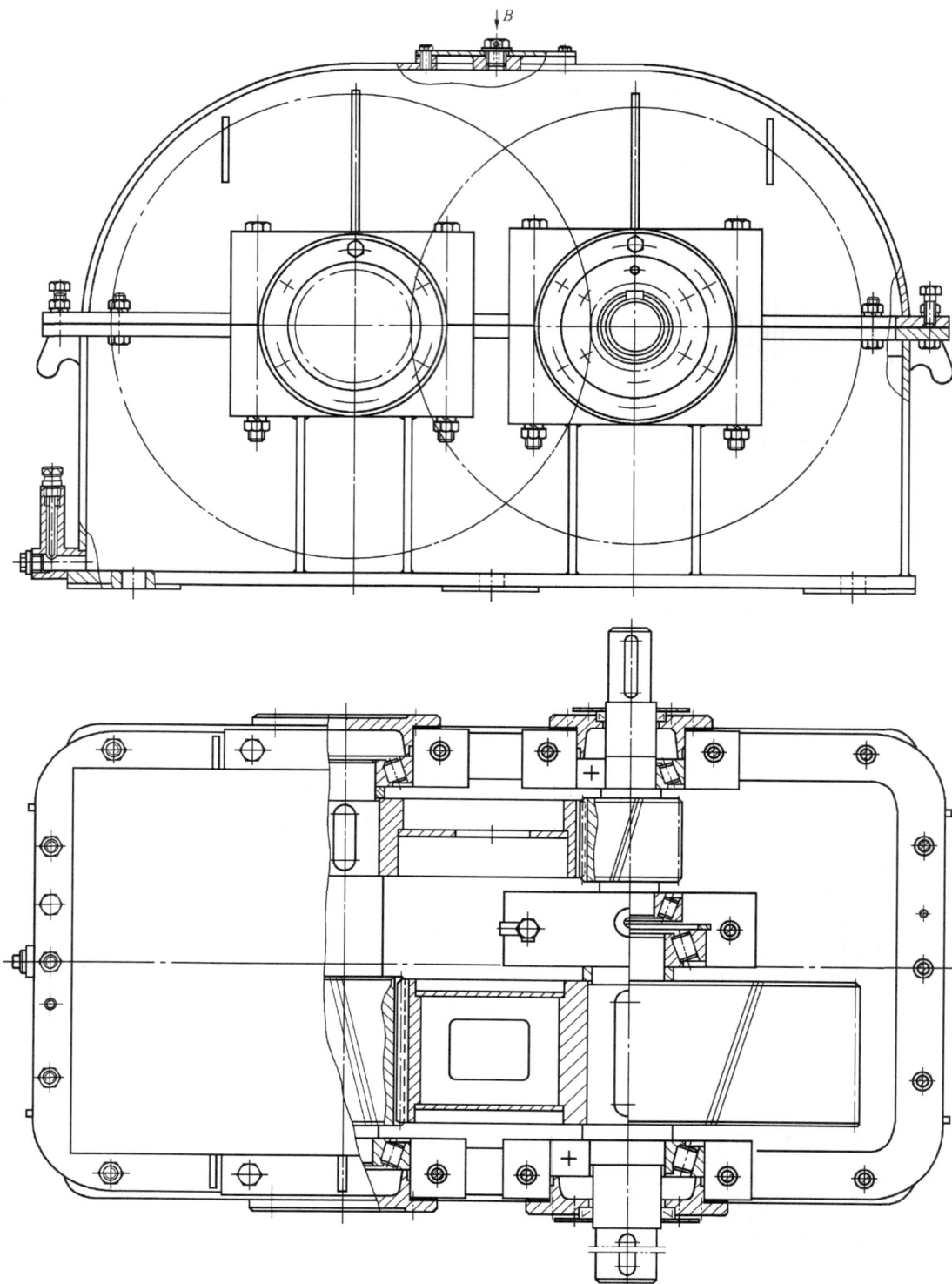

图 18-5   二级圆柱齿轮减速器

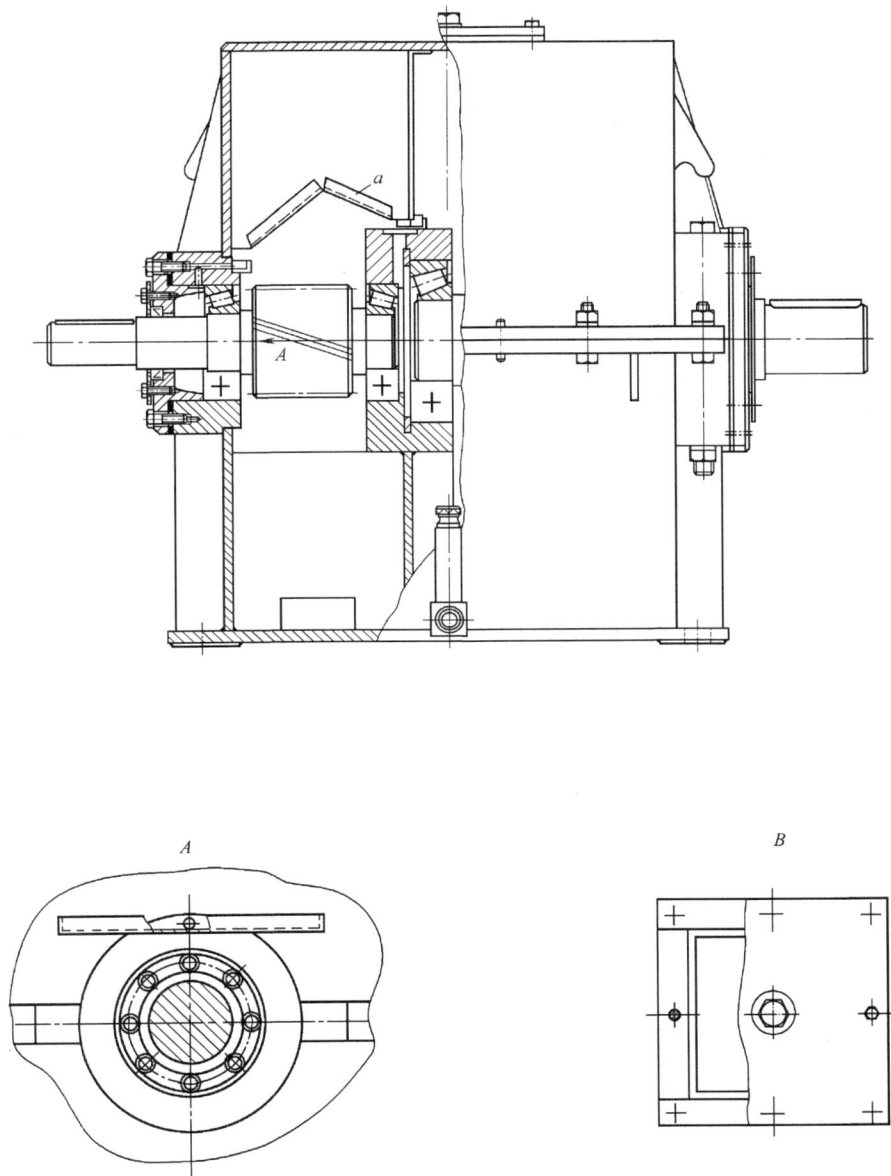

说明：焊接箱体结构的同轴式二级圆柱齿轮减速器，适用于单件及小批生产，其特点是重量轻，制造时间短。应该在箱体的轴承支座处设置加强肋，以加强箱体刚度。轴承支座必须具有足够的厚度（一般减速器工作条件比较平稳，焊接时可以不开坡口，用角焊缝连接）。 中间轴承和其他轴承的润滑，靠油池中的油飞溅入特制的油槽中，再流入轴承，如图中 a 及 A 向视图所示。轴承座可以锻造，也可以铸造，然后焊接在箱体上。

（同轴式焊接结构箱体）

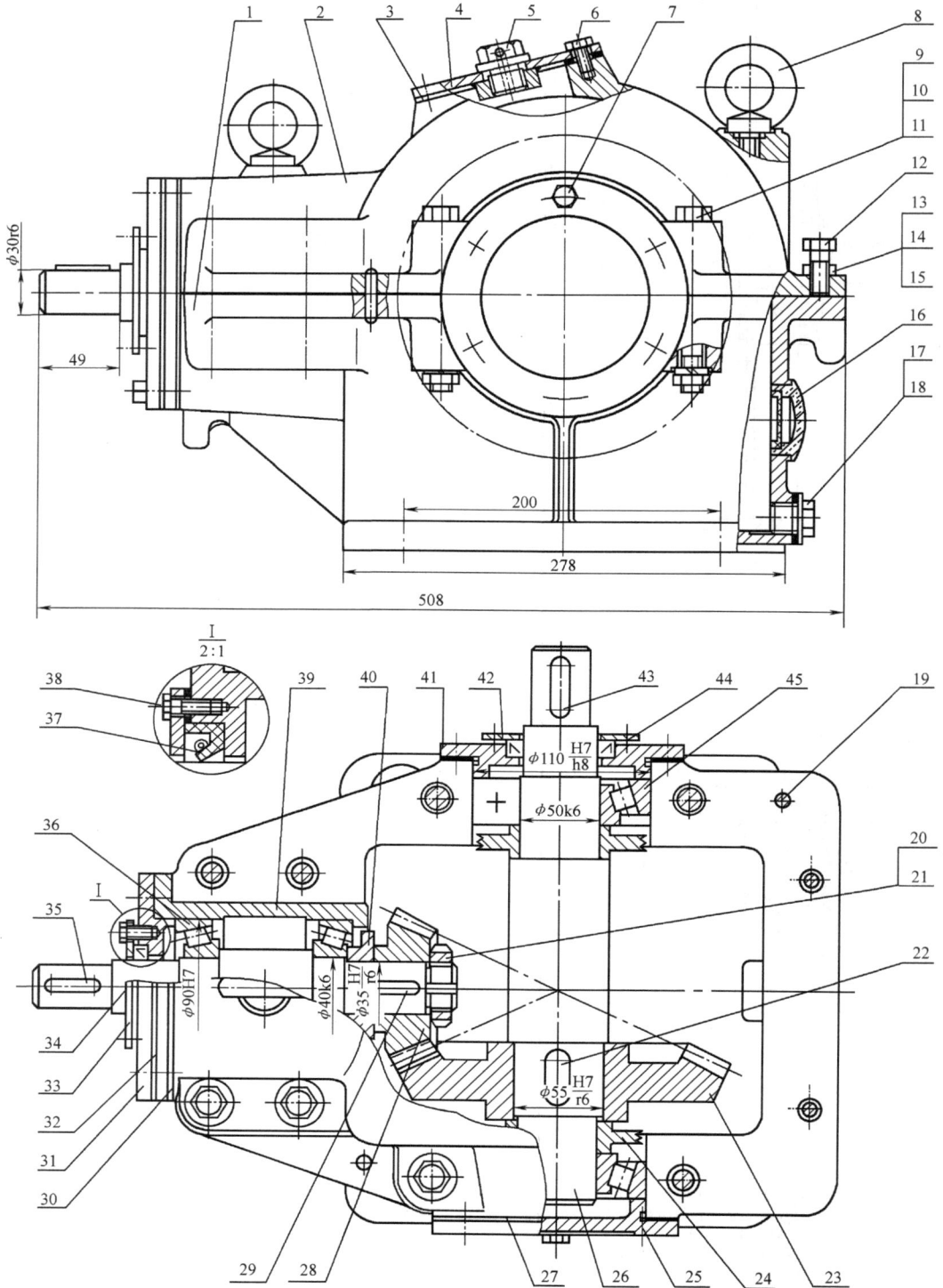

图 18-6 一级锥齿轮

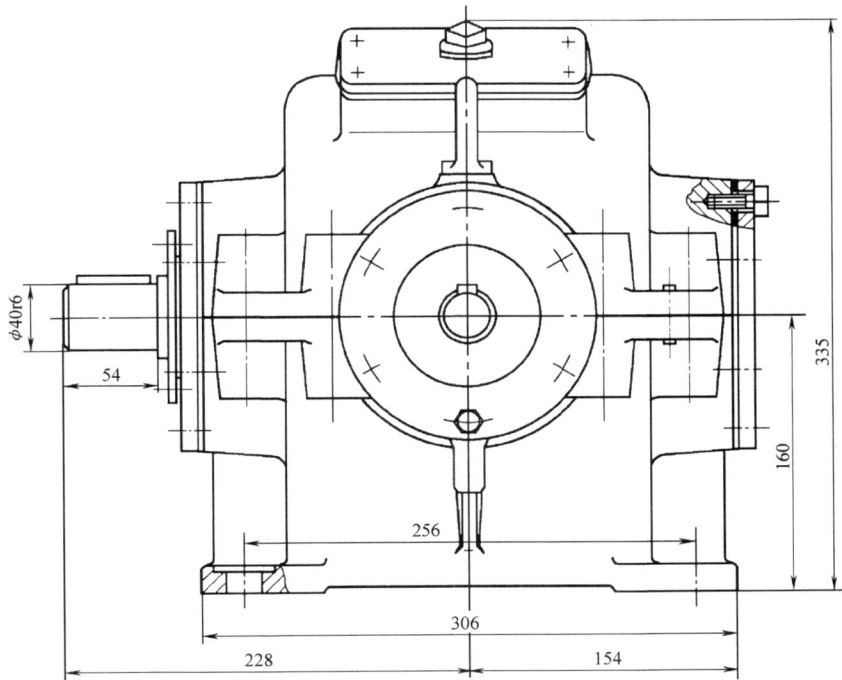

技术特性

输入功率/kW	高速轴转速/ r·mm⁻¹	传动比
4.5	420	2.1

技术要求

1. 装配前，所有零件用煤油清洗，箱体内壁涂耐油油漆。
2. 啮合侧隙 j_{nmin} 用铅丝来检验，保证侧隙不小于 0.12mm，所用铅丝直径不得大于最小侧隙的2倍。
3. 用涂色法检验齿面接触斑点，按齿长方向应不少于50%，按齿高方向应不少于55%。
4. 调整轴承轴向游隙 $\phi40$ 为 0.04～0.07mm；$\phi50$ 为 0.05～0.1mm。
5. 减速器剖分面、各接触面及密封处不许漏油，剖分面允许涂密封胶或水玻璃，不允许使用垫片。
6. 减速器装全损耗系统用油L-AN68至规定高度。
7. 减速器外表面涂灰色油漆。

...	......			
16	圆形油杯	1		JB/T 7941.1—1995
15	垫圈8	2	65Mn	GB 93—1987
14	螺母M8	2	5	GB/T 6170—2015
13	螺栓M8×30	2	5.6	GB/T 5783—2016
12	螺栓M8×25	1	5.6	GB/T 5783—2016
11	螺栓M12×60	8	5.6	GB/T 5782—2016
10	螺母12	8	5	GB/T 6170—2015
9	垫圈12	8	65Mn	GB 93—1987
8	吊环螺钉M10	2	25	GB/T 825—1988
7	螺栓M8×20	12	5.6	GB/T 5783—2016
6	螺栓M6×12	4	5.6	GB/T 5783—2016
5	通气器	1		组件
4	视孔盖	1	Q235	
3	垫 片	1	软钢纸板	
2	箱 盖	1	HT200	
1	箱 座	1	HT200	
序号	名 称	数量	材 料	标 准	备注

一级锥齿轮减速器	比例		图号	
	数量		材料	
设计		(日期)	(课程名称)	(校名)
绘图				(班号)
审核				

减速器

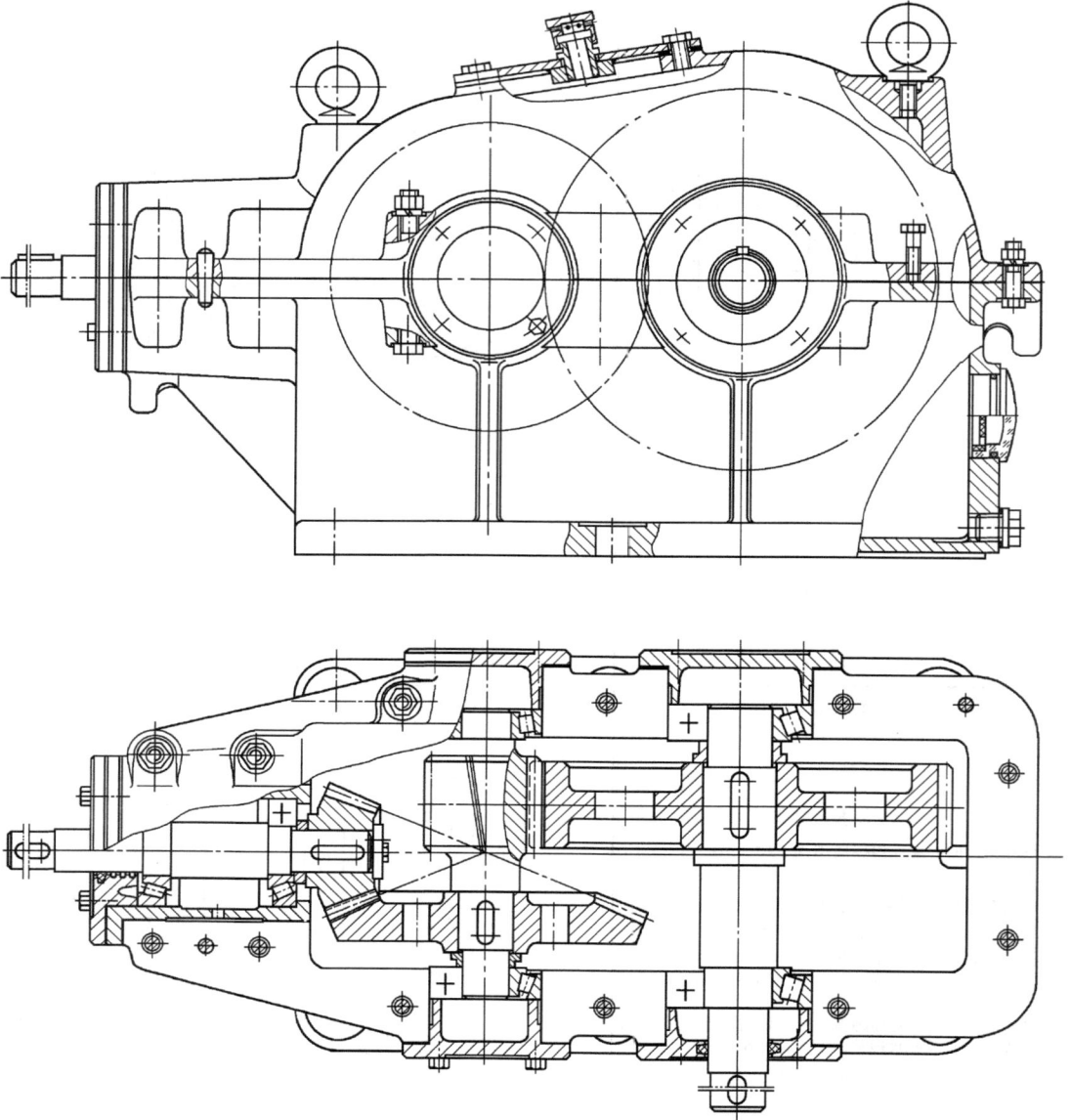

图 18-7 二级圆锥·

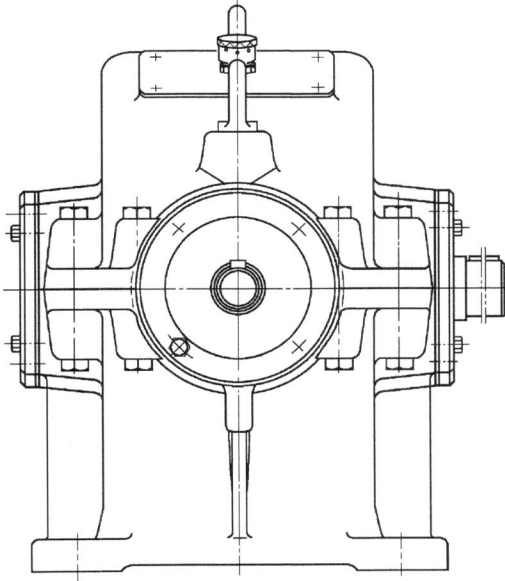

小锥齿轮轴系部件结构方案

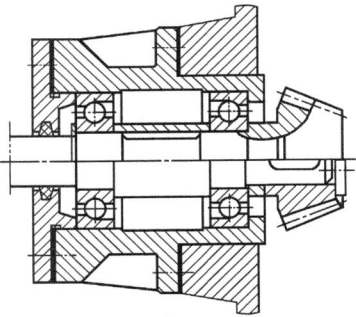

a) 方案一

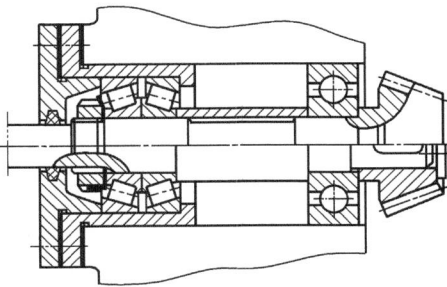

b) 方案二

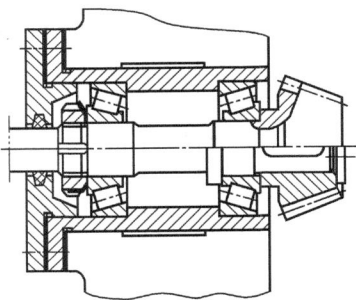

c) 方案三

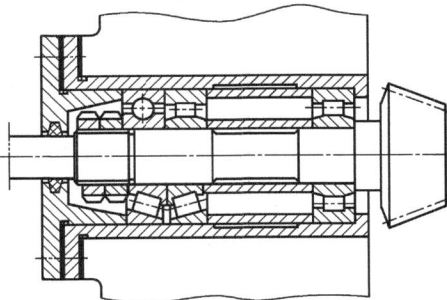

d) 方案四

圆柱齿轮减速器

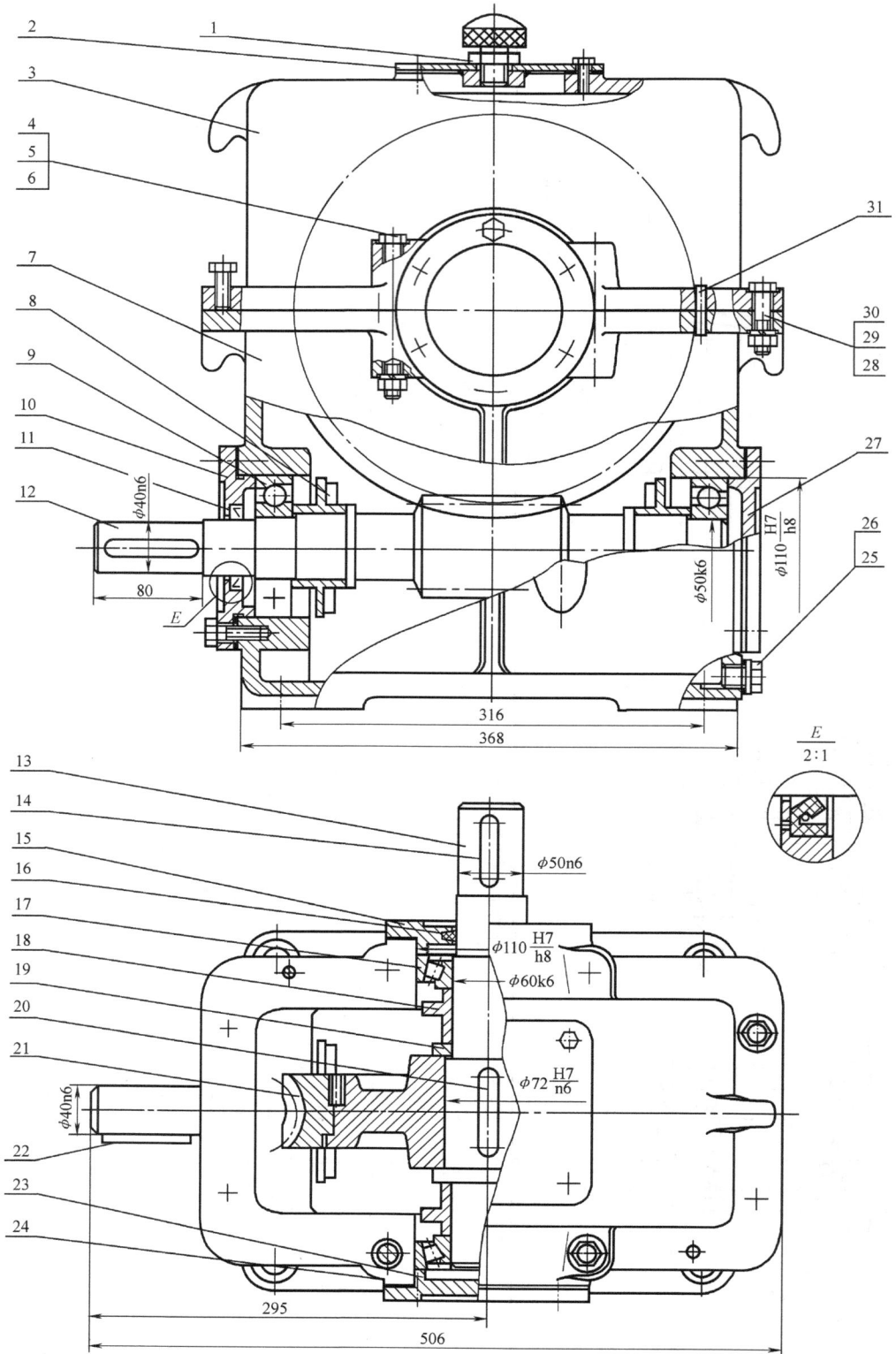

$\phi 40$n6

80

E

316

368

$\dfrac{E}{2:1}$

$\phi 50$k6

$\phi 110\dfrac{H7}{h8}$

$\phi 50$n6

$\phi 110\dfrac{H7}{h8}$

$\phi 60$k6

$\phi 72\dfrac{H7}{n6}$

$\phi 40$n6

295

506

图 18-8　一级蜗杆减速器

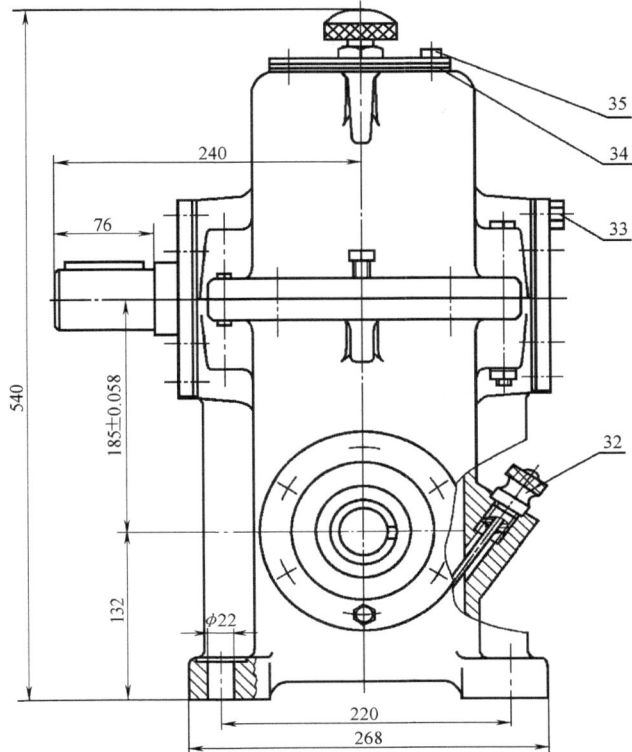

技术特性

输入功率	P	4kW
输入转速	n	960r/min
传动比	i	19
传动效率	η	0.82
精度等级		传动8c GB/T 10089—2018

技术要求

1.零件装配前用煤油清洗，滚动轴承用汽油清洗。
2.保持侧隙不小于0.115mm。
3.蜗杆轴与蜗轮轴上轴承轴向游隙分别为0.04～0.07mm
和0.08～0.15mm。
4.涂色检查接触斑点，沿齿高不小于55％，沿齿长不小
于50％。
5.空载试验，在n_1=1000r/min，L-AN68润滑油条件下进
行，正、反转各1h，要求减速器平稳，无撞击声，温
升不大于60℃，无漏油。
6.箱体外表面涂深灰色油漆，内表面涂耐油油漆。
7.箱内装蜗轮蜗杆油L-CKE320至规定高度。

...	......				
14	键14×56	1	45	GB/T 1096—2003	
13	蜗轮轴	1	45		
12	蜗杆轴	1	45		
11	密封圈B045065		耐油橡胶	GB/T 13871.1—2007	
10	透盖	1	HT200		
9	滚动轴承7310C	2		GB/T 292—2007	
8	甩油环	2	Q235A		
7	箱体	1	HT200		
6	弹簧垫圈12	4	65Mn	GB 93—1987	
5	螺母M12	4	5	GB/T 6170—2015	
4	螺栓M12×120	4	5.6	GB/T 5782—2016	
3	箱盖	1	HT200		
2	视孔盖	1	HT200		
1	通气器	1			组件
序号	名　称	数量	材料	标　准	备注

一级蜗杆减速器 (蜗杆下置式)		比例		图号	
		数量		材料	
设计		(日期)			(校名)
绘图			(课程名称)		
审核					(班号)

（蜗杆下置式）

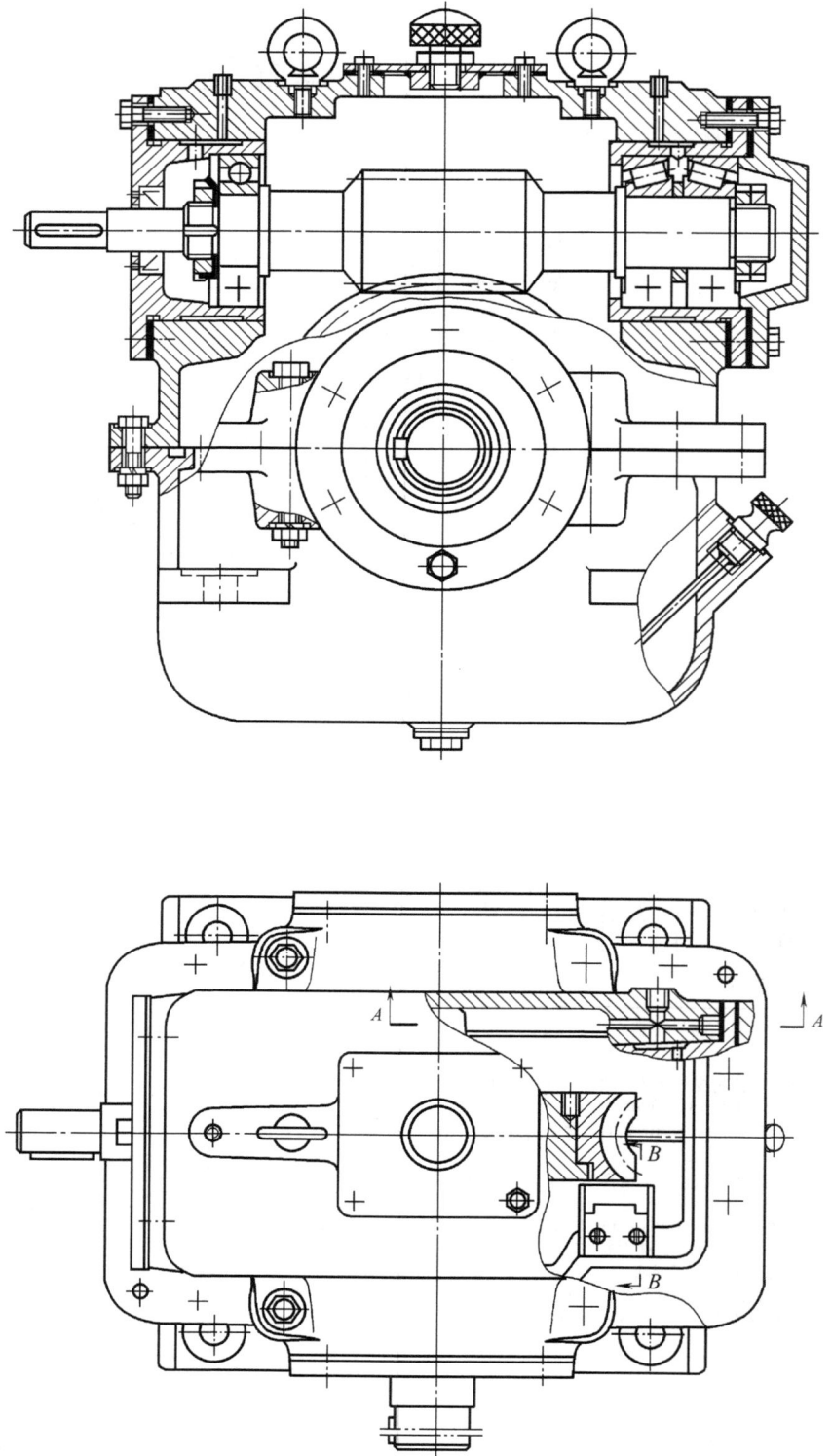

图 18-9 一级蜗杆减速器

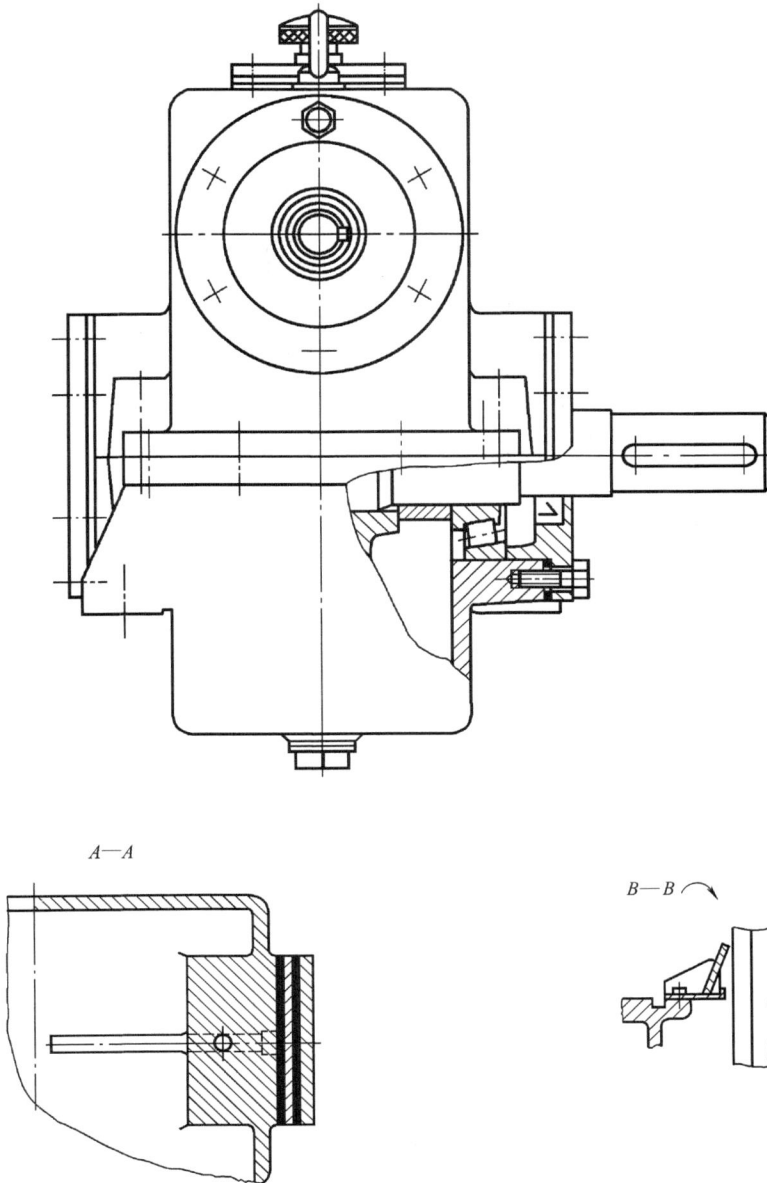

A—A

B—B

说明：图中蜗杆轴承因支点跨距较大，采用一端固定、一端游动的轴系结构，这样可容许轴系有较大的热伸长。蜗杆、蜗轮及轴承都用箱内的润滑油润滑。蜗杆轴上轴承的润滑油是由蜗杆将油甩到箱盖壁上铸造的油沟而进入轴承的(见*A—A*剖视图)。蜗轮轴上轴承的润滑油则靠安装在蜗轮端面的刮油板将油导入箱座上的油沟而进入轴承(见*B—B*剖视图)。

(蜗杆上置式)

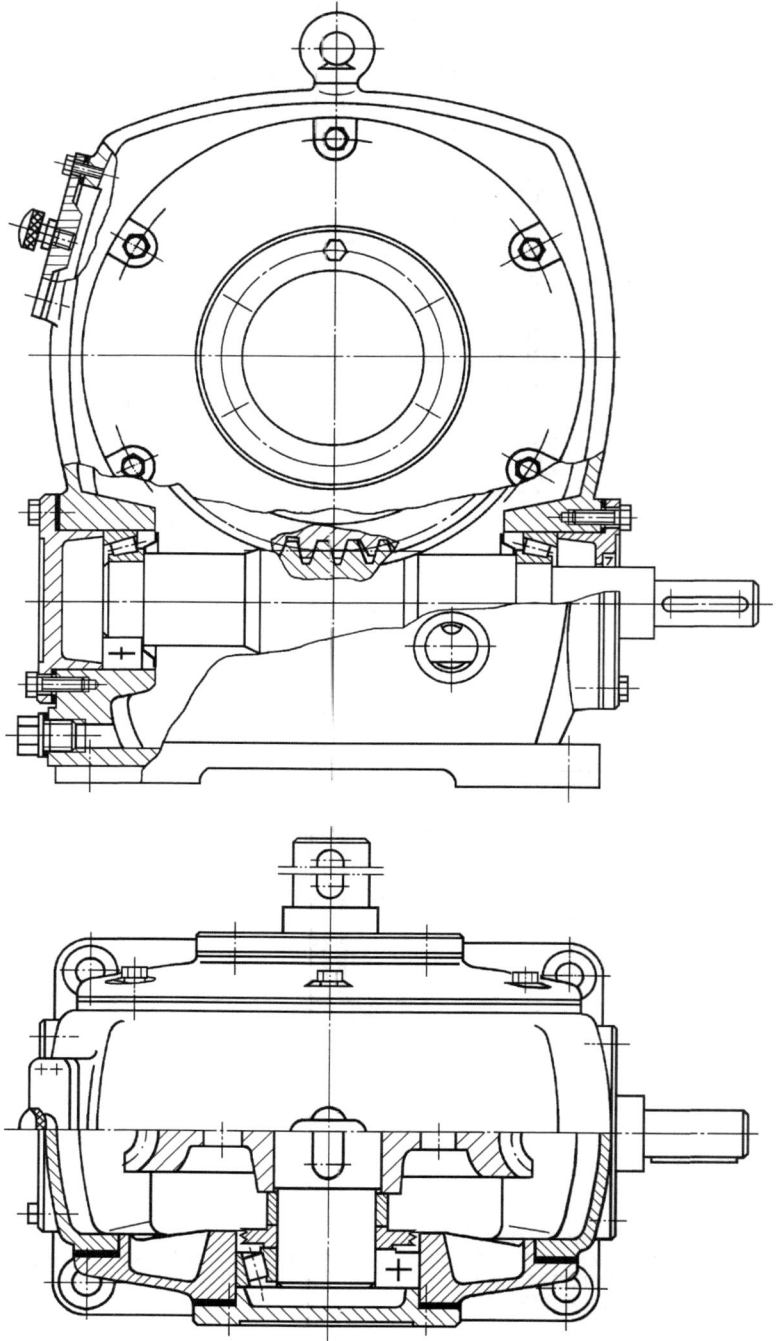

图 18-10   一级蜗杆减速器

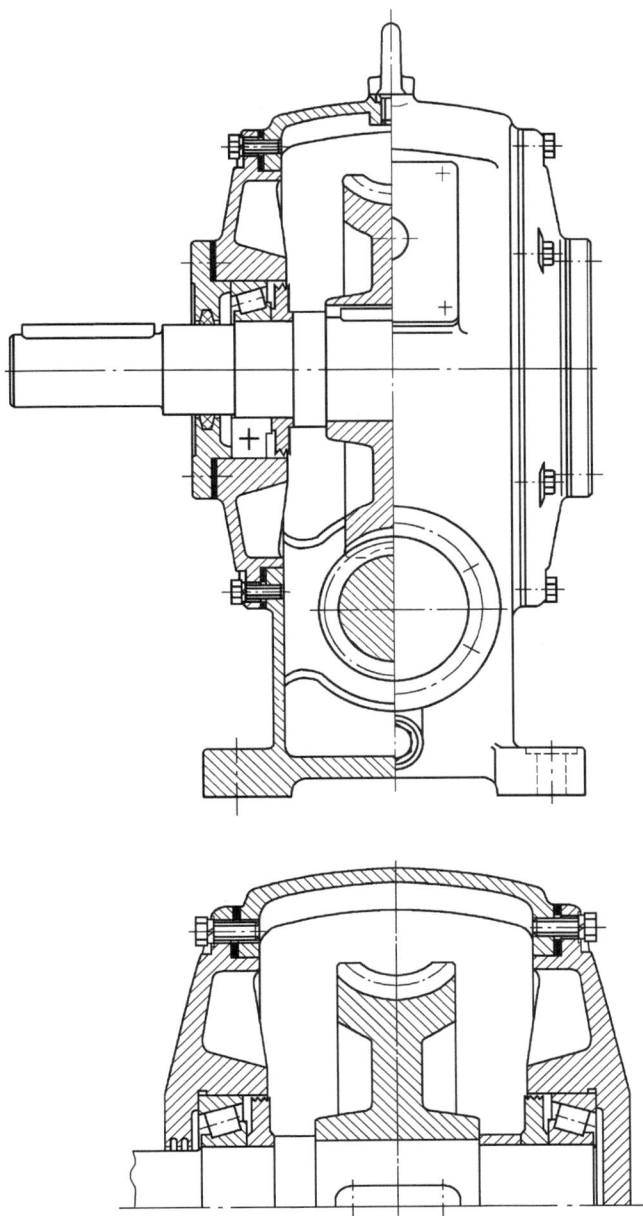

说明：蜗杆在下的整体式蜗杆减速器，结构简单，外形美观。蜗轮轴的轴承安装在两个大端盖上，蜗轮与上箱壁必须有足够的间隙，便于在安装蜗杆时抬起蜗轮。

（大端盖结构）

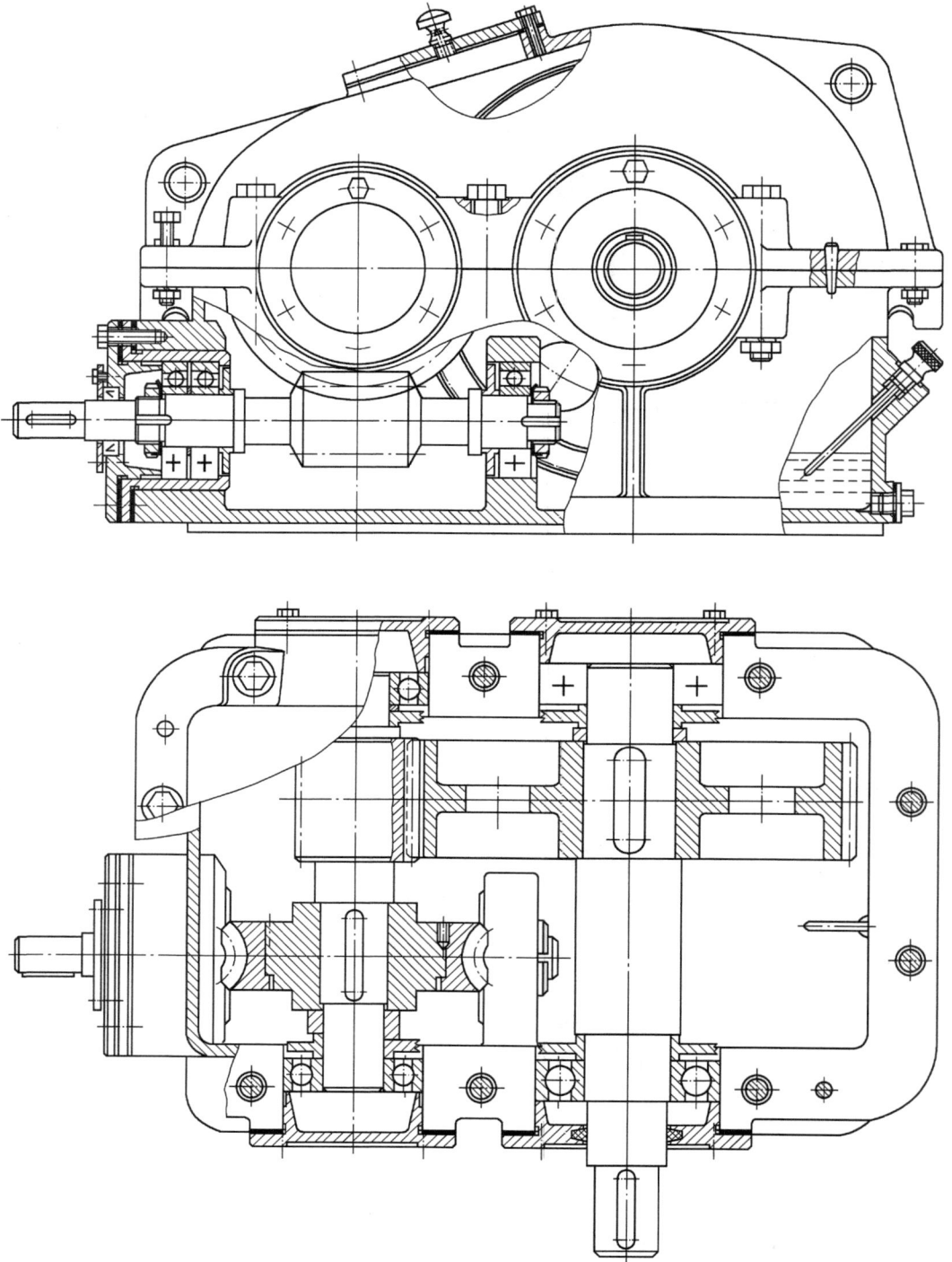

图 18-11　蜗杆-

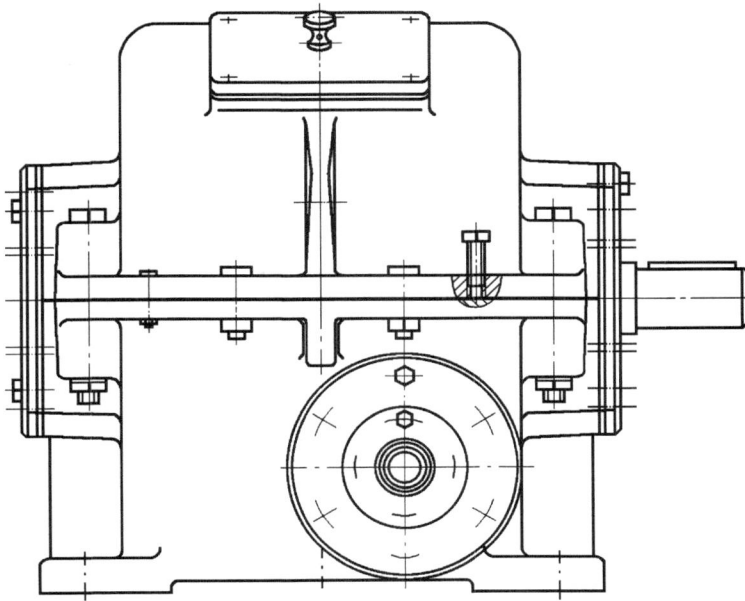

蜗杆轴承结构方案

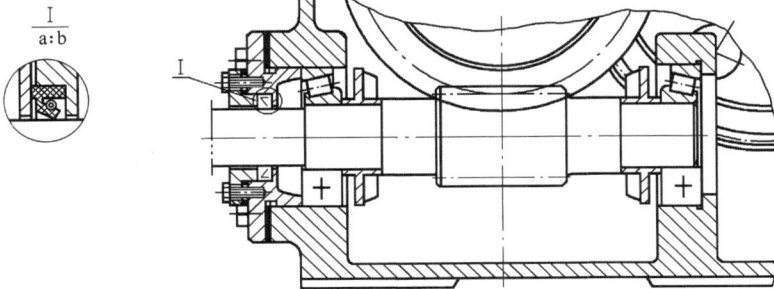

$\dfrac{I}{a:b}$

说明：蜗杆－齿轮减速器高速级采用蜗杆传动，有利于在啮合处形成油膜，提高效率。低速级采用齿轮传动，齿轮制造精度可以低些。这种减速器不如齿轮－蜗杆减速器结构紧凑。图中的蜗杆轴承采用一端固定，一端游动支承方式。固定端采用两个角接触球轴承，两个轴承内圈之间垫一套筒，保证两轴承外圈端面互不接触，以便调整轴承间隙。当发热量不大时，也可采用两端轴承固定结构，如图中蜗杆轴承结构方案。

齿轮减速器

技术要求

1. 箱座铸成后，应清理铸件，非进行时效处理。
2. 箱盖和箱座合箱后，边缘应平齐，相互箱位每边不大于2mm。
3. 检查箱座与箱盖间的密封性，用0.05mm塞尺塞入深度不得大于剖分面宽度的1/3。用涂色检查接触面积应达到每平方厘米面积内不少于一个斑点。
4. 与箱盖连接后，打上定位销进行镗孔，结合面处禁放任何衬垫。
5. 宽度196组合后加工。
6. 未注铸造圆角R3~R5。
7. 未注倒角C2，表面粗糙度Ra为12.5μm。
8. 箱座不得漏油。

图 18-12 箱座

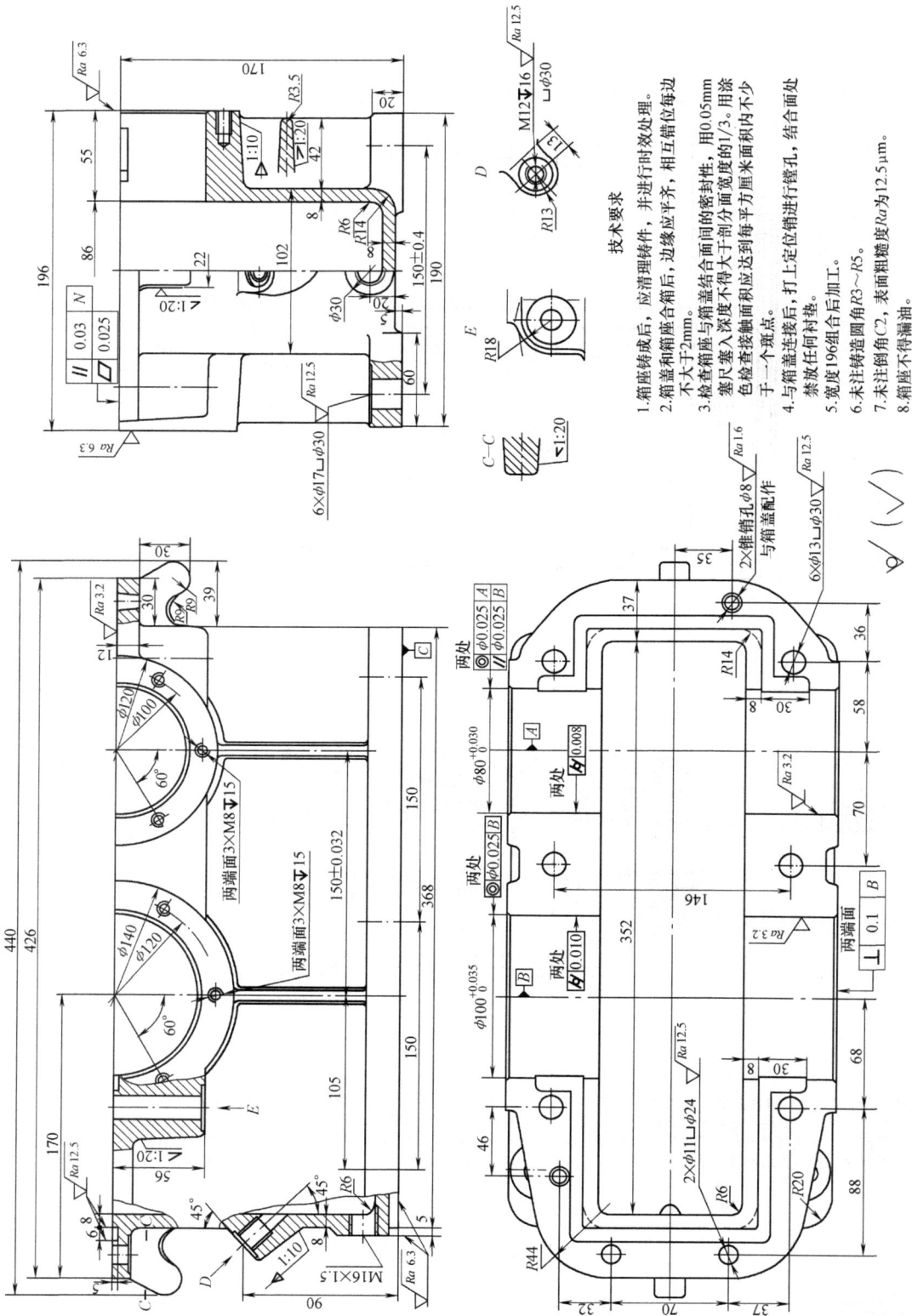

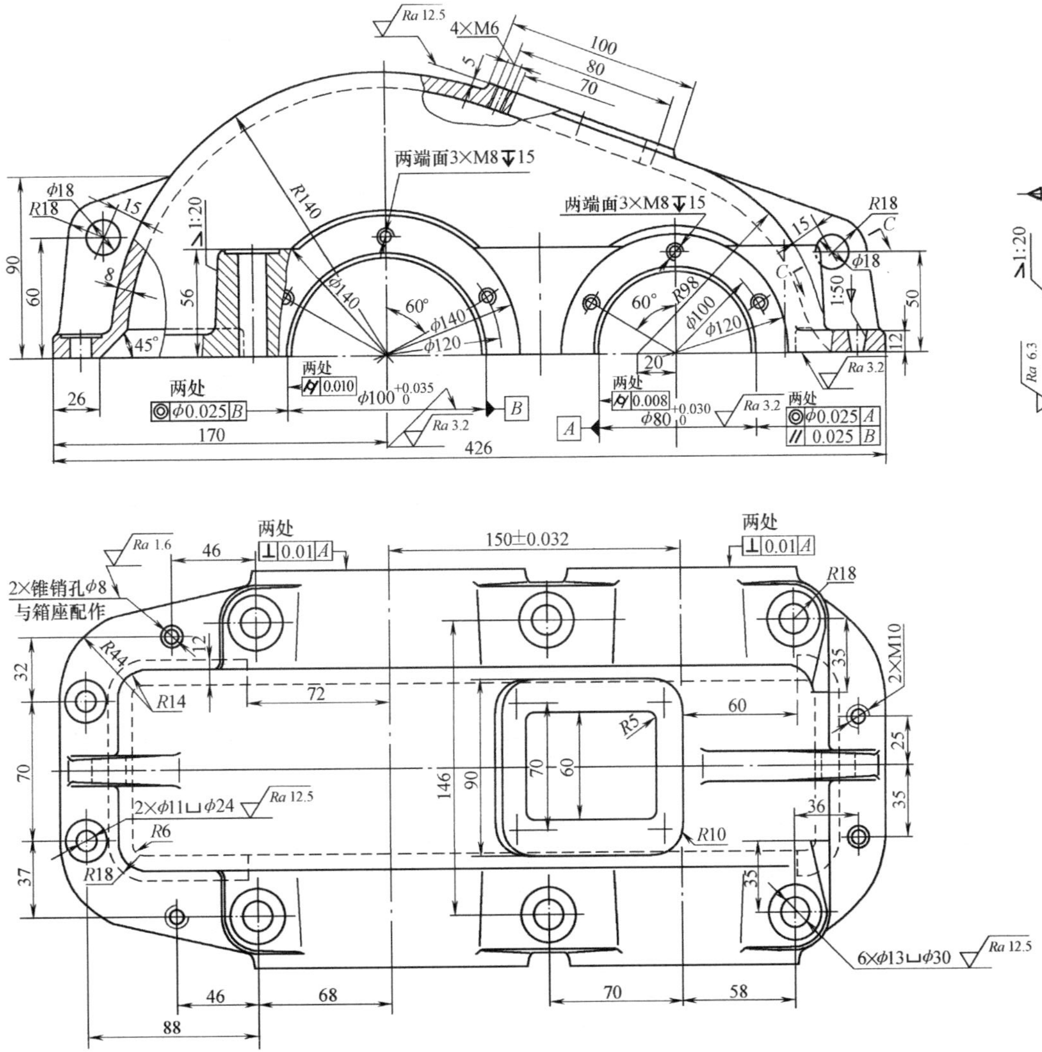

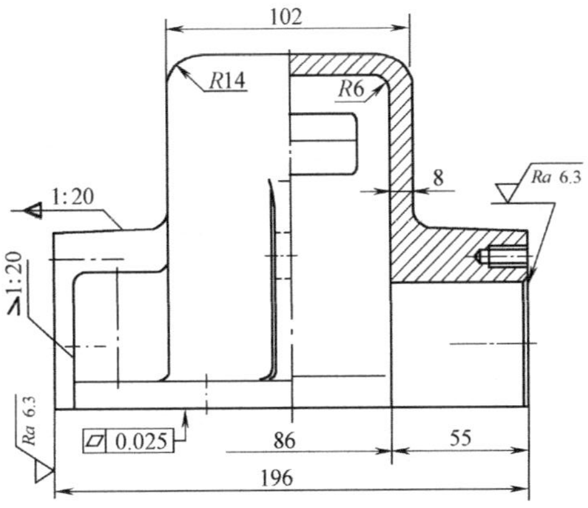

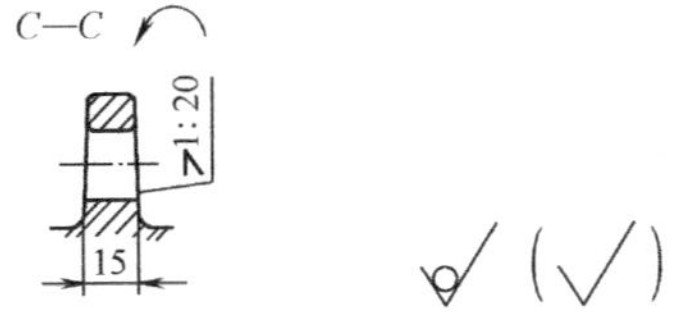

技术要求

1. 箱盖铸成后，应清理粗糙铸件并进行时效处理。
2. 箱盖和箱座合箱后，边缘应平齐，边缘互错位应不大于2mm。
3. 应仔细检查箱座剖分面接触的密合性，用0.05mm 塞尺塞入深度不得大于剖分面宽度的1/3。用涂色检查接触面积应达到每米平方厘米面积内米面少于一个斑点，结合面处禁放任何衬垫。
4. 与箱座连接后，打上定位锥孔进行镗孔。
5. 宽度196组合加工。
6. 未注铸造圆角R3～R5。
7. 未注倒角C2，表面粗糙度Ra为12.5μm。

图 18-13　箱盖

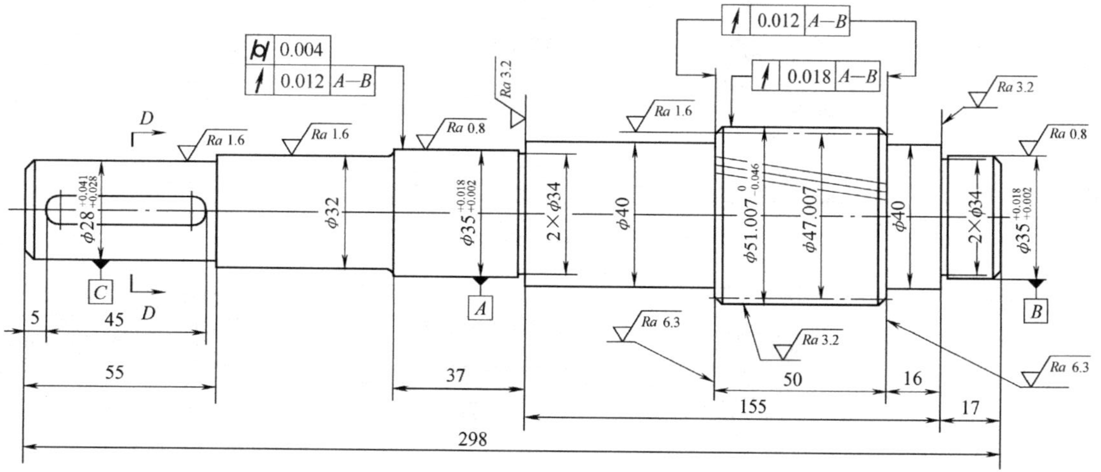

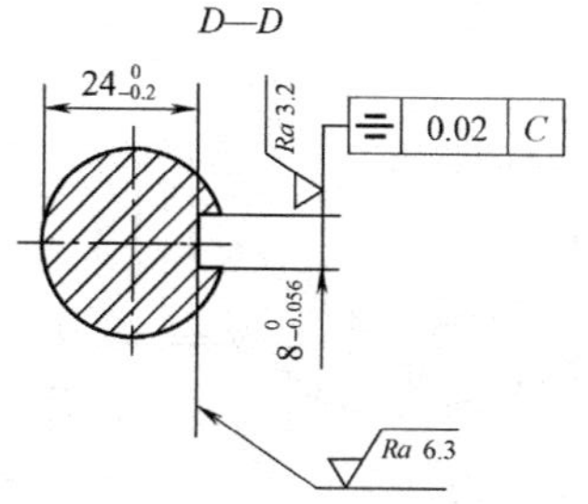

配偶齿轮	法向模数	m_n	2
	齿数	z_1	23
	齿形角	α	20°
	齿顶高系数	h_a^*	1
	螺旋角	β	11°15′57″
	螺旋线方向		右 旋
	变位系数	x	
	精度等级		7 GB/T 10095.1—2008
	中心距		140±0.0315
	图号		
	齿数	z_2	114
检验项目		代号	公差值
	单个齿距偏差	$\pm f_{pt}$	±0.01
	齿距累积总偏差	F_p	0.029
	齿廓总偏差	F_α	0.01
	螺旋线总偏差	F_β	0.019
	径向跳动公差	F_r	0.023
齿厚测量	公法线长度及偏差		$15.439^{-0.105}_{-0.158}$
	跨测齿数 k		3

图号 | (校名)
材料 | 45 | (班号)

比例 | | (课程名称)
数量 | 1

齿轮轴

设计 | | | (日期)
绘图 |
审核 |

$\sqrt{Ra\ 12.5}\ (\sqrt{\ \ })$

技术要求

1. 调质处理，硬度217~255HBW。
2. 两端中心孔B3.15/10 GB/T 145—2001。
3. 未注圆角R1.5。
4. 未注倒角C2。

图 18-14 齿轮轴

法向模数	m_n	3
齿数	z_2	76
齿形角	α	20°
齿顶高系数	h_a^*	1
螺旋角	β	9°12′51″
螺旋线方向		左旋
变位系数	x	0
精度等级	7GB/T 10095.1—2008	
中心距	$a \pm f_a$	155 ±0.0315
配偶齿轮	图号	
	齿数	z_1	26
检验项目	代号	公差值
单个齿距偏差	$\pm f_{pt}$	±0.013
齿距累积总偏差	F_p	0.05
齿廓总偏差	F_α	0.018
螺旋线总偏差	F_β	0.021
径向跳动公差	F_r	0.04
齿厚测量	法向齿厚	$4.712^{-0.128}_{-0.192}$
	齿高	3.023

	比例		图号	45
	数量	1	材料	
(课程名称)			(校名) (班号)	
	(日期)			
大齿轮				
设计				
绘图				
审核				

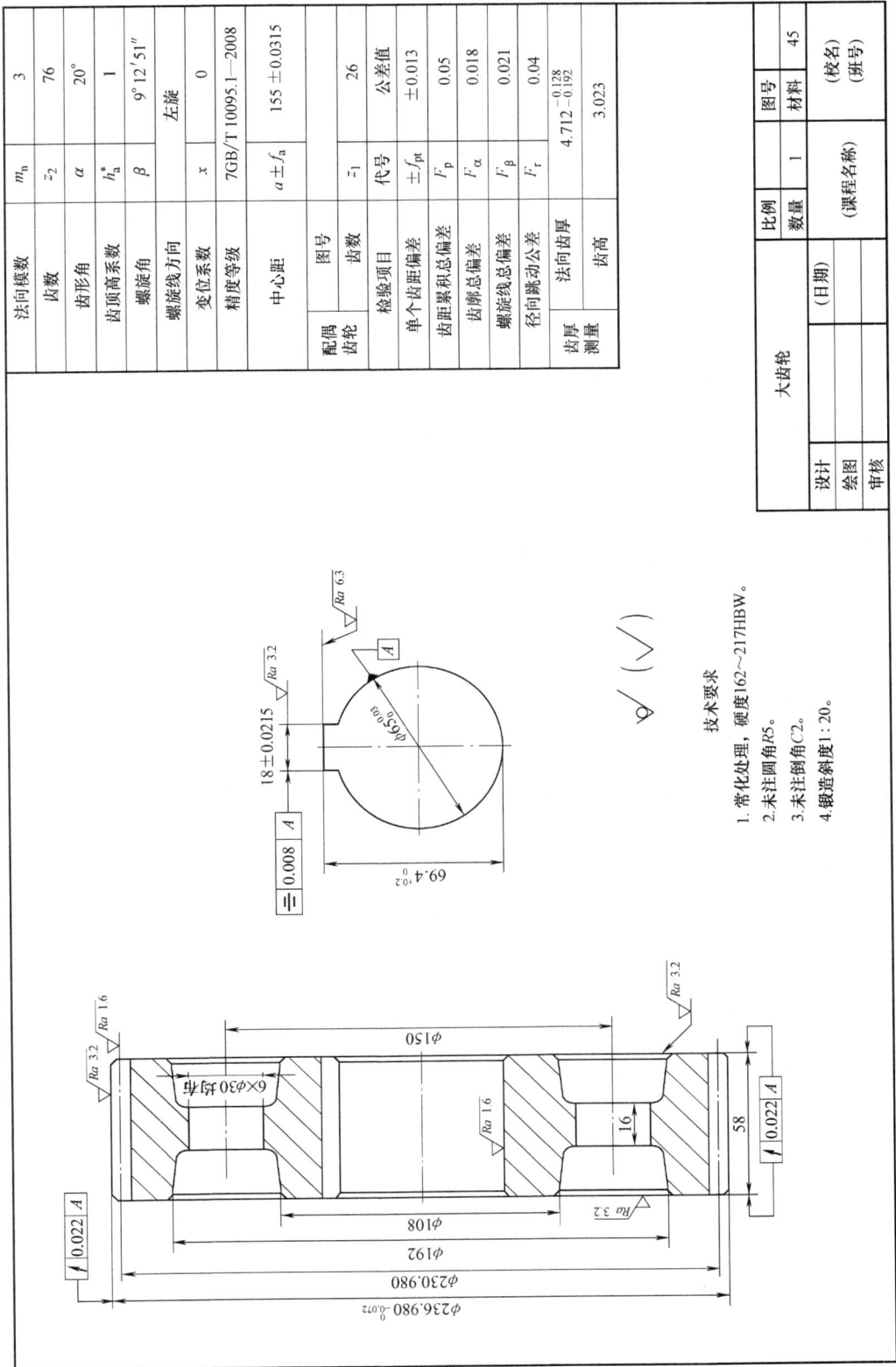

技术要求
1. 常化处理，硬度162～217HBW。
2. 未注圆角R5。
3. 未注倒角C2。
4. 锻造斜度1∶20。

图 18-15　大齿轮

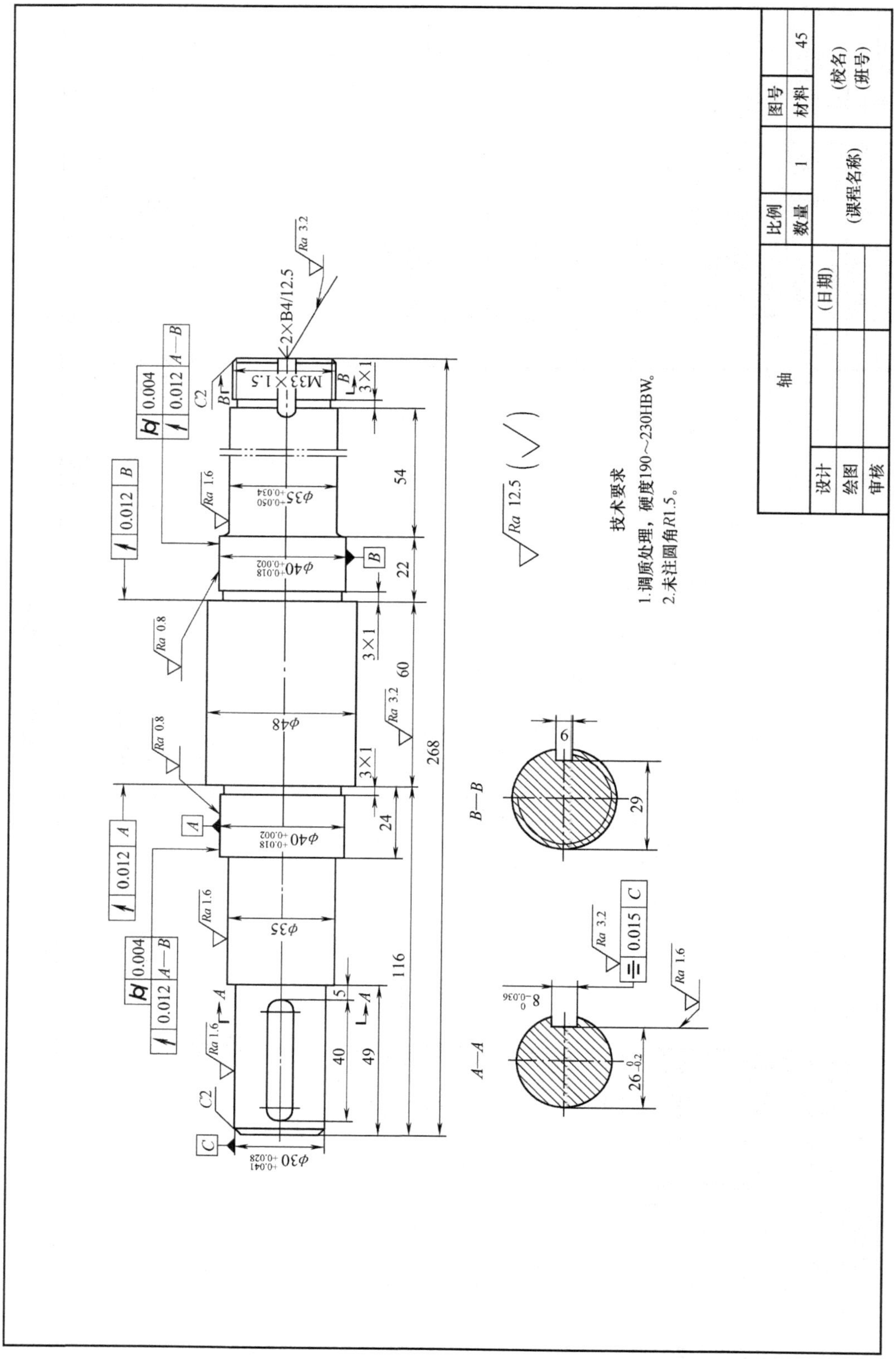

图 18-16 轴

模数	m	6
齿数	z_1	17
齿形角	α	20°
齿顶高系数	h_a^*	1
顶隙系数	c^*	0.2
变位系数	x	0
精度等级		8b GB/T 11365—1989
配偶齿轮	图号	
	齿数 z_2	42
齿距累积公差	F_p	0.063
齿距极限偏差	$\pm f_{pt}$	±0.025
分度圆齿厚及其偏差	$\bar{s}$	$9.413^{-0.09}_{-0.19}$
分度圆弦齿高	$\bar{h}_a$	6.205

技术要求
1. 调质处理，齿面硬度217~255HBW。
2. 未注倒角C2。
3. 未注圆角R2。
4. 两端中心孔B4/12.5 GB/T 145—2001。

小锥齿轮轴		比例	1	图号	
		数量	1	材料	45
设计		(日期)		(校名)	
绘图				(班号)	
审核				(课程名称)	

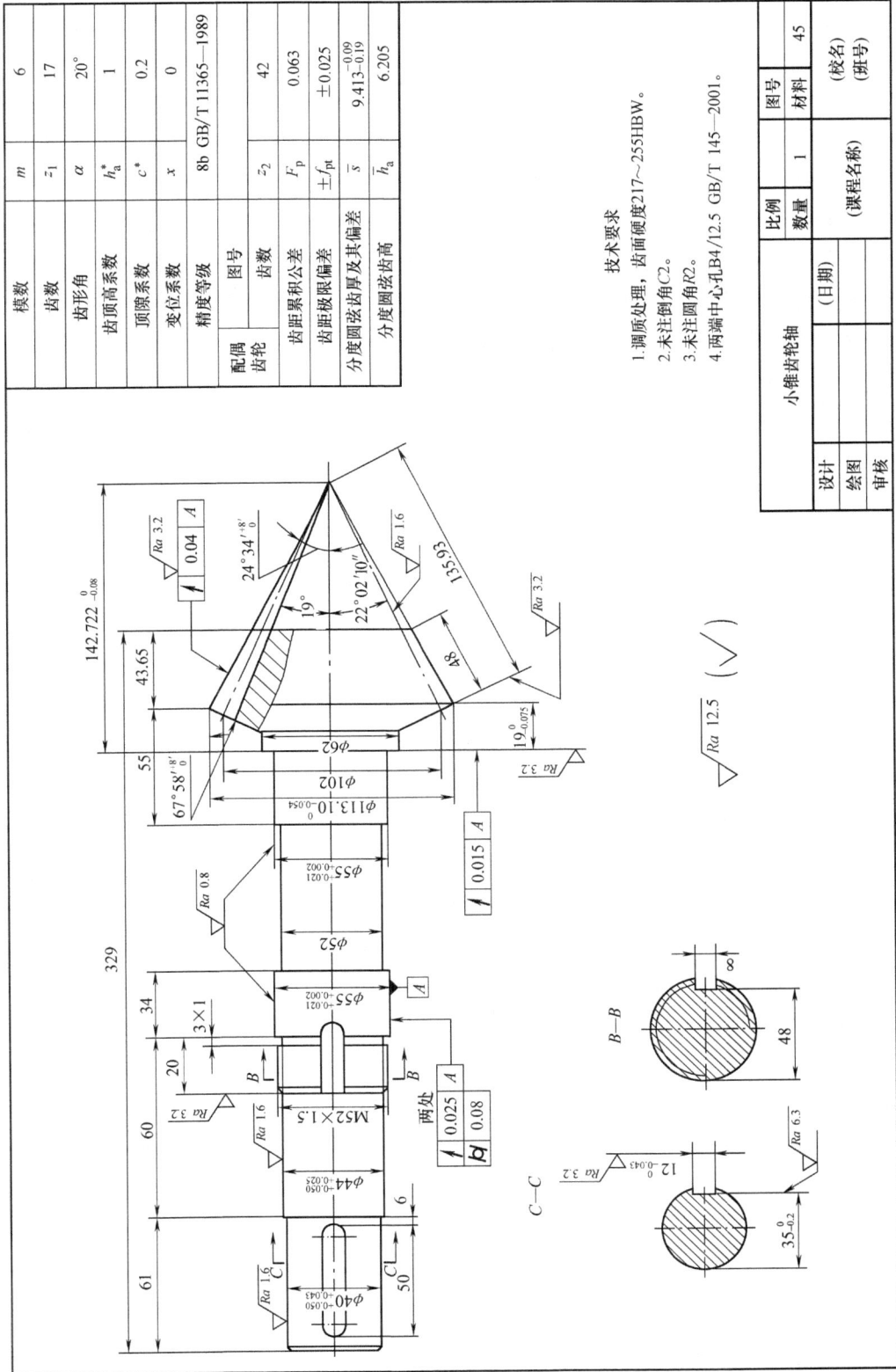

图 18-17　小锥齿轮轴

模数	m	6
齿数	z_2	42
齿形角	α	20°
齿顶高系数	h_a^*	1
顶隙系数	c^*	0.2
变位系数	x	0
精度等级	8b GB/T 11365—1989	
配偶 齿轮	图号	
	齿数	z_1	17
齿距累积公差	F_p	0.125
齿距极限偏差	$\pm f_{pt}$	±0.028
分度圆弧齿厚及其偏差	$\bar{s}$	$9.424^{-0.126}_{-0.256}$
分度圆弦齿高	$\bar{h}_a$	6.033

技术要求

1.正火处理,齿面硬度170~200HBW。
2.未注圆角R3~R5。
3.未注倒角C2。

大锥齿轮	(课程名称)	比例		图号	
		数量	1	材料	45
设计		(日期)		(校名)	
绘图				(班号)	
审核					

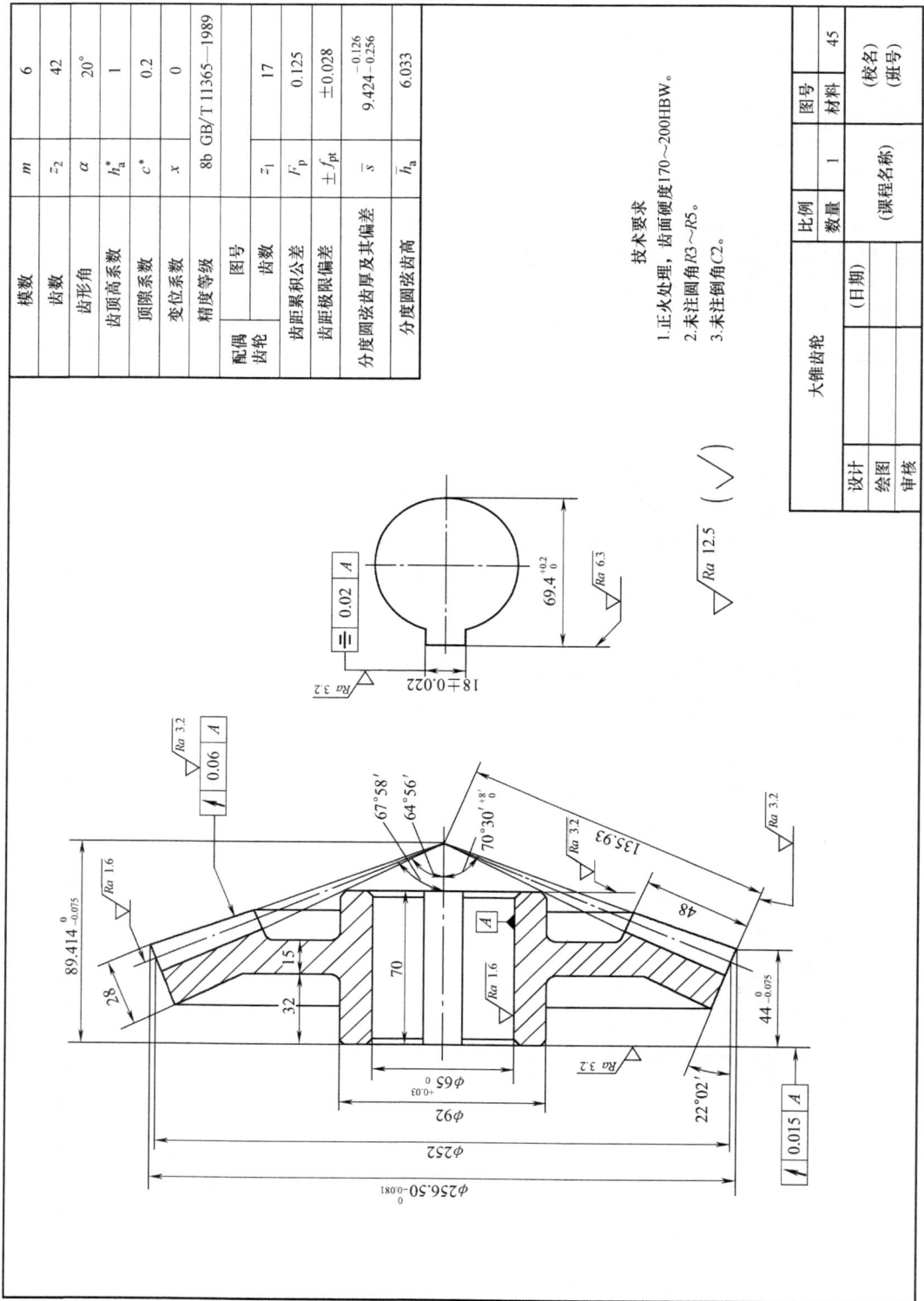

图 18-18 大锥齿轮

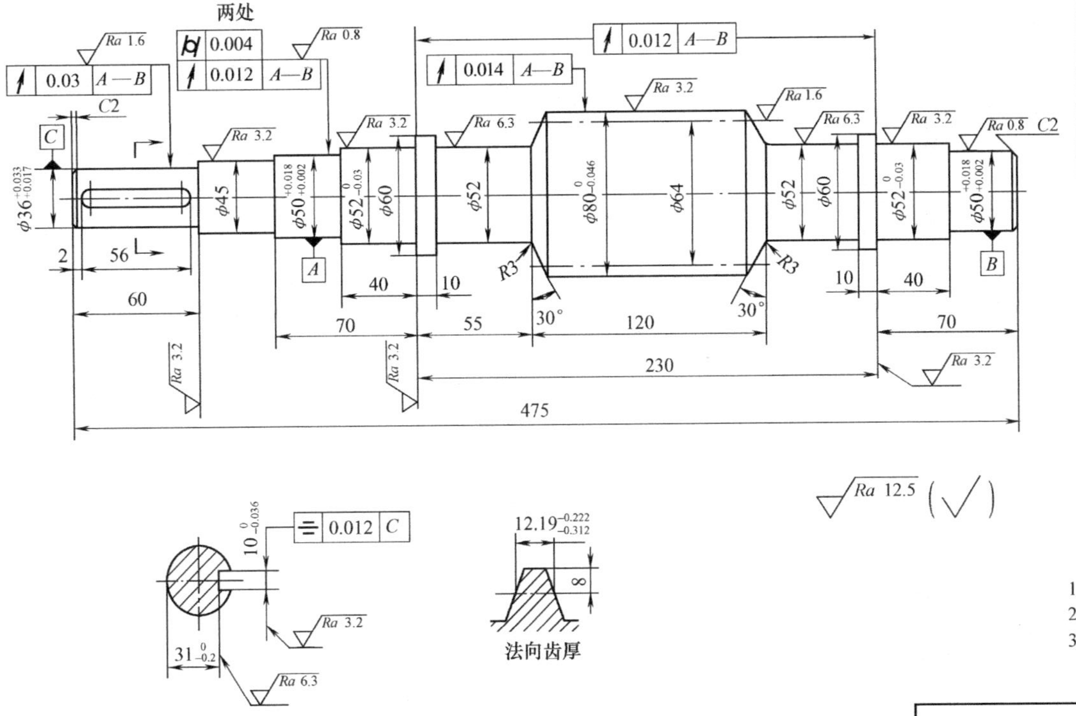

蜗杆类型		ZA
模数	m	8
蜗杆头数	z_1	2
齿形角	α	20°
齿顶高系数	h_a^*	1
导程角	γ	14°2′10″
螺旋线方向		右旋
精度等级		8c GB 10089—2018
配偶蜗轮	图号	
	齿数	38
检验项目	代号	公差或偏差
公差组		
II	轴向齿距极限偏差	f_{px}	±0.025
III	蜗杆齿形公差	f_{fl}	0.04

技术要求

1. 调质处理硬度220~240HBW。
2. 两端中心孔B4/12.5 GB 145—2001。
3. 未注圆角R1.5。

图号	45
材料	(校名)
	(班号)

比例		(课程名称)
数量	1	

蜗杆		(日期)
设计		
绘图		
审核		

图 18-19　蜗杆

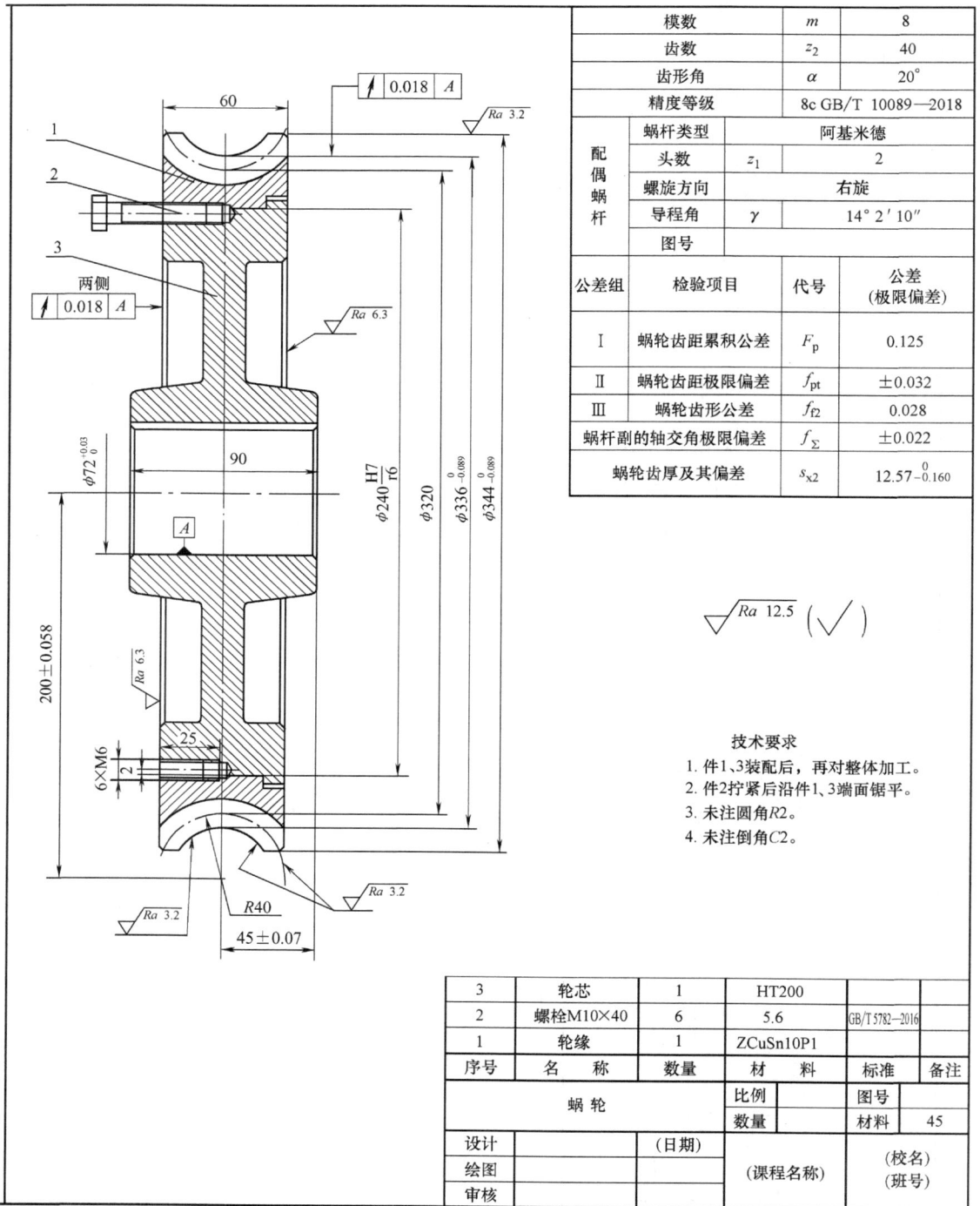

模数	m	8
齿数	z_2	40
齿形角	α	20°
精度等级	8c GB/T 10089—2018	

配偶蜗杆	蜗杆类型		阿基米德
	头数	z_1	2
	螺旋方向		右旋
	导程角	γ	14° 2′ 10″
	图号		

公差组	检验项目	代号	公差（极限偏差）
Ⅰ	蜗轮齿距累积公差	F_p	0.125
Ⅱ	蜗轮齿距极限偏差	f_{pt}	±0.032
Ⅲ	蜗轮齿形公差	f_{f2}	0.028
	蜗杆副的轴交角极限偏差	f_Σ	±0.022
	蜗轮齿厚及其偏差	s_{x2}	$12.57_{-0.160}^{\ 0}$

$\sqrt{Ra\ 12.5}\ \left(\sqrt{}\right)$

技术要求
1. 件1、3装配后，再对整体加工。
2. 件2拧紧后沿件1、3端面锯平。
3. 未注圆角R2。
4. 未注倒角C2。

3	轮芯	1	HT200		
2	螺栓M10×40	6	5.6	GB/T 5782—2016	
1	轮缘	1	ZCuSn10P1		
序号	名　称	数量	材　料	标准	备注

蜗 轮	比例		图号	
	数量		材料	45

设计		（日期）	
绘图			（课程名称）
审核			（校名）（班号）

图 18-20　蜗轮

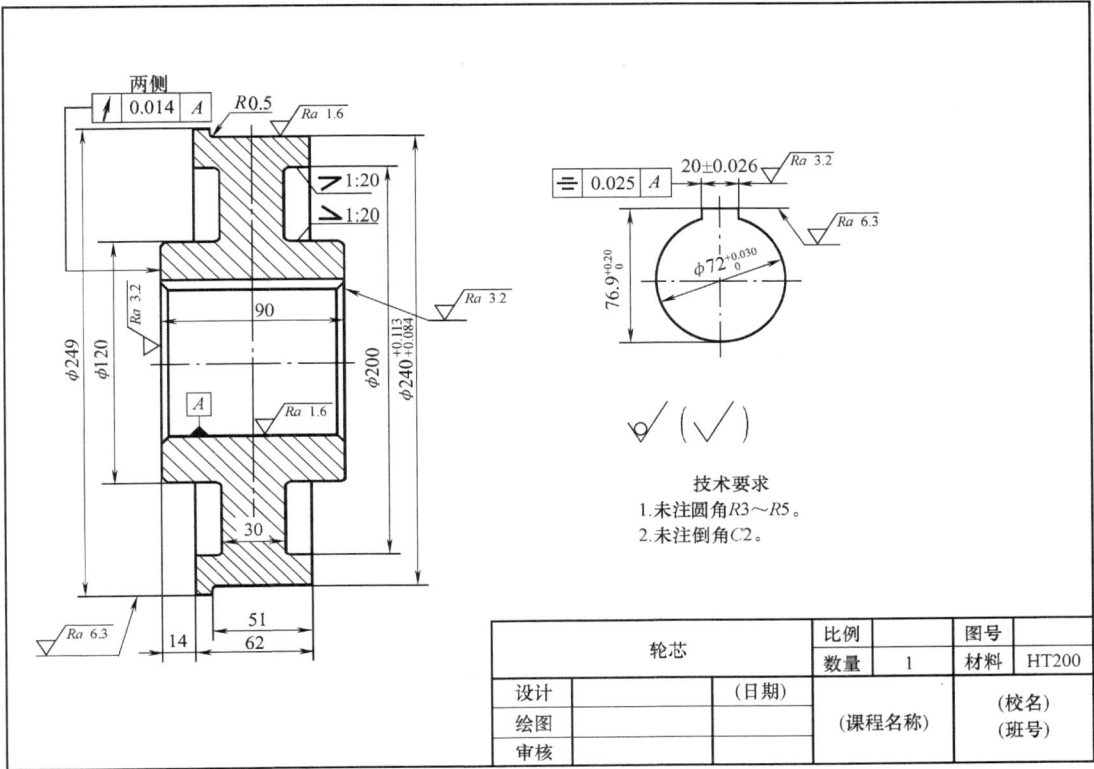

图 18-21　轮芯

轮芯		比例		图号	
		数量	1	材料	HT200
设计		（日期）		（校名）	
绘图			（课程名称）	（班号）	
审核					

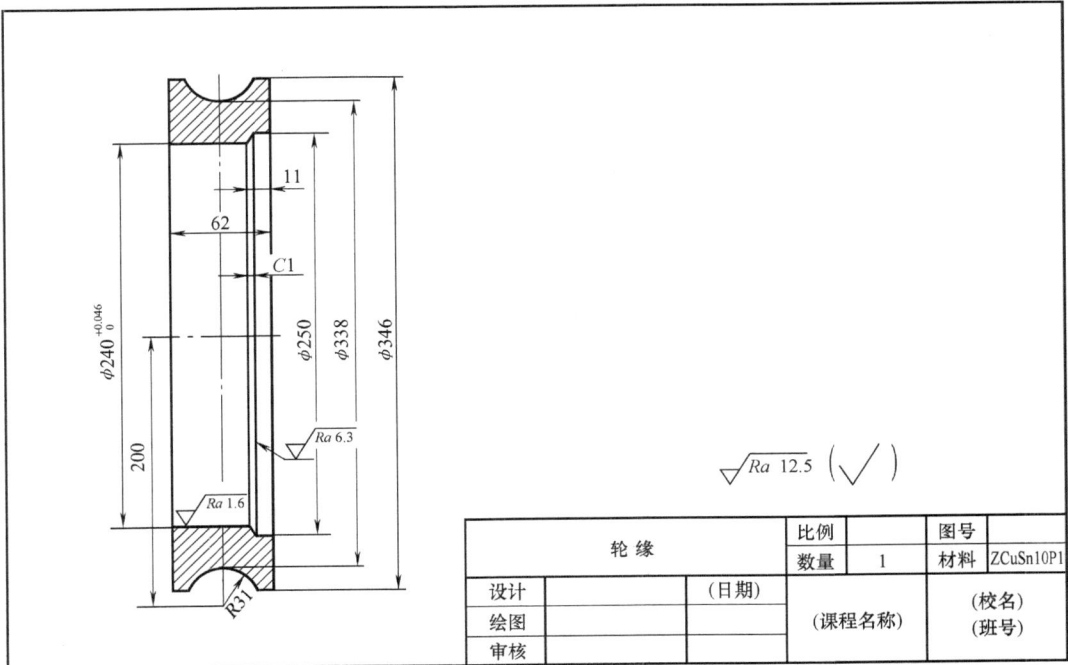

图 18-22　轮缘

轮缘		比例		图号	
		数量	1	材料	ZCuSn10P1
设计		（日期）		（校名）	
绘图			（课程名称）	（班号）	
审核					

技术要求
1.未注圆角R3～R5。
2.未注倒角C2。

第19章

机械设计课程设计题目

题目1 设计用于带式运输机的一级圆柱齿轮减速器

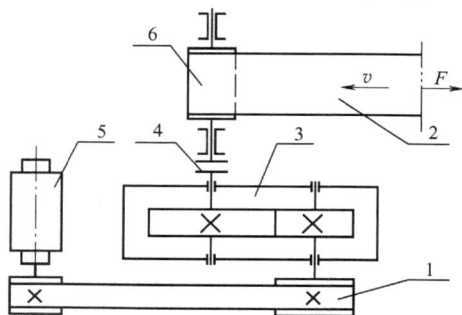

1 — V带传动
2 — 运输带
3 — 一级圆柱齿轮减速器
4 — 联轴器
5 — 电动机
6 — 卷筒

原始数据：（数据编号＿＿＿）

数据编号	A1	A2	A3	A4	A5	A6	A7	A8	A9	A10
运输带工作拉力 F/N	1100	1150	1200	1250	1300	1350	1450	1500	1500	1600
运输带工作速度v/m · s^{-1}	1.50	1.60	1.70	1.50	1.55	1.60	1.55	1.65	1.70	1.80
卷筒直径 D/mm	250	260	270	240	250	260	250	260	280	300

工作条件：连续单向运转，载荷平稳，空载起动；使用寿命为10年；小批量生产，两班制工作；运输带速度允许误差为±5%。

题目2 设计用于螺旋输送机的一级圆柱齿轮减速器

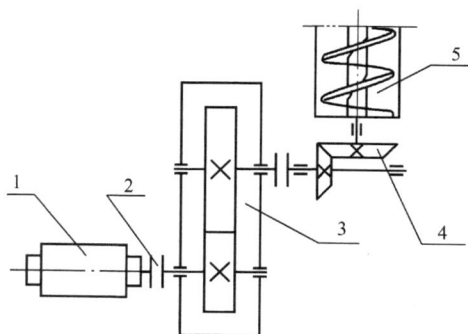

1 — 电动机
2 — 联轴器
3 — 一级圆柱齿轮减速器
4 — 开式锥齿轮传动
5 — 输送螺旋

原始数据：（数据编号＿＿＿）

数据编号	B1	B2	B3	B4	B5	B6	B7	B8	B9	B10
运输机工作轴转矩 T/N · m	700	720	750	780	800	820	850	880	900	950
运输机工作轴转速 n/r · min^{-1}	150	145	140	140	135	130	125	125	120	120

工作条件：连续单向运转，工作时有轻微振动；使用寿命为 8 年；生产 10 台，两班制工作；输送机工作转速允许误差 ±5%。

题目 3　设计用于带式运输机的一级锥齿轮减速器

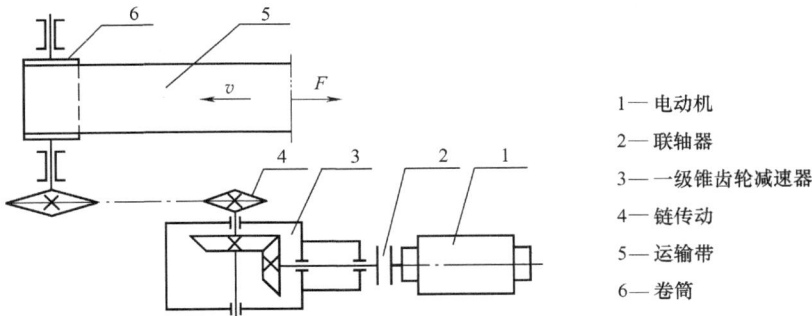

1—电动机
2—联轴器
3—一级锥齿轮减速器
4—链传动
5—运输带
6—卷筒

原始数据：（数据编号____）

数据编号	C1	C2	C3	C4	C5	C6	C7	C8	C9	C10
运输带工作拉力 F/N	1500	1800	2000	2200	2400	2600	2800	2800	2700	2500
运输带工作速度 $v/\text{m}\cdot\text{s}^{-1}$	1.5	1.5	1.6	1.6	1.7	1.7	1.8	1.8	1.5	1.4
卷筒直径 D/mm	250	260	270	280	300	320	320	300	300	300

工作条件：连续单向运转，工作平稳；使用寿命为 10 年；小批量生产，两班制工作；运输带工作速度允许误差为 ±5%。

题目 4　设计用于传送设备的一级锥齿轮减速器

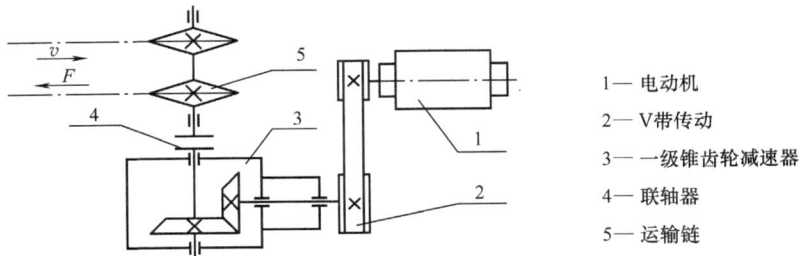

1—电动机
2—V带传动
3—一级锥齿轮减速器
4—联轴器
5—运输链

原始数据：（数据编号____）

数据编号	D1	D2	D3	D4	D5	D6	D7	D8	D9	D10
运输链牵引力 F/N	2500	2550	2600	2650	2700	2750	2800	2850	2900	2950
运输链工作速度 $v/\text{m}\cdot\text{s}^{-1}$	0.75	0.80	0.85	0.90	1.00	0.75	0.80	0.85	0.90	1.00
链轮节圆直径 D/mm	120	125	130	135	140	120	125	130	135	140

工作条件：连续单向运转，工作时有轻微振动；使用寿命为 10 年；小批量生产，两班制工作；运输链工作速度允许误差为 ±5%。

题目5 设计用于带式运输机的展开式二级圆柱齿轮减速器

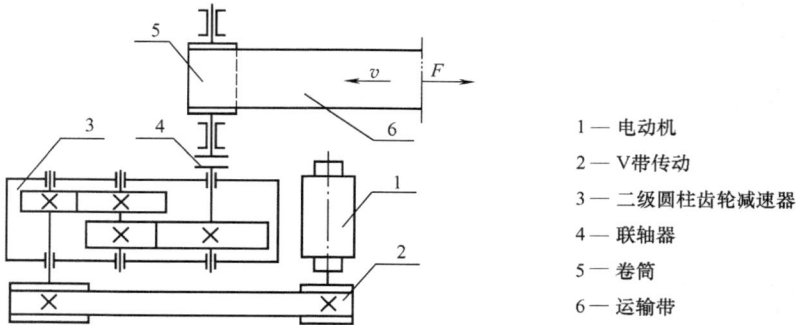

1— 电动机
2— V带传动
3— 二级圆柱齿轮减速器
4— 联轴器
5— 卷筒
6— 运输带

原始数据：（数据编号＿＿＿）

数据编号	E1	E2	E3	E4	E5	E6	E7	E8	E9	E10
运输机工作轴转矩 $T/N \cdot m$	800	850	900	950	800	850	900	800	850	900
运输带工作速度 $v/m \cdot s^{-1}$	1.20	1.25	1.30	1.35	1.40	1.45	1.20	1.30	1.35	1.40
卷筒直径 D/mm	360	370	380	390	400	410	360	370	380	390

工作条件：连续单向运转，工作时有轻微振动；使用寿命为10年；小批量生产，单班制工作；运输带速度允许误差为±5%。

题目6 设计用于带式运输机的展开式二级圆柱齿轮减速器

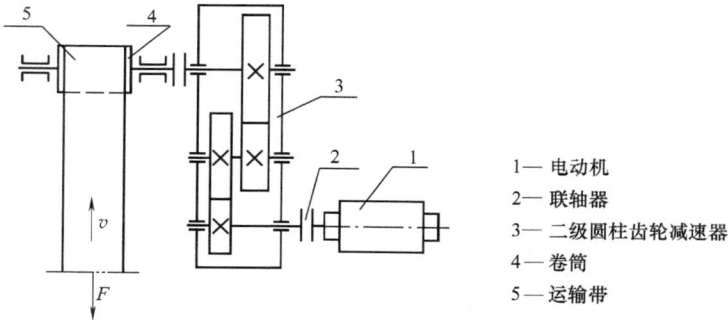

1— 电动机
2— 联轴器
3— 二级圆柱齿轮减速器
4— 卷筒
5— 运输带

原始数据：（数据编号＿＿＿）

数据编号	F1	F2	F3	F4	F5	F6	F7	F8	F9	F10
运输带工作拉力 F/N	1900	1800	1600	2200	2250	2500	2450	1900	2200	2000
运输带工作速度 $v/m \cdot s^{-1}$	1.30	1.35	1.40	1.45	1.50	1.30	1.35	1.45	1.50	1.55
卷筒直径 D/mm	250	260	270	280	290	300	250	260	270	280

工作条件：连续单向运转，工作时有轻微振动，空载起动；使用寿命为8年；小批量生产，单班制工作；运输带速度允许误差为±5%。

题目 7　设计用于带式运输机的同轴式二级圆柱齿轮减速器

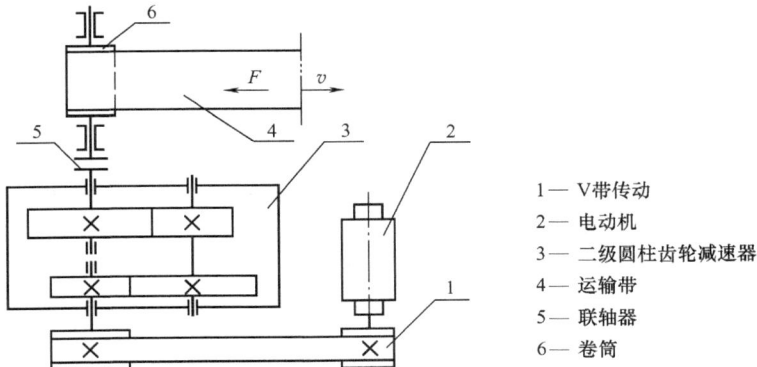

1—V带传动
2—电动机
3—二级圆柱齿轮减速器
4—运输带
5—联轴器
6—卷筒

原始数据：（数据编号____）

数据编号	G1	G2	G3	G4	G5	G6	G7	G8	G9	G10
运输机工作轴转矩 $T/\text{N}\cdot\text{m}$	1200	1250	1300	1350	1400	1450	1500	1250	1300	1350
运输带工作速度 $v/\text{m}\cdot\text{s}^{-1}$	1.40	1.45	1.50	1.55	1.60	1.40	1.45	1.50	1.55	1.60
卷筒直径 D/mm	430	420	450	480	490	420	450	440	420	470

工作条件：连续单向运转，工作时有轻微振动；使用寿命为 10 年；小批量生产，单班制工作；运输带速度允许误差为 ±5%。

题目 8　设计用于带式运输机的圆锥-圆柱齿轮减速器

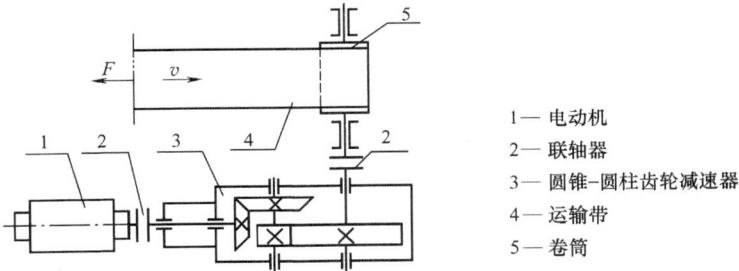

1—电动机
2—联轴器
3—圆锥-圆柱齿轮减速器
4—运输带
5—卷筒

原始数据：（数据编号____）

数据编号	H1	H2	H3	H4	H5	H6	H7	H8	H9	H10
运输带工作拉力 F/N	2500	2400	2300	2200	2100	2100	2800	2700	2600	2500
运输带工作速度 $v/\text{m}\cdot\text{s}^{-1}$	1.40	1.50	1.60	1.70	1.80	1.90	1.30	1.40	1.50	1.60
卷筒直径 D/mm	250	260	270	280	290	300	250	260	270	280

工作条件：连续单向运转，载荷平稳，空载起动；使用寿命为 5 年；小批量生产，单班制工作；运输带速度允许误差为 ±5%。

题目 9   设计用于链式运输机的圆锥-圆柱齿轮减速器

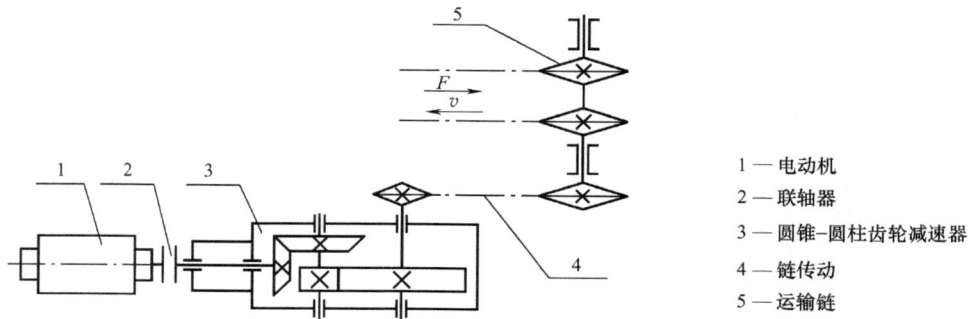

1 — 电动机
2 — 联轴器
3 — 圆锥-圆柱齿轮减速器
4 — 链传动
5 — 运输链

原始数据：（数据编号＿＿＿）

数据编号	I1	I2	I3	I4	I5	I6	I7	I8	I9	I10
运输链工作拉力 F/N	3000	3500	4000	4500	5000	3000	3500	4000	4500	5000
运输链工作速度 $v/\mathrm{m \cdot s^{-1}}$	0.80	0.84	0.90	0.96	1.00	0.80	0.84	0.90	0.96	1.00
运输链链轮齿数 z	10	10	10	10	10	10	10	10	10	10
运输链节距 p/mm	60	60	60	60	60	80	80	80	80	80

工作条件：连续单向运转，工作时有轻微振动；使用寿命为 10 年；小批量生产，两班制工作；运输链工作速度允许误差为±5%。

题目 10   设计用于带式运输机的蜗杆减速器

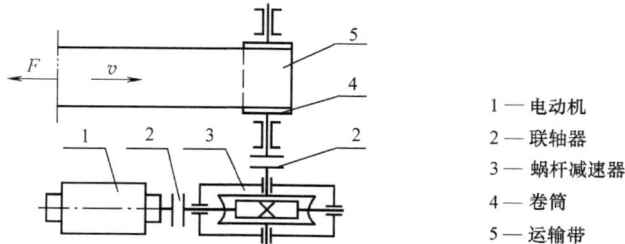

1 — 电动机
2 — 联轴器
3 — 蜗杆减速器
4 — 卷筒
5 — 运输带

原始数据：（数据编号＿＿＿）

数据编号	J1	J2	J3	J4	J5	J6	J7	J8	J9	J10
运输带工作拉力 F/N	2200	2300	2400	2500	2300	2400	2500	2300	2400	2500
运输带工作速度 $v/\mathrm{m \cdot s^{-1}}$	1.0	1.0	1.0	1.1	1.1	1.1	1.1	1.2	1.2	1.2
卷筒直径 D/mm	380	390	400	400	410	420	390	400	410	420

工作条件：连续单向运转，工作时有轻微振动；使用寿命为 10 年；小批量生产，两班制工作；运输带工作速度允许误差为±5%。

题目 11　设计用于简易卧式铣床的传动装置

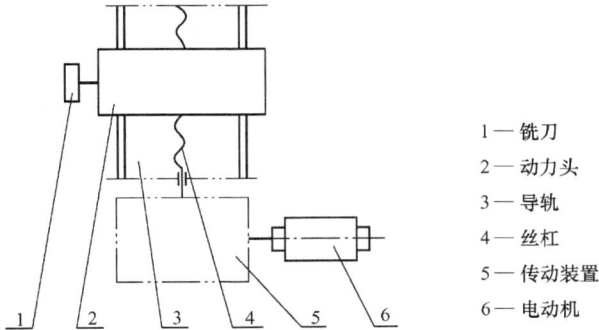

1—铣刀
2—动力头
3—导轨
4—丝杠
5—传动装置
6—电动机

原始数据：

1）丝杠直径 $\phi = 50$ mm，丝杠转矩 $T = 500$ N·m，转速 $n = 20$ r/min，正反转；

2）单班制，间歇工作，载荷较平稳；

3）过载系数 $k = 1.15$；

4）使用寿命 12000 h。

题目 12　设计用于爬式加料机的传动装置

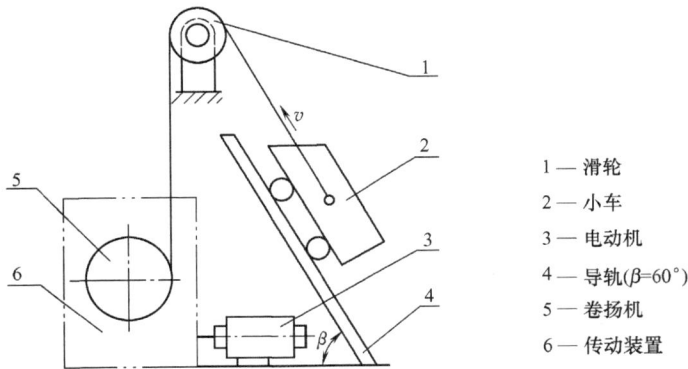

1—滑轮
2—小车
3—电动机
4—导轨($\beta = 60°$)
5—卷扬机
6—传动装置

原始数据：（数据编号＿＿）

数　据　编　号		K1	K2	K3	K4	K5
小　车	装料量/N	3000	3500	4000	4500	5000
	速度v/m·s^{-1}	0.4	0.4	0.4	0.4	0.4
	轨距/mm	662	662	662	662	662
	轮距/mm	500	500	500	500	500

工作条件：单班制，间歇工作，轻微振动；使用寿命为 5 年；工作环境灰尘较大。

题目 13 设计用于搅拌机的传动装置

原始数据：

1）传动装置输出轴转矩 $T=25.6$ N·m，转速 $n=200$ r/min；

2）单班制，连续工作，载荷平稳；

3）使用寿命为 8 年；

4）工作环境灰尘较大。

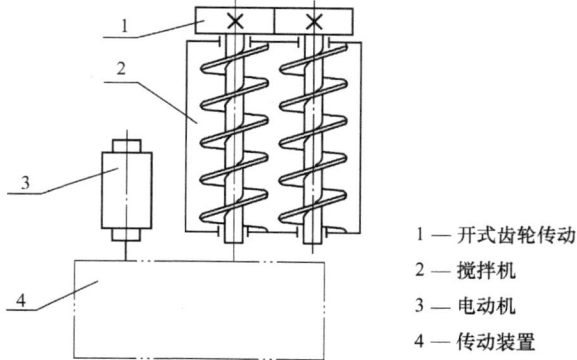

1 — 开式齿轮传动
2 — 搅拌机
3 — 电动机
4 — 传动装置

题目 14 设计用于拉削花键孔的简易拉床的传动装置

原始数据：

1）工作时拉刀切削力 $F=14400$ N，拉削速度 $v=5.42$ m/min；

2）双班制，连续工作，载荷平稳；

3）使用寿命为 5 年；

4）丝杠螺距 $p=12$ mm。

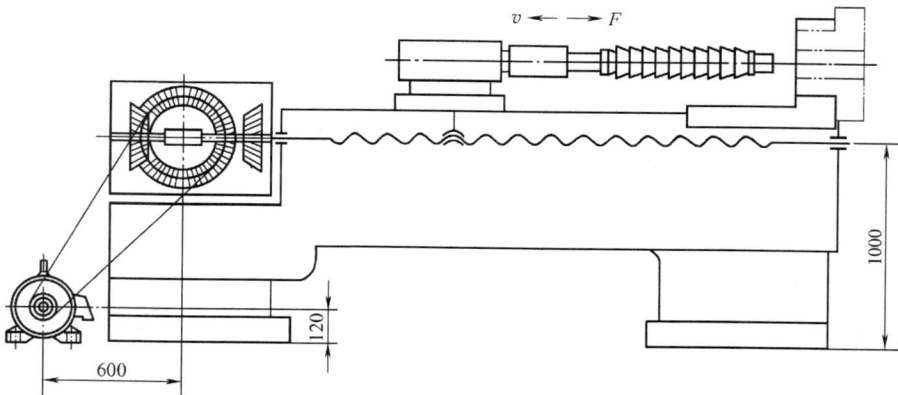

参 考 文 献

［1］ 王大康，卢颂峰. 机械设计课程设计 ［M］. 3 版. 北京：北京工业大学出版社，2015.
［2］ 吴宗泽，罗圣国，等. 机械设计课程设计手册 ［M］. 4 版. 北京：高等教育出版社，2012.
［3］ 王之栎，王大康. 机械设计综合课程设计 ［M］. 3 版. 北京：机械工业出版社，2019.
［4］ 龚溎义. 机械设计课程设计指导书 ［M］. 4 版. 北京：高等教育出版社，1990.
［5］ 吴宗泽. 机械设计实用手册 ［M］. 3 版. 北京：化学工业出版社，2010.
［6］ 成大先. 机械设计手册 ［M］. 5 版. 北京：化学工业出版社，2010.
［7］ 闻邦椿. 现代机械师设计手册 ［M］. 北京：机械工业出版社，2012.
［8］ 秦大同，谢里阳. 现代机械设计手册 ［M］. 5 版. 北京：机械工业出版社，2011.
［9］ 濮良贵，纪名刚. 机械设计 ［M］. 8 版. 北京：高等教育出版社，2006.
［10］ 刘莹，吴宗泽. 机械设计教程 ［M］. 3 版. 北京：机械工业出版社，2019.
［11］ 王大康，李德才. 机械设计基础 ［M］. 4 版. 北京：机械工业出版社，2020.
［12］ 杨可桢，程光蕴，李仲生. 机械设计基础 ［M］. 5 版. 北京：高等教育出版社，2006.
［13］ 金嘉琦. 几何量精度设计与检测 ［M］. 北京：机械工业出版社，2012.
［14］ 郑文纬，吴克坚. 机械原理 ［M］. 7 版. 北京：高等教育出版社，2010.